LabVIEW 虚拟仪器入门与测控应用 100 例

李江全　主编
王玉巍　李丹阳　邓红涛　副主编

電子工業出版社
Publishing House of Electronics Industry
北京·BEIJING

内 容 简 介

本书从实际应用出发，通过 100 个典型实例系统地介绍了 LabVIEW 语言的程序设计方法及测控应用技术。全书分为两篇：入门基础篇包括第 1～11 章，主要内容有数值型数据、布尔型数据、字符串数据、数组数据、簇数据、数据类型转换、程序结构、变量与节点、图形显示、文件 I/O 和界面交互；测控应用篇包括第 12～20 章，主要内容有 PC 串口通信与测控、三菱 PLC 串口通信与测控、西门子 PLC 串口通信与测控、远程 I/O 模块串口通信与测控、单片机串口通信与测控、NI 数据采集卡测控、研华数据采集卡测控、声卡数据采集、LabVIEW 网络测控。本书实例由设计任务和任务实现等部分组成，并有详细的操作步骤。

本书实例丰富，论述深入浅出，有较强的实用性和可操作性，可供机电类相关专业的大学生、研究生，以及虚拟仪器研发的工程技术人员学习和参考。

图书在版编目（CIP）数据

LabVIEW 虚拟仪器入门与测控应用 100 例 / 李江全主编. —北京：电子工业出版社，2022.4
ISBN 978-7-121-43160-9

Ⅰ. ①L…　Ⅱ. ①李…　Ⅲ. ①软件工具－程序设计－教材　Ⅳ. ①TP311.561

中国版本图书馆 CIP 数据核字（2022）第 047107 号

责任编辑：陈韦凯　　文字编辑：刘家彤
印　　刷：北京七彩京通数码快印有限公司
装　　订：北京七彩京通数码快印有限公司
出版发行：电子工业出版社
　　　　　北京市海淀区万寿路 173 信箱　邮编　100036
开　　本：787×1 092　1/16　印张：22.25　字数：570 千字
版　　次：2022 年 4 月第 1 版
印　　次：2024 年 7 月第 4 次印刷
定　　价：79.00 元

凡所购买电子工业出版社图书有缺损问题，请向购买书店调换。若书店售缺，请与本社发行部联系，联系及邮购电话：（010）88254888，88258888。

质量投诉请发邮件至 zlts@phei.com.cn，盗版侵权举报请发邮件至 dbqq@phei.com.cn。

本书咨询联系方式：chenwk@phei.com.cn，（010）88254441。

前　言

虚拟仪器是现代计算机技术、通信技术和测量技术相结合的产物，是传统仪器观念的一次巨大变革，它的出现使测试技术进入一个全新的发展阶段。虚拟仪器既有传统仪器的特征，又有一般仪器不具备的特殊功能，在实际应用中表现出传统仪器无法比拟的优势，可以说虚拟仪器是测控系统的关键组成部分。

作为测试工程领域的强有力工具，近年来，由美国国家仪器公司（National Instruments，NI）开发的虚拟仪器软件 LabVIEW 得到了业界的普遍认可，在测试系统分析、设计和研究方面得到广泛应用。

LabVIEW 的全称是实验室虚拟仪器工程平台（Laboratory Virtual Instrument Engineering Workbench），是一种基于 G 语言（Graphics Language，图形化编程语言）的测试系统软件开发平台。它采用了工程人员熟悉的术语、图标等图形化符号来代替常规基于文字的语言程序，把复杂、烦琐、费时的语言编程简化成选择功能图标，并用线条把各种功能图标连接起来的简单图形编程方式。利用 LabVIEW，用户可通过定义和连接代表各种功能模块的图标，方便迅速地创建虚拟仪器。

本书从实际应用出发，通过 100 个典型实例系统地介绍了 LabVIEW 语言的程序设计方法及测控应用技术，入门基础篇包括第 1～11 章，主要内容有数值型数据、布尔型数据、字符串数据、数组数据、簇数据、数据类型转换、程序结构、变量与节点、图形显示、文件 I/O 和界面交互；测控应用篇包括第 12～20 章，主要内容有 PC 串口通信与测控、三菱 PLC 串口通信与测控、西门子 PLC 串口通信与测控、远程 I/O 模块串口通信与测控、单片机串口通信与测控、NI 数据采集卡测控、研华数据采集卡测控、声卡数据采集、LabVIEW 网络测控。提供的实例由设计任务和任务实现等部分组成，并有详细的操作步骤。

书中提供的程序具有实际参考价值，全部经过系统测试，读者可以直接拿来使用或者稍加修改便可用于自己的设计中。

本书实例丰富，论述深入浅出，有较强的实用性和可操作性，可供测控仪器、计算机应用、电子信息、机电一体化、自动化等专业的大学生、研究生，以及虚拟仪器研发的工程技术人员学习和参考。

本书由石河子大学李江全编写第 1～5 章，邓红涛编写第 6～8 章，李西洋编写第 9～12 章，张惠编写第 13～14 章；新疆工程学院王玉巍编写第 15～16 章；空军工程大学李丹阳编写第 17～20 章。电子开发网、北京研华科技等公司为本书提供了大量的技术支持，编者借此机会对他们致以深深的谢意。

由于编者水平有限，书中难免存在不妥或错误之处，恳请广大读者批评指正。

李江全

目　　录

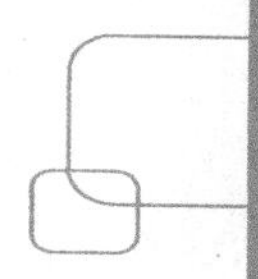

第 1 章　数值型数据

数值型数据是一种标量值，包括浮点数、定点数、整型数、复数等类型，不同数据类型的差别在于存储数据使用的位数和值的范围。

本章通过实例介绍数值型控件与数值型数据的使用。

实例 1　数值输入与显示

一、设计任务

在程序前面板输入数值，并显示该值。

二、任务实现

1. 新建 VI

运行 LabVIEW 2015，出现 LabVIEW 的启动窗口，如图 1-1 所示。

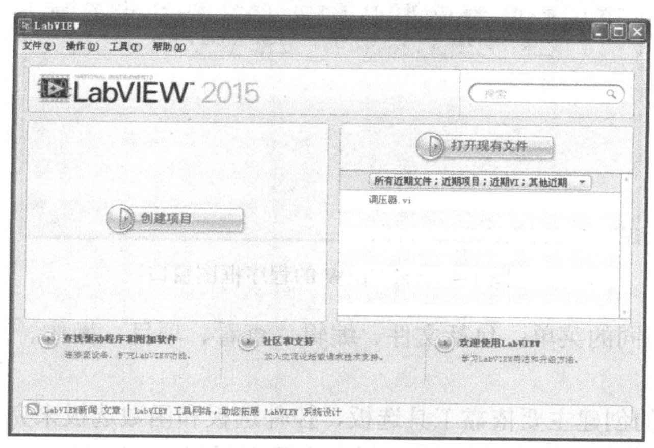

图 1-1　LabVIEW 的启动窗口

在启动窗口，单击“创建项目”按钮，弹出“创建项目”对话框，如图 1-2 所示。双击“新建一个空白 VI”，进入 LabVIEW 的编程环境。

这时将出现两个无标题窗口。一个是前面板窗口，如图 1-3 所示，用于编辑和显示前面板对象；另一个是程序框图窗口，如图 1-4 所示，用于编辑和显示流程图。

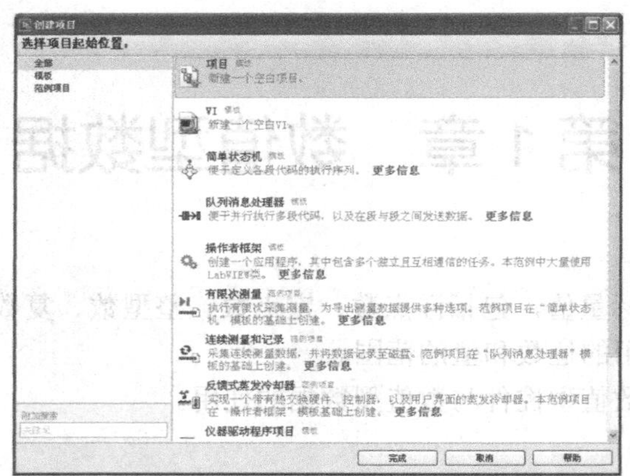

图 1-2 “创建项目”对话框

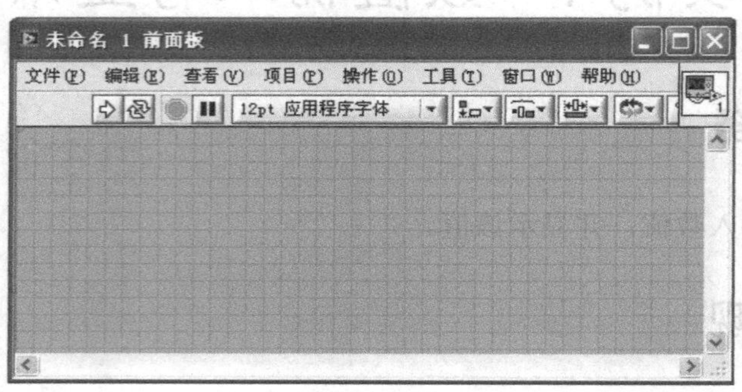

图 1-3 LabVIEW 的前面板窗口

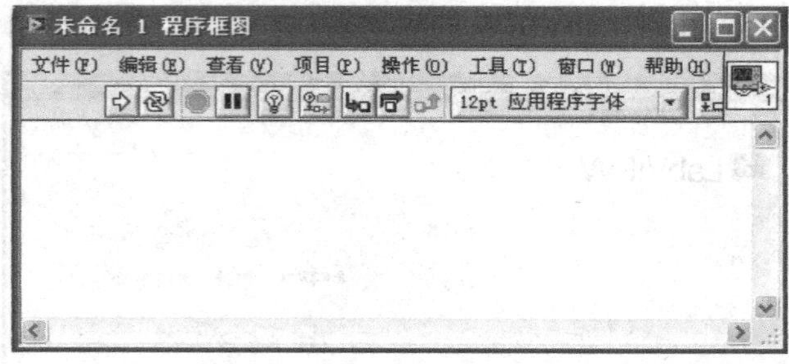

图 1-4 LabVIEW 的程序框图窗口

两个窗口拥有相同的菜单：包括文件、编辑、查看、项目、操作、工具、窗口、帮助 8 大项。

LabVIEW 程序的创建主要依靠工具选板、控件选板和函数选板来完成。

一般在启动 LabVIEW 的时候，三个选板会出现在屏幕上，由于控件选板只对前面板有效，所以只有在激活前面板的时候才会显示。同样，只有在激活程序框图的时候才会显示函数选板。如果选板没有被显示出来，可以通过前面板窗口或者程序框图窗口的菜单“查看/工具选板”来显示工具选板，通过前面板窗口的菜单“查看/控件选板”显示控件选板，通过程序框图窗口的菜单“查看/函数选板”显示函数选板。也可以在相应窗口的空白处右击鼠标（单击鼠标右键），以弹出控件选板或函数选板。

在前面板和程序框图中都可看到工具选板，LabVIEW 的工具选板如图 1-5 所示。利用工具选板可以创建、修改 LabVIEW 中的对象，并对程序进行调试。工具选板是 LabVIEW 中对对象进行编辑的工具。工具选板上的每种工具都对应于鼠标的一种操作模式。将光标对应于选板上所选择的工具图标，可选择合适的工具对前面板和程序框图上的对象进行操作和修改。

控件选板仅位于前面板，包括用于创建前面板对象所需的输入控件和显示控件，主要用于创建前面板中的对象，构建程序的界面。LabVIEW 的控件选板如图 1-6 所示。输入控件是指按钮、旋钮、转盘等输入装置，用来模拟仪器的输入，为 VI 的程序框图提供数据；显示控件是指图表、指示灯等显示装置，用来模拟仪器的输出，显示程序框图获取或生成的数据。

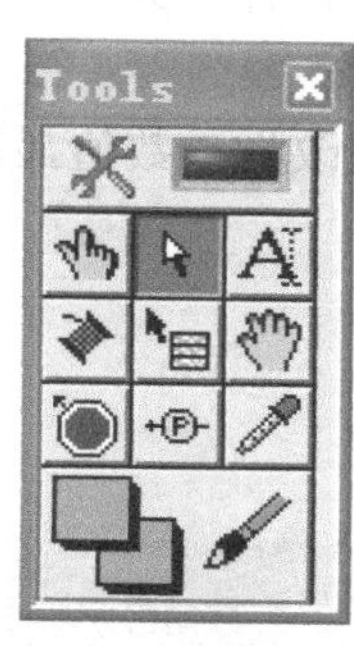

图 1-5　工具选板

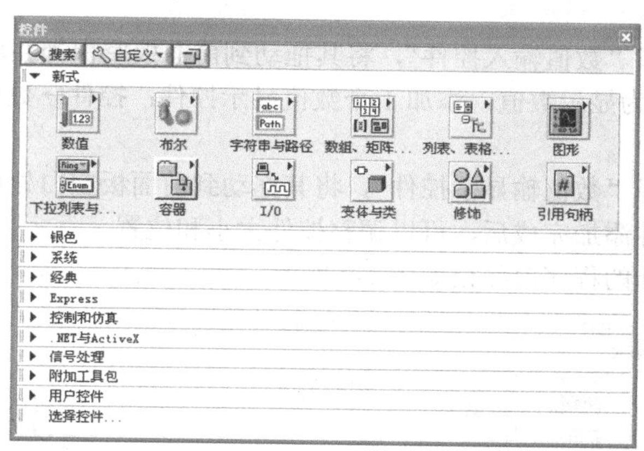

图 1-6　控件选板

在控件选板中，按照所属类别，各种输入控件和显示控件被分门别类地安排在不同的子选板中。应用控件选板中的这些子选板，用户可以创建出界面美观且功能强大的 VI 前面板。在前面板中，用户可以使用各种图标，如仪表、按钮、开关、波形图、实时趋势图等，这可使前面板的界面像真实的仪器面板一样。

函数选板仅位于程序框图，包含了编写程序过程中用到的函数和 VI 程序，主要用于构建程序框图中的节点，对 VI 程序框图进行设计。LabVIEW 的函数选板如图 1-7 所示。按照功能类型将各种函数、VIs 和 Express VIs 放入不同的子选板中。

图 1-7　函数选板

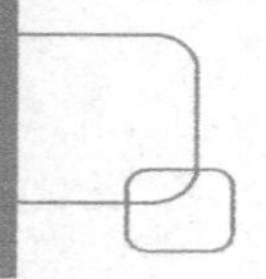

函数选板是编写 VI 程序的时候使用最为频繁的工具，因而熟悉它的各子选板的功能对编写程序是十分有用的，在使用 LabVIEW 编写程序的过程中，读者可以逐步了解它的每个子选板、每个函数、VIs 及 Express VIs 的功能，熟练使用这些工具是编写好 LabVIEW 应用程序的保证。

2．程序前面板设计

切换到 LabVIEW 的前面板窗口，显示控件选板，给程序前面板添加控件。

1）为输入数值，添加 1 个数值输入控件：控件→数值→数值输入控件，其位置如图 1-8 所示。

选择“数值输入控件”，将其拖动到前面板空白处并单击。将标签改为“数值输入”。

2）为显示数值，添加 1 个数值显示控件：控件→数值→数值显示控件，其位置如图 1-8 所示。

选择“数值输显示控件”，将其拖动到前面板空白处单击。将标签改为“数值显示”。

控件添加完成后，可以调整控件大小和位置。

设计的程序前面板如图 1-9 所示。

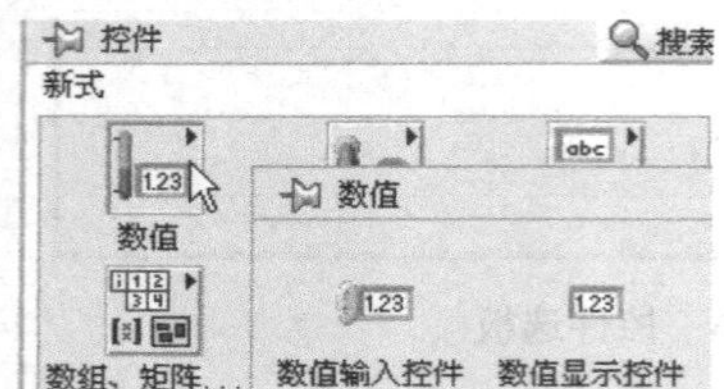

图 1-8　数值输入与显示控件位置

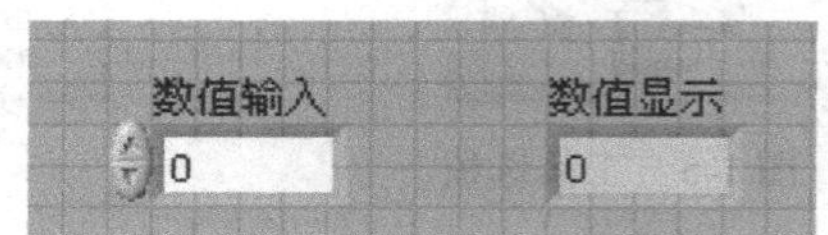

图 1-9　程序前面板

3．程序框图设计

每个程序前面板都对应着一段程序框图。在程序框图中对 VI 进行编程，以控制和操作定义在前面板上的输入和输出对象。

切换到程序框图窗口，可以看到前面板添加的控件图标，选择这些图标，调整其位置。可通过函数选板添加其他节点。

使用工具箱中的连线工具，将所有节点连接起来。

当需要连接两个端口时，在第一个端口上单击连线工具，然后移动到另一个端口，再单击即可实现连线。端口的先后次序不影响数据流动的方向。

当把连线工具放在节点端口上时，该端口区域将会闪烁，表示连线将会接通该端口。当把连线工具从一个端口接到另一个端口时，不需要按住鼠标键。当需要连线转弯时，单击一次鼠标键，即可以改变连线方向。

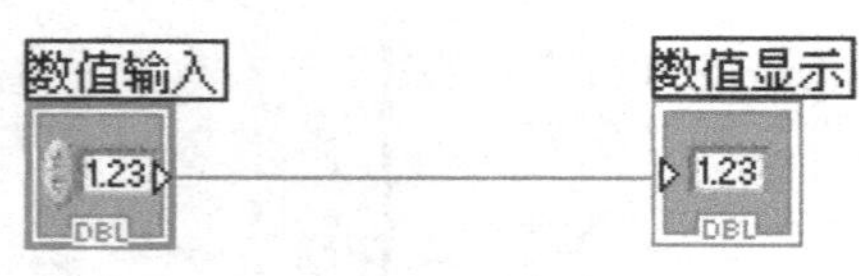

图 1-10　程序框图

本例将数值输入控件的输出端口与数值显示控件输入端口相连。

连线后的程序框图如图 1-10 所示。

4．运行程序

切换到前面板窗口，单击工具栏“连续运行”

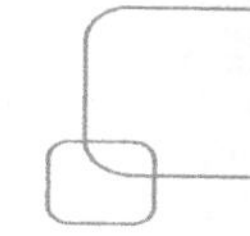

按钮，运行程序（再次单击该按钮可以停止程序的连续运行）。

在程序前面板单击数值输入框上、下箭头得到数值或直接输入数值，如“3.5”，并显示该值。

程序运行界面如图 1-11 所示。

图 1-11　程序运行界面

5．保存程序

从前面板窗口“文件”下拉菜单中选择“保存”或者“另存为...”子菜单，出现“命名 VI”对话框，选择文件目录，输入文件名，保存 VI。

既可以把 VI 作为单独的程序文件保存，也可以把一些 VI 程序文件同时保存在一个 VI 库中，VI 库文件的扩展名为.llb。

NI 公司推荐将程序的开发文件作为单独的程序文件保存在指定的目录下，尤其是在开发小组共同开发一个项目时。

6．打开程序

从前面板窗口“文件”下拉菜单中选择“打开...”子菜单可出现打开文件对话框（或在启动窗口中选择“打开”按钮）。对话框中列出了 VI 目录及库文件，每个文件名前均带有一个图标。

打开目录或库文件后，选择想要打开的 VI 文件，单击“确定”按钮打开程序，或直接双击图标将其打开。

打开已有的 VI 还有一种较简便的方法，如果该 VI 在之前使用过，则可以在“文件”菜单下的近期打开的文件下拉列表中，找到 VI 并打开。

实例 2　滑动杆输出与显示

一、设计任务

通过滑动杆控件得到数值，通过数值显示、量表、温度计、液罐控件输出显示。

二、任务实现

1．程序前面板设计

新建 VI。切换到 LabVIEW 的前面板窗口，通过控件选板给程序前面板添加控件。

1）为产生数值，添加滑动杆控件：控件→数值→垂直填充滑动杆。

同样添加水平填充滑动杆控件、垂直指针滑动杆控件、水平指针滑动杆控件。

2）为显示数值，添加数值显示控件：控件→数值→数值显示控件。

3）为显示数值，添加量表控件：控件→数值→量表。

4）为显示数值，添加温度计控件：控件→数值→温度计。

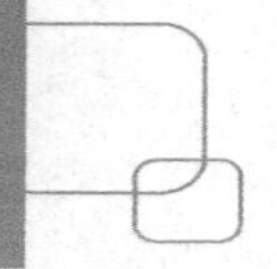

5）为显示数值，添加液罐控件：控件→数值→液罐。

设计的程序前面板如图 1-12 所示。

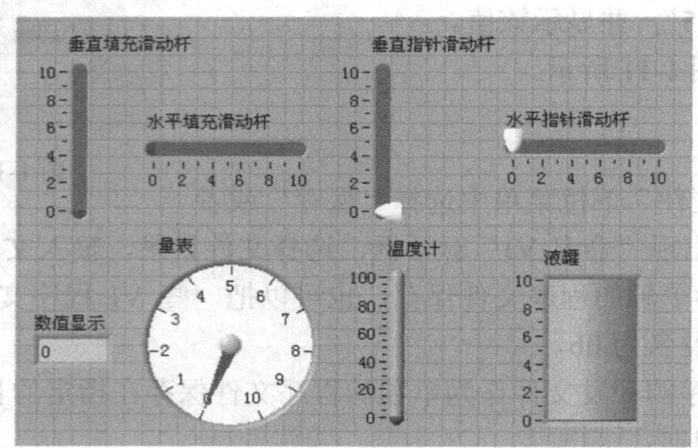

图 1-12　程序前面板

2. 程序框图设计

切换到 LabVIEW 的程序框图窗口，调整控件位置。

1）将垂直填充滑动杆控件的输出端口与数值显示控件的输入端口相连。

2）将水平填充滑动杆控件的输出端口与量表控件的输入端口相连。

3）将垂直指针滑动杆控件的输出端口与温度计控件的输入端口相连。

4）将水平指针滑动杆控件的输出端口与液罐控件的输入端口相连。

连线后的程序框图如图 1-13 所示。

3. 运行程序

切换到前面板窗口，单击工具栏“连续运行”按钮，运行程序。

通过鼠标推动滑动杆改变输出数值，数值显示控件、量表控件、温度计控件、液罐控件的显示值发生同样变化。

程序运行界面如图 1-14 所示。

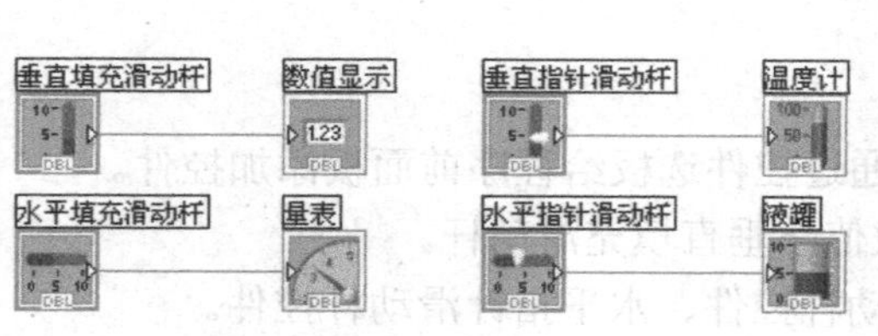

图 1-13　程序框图

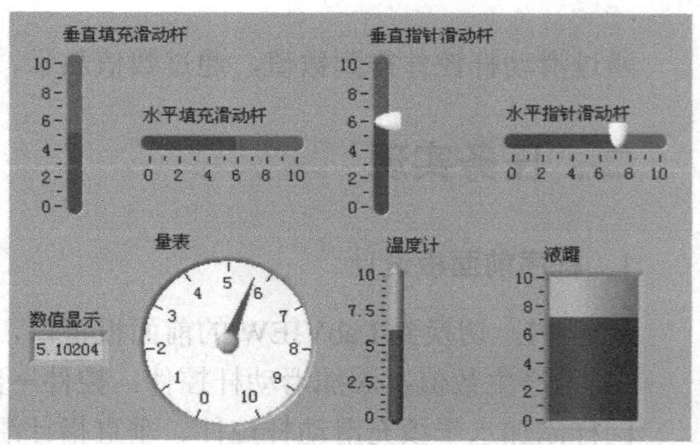

图 1-14　程序运行界面

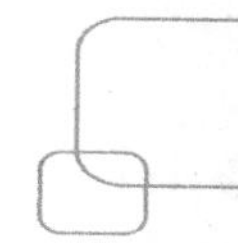

实例 3　旋钮与转盘输出

一、设计任务

通过旋钮、转盘得到数值，通过仪表、量表输出显示。

二、任务实现

1. 程序前面板设计

新建 VI。切换到 LabVIEW 的前面板窗口，通过控件选板给程序前面板添加控件。

1）为产生数值，添加 1 个旋钮控件：控件→数值→旋钮。

2）为产生数值，添加 1 个转盘控件：控件→数值→转盘。

3）为显示数值，添加 1 个仪表控件：控件→数值→仪表。

4）为显示数值，添加 1 个量表控件：控件→数值→量表。

5）为显示数值，添加 2 个数值显示控件：控件→数值→数值显示控件。

设计的程序前面板如图 1-15 所示。

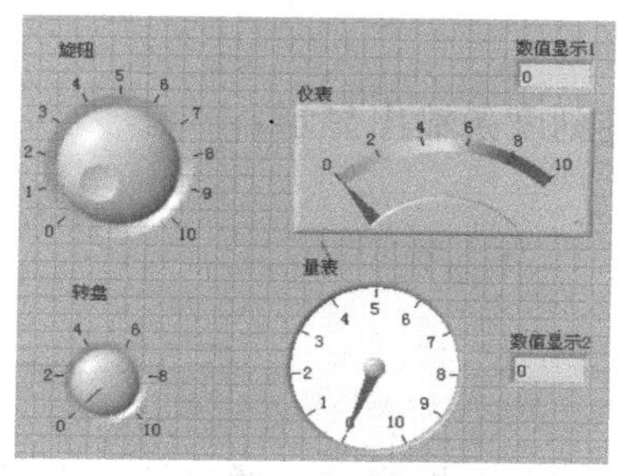

图 1-15　程序前面板

2. 程序框图设计

切换到 LabVIEW 的程序框图窗口，调整控件位置。

1）将旋钮控件的输出端口分别与仪表控件、数值显示 1 控件的输入端口相连。

2）将转盘控件的输出端口分别与量表控件、数值显示 2 控件的输入端口相连。

连线后的程序框图如图 1-16 所示。

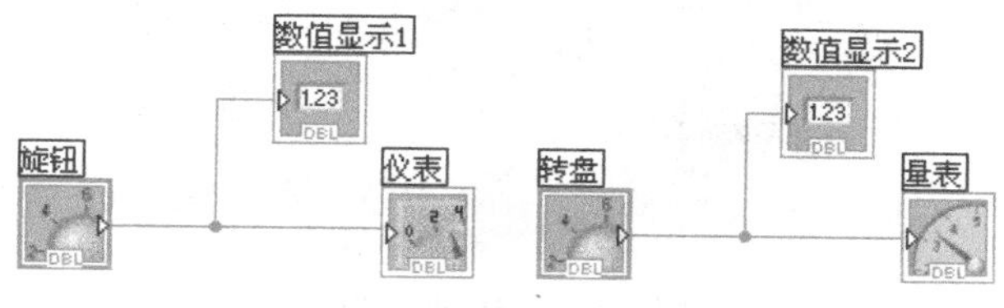

图 1-16　程序框图

3. 运行程序

切换到前面板窗口，单击工具栏"连续运行"按钮，运行程序。

通过鼠标转动旋钮或转盘改变输出数值，仪表控件、量表控件指针随着转动输出相同数值，并在数值显示控件输出显示。

程序运行界面如图 1-17 所示。

图 1-17　程序运行界面

实例 4　滚动条与刻度条

一、设计任务

通过滚动条得到数值，通过刻度条输出显示。

二、任务实现

1. 程序前面板设计

新建 VI。切换到 LabVIEW 的前面板窗口，通过控件选板给程序前面板添加控件。

1）为产生数值，添加 1 个水平滚动条控件：控件→数值→水平滚动条。

同样添加 1 个垂直滚动条控件。

2）为了显示数值，添加 1 个水平刻度条控件：控件→数值→水平刻度条。

同样添加 1 个垂直刻度条控件。

设计的程序前面板如图 1-18 所示。

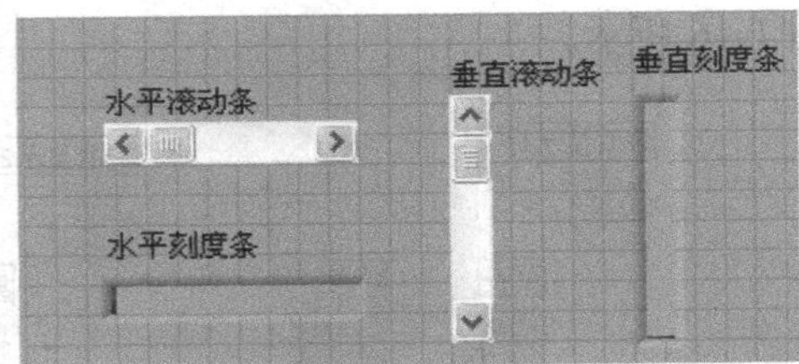

图 1-18　程序前面板

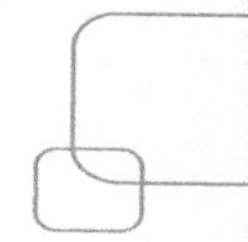

2. 程序框图设计

切换到 LabVIEW 的程序框图窗口，调整控件位置。

1）将水平滚动条控件的输出端口与水平刻度条控件的输入端口相连。

2）将垂直滚动条控件的输出端口与垂直刻度条控件的输入端口相连。

连线后的程序框图如图 1-19 所示。

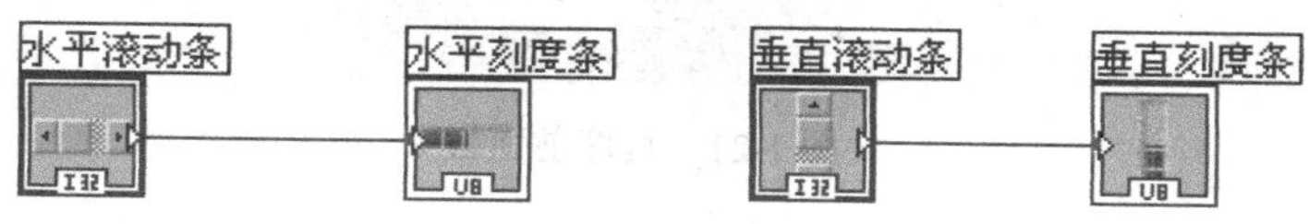

图 1-19　程序框图

3. 运行程序

切换到前面板窗口，单击工具栏“连续运行”按钮，运行程序。

通过鼠标推动滚动条改变输出数值，刻度条控件的显示值发生同样变化。

程序运行界面如图 1-20 所示。

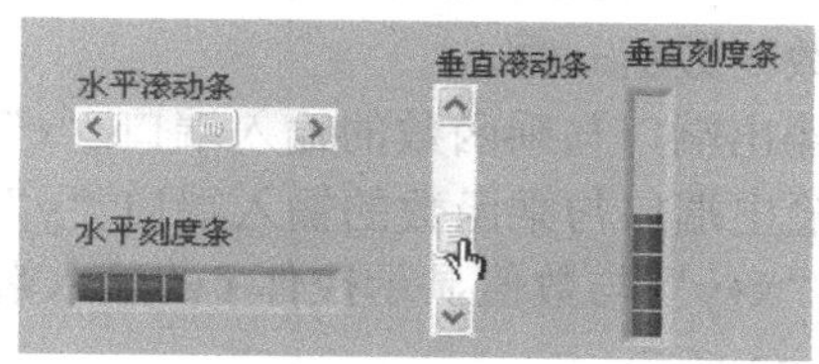

图 1-20　程序运行界面

实例 5　数值数据基本运算

一、设计任务

2 个数值相加或相乘，将结果输出显示。

二、任务实现

1. 程序前面板设计

新建 VI。切换到 LabVIEW 的前面板窗口，通过控件选板给程序前面板添加控件。

1）为输入数值，添加 4 个数值输入控件：控件→数值→数值输入控件，将标签分别改为“a”“b”“d”“e”。

2）为显示数值，添加 2 个数值显示控件：控件→数值→数值显示控件，将标签分别改为“c”“f”。

3）通过工具选板编辑文本输入“+”号、“*”号和“=”号。

设计的程序前面板如图 1-21 所示。

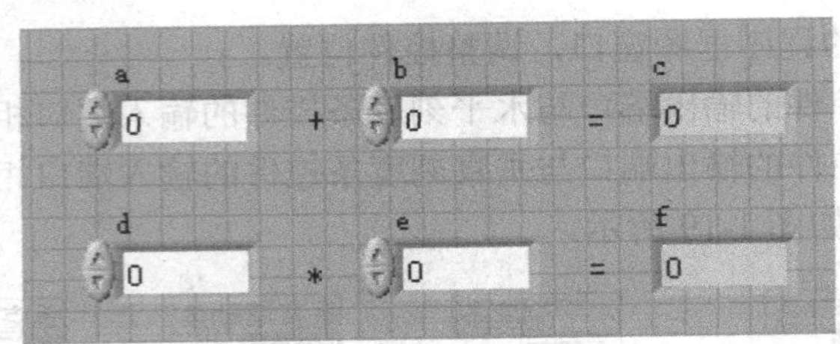

图 1-21　程序前面板

2. 程序框图设计

切换到 LabVIEW 的程序框图窗口，调整控件位置，添加节点与连线。

1）添加 1 个加函数：函数→数值→加。

2）将数值输入控件 a 的输出端口与加函数的输入端口“x”相连。

3）将数值输入控件 b 的输出端口与加函数的输入端口“y”相连。

4）将加函数的输出端口“x+y”与数值显示控件“c”的输入端口相连。

5）添加 1 个乘函数：函数→数值→乘。

6）将数值输入控件 d 的输出端口与乘函数的输入端口“x”相连。

7）将数值输入控件 e 的输出端口与乘函数的输入端口“y”相连。

8）将乘函数的输出端口“x*y”与数值显示控件 f 的输入端口相连。

连线后的程序框图如图 1-22 所示。

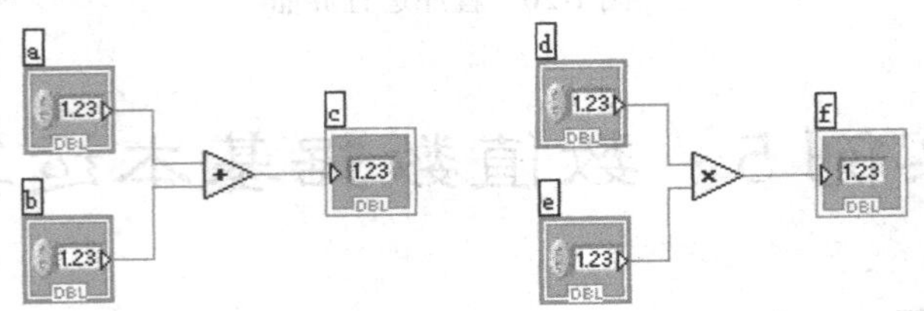

图 1-22　程序框图

3. 运行程序

切换到前面板窗口，单击工具栏“连续运行”按钮，运行程序。

改变数值输入控件 a、b、d、e 的值，数值显示控件 c 显示 a 与 b 相加的结果，数值显示控件 f 显示 d 与 e 相乘的结果。

程序运行界面如图 1-23 所示。

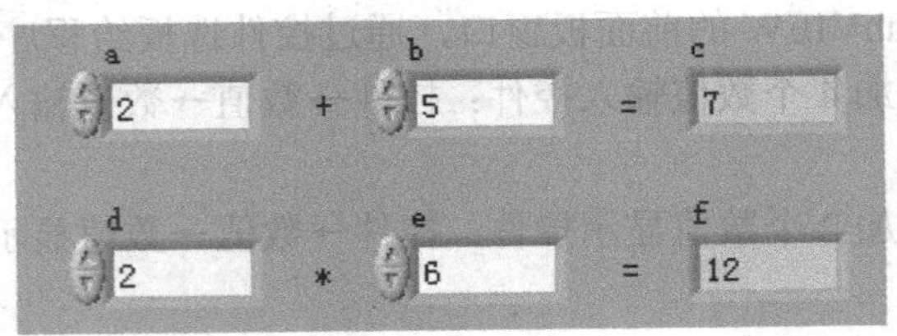

图 1-23　程序运行界面

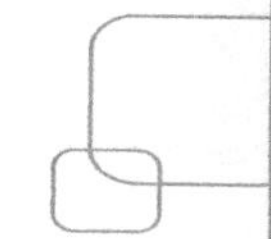

实例 6　数值常量的使用

一、设计任务

将某数值与 1 个数值常量相减，结果求绝对值后输出显示。

二、任务实现

1. 程序前面板设计

新建 VI。切换到 LabVIEW 的前面板窗口，通过控件选板给程序前面板添加控件。

1）为了输入数值，添加 1 个数值输入控件：控件→数值→数值输入控件，将标签改为“a”。

2）为了显示数值，添加 3 个数值显示控件：控件→数值→数值显示控件，将标签分别改为“数值常量”“相减输出”“绝对值输出”。

设计的程序前面板如图 1-24 所示。

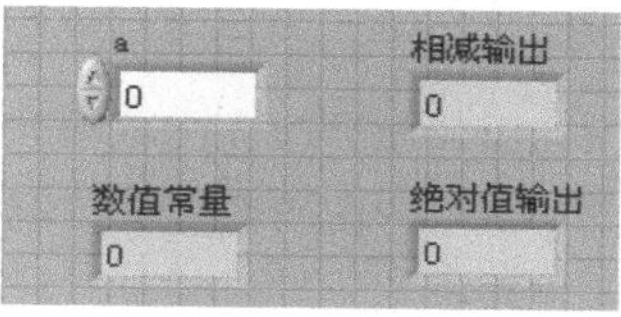

图 1-24　程序前面板

2. 程序框图设计

切换到 LabVIEW 的程序框图窗口，调整控件位置，添加节点与连线。

1）添加 1 个减函数：函数→数值→减。右击“-”号节点图标，弹出快捷菜单，选择“显示项”子菜单，选择“标签”，可以看到图标上方出现标签“减”。

2）添加 1 个数值常量：函数→数值→数值常量。将数值设为“8”。

3）添加 1 个绝对值函数：函数→数值→绝对值。添加标签“绝对值”。

4）将数值输入控件 a 的输出端口与减函数的输入端口“x”相连。

5）将数值常量“20”与减函数的输入端口“y”相连。

6）将数值常量“20”与“数值常量”显示控件的输入端口相连。

7）将减函数的输出端口“x-y”与“相减输出”数值显示控件的输入端口相连。

8）将减函数的输出端口“x-y”与绝对值函数的输入端口“x”相连。

9）将绝对值函数的输出端口“abs(x)”与“绝对值输出”数值显示控件的输入端口相连。

连线后的程序框图如图 1-25 所示。

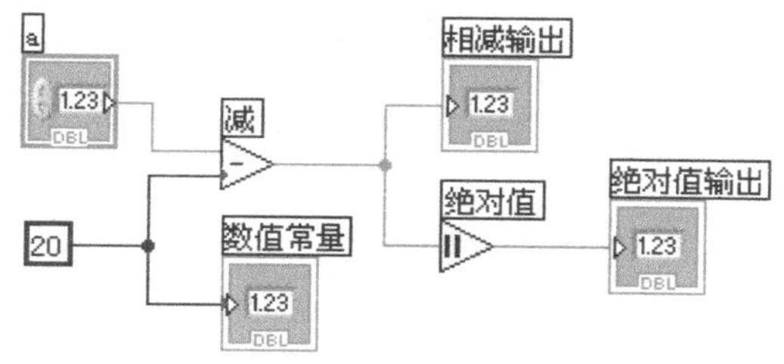

图 1-25　连线后的程序框图

3. 运行程序

切换到前面板窗口，单击工具栏“连续运行”按钮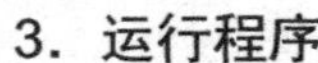，运行程序。

改变数值输入控件 a 的值，与数值常量 20 相减求绝对值后输出结果。

程序运行界面如图 1-26 所示。

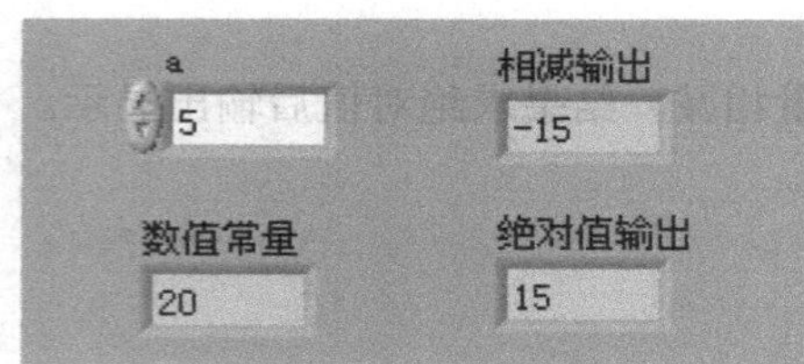

图 1-26　程序运行界面

第 2 章　布尔型数据

布尔型数据即逻辑型数据，它的值为真（True 或 1）或假（False 或 0）。LabVIEW 使用 8 位（1 字节）的数值来存储布尔型数据。

本章通过实例介绍布尔控件与布尔型数据的使用。

实例 7　开关控制指示灯

一、设计任务

在程序前面板通过开关控制指示灯颜色变化。

二、任务实现

1．程序前面板设计

新建 VI。切换到 LabVIEW 的前面板窗口，通过控件选板给程序前面板添加控件。

1）添加 2 个修饰控件：控件→修饰→平面圆形。

通过鼠标改变其大小和形状，通过工具箱设置颜色工具改变其颜色。其中大椭圆相当于人的脸，小椭圆相当于人的嘴巴。

2）添加 2 个指示灯控件：控件→布尔→圆形指示灯。

将标签分别改为“眼睛 1”和“眼睛 2”，然后分别右击 2 个指示灯控件，选择显示项，隐掉标签。通过鼠标改变其大小。这 2 个指示灯控件相当于人的 2 只眼睛。

3）添加 1 个开关控件：控件→布尔→垂直摇杆开关。

将标签改为“鼻子”，然后右击开关控件，选择显示项，隐掉标签。通过鼠标改变其大小。这个开关控件相当于人的鼻子。

设计的程序前面板如图 2-1 所示。形状和布置类似于人的脸部。

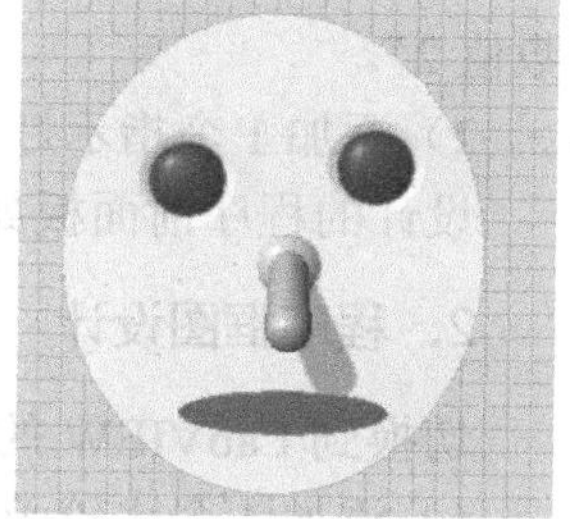

图 2-1　程序前面板

2．程序框图设计

切换到 LabVIEW 的程序框图窗口，调整控件位置。

将垂直摇杆开关控件（“鼻子”）的输出端口分别与 2 个指示灯控件（“眼睛 1”和“眼睛 2”）的输入端口相连。

连线后的程序框图如图 2-2 所示。

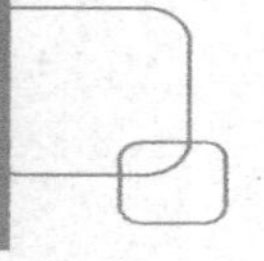

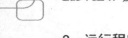

3. 运行程序

切换到前面板窗口，单击工具栏“连续运行”按钮，运行程序。

在程序前面板单击开关（“鼻子”），2 个指示灯（“眼睛”）颜色发生变化。

程序运行界面如图 2-3 所示。

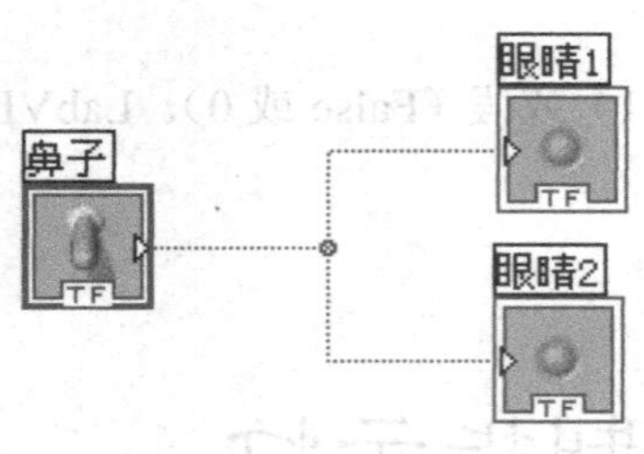

图 2-2 程序框图

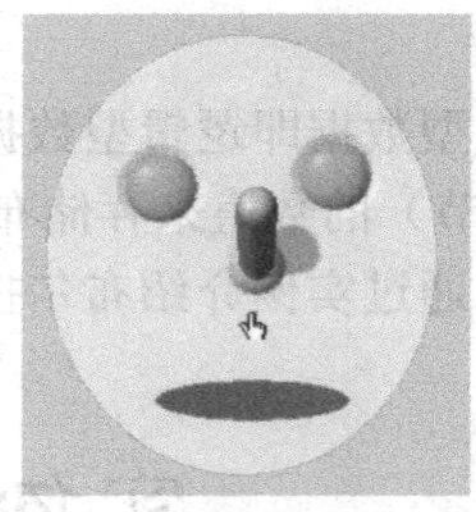

图 2-3 程序运行界面

实例 8 数值比较与显示

一、设计任务

比较两个数值的大小，通过指示灯的颜色变化来显示比较的结果。

二、任务实现

1. 程序前面板设计

新建 VI。切换到 LabVIEW 的前面板窗口，通过控件选板给程序前面板添加控件。

1）添加 2 个数值输入控件：控件→数值→数值输入控件，将标签分别改为“数值 1”和“数值 2”。

2）添加 1 个指示灯控件：控件→布尔→圆形指示灯，将标签改为“指示灯”。

设计的程序前面板如图 2-4 所示。

2. 程序框图设计

切换到 LabVIEW 的程序框图窗口，调整控件位置，添加节点与连线。

1）添加 1 个比较函数：函数→比较→“大于等于？”。

2）将数值 1 控件的输出端口与“大于等于？”比较函数的输入端口“x”相连。

3）将数值 2 控件的输出端口与“大于等于？”比较函数的输入端口“y”相连。

4）将“大于等于？”比较函数的输出端口“x≥y?”与指示灯控件的输入端口相连。

连线后的程序框图如图 2-5 所示。

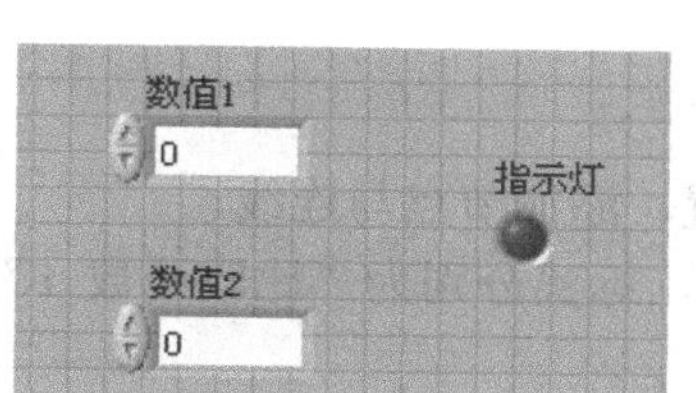

图 2-4　程序前面板

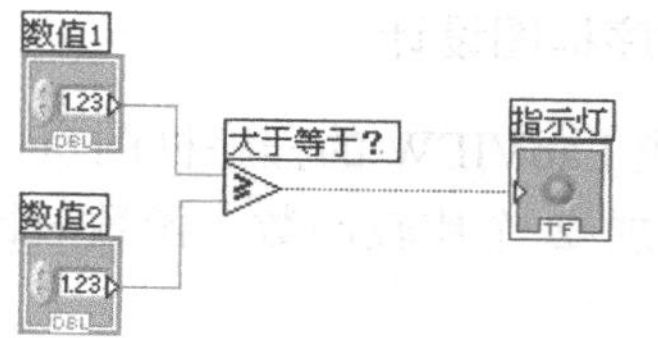

图 2-5　程序框图

3．运行程序

切换到前面板窗口，单击工具栏“连续运行”按钮，运行程序。

改变数值 1 和数值 2 大小，当数值 1 大于等于数值 2 时，指示灯变为绿色，否则为棕色（也可能是其他颜色，与指示灯控件的颜色设置有关）。

程序运行界面如图 2-6 所示。

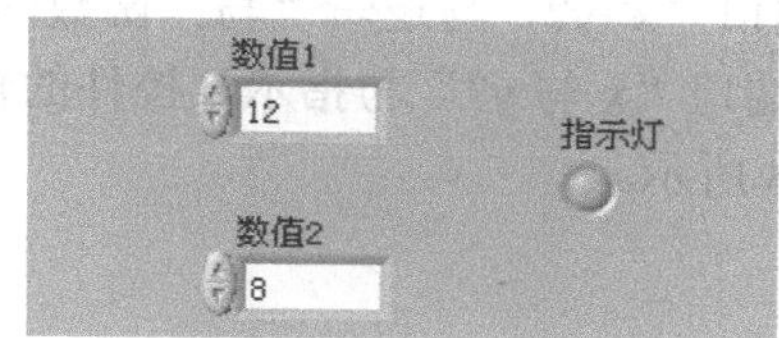

图 2-6　程序运行界面

实例 9　数值逻辑运算

一、设计任务

当 2 个数值同时大于某个数值时，指示灯的颜色发生变化。

二、任务实现

1．程序前面板设计

新建 VI。切换到 LabVIEW 的前面板窗口，通过控件选板给程序前面板添加控件。

1）添加 2 个数值输入控件：控件→数值→数值输入控件，将标签分别改为“a”和“b”。

2）添加 1 个指示灯控件：控件→布尔→圆形指示灯，将标签改为“指示灯”。

设计的程序前面板如图 2-7 所示。

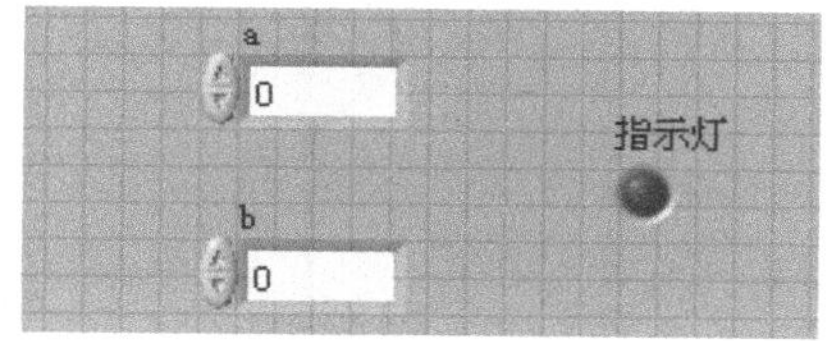

图 2-7　程序前面板

2．程序框图设计

切换到 LabVIEW 的程序框图窗口，调整控件位置，添加节点与连线。

1）添加 2 个比较函数：函数→比较→“大于？”，标签分别为“比较函数 1”和“比较函数 2”。

2）添加 2 个数值常量：函数→数值→数值常量。将数值均设为“5”。

3）添加 1 个布尔“与”函数：函数→布尔→与。

4）将数值 a 控件的输出端口与比较函数 1 的输入端口“x”相连。

5）将数值常量“5”与比较函数 1 的输入端口“y”相连。

6）将数值 b 控件的输出端口与比较函数 2 的输入端口“x”相连。

7）将数值常量“5”与比较函数 2 的输入端口“y”相连。

8）将比较函数 1 的输出端口“x>y?”与逻辑“与”函数的输入端口“x”相连。

9）将比较函数 2 的输出端口“x>y?”与逻辑“与”函数的输入端口“y”相连。

10）将“与”函数的输出端口“x 与 y?”与指示灯控件的输入端口相连。

连线后的程序框图如图 2-8 所示。

3．运行程序

切换到前面板窗口，单击工具栏“连续运行”按钮，运行程序。

改变数值 a 和数值 b 大小，当数值 a 和数值 b 同时大于数值 5 时，指示灯改变颜色。

程序运行界面如图 2-9 所示。

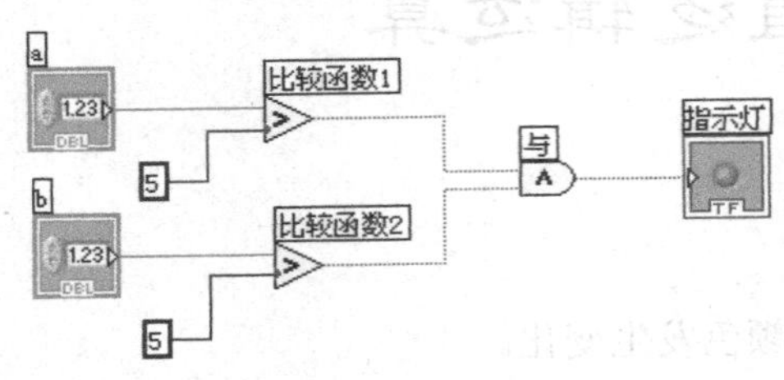

图 2-8　程序框图

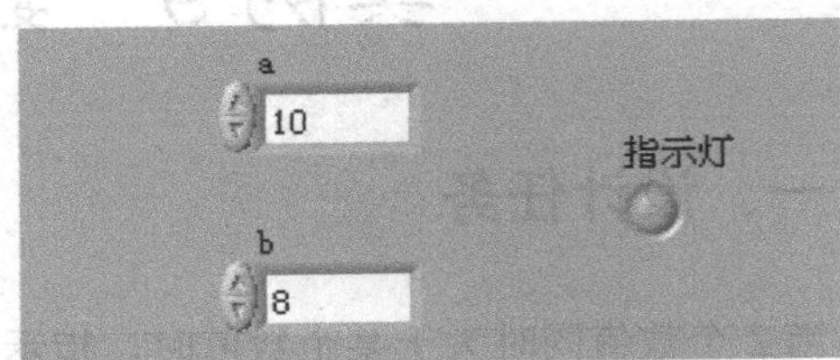

图 2-9　程序运行界面

实例 10　真常量与假常量

一、设计任务

通过真常量或假常量来改变指示灯的颜色。

二、任务实现

1．程序前面板设计

新建 VI。切换到 LabVIEW 的前面板窗口，通过控件选板给程序前面板添加控件。

添加 2 个指示灯控件：控件→布尔→圆形指示灯，将标签分别改为“灯 1”和“灯 2”。设计的程序前面板如图 2-10 所示。

2．程序框图设计

切换到 LabVIEW 的程序框图窗口，调整控件位置。

1）添加 1 个真常量：函数→布尔→真常量。

2）添加 1 个假常量：函数→布尔→假常量。

3）将真常量与灯 1 控件的输入端口相连。

4）将假常量与灯 2 控件的输入端口相连。

连线后的程序框图如图 2-11 所示。

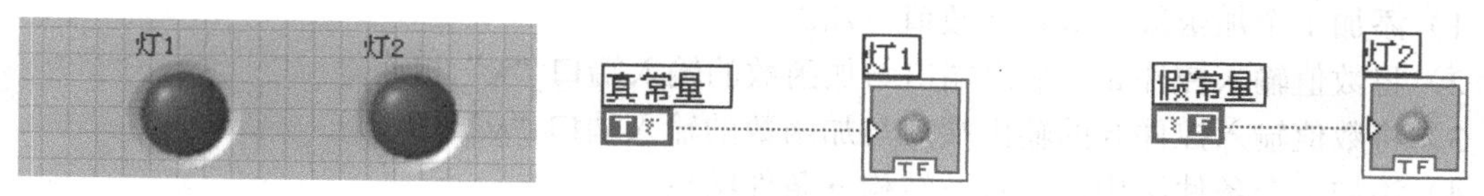

图 2-10　程序前面板　　图 2-11　程序框图

3．运行程序

切换到前面板窗口，单击工具栏“连续运行”按钮，运行程序。

与真常量相连的灯 1 颜色为绿色，与假常量相连的灯 2 颜色为棕色（也可能是其他颜色，与指示灯控件的颜色设置有关）。

程序运行界面如图 2-12 所示。

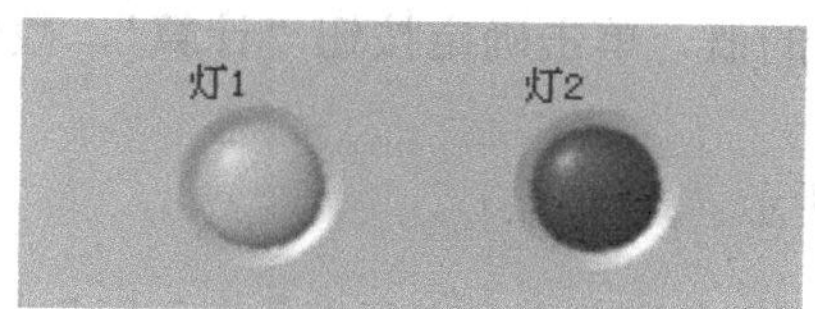

图 2-12　程序运行界面

实例 11　确定按钮的使用

一、设计任务

2 个数值相加，单击“确定”按钮，得到相加的结果。

二、任务实现

1．程序前面板设计

新建 VI。切换到 LabVIEW 的前面板窗口，通过控件选板给程序前面板添加控件。

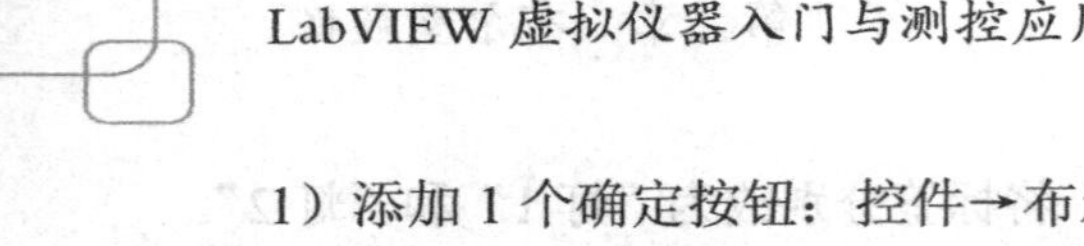

1）添加 1 个确定按钮：控件→布尔→确定按钮。将标签改为“计算”。

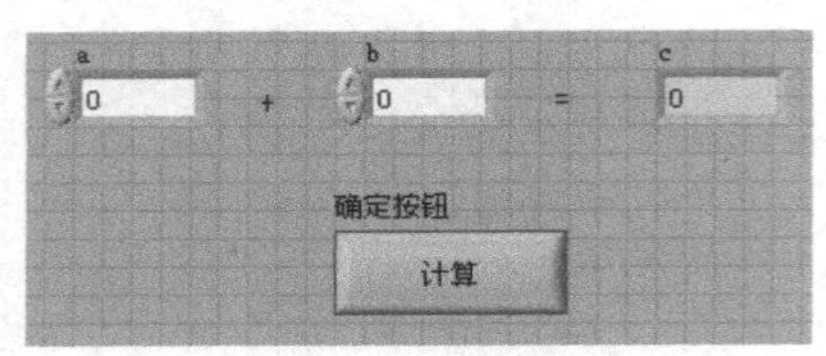

图 2-13　程序前面板

2）添加 2 个数值输入控件：控件→数值→数值输入控件。将标签分别改为“a”和“b”。

3）添加 1 个数值显示控件：控件→数值→数值显示控件。将标签改为“c”。

4）通过工具选板的编辑文本输入“+”号和“=”号。设计的程序前面板如图 2-13 所示。

2. 程序框图设计

切换到 LabVIEW 的程序框图窗口，调整控件位置，添加节点与连线。

1）添加 1 个加函数：函数→数值→加。

2）将数值输入控件 a 的输出端口与加函数的输入端口“x”相连。

3）将数值输入控件 b 的输出端口与加函数的输入端口“y”相连。

4）添加 1 个条件结构：函数→结构→条件结构。

5）将数值显示控件 c 的图标移到条件结构“真”选项中。

6）将加函数的输出端口“x+y”与数值显示控件 c 的输入端口相连。

7）将确定按钮的输出端口与条件结构的选择端口“？”相连。

连线后的程序框图如图 2-14 所示。

3. 运行程序

切换到前面板窗口，单击工具栏“连续运行”按钮，运行程序。

改变数值输入控件 a 和 b 的值，单击确定按钮“计算”，数值显示控件 c 显示 a 与 b 相加的结果。

程序运行界面如图 2-15 所示。

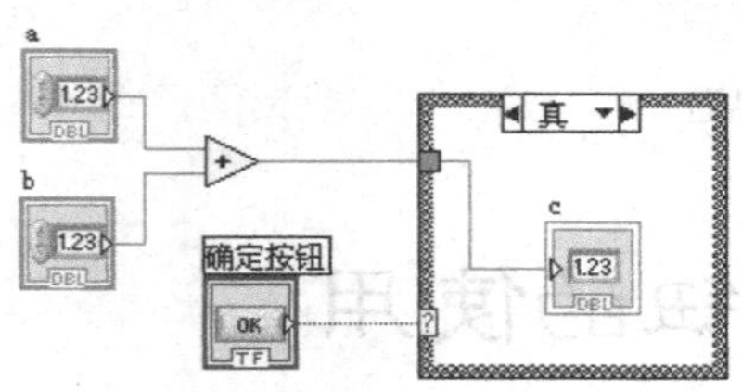

图 2-14　程序框图

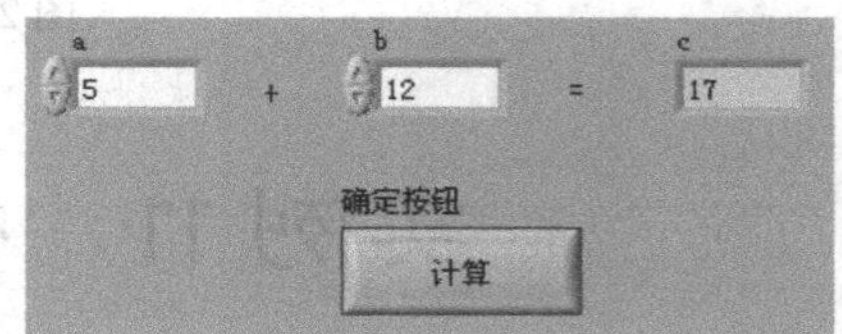

图 2-15　程序运行界面

实例 12　停止按钮的使用

一、设计任务

单击“停止”按钮，随机数停止变化，程序退出。

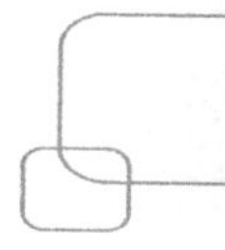

二、任务实现

1．程序前面板设计

新建 VI。切换到 LabVIEW 的前面板窗口，通过控件选板给程序前面板添加控件。

1）添加 1 个停止按钮：控件→布尔→停止按钮。

2）添加 1 个数值显示控件：控件→数值→数值显示控件，将标签改为“随机数显示”。

设计的程序前面板如图 2-16 所示。

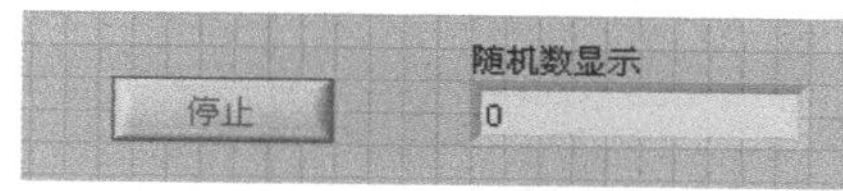

图 2-16　程序前面板

2．程序框图设计

切换到 LabVIEW 的程序框图窗口，调整控件位置，添加节点与连线。

1）添加 1 个循环结构：函数→结构→While 循环。

2）在 While 循环结构中添加 1 个随机数函数：函数→数值→随机数(0-1)。

3）将随机数显示控件的图标移到 While 循环结构中。

4）将随机数函数与随机数显示控件的输入端口相连。

5）将停止按钮图标移到 While 循环结构中，再与循环结构中的条件端口◉相连。

连线后的程序框图如图 2-17 所示。

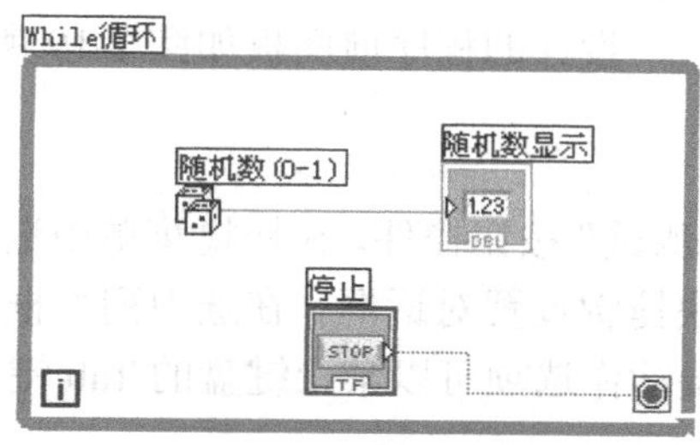

图 2-17　程序框图

3．运行程序

切换到前面板窗口，单击工具栏“运行”按钮⇨，运行程序。

随机数显示值不断变化，单击“停止”按钮，程序退出。

程序运行界面如图 2-18 所示。

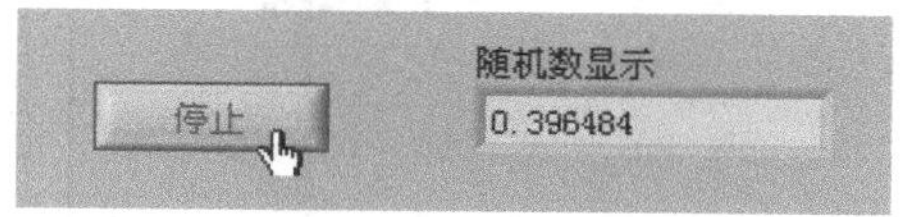

图 2-18　程序运行界面

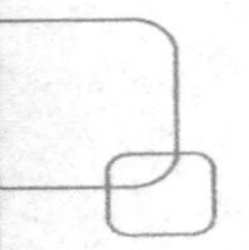

实例 13　按钮的快捷键设置

用户可以对前面板上的控件分配快捷键，这样可以使用户在不使用鼠标的情况下通过键盘来操控前面板上的控件。在对控件分配快捷键时，可以使用组合键，一般使用 Shift 和 Ctrl 键，但要保证在前面板上控件的快捷键不能重复。当然快捷键只对控件有效，显示件是不能被分配快捷键的。以下通过实例说明对控件分配快捷键的一般方法。

一、设计任务

给开关按钮分配快捷键 Return（回车键）。

二、任务实现

1. 程序前面板设计

新建 VI。切换到 LabVIEW 的前面板窗口，通过控件选板给程序前面板添加控件。

1）添加 1 个开关按钮：控件→布尔→开关按钮，标签为“状态测试”。

2）添加 1 个字符串显示控件：控件→字符串与路径→字符串显示控件，标签为“命令按钮状态”。

设计的程序前面板如图 2-19 所示。

图 2-19　程序前面板

2. 快捷键设置

在前面板右键单击“状态测试”按钮控件，在快捷菜单中选择“高级”，再单击“快捷键”，系统会弹出如图 2-20 所示的快捷键设置对话框。在选中列表框中选择回车键，就将“状态测试”按钮与回车键绑定。Tab 键动作选项可以禁止键盘的 Tab 键对该控件的访问。单击“确定”按钮确认。

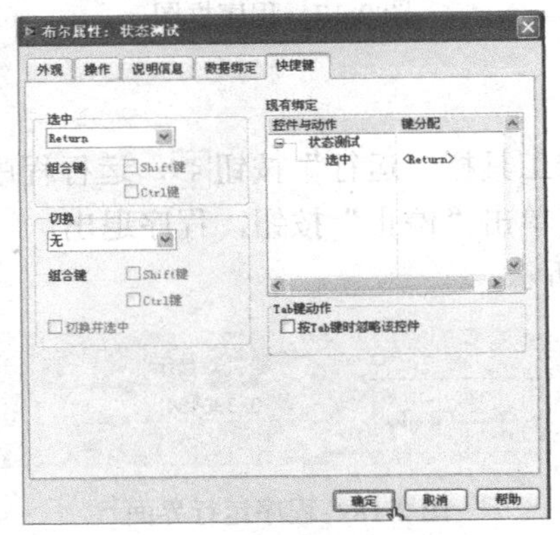

图 2-20　快捷键设置对话框

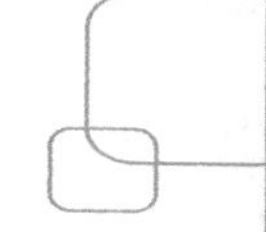

3. 程序框图设计

切换到 LabVIEW 的程序框图窗口，调整控件位置，添加节点与连线。

1）添加 1 个条件结构：函数→结构→条件结构。

2）在条件结构的“真”选项中添加 1 个字符串常量：函数→字符串→字符串常量。将值改为“按钮被按下”。

3）在条件结构的“假”选项中添加 1 个字符串常量：函数→字符串→字符串常量。将值改为“按钮被松开”。

4）在条件结构的“假”选项中创建 1 个局部变量：函数→结构→局部变量。

选择局部变量，单击鼠标右键，在弹出菜单的选项中，为局部变量选择关联控件“命令按钮状态”。

5）将命令按钮状态显示控件的图标移到条件结构的“真”选项中。

6）将状态测试按钮控件的输出端口与条件结构的选择端口“？”相连。

7）在条件结构的“真”选项中，将字符串常量“按钮被按下”与命令按钮状态显示控件的输入端口相连。

8）在条件结构的“假”选项中，将字符串常量“按钮被松开”与命令按钮状态局部变量相连。

连线后的程序框图如图 2-21 所示。

4. 运行程序

切换到前面板窗口，单击工具栏“连续运行”按钮，运行程序。

首先单击“状态测试”按钮，则文本显示框的内容会根据按钮的状态显示不同的信息。测试快捷键功能，按下回车键，其效果同单击“状态测试”按钮一样。

程序运行界面如图 2-22 所示。

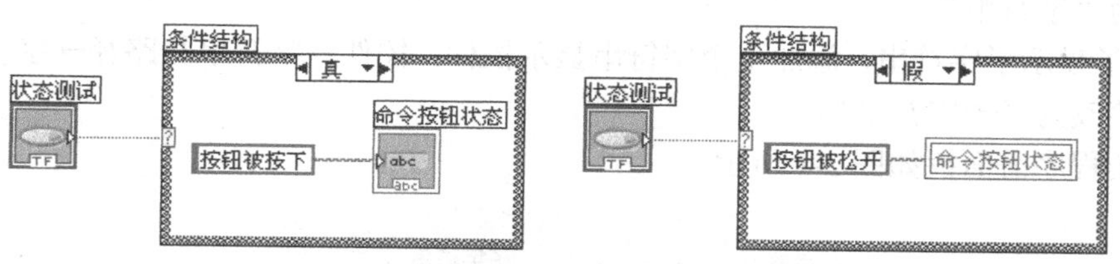

图 2-21　程序框图

图 2-22　程序运行界面

由于允许键盘的 Tab 键对控件的访问，所以即使不使用快捷键也同样可以控制前面板上的控件。运行程序，依次按 Tab 键，会发现控制焦点依次停在前面板的控制对象上，让焦点停止在“状态测试”按钮上，回车键的效果和鼠标单击的效果是一样的。如果要禁止 Tab 键对前面板对象的访问，则在快捷键分配对话框中选中“按 Tab 键时忽略该控件”复选框。

第3章　字符串数据

字符串、字符串数组和含字符串的簇都是在前面板设计、仪器控制和文件管理等任务中常见的数据结构。

本章通过实例介绍字符串数据的创建和常用字符串函数的使用。

实例14　截取字符串

一、设计任务

从1个字符串的指定位置，截取1个子字符串。

二、任务实现

1. 程序前面板设计

新建VI。切换到LabVIEW的前面板窗口，通过控件选板给程序前面板添加控件。

1）为了输入字符串，添加1个字符串输入控件：控件→字符串与路径→字符串输入控件，将标签改为“字符串”。

2）为了显示子字符串，添加1个字符串显示控件：控件→字符串与路径→字符串显示控件，将标签改为“子字符串”。

设计的程序前面板如图3-1所示。

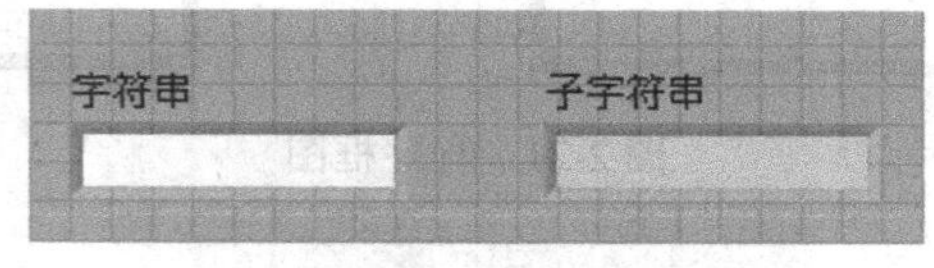

图3-1　程序前面板

2. 程序框图设计

切换到LabVIEW的程序框图窗口，调整控件位置，添加节点与连线。

1）为了截取字符，添加1个部分字符串函数：函数→字符串→截取字符串。

2）为了设置偏移量，添加1个数值常量：函数→数值→数值常量，将值改为“2”。

说明：参数“偏移量”指定了子字符串在原字符串中的起始位置。

3）为了设置截取长度，添加1个数值常量：函数→数值→数值常量，将值改为“3”。

说明：参数“长度”指定了子字符串的长度。

4）将字符串输入控件的输出端口与截取字符串函数的输入端口“字符串”相连。

5）将数值常量“2”和“3”分别与部分字符串函数的输入端口“偏移量”和“长度”相连。

6）将部分字符串函数的输出端口“子字符串”与字符串显示控件的输入端口相连。

连线后的程序框图如图 3-2 所示。

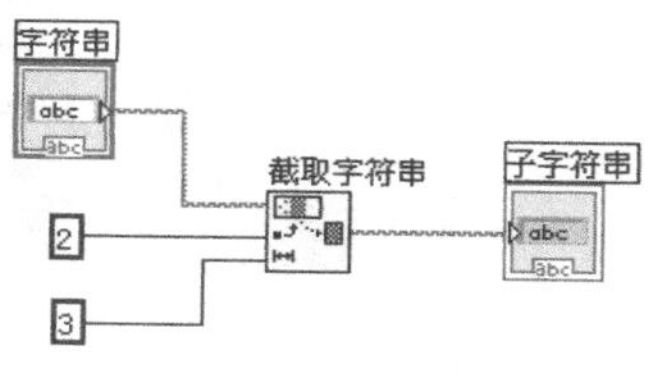

图 3-2　程序框图

3. 运行程序

切换到前面板窗口，单击工具栏“连续运行”按钮，运行程序。

从字符串“LabVIEW2018”的第 2 位取 3 个字符（字符串的起始位序号是 0），得到子字符串“bVI”。

程序运行界面如图 3-3 所示。

图 3-3　程序运行界面

实例 15　连接字符串并计算长度

一、设计任务

将 2 个字符串连接成 1 个新的字符串，然后计算新字符串的长度。

二、任务实现

1. 程序前面板设计

新建 VI。切换到 LabVIEW 的前面板窗口，通过控件选板给程序前面板添加控件。

1）为输入字符串，添加 2 个字符串输入控件：控件→字符串与路径→字符串输入控件，将标签分别改为“字符串 1”和“字符串 2”。

2）为显示连接后的字符串，添加 1 个字符串显示控件：控件→字符串与路径→字符串显示控件，将标签改为“连接后的字符串”。

3）为了显示字符串的长度，添加 1 个数值显示控件：控件→数值→数值显示控件，将标签改为“新字符串的长度”。

设计的程序前面板如图 3-4 所示。

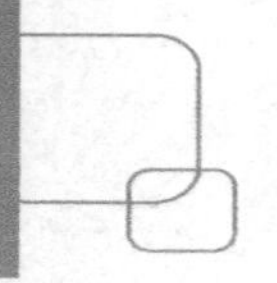

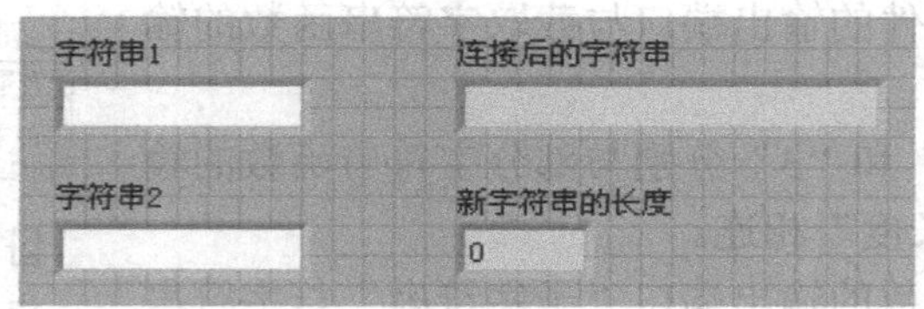

图 3-4　程序前面板

2. 程序框图设计

切换到 LabVIEW 的程序框图窗口，调整控件位置，添加节点与连线。

1）为了将 2 个字符串连接起来，添加 1 个连接字符串函数：函数→字符串→连接字符串。

2）为了计算新字符串的长度，添加 1 个字符串长度函数：函数→字符串→字符串长度。

3）将 2 个字符串输入控件的输出端口分别与连接字符串函数的输入端口“字符串”相连。

4）将连接字符串函数的输出端口“连接的字符串”与字符串显示控件的输入端口相连。

5）将连接字符串函数的输出端口“连接的字符串”与字符串长度函数的输入端口“字符串”相连。

6）将字符串长度函数的输出端口“长度”与数值显示控件的输入端口相连。

连线后的程序框图如图 3-5 所示。

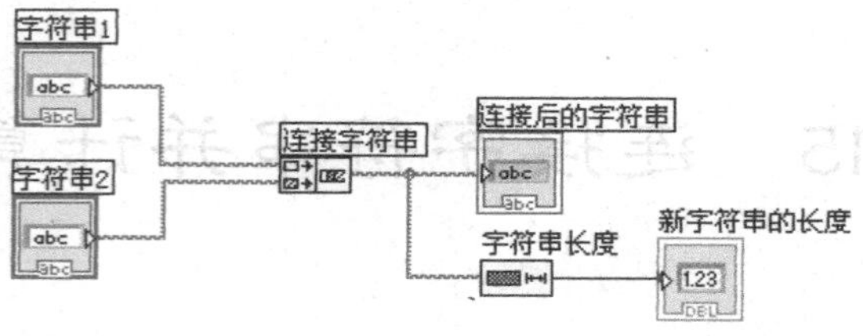

图 3-5　程序框图

3. 运行程序

切换到前面板窗口，单击工具栏“连续运行”按钮，运行程序。

将 2 个字符串“LabVIEW2018”和“虚拟仪器入门与测控”连接成 1 个新的字符串“LabVIEW2018 虚拟仪器入门与测控”，并作为结果显示。连接后的新字符串长度为 29 字节（在字符串中，1 个英文字符或数字的长度为 1 字节，1 个汉字的长度为 2 字节）。

程序运行界面如图 3-6 所示。

图 3-6　程序运行界面

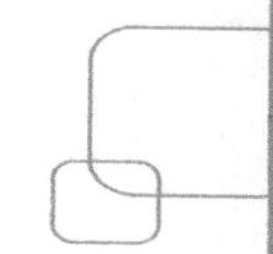

实例 16　字符串大小写转换

一、设计任务

1）将字符串中的小写字符转换为大写字符。

2）将字符串中的大写字符转换为小写字符。

二、任务实现

1．程序前面板设计

新建 VI。切换到 LabVIEW 的前面板窗口，通过控件选板给程序前面板添加控件。

1）为输入字符串，添加 2 个字符串输入控件：控件→字符串与路径→字符串输入控件，将标签分别改为“小写字符串”和“大写字符串”。

2）为显示转换后的字符串，添加 2 个字符串显示控件：控件→字符串与路径→字符串显示控件，将标签分别改为“大写字符串”和“小写字符串”。

设计的程序前面板如图 3-7 所示。

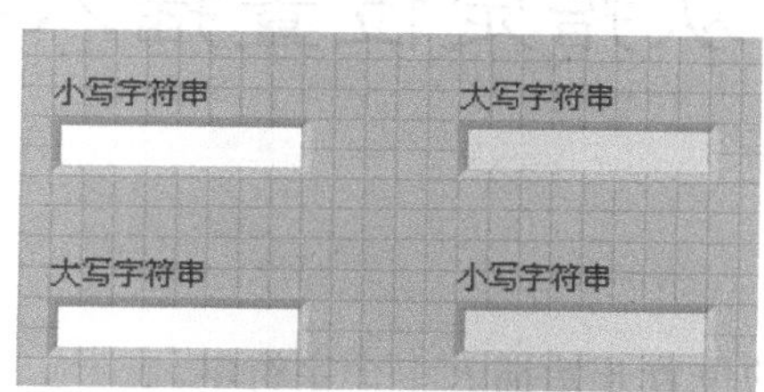

图 3-7　程序前面板

2．程序框图设计

切换到 LabVIEW 的程序框图窗口，调整控件位置，添加节点与连线。

1）添加 1 个转换为大写字母函数：函数→字符串→转换为大写字母。

2）添加 1 个转换为小写字母函数：函数→字符串→转换为小写字母。

3）将 2 个字符串输入控件的输出端口分别与转换为大写字母函数、转换为小写字母函数的输入端口“字符串”相连。

4）将转换为大写字母函数的输出端口“所有大写字母字符串”与大写字符串输出控件的输入端口相连。

5）将转换为小写字母函数的输出端口“所有小写字母字符串”与小写字符串输出控件的输入端口相连。

连线后的程序框图如图 3-8 所示。

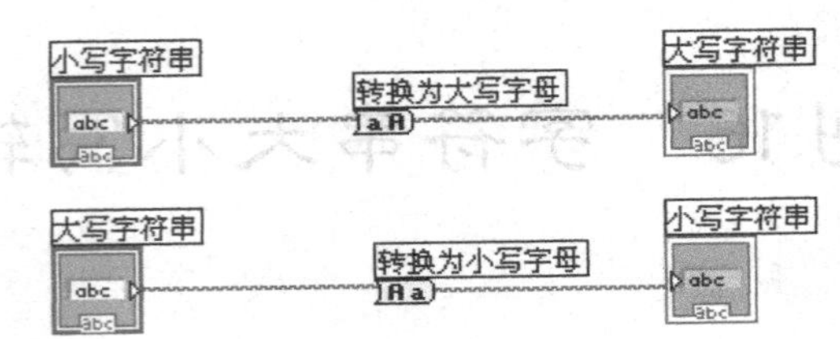

图 3-8　程序框图

3. 运行程序

切换到前面板窗口，单击工具栏“连续运行”按钮，运行程序。

小写字符串“abcdef”转换为大写字符串“ABCDEF”；大写字符串“QWERTY”转换为小写字符串“qwerty”。

程序运行界面如图 3-9 所示。

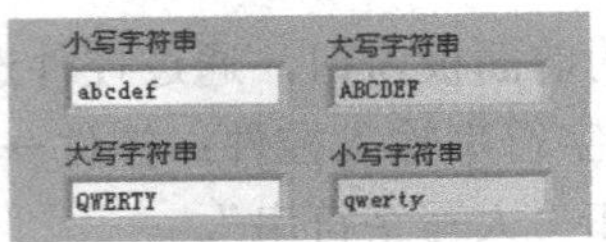

图 3-9　程序运行界面

实例 17　从指定位置插入子字符串

一、设计任务

在原字符串中，从指定的位置开始插入 1 个字符串。

二、任务实现

1. 程序前面板设计

新建 VI。切换到 LabVIEW 的前面板窗口，通过控件选板给程序前面板添加控件。

添加 2 个字符串显示控件：控件→字符串与路径→字符串显示控件，将标签分别改为“原字符串”和“现字符串”。

设计的程序前面板如图 3-10 所示。

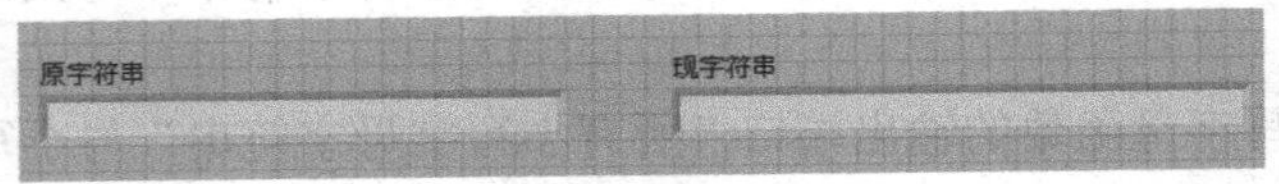

图 3-10　程序前面板

2. 程序框图设计

切换到 LabVIEW 的程序框图窗口，调整控件位置，添加节点与连线。

1）添加 1 个替换子字符串函数：函数→字符串→替换子字符串。

2）添加 2 个字符串常量：函数→字符串→字符串常量，将值分别改为“LabVIEW String Operate Function”和“Array”。

3）为设置偏移量，添加 1 个数值常量：函数→数值→数值常量，将值改为“8”。

4）为设置长度，添加 1 个数值常量：函数→数值→数值常量，将值改为“0”。

5）将字符串常量“LabVIEW String Operate Function”与替换子字符串函数的输入端口“字符串”相连；再与字符串显示控件“原字符串”的输入端口相连。

6）将字符串常量“Array”与替换子字符串函数的输入端口“子字符串”相连。

7）将数值常量“8”和“0”分别与替换子字符串函数的输入端口“偏移量”和“长度”相连。

8）将替换子字符串函数的输出端口“结果字符串”与字符串显示控件“现字符串”的输入端口相连。

连线后的程序框图如图 3-11 所示。

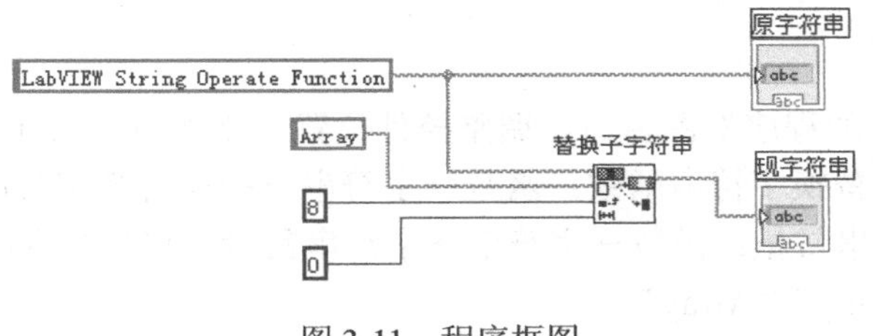

图 3-11　程序框图

3. 运行程序

切换到前面板窗口，单击工具栏“连续运行”按钮，运行程序。

在字符串“LabVIEW String Operate Function”中，从第 8 个字符开始（字符串的起始位序号是 0，空格也占 1 位），插入 1 个指定的子字符串“Array”。

程序运行界面如图 3-12 所示。

图 3-12　程序运行界面

实例 18　搜索并替换子字符串

一、设计任务

从 1 个字符串中查找与指定子字符串一致的子字符串，用其他子字符串替换。

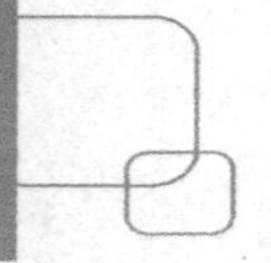

二、任务实现

1. 程序前面板设计

新建 VI。切换到 LabVIEW 的前面板窗口，通过控件选板给程序前面板添加控件。

为显示结果字符串，添加 1 个字符串显示控件：控件→字符串与路径→字符串显示，将标签改为“替换结果”。

设计的程序前面板如图 3-13 所示。

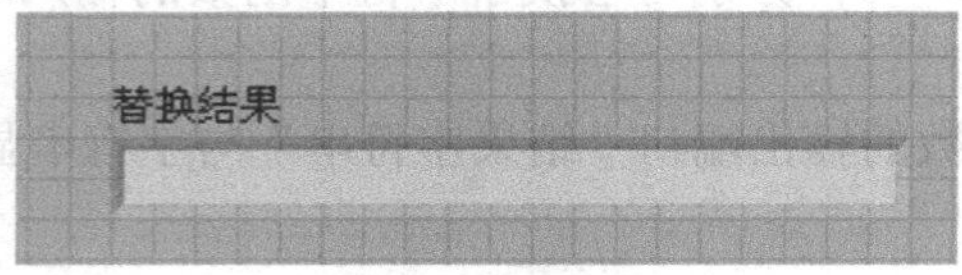

图 3-13　程序前面板

2. 程序框图设计

切换到 LabVIEW 的程序框图窗口，调整控件位置，添加节点与连线。

1）添加 1 个搜索替换字符串函数：函数→字符串→搜索替换字符串。

2）添加 3 个字符串常量：函数→字符串→字符串常量，将值分别改为“LabVIEW String Operate Function”“String”“Array”。

3）将字符串常量“LabVIEW String Operate Function”与搜索替换字符串函数的输入端口“输入字符串”相连。

4）将字符串常量“String”与搜索替换字符串函数的输入端口“搜索字符串”相连。

5）将字符串常量“Array”与搜索替换字符串函数的输入端口“替换字符串”相连。

6）将搜索替换字符串函数的输出端口“结果字符串”与替换结果显示控件的输入端口相连。

连线后的程序框图如图 3-14 所示。

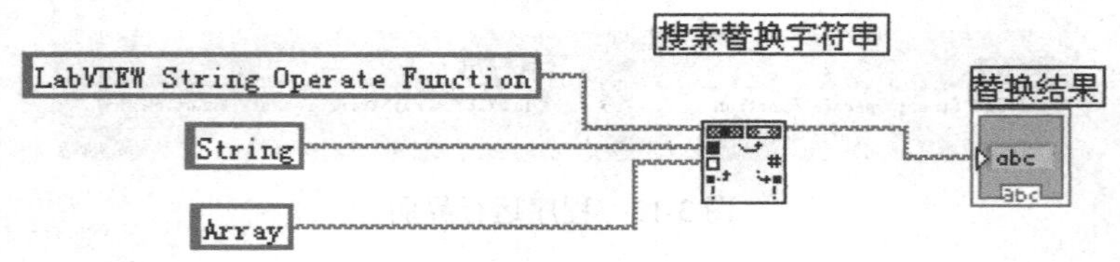

图 3-14　程序框图

3. 运行程序

切换到前面板窗口，单击工具栏“连续运行”按钮，运行程序。

从字符串“LabVIEW String Operate Function”中查找与子字符串“String”一致的子字符串，用子字符串“Array”替换。

程序运行界面如图 3-15 所示。

替换结果
LabVIEW Array Operate Function

图 3-15　程序运行界面

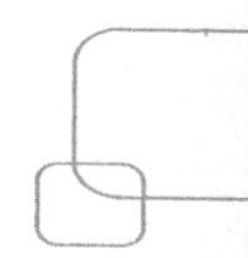

实例 19　匹配字符串

一、设计任务

比较 1 个字符串数组中的每一个字符串，找到数组中与指定字符串相同字符串元素的位置。

二、任务实现

1. 程序前面板设计

新建 VI。切换到 LabVIEW 的前面板窗口，通过控件选板给程序前面板添加控件。

1）为了输入字符串数组，添加 1 个数组控件：控件→数组、矩阵与簇→数组，标签为“数组显示”。

2）添加 1 个字符串显示控件：控件→字符串与路径→字符串显示控件。将字符串显示控件移到“数组显示”控件数据显示区框架中。

将数组成员设置为 4 个（选中数组控件数据显示区框架，其周围出现方框，把鼠标放在右方框上，向右拖动鼠标就可增加数组成员数量）。

3）为了显示匹配的字符串位置，添加 1 个数值显示控件：控件→数值→数值显示控件，将标签改为“位置”。

设计的程序前面板如图 3-16 所示。

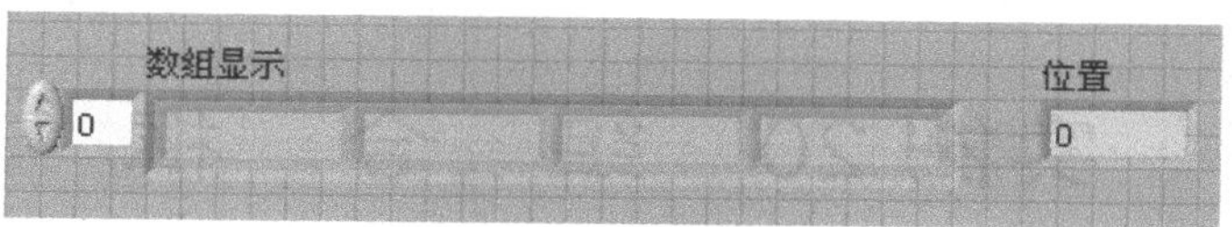

图 3-16　程序前面板

2. 程序框图设计

切换到 LabVIEW 的程序框图窗口，调整控件位置，添加节点与连线。

1）添加 4 个字符串常量：函数→字符串→字符串常量。将值分别设为“数组”“字符串”“簇”“波形数据”。

2）添加 1 个创建数组函数：函数→数组→创建数组。把鼠标放在函数节点下方框上，向下拖动将输入端口“元素”设置为 4 个。

3）将字符串常量“数组”“字符串”“簇”“波形数据”分别与创建数组函数的 4 个输入端口“元素”相连。

4）添加 1 个字符串常量：函数→字符串→字符串常量。将值设为“字符串”。

5）添加 1 个匹配字符串函数：函数→字符串→附加字符串函数→匹配字符串。

6）将字符串常量“字符串”与匹配字符串函数的输入端口“字符串”相连。

7）将创建数组函数的输出端口“添加的数组”与匹配字符串函数的输入端口“字符串数组”相连。

8）将匹配字符串函数的输出端口“索引”与数值显示控件的输入端口相连。

9）将创建数组函数的输出端口“添加的数组”与数组显示控件的输入端口相连。

连线后的程序框图如图 3-17 所示。

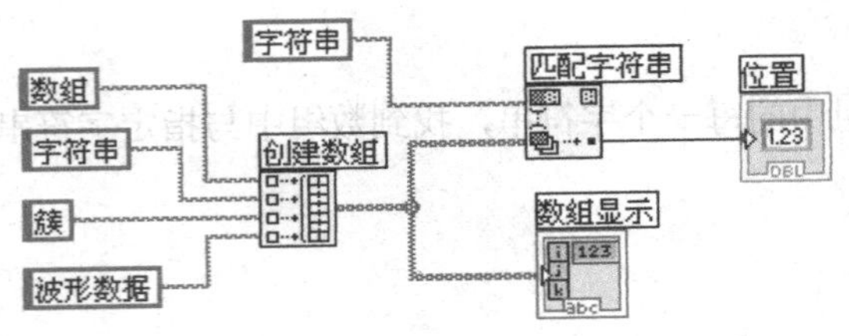

图 3-17　程序框图

3．运行程序

切换到前面板窗口，单击工具栏“连续运行”按钮，运行程序。

在本程序中，数组包含“数组”“字符串”“簇”“波形数据”元素，其中，“字符串”处于第 1 个位置（第 1 个元素的位置为 0），因而位置输出为“1”。

程序运行界面如图 3-18 所示。

图 3-18　程序运行界面

实例 20　组　合　框

一、设计任务

通过组合框下拉列表选择不同的字符串，以不同的方式显示。

二、任务实现

1．程序前面板设计

新建 VI。切换到 LabVIEW 的前面板窗口，通过控件选板给程序前面板添加控件。

1）添加 1 个组合框控件，用于输入选择：控件→字符串与路径→组合框。标签为“组合框”。

2）添加 1 个字符串显示控件，用于将字符串以正常形式显示：控件→字符串与路径→字符串显示控件。将标签改为“字符串正常显示”。

3）添加 1 个字符串显示控件，用于将字符串以密码形式显示：控件→字符串与路径→字符串显示控件。将标签改为“密码形式显示”。右击该字符串显示控件，在弹出的快捷菜单中选择“密码显示”。

设计的程序前面板如图 3-19 所示。

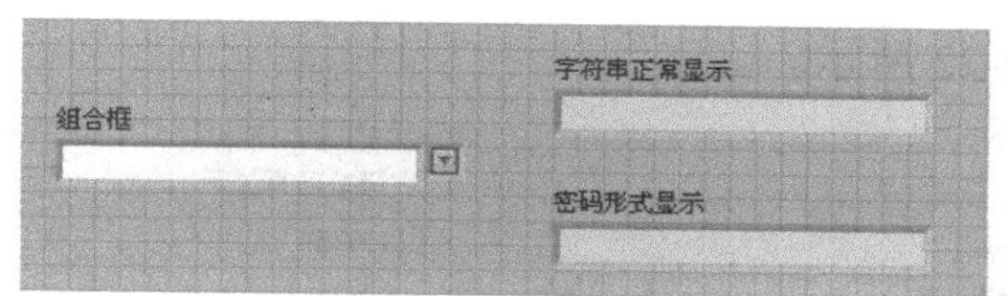

图 3-19　程序前面板

2. 组合框编辑

右击前面板组合框控件，在弹出的快捷菜单中选择“编辑项...”命令，出现“组合框属性”对话框。单击“插入”按钮，在左侧输入“LabVIEW”，再重复单击“插入”按钮 2 次，分别输入“2018”和“登录密码”。选择字符串，单击“上移”或“下移”按钮可调整字符串位置，组合框属性设置如图 3-20 所示。下拉列表编辑完成后，单击“确定”按钮确认。

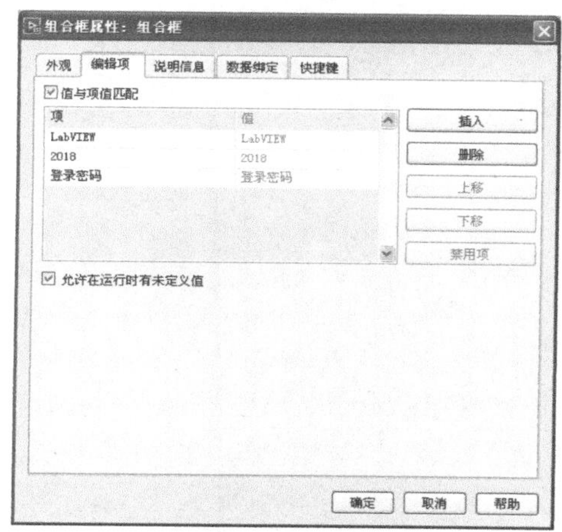

图 3-20　组合框属性设置

3. 程序框图设计

切换到 LabVIEW 的程序框图窗口，调整控件位置。

将组合框控件的输出端口分别与“字符串正常显示”控件、“密码形式显示”控件的输入端口相连。连线后的程序框图如图 3-21 所示。

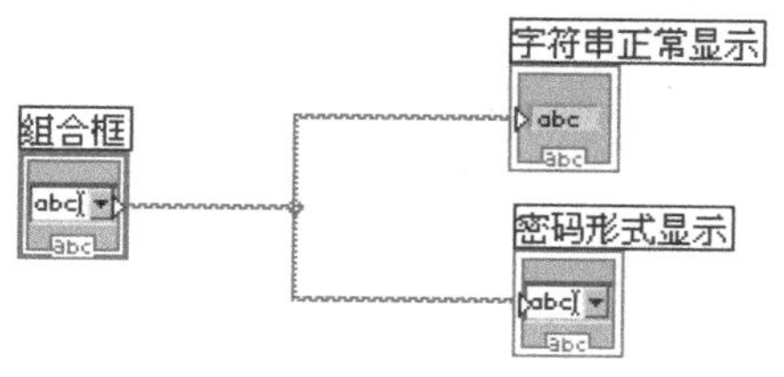

图 3-21　程序框图

4. 运行程序

切换到前面板窗口，单击工具栏“连续运行”按钮，运行程序。

单击组合框右侧的箭头出现一个下拉列表，选择不同的值，分别将字符串以正常形式显示和以密码形式显示。

程序运行界面如图 3-22 所示。

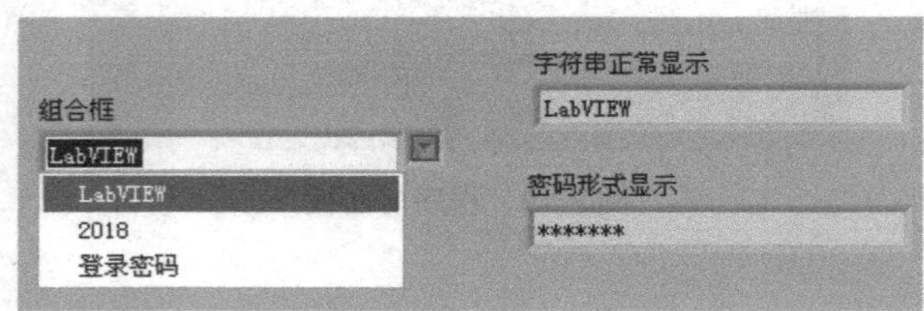

图 3-22 程序运行界面

第 4 章　数组数据

在程序设计语言中，“数组”是一种常用的数据类型，是相同类型数据的集合，是一种存储和组织相同类型数据的良好方式。

本章通过实例介绍数组数据的创建和常用数组函数的使用，还介绍了矩阵的应用。

实例 21　初始化数组

一、设计任务

使用初始化数组函数建立 1 个所有成员全部相同的数组。

二、任务实现

1．程序前面板设计

新建 VI。切换到 LabVIEW 的前面板窗口，通过控件选板给程序前面板添加控件。

1）添加 1 个数组控件：控件→数组、矩阵与簇→数组。标签为“数组”。

2）添加 1 个字符串显示控件：控件→字符串与路径→字符串显示控件。将字符串显示控件移到数组控件数据显示区框架中。

3）选中数组控件索引框，其周围出现方框，把鼠标放在下方框上，向下拖动鼠标增加索引框数量，将数组维数设置为 2；选中数组控件数据显示区框架，其周围出现方框，把鼠标放在下方框或右方框上，向下和向右拖动鼠标就可增加数组成员数量，并显示更多数据，本例将成员数量设置为 3 行 4 列。

设计的程序前面板如图 4-1 所示。

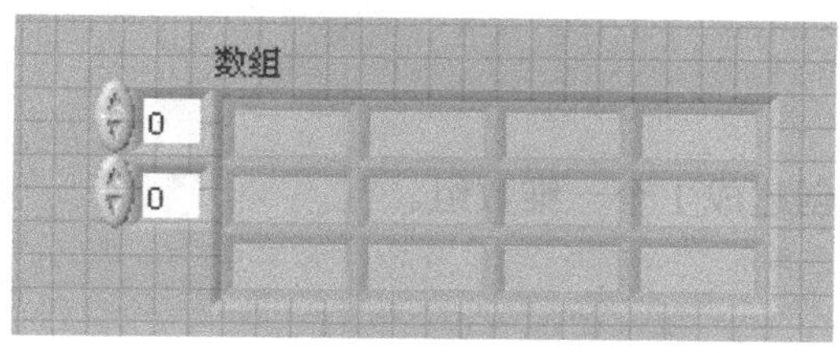

图 4-1　程序前面板

2．程序框图设计

切换到 LabVIEW 的程序框图窗口，添加节点与连线。

1）添加 1 个初始化数组函数：函数→数组→初始化数组。把鼠标放在函数节点下方框上，向下拖动鼠标将输入端口“维数大小”设置为 2 个。

2）添加 1 个字符串常量：函数→字符串→字符串常量。将值设为“a”。

3）添加 2 个数值常量：函数→数值→数值常量。将值分别设为“3”和“4”。

4）将字符串常量“a”与初始化数组函数的输入端口“元素”相连。

5）将数值常量“3”和“4”分别与初始化数组函数的 2 个输入端口“维数大小”相连。

6）将初始化数组函数的输出端口“初始化的数组”与数组控件的输入端口相连。

连线后的程序框图如图 4-2 所示。

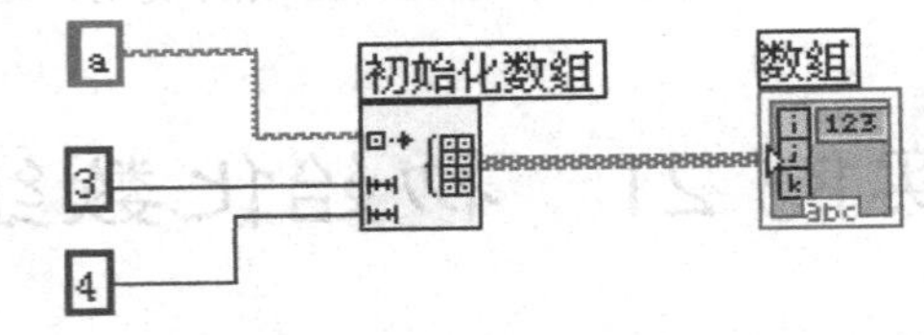

图 4-2　程序框图

3. 运行程序

切换到前面板窗口，单击工具栏“运行”按钮，运行程序。

本例创建了 1 个 3 行 4 列、所有成员都是“a”的字符串常量数组。

程序运行界面如图 4-3 所示。

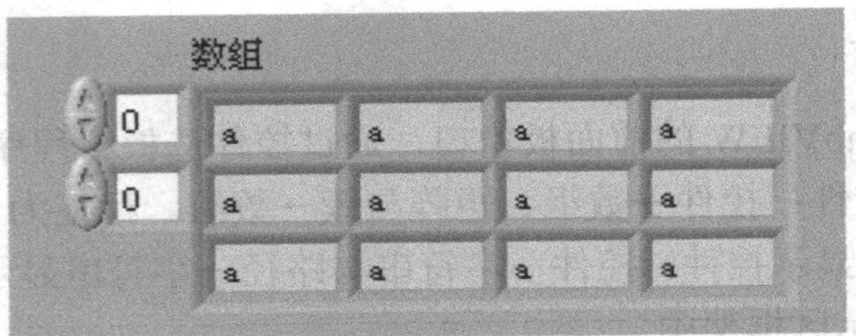

图 4-3　程序运行界面

实例 22　创建一维数组

一、设计任务

将多个数值或字符串创建成 1 个一维数组。

二、任务实现

1. 程序前面板设计

新建 VI。切换到 LabVIEW 的前面板窗口，通过控件选板给程序前面板添加控件。

1）添加 1 个数组控件：控件→数组、矩阵与簇→数组。标签为“数值数组”。

2）添加 1 个数值显示控件：控件→数值→数值显示控件。将数值显示控件移到“数值数组”控件数据显示区框架中。将“数值数组”成员数量设置为 3 列。

3）添加 1 个数组控件：控件→数组、矩阵与簇→数组。标签为“字符串数组”。

4）添加 1 个字符串显示控件：控件→字符串与路径→字符串显示控件。将字符串显示控件移到“字符串数组”控件数据显示区框架中。将“字符串数组”成员数量设置为 3 列。

设计的程序前面板如图 4-4 所示。

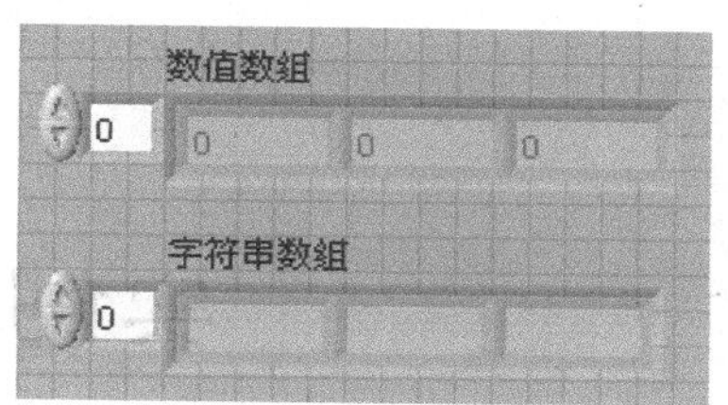

图 4-4　程序前面板

2．程序框图设计

切换到 LabVIEW 的程序框图窗口，调整控件位置，添加节点与连线。

1）添加 2 个创建数组函数：函数→数组→创建数组。把鼠标放在函数节点下方框上，向下拖动鼠标将输入端口“元素”设置为 3 个。

2）添加 3 个数值常量：函数→数值→数值常量。将值分别设为“12”“30”“5”。

3）添加 3 个字符串常量：函数→字符串→字符串常量。将值分别设为“Study”“LabVIEW”“2015”。

4）将数值常量“12”“30”“5”分别与创建数组函数（左）的 3 个输入端口“元素”相连。

5）将创建数组函数（左）的输出端口“添加的数组”与“数值数组”控件的输入端口相连。

6）将字符串常量“Study”“LabVIEW”“2015”分别与创建数组函数（右）的 3 个输入端口“元素”相连。

7）将创建数组函数（右）的输出端口“添加的数组”与“字符串”数组控件的输入端口相连。

连线后的程序框图如图 4-5 所示。

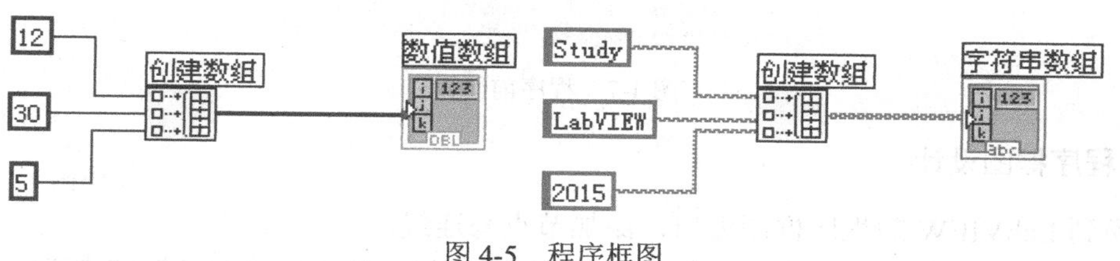

图 4-5　程序框图

3．运行程序

切换到前面板窗口，单击工具栏“运行”按钮，运行程序。

本例中将 3 个数值形成 1 个一维数值数组；将 3 个字符串形成 1 个一维字符串数组。

程序运行界面如图 4-6 所示。

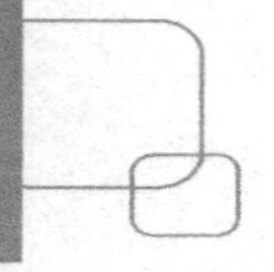

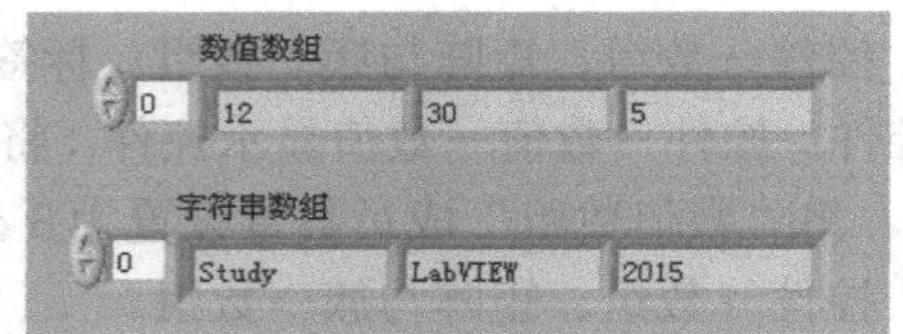

图 4-6　程序运行界面

实例 23　创建二维数组

一、设计任务

将多个一维数组创建成 1 个二维数组。

二、任务实现

1．程序前面板设计

新建 VI。切换到 LabVIEW 的前面板窗口，通过控件选板给程序前面板添加控件。

1）添加 1 个数组控件：控件→数组、矩阵与簇→数组。标签为“数组”。

2）添加 1 个数值显示控件：控件→数值→数值显示控件。将数值显示控件移到数组控件数据显示区框架中。先将数组维数设置为 2，再将成员数量设置为 2 行 3 列。

设计的程序前面板如图 4-7 所示。

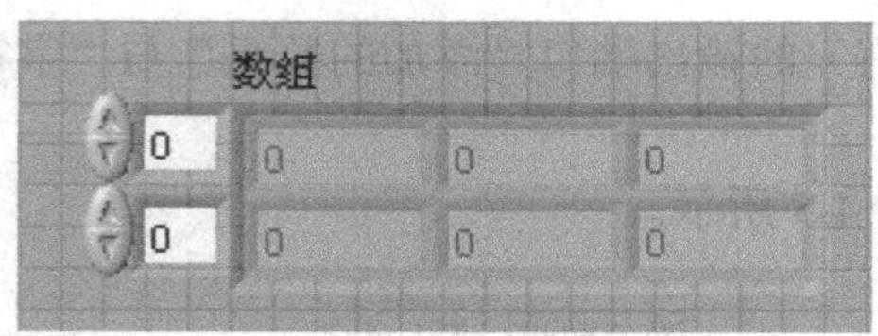

图 4-7　程序前面板

2．程序框图设计

切换到 LabVIEW 的程序框图窗口，添加节点与连线。

1）添加 1 个创建数组函数：函数→数组→创建数组。把鼠标放在函数节点下方框上，向下拖动鼠标将输入端口“元素”设置为 2 个。

2）添加 1 个数组常量：函数→数组→数组常量。

向数组常量数据显示框架中添加数值常量。把鼠标放在数组常量右侧方框上，向右拖动鼠标将数组常量列数设置为 3，分别输入数值“1”“2”“3”。

3）再添加 1 个数组常量：函数→数组→数组常量。

向数组常量数据显示框架中添加数值常量。把鼠标放在数组常量右侧方框上，向右拖动鼠标将数组常量列数设置为 3，分别输入数值“4”“5”“6”。

4）将 2 个数组常量分别与创建数组函数的 2 个输入端口“元素”相连。
5）将创建数组函数的输出端口“添加的数组”与数值数组控件的输入端口相连。
连线后的程序框图如图 4-8 所示。

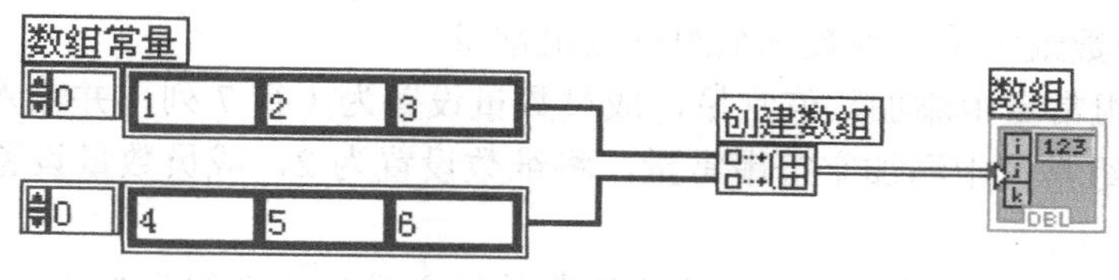

图 4-8　程序框图

3. 运行程序

切换到前面板窗口，单击工具栏“运行”按钮，运行程序。
本例将 2 个一维数组合成 1 个二维数组。程序运行界面如图 4-9 所示。

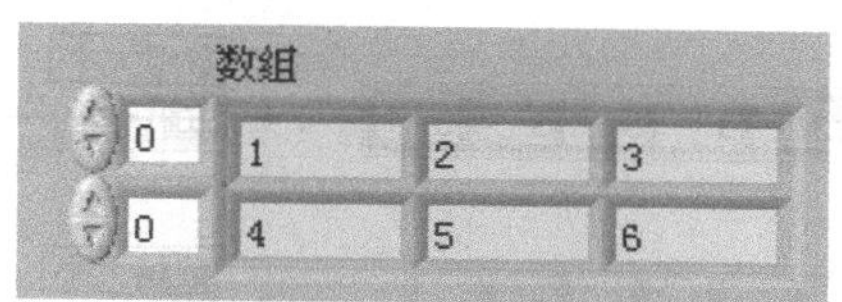

图 4-9　程序运行界面

实例 24　计算数组大小

一、设计任务

计算一维或二维数组每一维中数据成员的个数。

二、任务实现

1. 程序前面板设计

新建 VI。切换到 LabVIEW 的前面板窗口，通过控件选板给程序前面板添加控件。
1）添加 1 个数值显示控件：控件→数值→数值显示控件，将标签改为“一维数组大小”。
2）添加 1 个数组控件：控件→数组、矩阵与簇→数组，将标签改为“二维数组大小”。
将数值显示控件放入数组框架中，将成员数量设置为 2 列。
设计的程序前面板如图 4-10 所示。

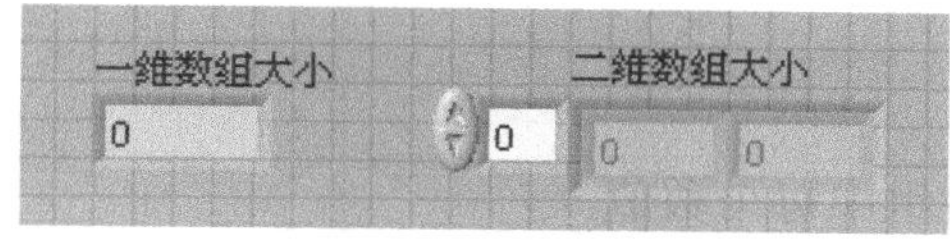

图 4-10　程序前面板

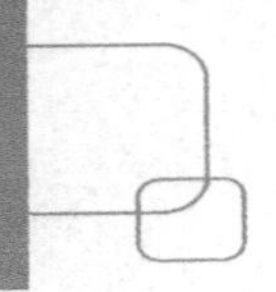

2．程序框图设计

切换到 LabVIEW 的程序框图窗口，调整控件位置，添加节点与连线。

1）添加 2 个计算数组大小函数：函数→数组→数组大小。

2）添加 2 个数组常量：函数→数组→数组常量。

向第 1 个数组常量中添加数值常量，成员数量设置为 1 行 7 列，并输入 7 个数值。

向第 2 个数组常量中添加字符串常量，将维数设置为 2，成员数量设置为 2 行 8 列，并输入字符串。

3）将数值数组常量与第 1 个数组大小函数的输入端口“数组”相连。

4）将字符串数组常量与第 2 个数组大小函数的输入端口“数组”相连。

5）将第 1 个数组大小函数的输出端口“大小”与一维数组大小显示控件的输入端口相连。

6）将第 2 个数组大小函数的输出端口“大小”与二维数组大小显示控件的输入端口相连。

连线后的程序框图如图 4-11 所示。

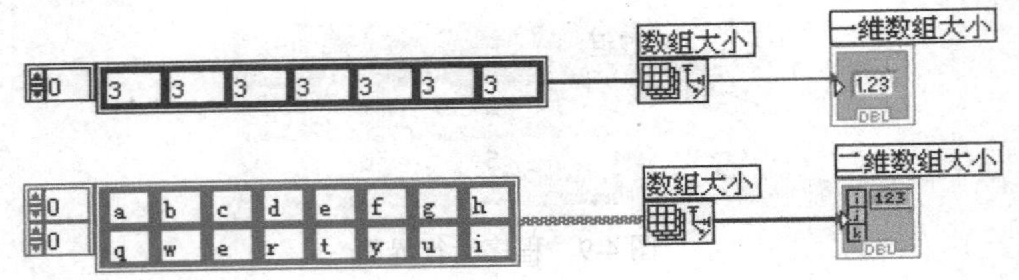

图 4-11　程序框图

3．运行程序

切换到前面板窗口，单击工具栏“运行”按钮，运行程序。

当数组大小函数连接一维数组时，它返回 1 个数值 7，表示数组有 7 个成员；当它连接二维数组时，它返回 1 个一维数组，第 1 个数值表示输入的二维数组有 2 行，第 2 个数值表示输入的二维数组有 8 列。

程序运行界面如图 4-12 所示。

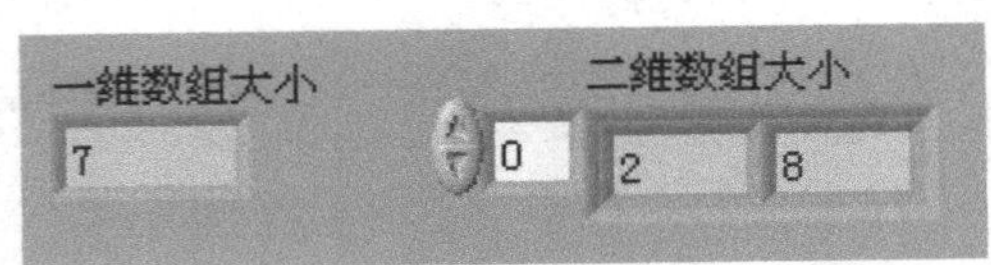

图 4-12　程序运行界面

实例 25　数组索引

一、设计任务

用数组索引函数获得数组中每个数值。

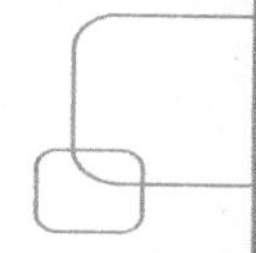

二、任务实现

1．程序前面板设计

新建 VI。切换到 LabVIEW 的前面板窗口，通过控件选板给程序前面板添加控件。

1）添加 1 个数组控件：控件→数组、矩阵与簇→数组，标签为“数组”。将数值显示控件放入数组框架中，将维数设置为 2，成员数量设置为 3 行 3 列。

2）添加 2 个数值输入控件：控件→数值→数值输入控件，将标签分别改为“行索引”和“列索引”。

3）添加 1 个数值显示控件：控件→数值→数值显示控件，将标签改为“元素”。

设计的程序前面板如图 4-13 所示。

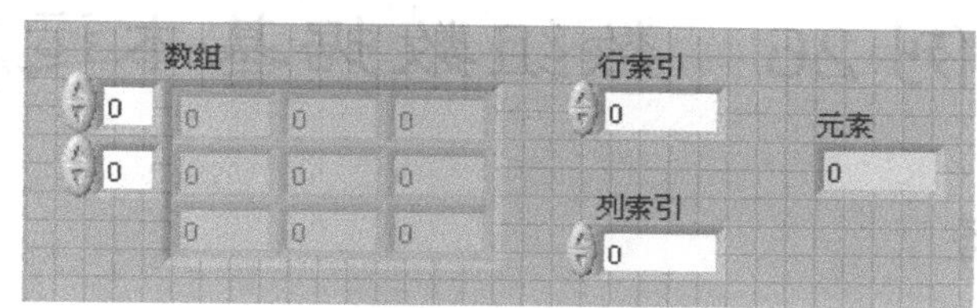

图 4-13　程序前面板

2．程序框图设计

切换到 LabVIEW 的程序框图窗口，调整控件位置，添加节点与连线。

1）添加 1 个索引数组函数：函数→数组→索引数组。

说明： 输入数据端口“数组”连接被索引的数组，数据端口“索引”表示数组的索引值。输出数据端口“元素”是用行索引值和列索引值索引后得到的子数组或元素。

2）添加 1 个数组常量：函数→数组→数组常量。

向数组常量中添加数值常量，将维数设置为 2，成员数量设置为 3 行 3 列，并输入数值。

3）将数值数组常量与索引数组函数的输入端口“数组”相连；将数值数组常量与数组显示控件的输入端口相连。

4）将行索引数值输入控件的输出端口与索引数组函数的输入端口“行索引”相连。

5）将列索引数值输入控件的输出端口与索引数组函数的输入端口“列索引”相连。

6）将索引数组函数的输出端口“元素”与元素数值显示控件的输入端口相连。

连线后的程序框图如图 4-14 所示。

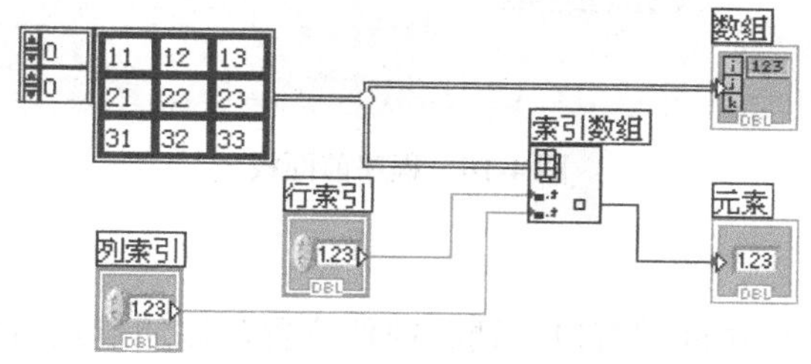

图 4-14　程序框图

3．运行程序

切换到前面板窗口，单击工具栏“连续运行”按钮，运行程序。
改变行索引号（如 1）及列索引号（如 1），得到第 2 行第 2 列元素 22。
程序运行界面如图 4-15 所示。

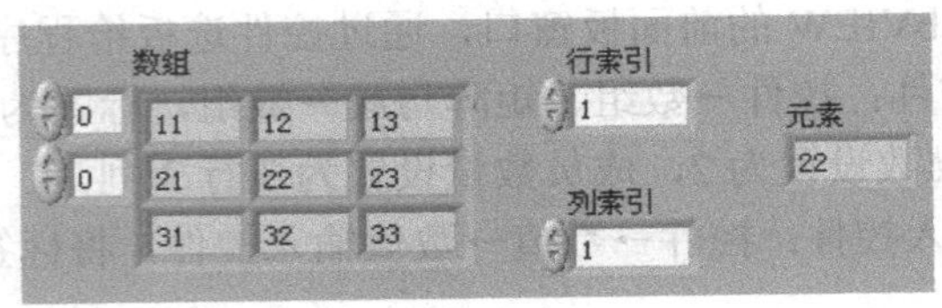

图 4-15　程序运行界面

实例 26　数组数据基本运算

一、设计任务

任务 1：数组常量与数值常量相加；数组常量与数组常量相加。
任务 2：将一维数组中各元素相加或相乘，并输出结果。

二、任务 1 实现

1．程序前面板设计

新建 VI。切换到 LabVIEW 的前面板窗口，通过控件选板给程序前面板添加控件。
添加 2 个数组控件：控件→数组、矩阵与簇→数组，标签分别为“数组运算结果 1”和“数组运算结果 2”。
将数值显示控件放入 2 个数组框架中，将成员数量均设置为 5 列。
设计的程序前面板如图 4-16 所示。

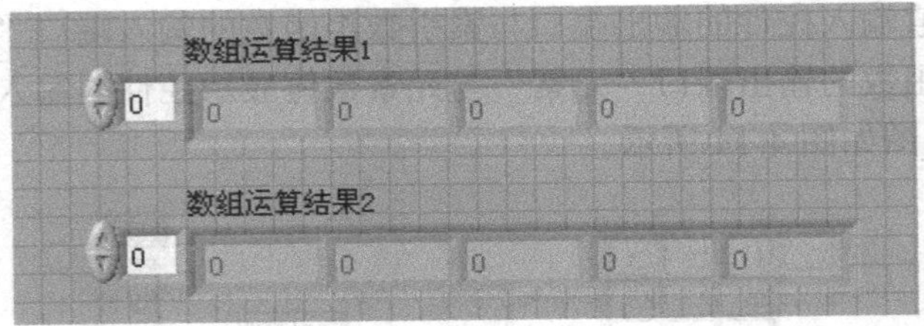

图 4-16　程序前面板

2．程序框图设计

切换到 LabVIEW 的程序框图窗口，调整控件位置，添加节点与连线。
1）添加 3 个数组常量：函数→数组→数组常量，标签分别为“数组常量 1”“数组常量 2”

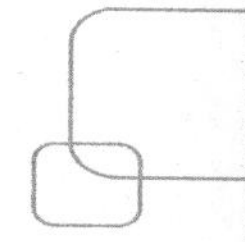

"数组常量 3"。

向数组常量 1 中添加数值常量，将成员数量设置为 5 列，并输入数值"1""2""3""4""5"。

向数组常量 2 中添加数值常量，将成员数量设置为 5 列，并输入数值"6""7""8""9""10"。

向数组常量 3 中添加数值常量，将成员数量设置为 5 列，并输入数值"11""12""13""14""15"。

2）添加 1 个数值常量：函数→数值→数值常量，值改为"5"。

3）添加 2 个加函数：函数→数值→加，标签分别为"加函数 1"和"加函数 2"。

4）将数值常量"5"与加函数 1 的输入端口"x"相连。

5）将数组常量 1 与加函数 1 的输入端口"y"相连。

6）将加函数 1 的输出端口"x+y"与数组运算结果 1 显示控件的输入端口相连。

7）将数组常量 2 与加函数 2 的输入端口"x"相连。

8）将数组常量 3 与加函数 2 的输入端口"y"相连。

9）将加函数 2 的输出端口"x+y"与数组运算结果 2 显示控件的输入端口相连。

连线后的程序框图如图 4-17 所示。

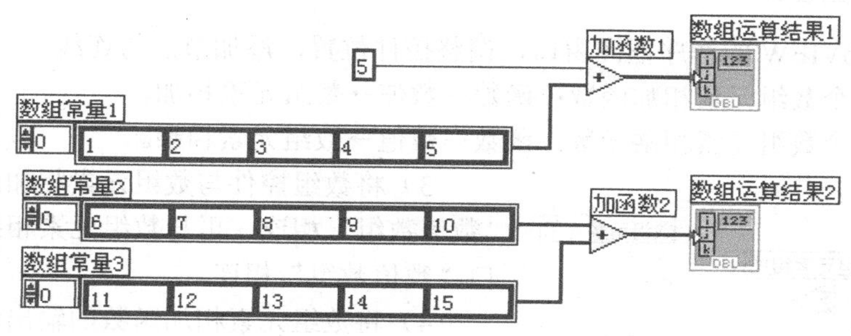

图 4-17 程序框图

3. 运行程序

切换到前面板窗口，单击工具栏"运行"按钮，运行程序。

数组运算结果 1 显示数组常量与数值常量相加的结果；数组运算结果 2 显示 2 个数组常量各元素相加的结果。

程序运行界面如图 4-18 所示。

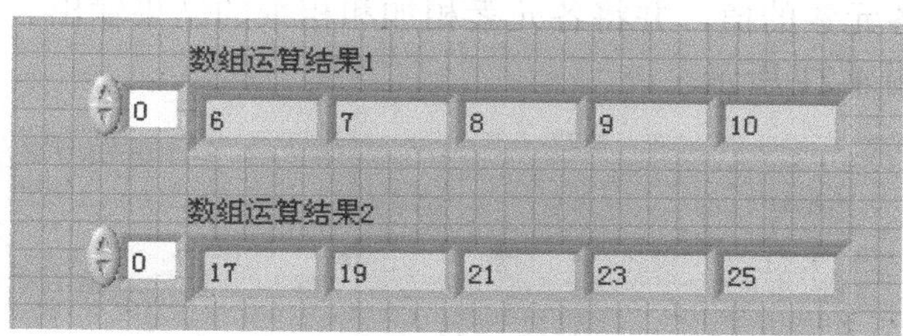

图 4-18 程序运行界面

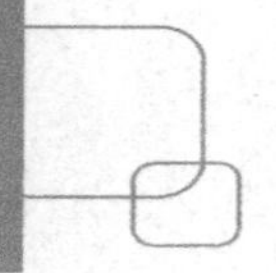

三、任务 2 实现

1. 程序前面板设计

新建 VI。切换到 LabVIEW 的前面板窗口，通过控件选板给程序前面板添加控件。

1）添加 1 个数组控件：控件→数组、矩阵与簇→数组，标签为“数组”。

将数值输入控件放入数组框架中，将成员数量设置 4 列。

2）添加 2 个数值显示控件：控件→数值→数值显示，标签分别为“数组元素之和”和“数组元素之积”。

设计的程序前面板如图 4-19 所示。

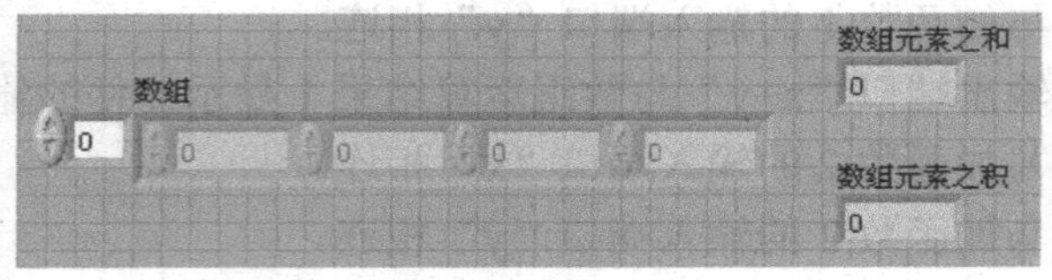

图 4-19　程序前面板

2. 程序框图设计

切换到 LabVIEW 的程序框图窗口，调整控件位置，添加节点与连线。

1）添加 1 个数组元素相加函数：函数→数值→数组元素相加。

2）添加 1 个数组元素相乘函数：函数→数值→数组元素相乘。

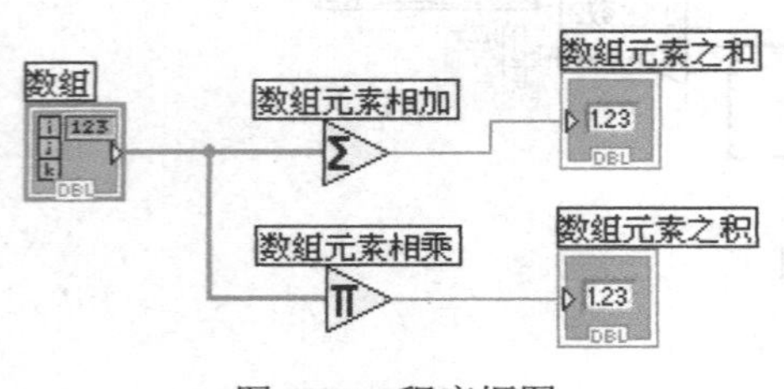

图 4-20　程序框图

3）将数组控件与数组元素相加函数的输入端口“数值数组”相连，再与数组元素相乘函数的输入端口“数值数组”相连。

4）将数组元素相加函数的输出端口与数组元素之和显示控件的输入端口相连。

5）将数组元素相乘函数的输出端口与数组元素之积显示控件的输入端口相连。

连线后的程序框图如图 4-20 所示。

3. 运行程序

切换到前面板窗口，单击工具栏“连续运行”按钮，运行程序。

改变数组控件中各元素的值，并将各元素相加和相乘的结果输出。

程序运行界面如图 4-21 所示。

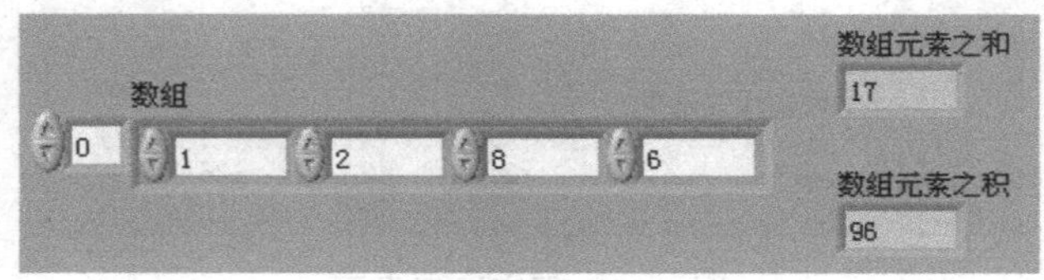

图 4-21　程序运行界面

实例 27　矩阵的基本运算

一、设计任务

数组常量与数值常量相加；数组常量与数组常量相加。

二、任务实现

1. 程序前面板设计

新建 VI。切换到 LabVIEW 的前面板窗口，通过控件选板给程序前面板添加控件。

1）添加 2 个矩阵控件：控件→数组、矩阵与簇→实数矩阵，标签分别为“实数矩阵 1”和“实数矩阵 2”。给 2 个矩阵赋初始值。

2）添加 1 个矩阵控件：控件→数组、矩阵与簇→实数矩阵，标签为“矩阵相加结果”。右击矩阵框架，弹出快捷菜单，选择“转换为显示控件”。

设计的程序前面板如图 4-22 所示。

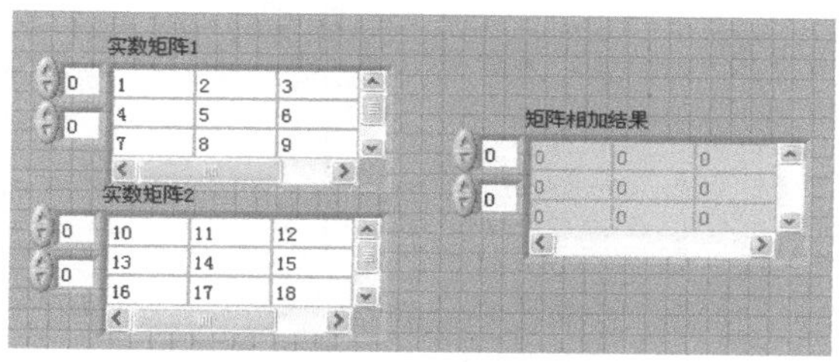

图 4-22　程序前面板

2. 程序框图设计

切换到 LabVIEW 的程序框图窗口，调整控件位置，添加节点与连线。

1）添加 1 个加函数：函数→数值→加。

2）将实数矩阵 1 的输出端口与加函数的输入端口“x”相连。

3）将实数矩阵 2 的输出端口与加函数的输入端口“y”相连。

4）将加函数的输出端口“x+y”与矩阵相加结果显示控件的输入端口相连。

连线后的程序框图如图 4-23 所示。

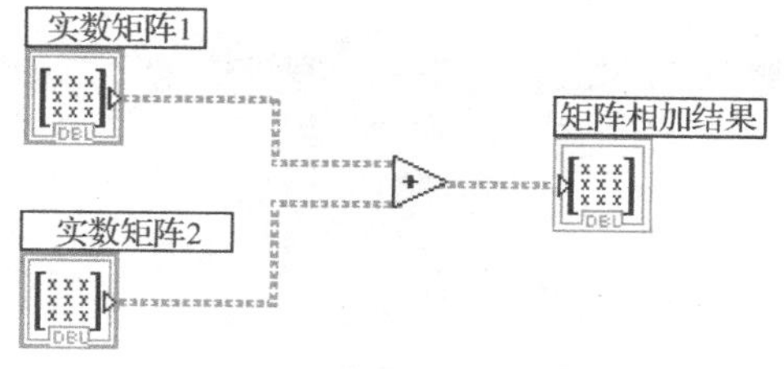

图 4-23　程序框图

3．运行程序

切换到前面板窗口，单击工具栏“运行”按钮⇨，运行程序。

程序界面显示 2 个实数矩阵相加的结果。

程序运行界面如图 4-24 所示。

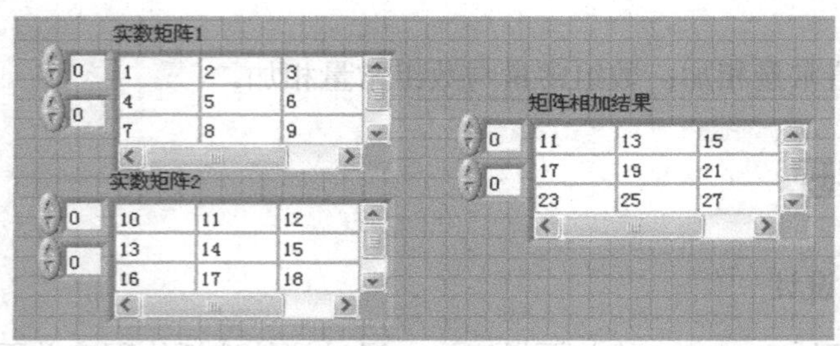

图 4-24　程序运行界面

实例 28　求解线性方程组

一、设计任务

求解线性方程组。

二、任务实现

1．程序前面板设计

新建 VI。切换到 LabVIEW 的前面板窗口，通过控件选板给程序前面板添加控件。

1）添加 1 个矩阵控件：控件→数组、矩阵与簇→实数矩阵，标签为“实数矩阵”。将矩阵设置为 4 行 4 列，给矩阵赋值。

2）添加 2 个数组控件：控件→数组、矩阵与簇→数组，标签分别为“右端项”和“向量解”。

将数值输入控件放入“右端项”数组框架中，将成员数量设置为 4 行，并赋值。

将数值显示控件放入“向量解”数组框架中，将成员数量设置为 4 行。

设计的程序前面板如图 4-25 所示。

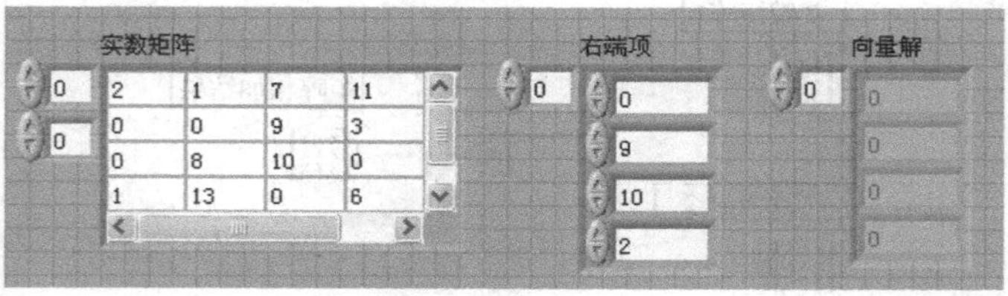

图 4-25　程序前面板

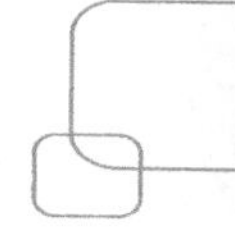

2. 程序框图设计

切换到 LabVIEW 的程序框图窗口，调整控件位置，添加节点与连线。

1）添加 1 个求解线性方程函数：函数→数学→线性代数→求解线性方程。

2）将实数矩阵的输出端口与求解线性方程函数的输入端口“输入矩阵”相连。

3）将右端项数组控件的输出端口与求解线性方程函数的输入端口“右端项”相连。

4）将求解线性方程函数的输出端口“向量解”与向量解数组显示控件的输入端口相连。

连线后的程序框图如图 4-26 所示。

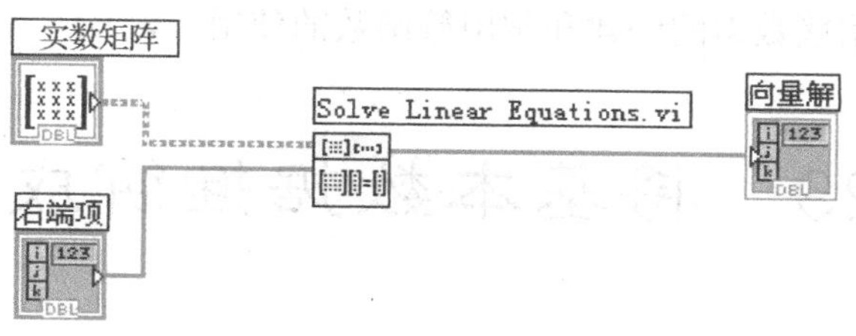

图 4-26　程序框图

3. 运行程序

切换到前面板窗口，单击工具栏“运行”按钮，运行程序。

程序界面显示线性方程运算出的向量解。程序运行界面如图 4-27 所示。

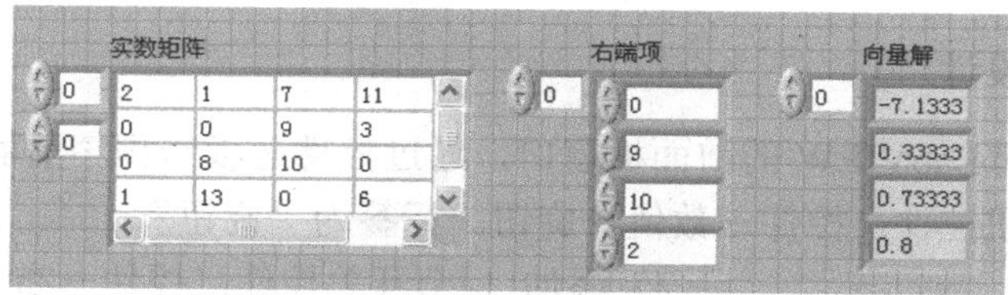

图 4-27　程序运行界面

第5章 簇 数 据

簇数据是 LabVIEW 中一个比较特别的数据类型，它可以将几种不同的数据类型集中到一个单元中，形成一个整体。

本章通过实例介绍簇数据的创建和常用簇函数的使用。

实例29 将基本数据捆绑成簇数据

一、设计任务

将一些基本数据类型的数据元素合成1个簇数据。

二、任务实现

1. 程序前面板设计

新建 VI。切换到 LabVIEW 的前面板窗口，通过控件选板给程序前面板添加控件。

1）添加1个旋钮控件：控件→数值→旋钮。标签为“旋钮”。

2）添加 1 个开关控件：控件→布尔→翘板开关。标签为“布尔”。

3）添加 1 个字符串输入控件：控件→字符串与路径→字符串输入控件，标签为“字符串”。

4）添加 1 个簇控件：控件→数组、矩阵与簇→簇。标签为“簇”。将簇控件框架放大。

5）分别将 1 个数值显示控件、1 个圆形指示灯控件、1 个字符串显示控件放入簇控件框架中。

设计的程序前面板如图 5-1 所示。

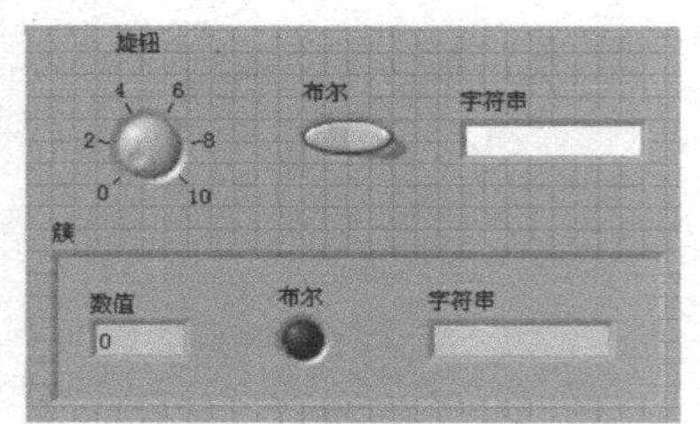

图 5-1 程序前面板

2. 程序框图设计

切换到 LabVIEW 的程序框图窗口，调整控件位置，添加节点与连线。

1）添加 1 个捆绑函数：函数→簇与变体→捆绑，簇数据操作函数的位置如图 5-2 所示。把鼠标放在函数节点下方框上，向下拖动鼠标并将输入端口“元素”设置为 3 个。

2）将旋钮控件、开关控件、字符串输入控件分别与捆绑函数的 3 个输入端口相连。此时，捆绑函数的 3 个输入端口数据类型发生变化，自动与连接的数据类型保持一致。

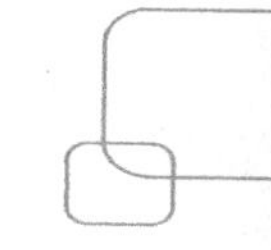

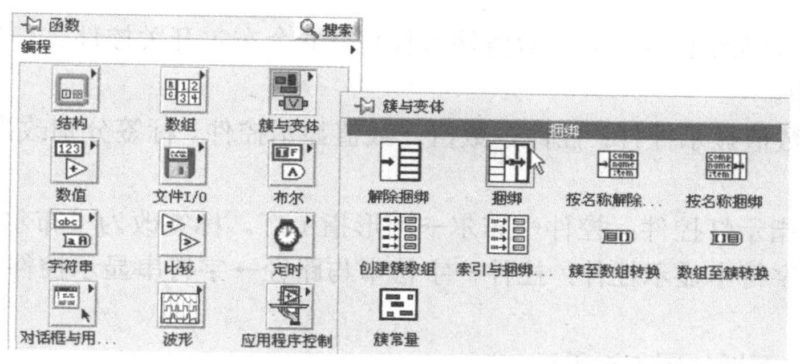

图 5-2　簇数据操作函数的位置

3）将捆绑函数的输出端口“输出簇”与簇控件的输入端口相连。

连线后的程序框图如图 5-3 所示。

3．运行程序

切换到前面板窗口，单击工具栏“连续运行”按钮，运行程序。

转动旋钮，单击布尔开关，输入字符串，单击界面空白处，在簇数据中显示变化结果。

程序运行界面如图 5-4 所示。

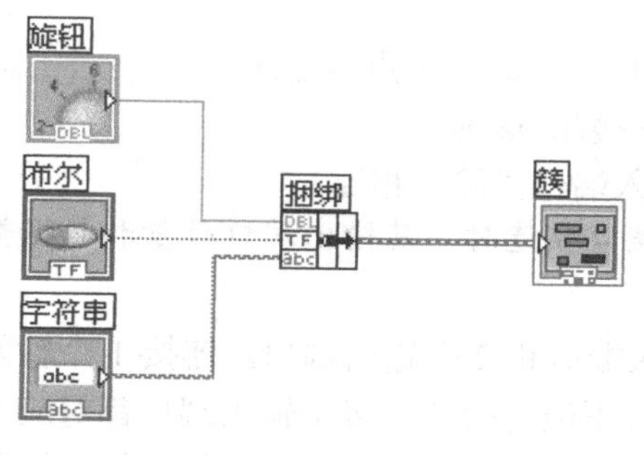

图 5-3　程序框图

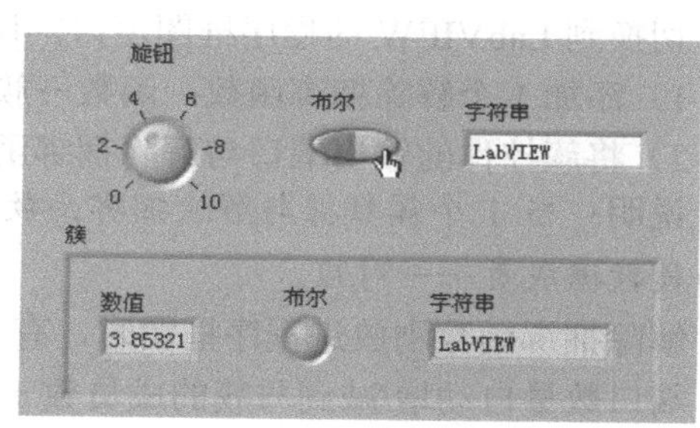

图 5-4　程序运行界面

实例 30　将簇数据解除捆绑

一、设计任务

将 1 个簇中的每个数据成员进行分解，并将分解后的数据成员作为函数的结果输出。

二、任务实现

1．程序前面板设计

新建 VI。切换到 LabVIEW 的前面板窗口，通过控件选板给程序前面板添加控件。

1）添加 1 个簇控件：控件→数组、矩阵与簇→簇。标签为“簇”。将簇控件框架放大。

2）分别将 1 个旋钮控件、1 个数值输入控件、1 个布尔开关控件、1 个字符串输入控件放入簇控件框架中。

3）添加 2 个数值显示控件：控件→数值→数值显示控件。标签分别改为“旋钮输出”“数值输出”。

4）添加 1 个指示灯控件：控件→布尔→圆形指示灯。标签改为“布尔输出”。

5）添加 1 个字符串显示控件：控件→字符串与路径→字符串显示控件。标签改为“字符串输出”。

设计的程序前面板如图 5-5 所示。

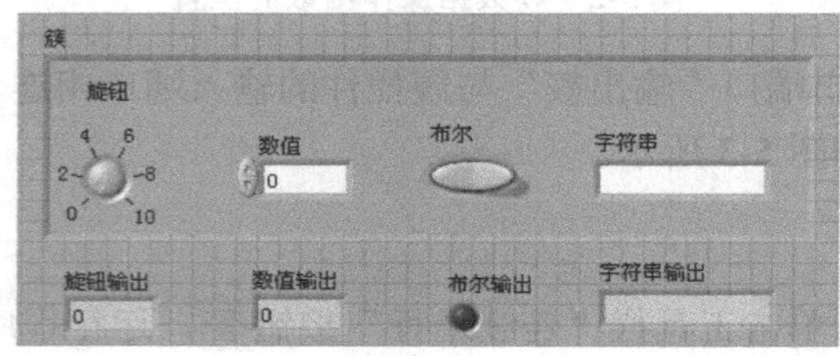

图 5-5　程序前面板

2. 程序框图设计

切换到 LabVIEW 的程序框图窗口，调整控件位置，添加节点与连线。

1）添加 1 个解除捆绑函数：函数→簇与变体→解除捆绑。

2）将簇控件的输出端口与解除捆绑函数的输入端口“簇”相连。

说明：当 1 个簇数据与解除捆绑函数的输入端口相连时，其输出端口数量和数据类型自动与簇数据成员一一对应。

解除捆绑函数刚放进程序框图时，有 1 个输入端口和 2 个输出端口。连接 1 个输入簇以后，端口数量自动增/减到与簇的成员数一致，而且不能再改变。每个输出端口都对应 1 个簇成员，端口上显示这个成员的数据类型。各个簇成员在端口上出现的顺序与它的逻辑顺序一致，连接几个输出是任意的。

3）将解除捆绑函数的输出端口“旋钮”“数值”“布尔”“字符串”分别与“旋钮输出”控件、“数值输出”控件、“布尔输出”控件、“字符串输出”控件的输入端口相连。

连线后的程序框图如图 5-6 所示。

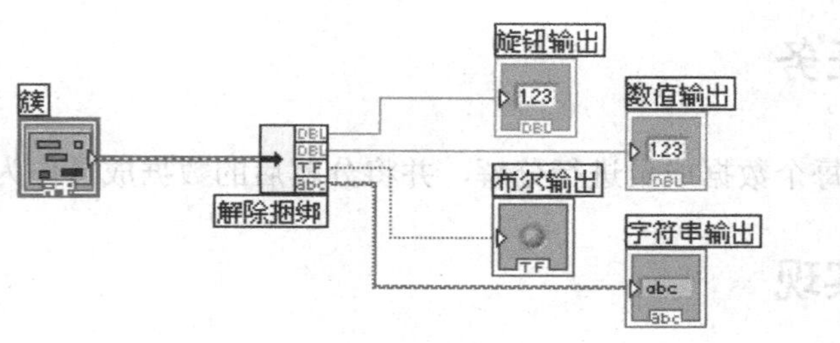

图 5-6　程序框图

3. 运行程序

切换到前面板窗口，单击工具栏“连续运行”按钮，运行程序。

在簇数据中转动旋钮、改变数值大小、单击布尔开关、输入字符串，单击界面空白处，旋钮输出值、数值输出值、布尔输出值、字符串输出值发生同样变化。

程序运行界面如图 5-7 所示。

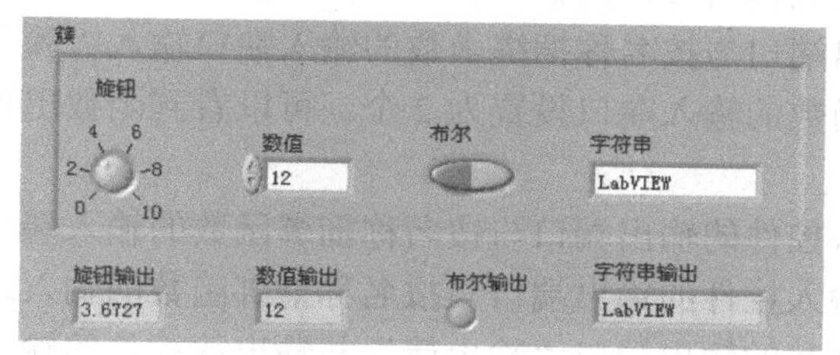

图 5-7　程序运行界面

实例 31　按名称捆绑与解除捆绑

一、设计任务

任务 1：按照元素的名称替换掉原有簇中相应数据类型的数据，并合成 1 个新的簇对象。

任务 2：按照簇中所包含的数据的名称将簇分解为组成簇的各元素。

二、任务 1 实现

1. 程序前面板设计

新建 VI。切换到 LabVIEW 的前面板窗口，通过控件选板给程序前面板添加控件。

1）添加 1 个簇控件：控件→数组、矩阵与簇→簇，标签为“簇”。

将 1 个数值输入控件、1 个字符串输入控件放入簇框架中。

2）再添加 1 个簇控件：控件→数组、矩阵与簇→簇，标签为“输出簇”。

将 1 个数值显示控件、1 个字符串显示控件放入簇框架中。

3）添加 1 个数值输入控件：控件→数值→数值输入控件，标签改为“替换数值”。

4）添加 1 个字符串输入控件：控件→字符串与路径→字符串输入控件，标签为“替换字符串”。

设计的程序前面板如图 5-8 所示。

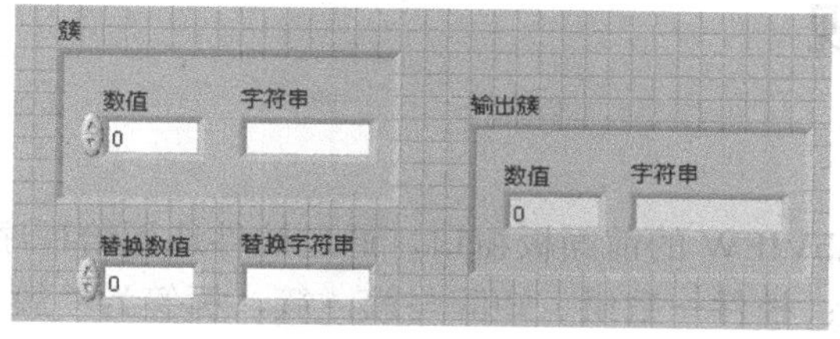

图 5-8　程序前面板

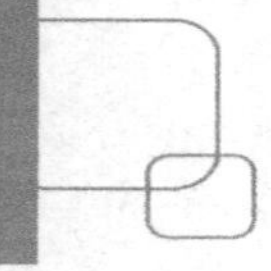

2. 程序框图设计

切换到 LabVIEW 的程序框图窗口，调整控件位置，添加节点与连线。

1）添加 1 个按名称捆绑函数：函数→簇与变体→按名称捆绑。

2）将簇控件的输出端口与按名称捆绑函数的输入端口输入“簇”相连。

3）将按名称捆绑函数的输入端口设置为 2 个。可以看到函数出现“数值”和“字符串”输入端口。

4）将替换数值输入控件的输出端口与按名称捆绑函数的输入端口“数值”相连。

5）将替换字符串输入控件的输出端口与按名称捆绑函数的输入端口“字符串”相连。

6）将按名称捆绑函数的输出端口“输出簇”与输出簇控件的输入端口相连。

连线后的程序框图如图 5-9 所示。

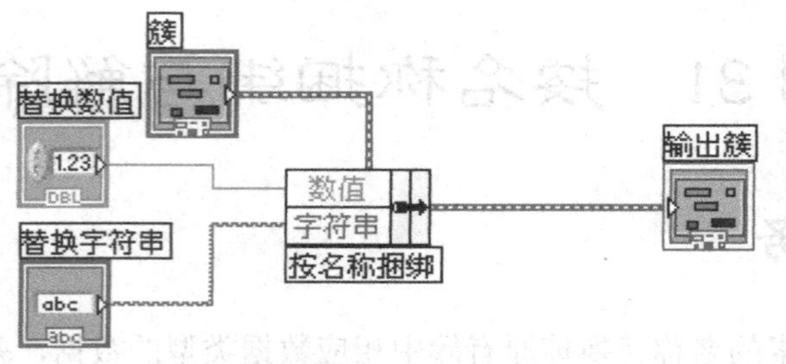

图 5-9 程序框图

3. 运行程序

切换到前面板窗口，单击工具栏“连续运行”按钮，运行程序。

在簇数据中改变数值大小，输入 1 个字符串；改变替换数值大小，在替换字符串中输入字符串，输出簇中数值和字符串发生相应变化（被替换）。

程序运行界面如图 5-10 所示。

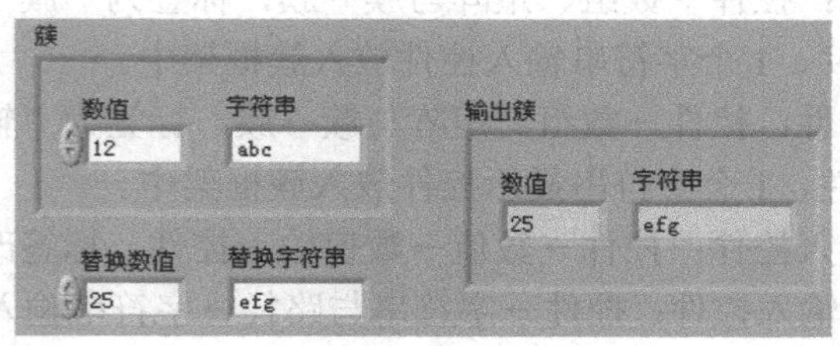

图 5-10 程序运行界面

三、任务 2 实现

1. 程序前面板设计

新建 VI。切换到 LabVIEW 的前面板窗口，通过控件选板给程序前面板添加控件。

1）添加 1 个簇控件：控件→数组、矩阵与簇→簇，标签为“簇”。

将 1 个数值输入控件、1 个指示灯控件、1 个字符串输入控件放入簇框架中。

2）添加 1 个数值显示控件：控件→数值→数值显示控件，标签改为“数值输出”。

3）添加 1 个指示灯控件：控件→布尔→圆形指示灯，标签为“布尔输出”。

4）添加 1 个字符串输出控件：控件→字符串与路径→字符串输出控件，标签为“字符串输出”。

设计的程序前面板如图 5-11 所示。

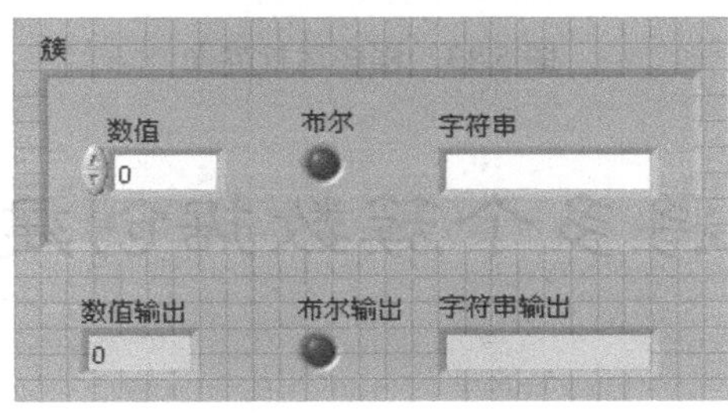

图 5-11　程序前面板

2. 程序框图设计

切换到 LabVIEW 的程序框图窗口，调整控件位置，添加节点与连线。

1）添加 1 个按名称解除捆绑函数：函数→簇与变体→按名称解除捆绑。

2）将簇控件与按名称解除捆绑函数的输入端口“输入簇”相连。

说明： 假如函数的输出数据端口没有显示出组成簇的所有数据，那么可以拖动函数图标的下沿，使其显示出所有的数据。此外，也可以在函数上单击鼠标左键，选择簇数据的某个元素，作为函数的输出数据。

本例将按名称解除捆绑函数的输出端口设置为 3 个，以显示数值、布尔、字符串输出端口。

3）将按名称解除捆绑函数的输出端口“数值”“布尔”“字符串”分别与数值输出控件、布尔输出控件、字符串输出控件的输入端口相连。

连线后的程序框图如图 5-12 所示。

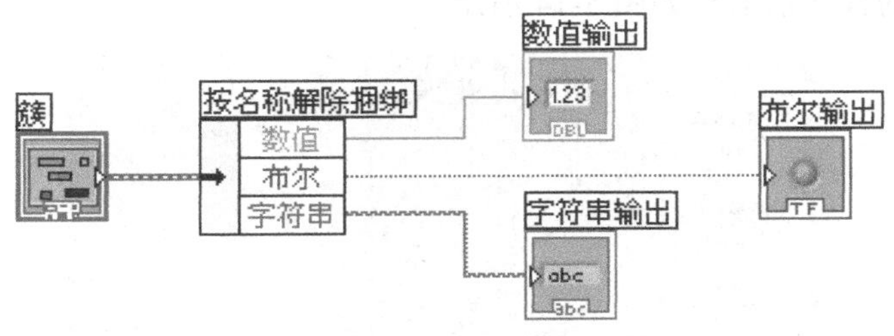

图 5-12　程序框图

3. 运行程序

切换到前面板窗口，单击工具栏“连续运行”按钮，运行程序。

在簇数据中改变数值大小、单击布尔指示灯、输入字符串，数值输出值、布尔输出值、字符串输出值发生同样变化。

程序运行界面如图 5-13 所示。

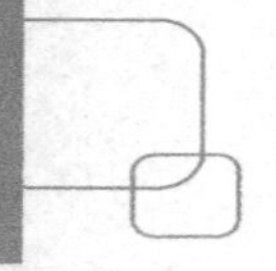

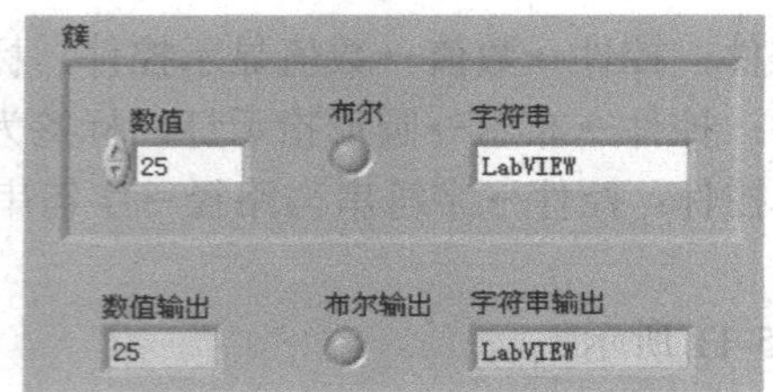

图 5-13　程序运行界面

实例 32　将多个簇数据创建成簇数组

一、设计任务

将输入的多个簇数据转换为以簇为元素的数组，并作为该函数的输出。

二、任务实现

1. 程序前面板设计

新建 VI。切换到 LabVIEW 的前面板窗口，通过控件选板给程序前面板添加控件。

1）添加 1 个簇控件：控件→数组、矩阵与簇→簇，标签为“簇”。

将 1 个数值输入控件、1 个按钮控件、1 个字符串输入控件放入簇框架中。

2）添加 1 个数组控件：控件→数组、矩阵与簇→数组，将标签改为“簇数组”。

将 1 个簇控件放入数组框架中，再将 1 个数值显示控件、1 个指示灯控件和 1 个字符串显示控件放入簇框架中（如果是输入控件，单击鼠标右键转换为显示控件）。将数组成员数量设置为 2 列。设计的程序前面板如图 5-14 所示。

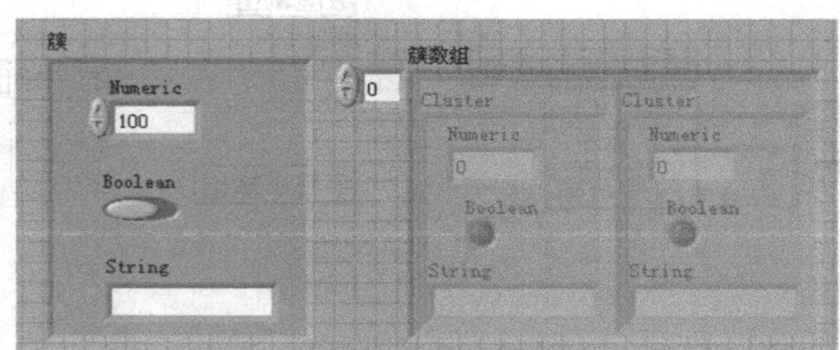

图 5-14　程序前面板

2. 程序框图设计

切换到 LabVIEW 的程序框图窗口，调整控件位置，添加节点与连线。

1）添加 1 个创建簇数组函数：函数→簇与变体→创建簇数组。将输入端口设置为 2 个。

说明： 创建簇数组函数只要求输入数据类型全一致，不管它们是什么数据类型，一律转换成簇，然后连成 1 个数组。

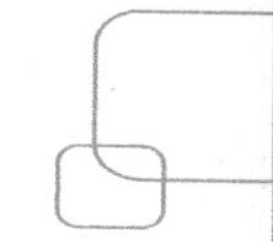

2）添加1个簇常量：函数→簇与变体→簇常量。

往簇常量中添加 1 个数值常量（值为 532）、1 个布尔真常量和 1 个字符串常量（值为LabVIEW）。

3）将簇控件的输出端口与创建簇数组的输入端口“组件元素”相连。

4）将簇常量与创建簇数组的输入端口“组件元素”相连。

5）将创建簇数组的输出端口“簇数组”与簇数组控件的输入端口相连。

连线后的程序框图如图5-15所示。

3. 运行程序

切换到前面板窗口，单击工具栏“连续运行”按钮，运行程序。

本例中，前面板中的簇数据与程序框图中的簇常量构成1个簇数组。

程序运行界面如图5-16所示。

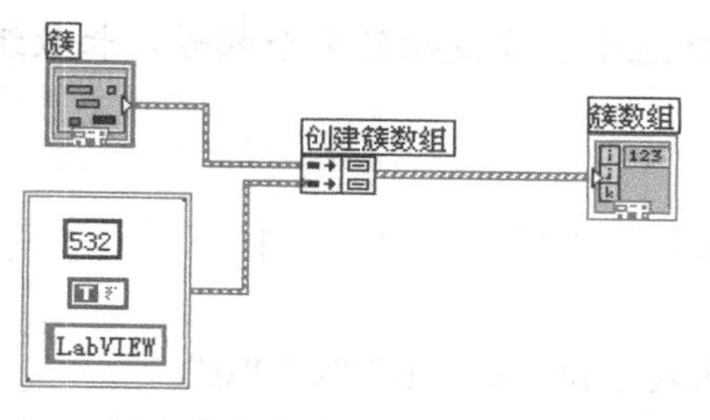

图5-15 程序框图

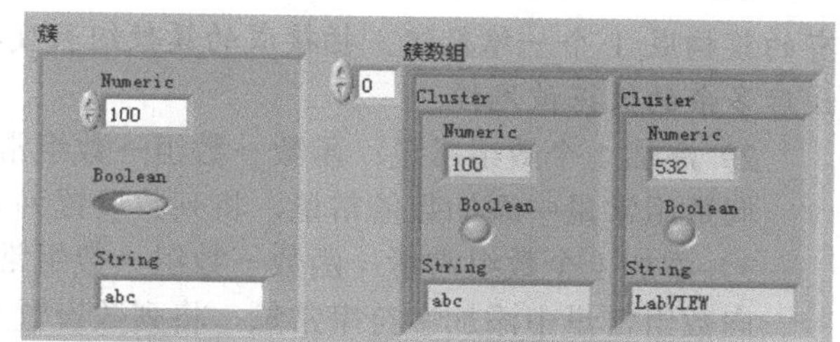

图5-16 程序运行界面

实例33 索引与捆绑簇数组

一、设计任务

从输入的多个一维数组中依次取值，按照索引值重新构成 1 个新的簇数组，构成簇数组的长度和最小的一维数组的长度相同。

二、任务实现

1. 程序前面板设计

新建VI。切换到LabVIEW的前面板窗口，通过控件选板给程序前面板添加控件。

添加1个数组控件：控件→数组、矩阵与簇→数组，标签为“数组”。

将 1 个簇控件放入数组框架中，再将 1 个数值显示控件和 1 个字符串显示控件放入簇框架中。将数组成员数量设置为4列。

设计的程序前面板如图5-17所示。

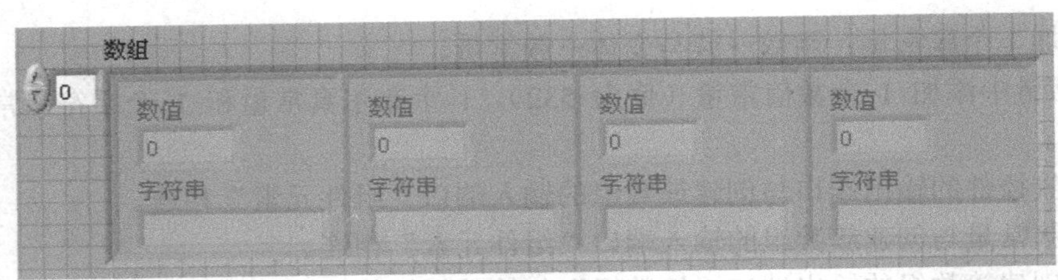

图 5-17　程序前面板

2．程序框图设计

切换到 LabVIEW 的程序框图窗口，调整控件位置，添加节点与连线。

1）添加 1 个索引与捆绑簇数组函数：函数→簇与变体→索引与捆绑簇数组。将输入端口设置为 2 个。

说明：该函数从输入的 *n* 个一维数组中依次取值，相同索引值的数据被攒成 1 个簇，所有的簇构成 1 个一维数组。插接成的簇数组长度与输入数组中长度最短的那个相等，长数组最后多余的数据被甩掉。

2）添加 1 个数组常量：函数→数组→数组常量。

向数组常量中添加数值常量，将列数设置为 4，输入数值“1”“2”“3”“4”。

3）添加 1 个数组常量：函数→数组→数组常量。

向数组常量中添加字符串常量，将列数设置为 4，输入字符“a”“b”“c”“d”。

4）将数值数组、字符串数组分别与索引与捆绑簇数组函数的输入端口“组件数组”相连。

5）将索引与捆绑簇数组函数的输出端口“簇数组”与数组控件的输入端口相连。

连线后的程序框图如图 5-18 所示。

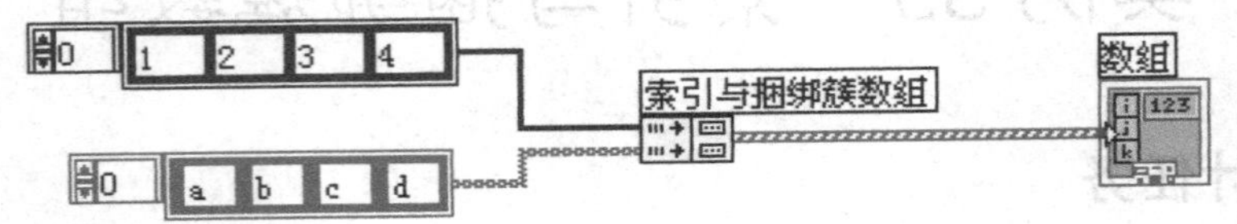

图 5-18　程序框图

3．运行程序

切换到前面板窗口，单击工具栏“运行”按钮，运行程序。

本例数组中有 4 个簇数据，其中数值从数值数组常量中依次取值 1、2、3、4，字符串从字符串数组常量中依次取值 a、b、c、d。

程序运行界面如图 5-19 所示。

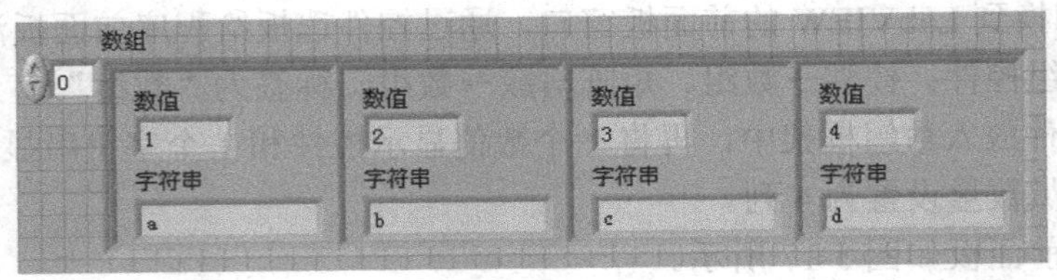

图 5-19　程序运行界面

第 6 章　数据类型转换

根据程序设计的具体需要，有些时候需要进行数据类型间的转换，即将一种数据类型转换为另一种数据类型。

本章通过实例介绍字符串、数值、数组、簇及布尔等数据类型之间的相互转换。

实例 34　数值与字符串相互转换

一、设计任务

任务 1：将十进制数值转换为十进制数字符串和十六进制数字符串；将小数格式化后以字符串形式输出。

任务 2：将十进制数字符串和十六进制数字符串转换为十进制数值。

二、任务 1 实现

1．程序前面板设计

新建 VI。切换到 LabVIEW 的前面板窗口，通过控件选板给程序前面板添加控件。

1）添加 2 个数值输入控件：控件→数值→数值输入控件。将标签分别改为“十进制数值 1”和“十进制数值 2”。

2）添加 3 个字符串显示控件：控件→字符串与路径→字符串显示控件。将标签分别改为“十进制数字符串”“十六进制数字符串”“格式字符串”。

设计的程序前面板如图 6-1 所示。

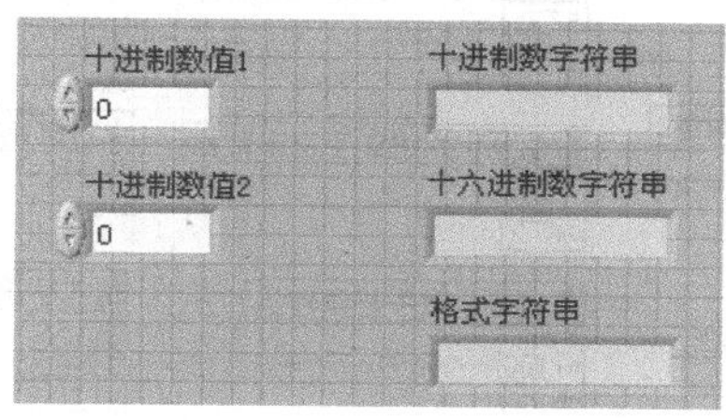

图 6-1　程序前面板

2．程序框图设计

切换到 LabVIEW 的程序框图窗口，调整控件位置，添加节点与连线。

1）添加 1 个数值至十进制数字符串转换函数：函数→字符串→字符串/数值转换→数值至十进制数字符串转换。

字符串/数值转换函数选板如图 6-2 所示。

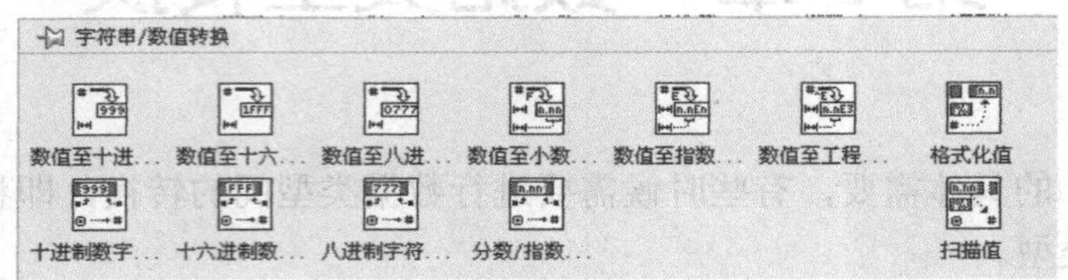

图 6-2　字符串/数值转换函数选板

2）添加 1 个数值至十六进制数字符串转换函数：函数→字符串→字符串/数值转换→数值至十六进制数字符串转换。

3）添加 1 个数值至小数字符串转换函数：函数→字符串→字符串/数值转换→数值至小数字符串转换。

4）添加 2 个数值常量：函数→数值→数值常量。将值改为“3.1415926”和“5”。

5）将十进制数值 1 控件的输出端口与数值至十进制数字符串转换函数的输入端口“数字”相连。

6）将数值至十进制数字符串转换函数的输出端口“十进制整型字符串”与十进制数字符串显示控件的输入端口相连。

7）将十进制数值 2 控件的输出端口与数值至十六进制数字符串转换函数的输入端口“数字”相连。

8）将数值至十六进制数字符串转换函数的输出端口“十六进制整型字符串”与十六进制数字符串显示控件的输入端口相连。

9）将数值常量“3.1415926”与数值至小数字符串转换函数的输入端口“数字”相连。

10）将数值常量“5”与数值至小数字符串转换函数的输入端口“精度”相连。

11）将数值至小数字符串转换函数的输出端口“F-格式字符串”与格式字符串显示控件的输入端口相连。

连线后的程序框图如图 6-3 所示。

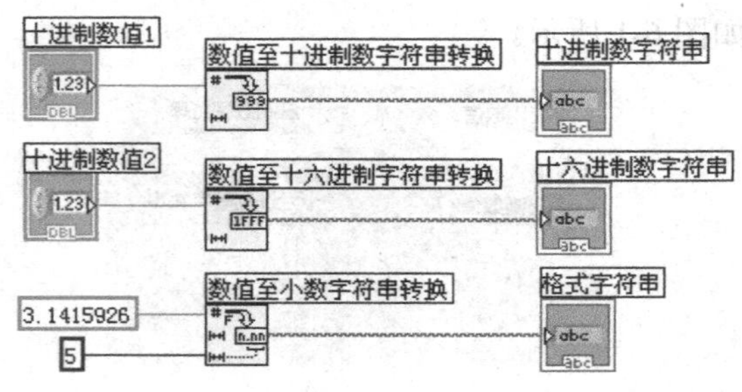

图 6-3　程序框图

3．运行程序

切换到前面板窗口，单击工具栏“连续运行”按钮，运行程序。

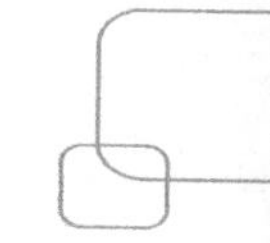

本例中，十进制数 6.8 转换为十进制数字符串“7”并输出，十进制数 12 转换为十六进制数字符串“C”并输出，小数 3.1415926 按照 5 位精度转换后的字符串为“3.14159”。

程序运行界面如图 6-4 所示。

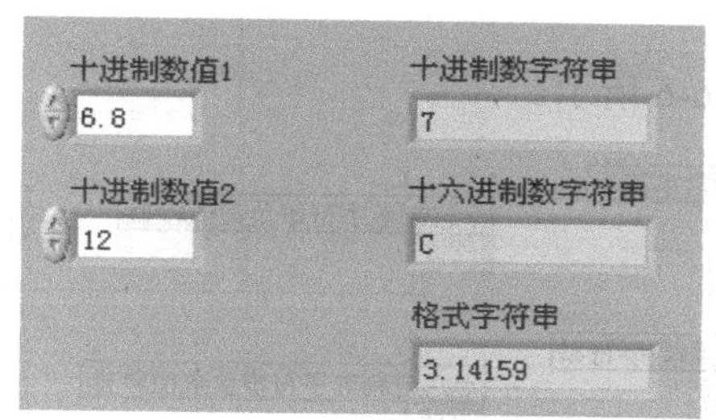

图 6-4　程序运行界面

三、任务 2 实现

1．程序前面板设计

新建 VI。切换到 LabVIEW 的前面板窗口，通过控件选板给程序前面板添加控件。

1）添加 2 个字符串输入控件：控件→字符串与路径→字符串输入控件。将标签分别改为“十进制数字符串”和“十六进制数字符串”。

2）添加 2 个数值显示控件：控件→数值→数值显示控件。将标签分别改为“数值 1”和“数值 2”。

设计的程序前面板如图 6-5 所示。

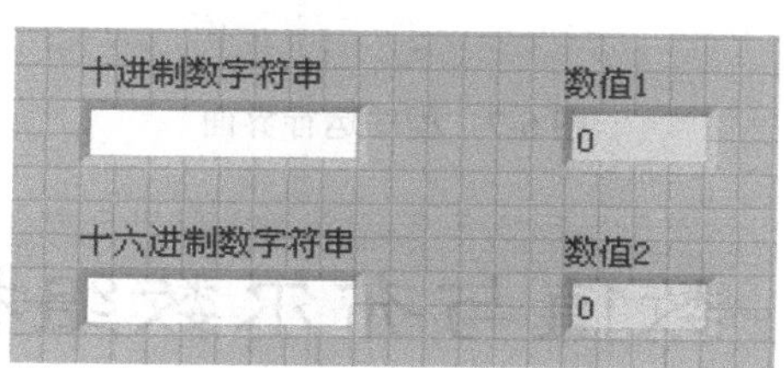

图 6-5　程序前面板

2．程序框图设计

切换到 LabVIEW 的程序框图窗口，调整控件位置，添加节点与连线。

1）添加 1 个十进制数字符串至数值转换函数：函数→字符串→字符串/数值转换→十进制数字符串至数值转换。

2）添加 1 个十六进制数字符串至数值转换函数：函数→字符串→字符串/数值转换→十六进制数字符串至数值转换。

3）将十进制数字符串控件的输出端口与十进制数字符串至数值转换函数的输入端口“字符串”相连。

4）将十进制数字符串至数值转换函数的输出端口“数字”与数值 1 显示控件的输入端口相连。

5）将十六进制数字符串控件的输出端口与十六进制数字符串至数值转换函数的输入端口“字符串”相连。

6）将十六进制数字符串至数值转换函数的输出端口“数字”与数值 2 显示控件的输入端口相连。

连线后的程序框图如图 6-6 所示。

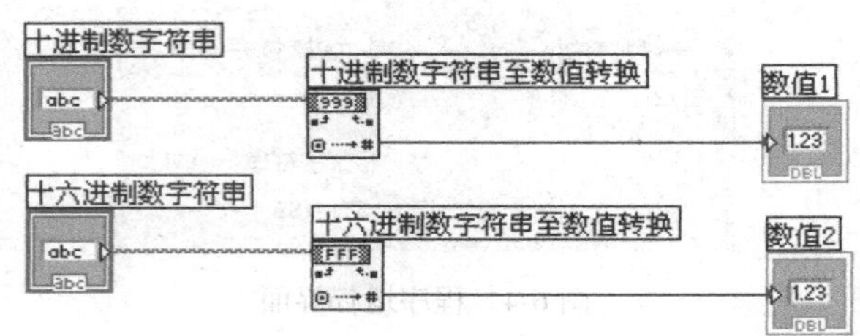

图 6-6　程序框图

3. 运行程序

切换到前面板窗口，单击工具栏“连续运行”按钮，运行程序。

本例中，十进制数字符串 12 转换为十进制数 12；十六进制数字符串 12 转换为十进制数 18。程序运行界面如图 6-7 所示。

图 6-7　程序运行界面

实例 35　数值与布尔数组相互转换

一、设计任务

任务 1：将数值转换为布尔数组显示。

任务 2：将布尔数组转换为数值显示。

二、任务 1 实现

1. 程序前面板设计

新建 VI。切换到 LabVIEW 的前面板窗口，通过控件选板给程序前面板添加控件。

1）添加 1 个数值输入控件：控件→数值→数值输入控件，标签为“数值”。

2）添加 1 个数组控件：控件→数组、矩阵与簇→数组，标签为“布尔数组”。

将圆形指示灯控件放入数组框架中，将成员数量设置为 2 列。

设计的程序前面板如图 6-8 所示。

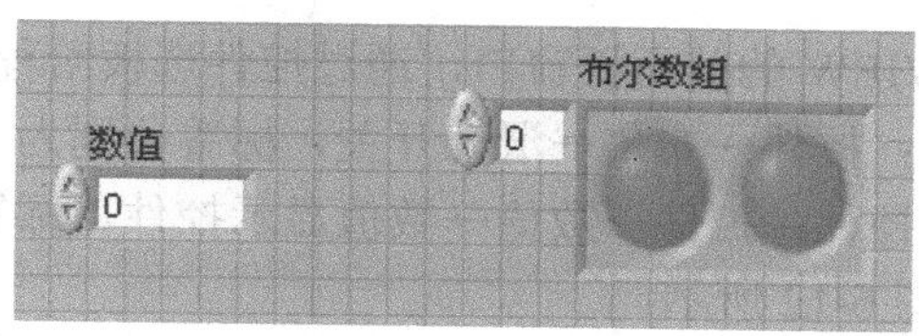

图 6-8　程序前面板

2．程序框图设计

切换到 LabVIEW 的程序框图窗口，调整控件位置，添加节点与连线。

1）添加 1 个数值至布尔数组转换函数：函数→数值→转换→数值至布尔数组转换。

数值至布尔数组转换函数位置如图 6-9 所示。

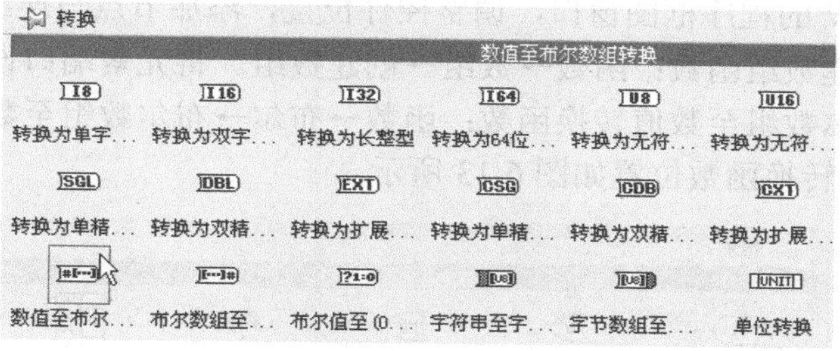

图 6-9　数值至布尔数组转换函数位置

2）将数值输入控件的输出端口与数值至布尔数组转换函数的输入端口“数字”相连。

3）将数值至布尔数组转换函数的输出端口与数组控件的输入端口相连。

连线后的程序框图如图 6-10 所示。

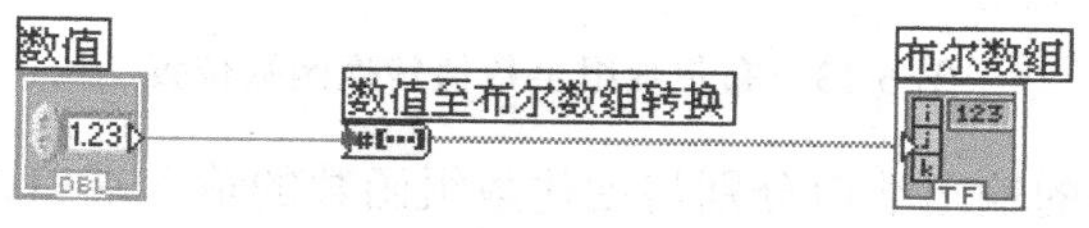

图 6-10　程序框图

3．运行程序

切换到前面板窗口，单击工具栏“连续运行”按钮，运行程序。

将输入数值变为 0、1、2 或 3，布尔数组中的 2 个指示灯颜色发生不同变化。程序运行界面如图 6-11 所示。

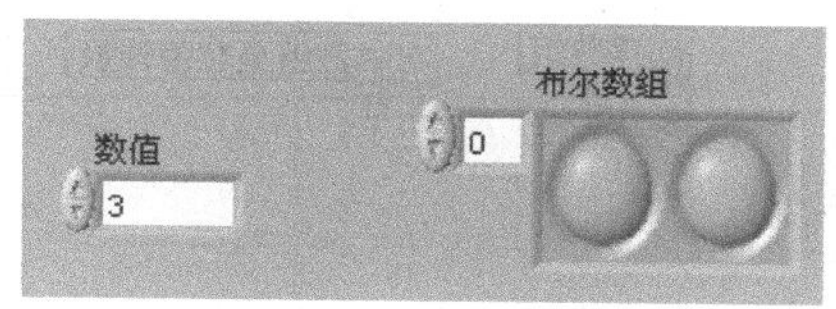

图 6-11　程序运行界面

三、任务 2 实现

1. 程序前面板设计

新建 VI。切换到 LabVIEW 的前面板窗口，通过控件选板给程序前面板添加控件。

1）添加 2 个开关控件：控件→布尔→滑动开关，标签分别为“开关 1”和“开关 2”。

2）添加 1 个数值显示控件：控件→数值→数值显示控件，标签为“数值”。

设计的程序前面板如图 6-12 所示。

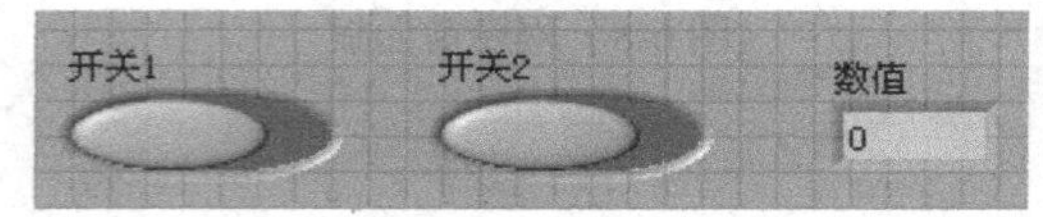

图 6-12 程序前面板

2. 程序框图设计

切换到 LabVIEW 的程序框图窗口，调整控件位置，添加节点与连线。

1）添加 1 个创建数组函数：函数→数组→创建数组。将元素端口设置为 2 个。

2）添加 1 个布尔数组至数值转换函数：函数→布尔→布尔数组至数值转换。

布尔数组至数值转换函数位置如图 6-13 所示。

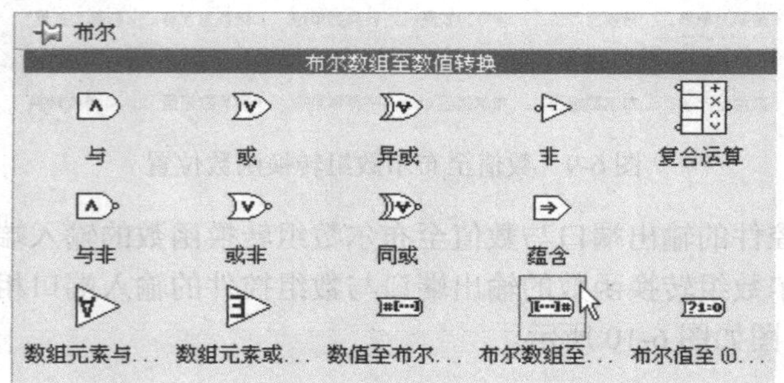

图 6-13 布尔数组至数值转换函数位置

3）将 2 个开关控件的输出端口分别与创建数组函数的输入端口“元素”相连。

4）将创建数组函数的输出端口“添加的数组”与布尔数组至数值转换函数的输入端口“布尔数组”相连。

5）将布尔数组至数值转换函数的输出端口“数字”与数值显示控件的输入端口相连。

连线后的程序框图如图 6-14 所示。

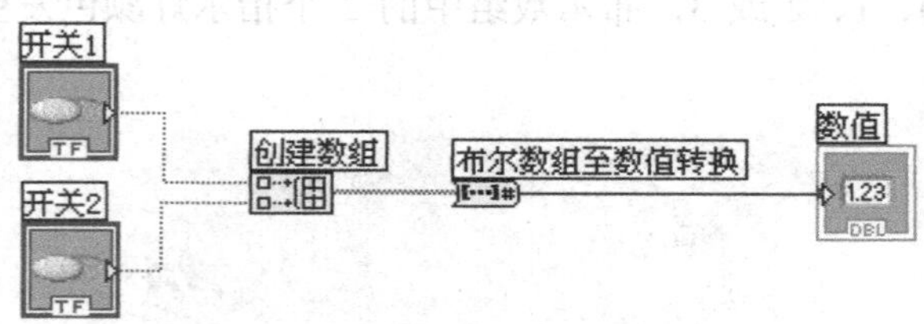

图 6-14 程序框图

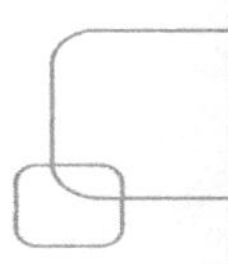

3. 运行程序

切换到前面板窗口，单击工具栏“连续运行”按钮，运行程序。

单击 2 个滑动开关，当 2 个开关键在不同位置时，数值显示控件显示 0、1、2 或 3。

程序运行界面如图 6-15 所示。

图 6-15　程序运行界面

实例 36　字符串与字节数组相互转换

一、设计任务

任务 1：将字符串转换为字节数组输出。

任务 2：将字节数组转换为字符串输出。

二、任务 1 实现

1. 程序前面板设计

新建 VI。切换到 LabVIEW 的前面板窗口，通过控件选板给程序前面板添加控件。

1）添加 1 个字符串输入控件：控件→字符串与路径→字符串输入控件。标签改为“十六进制数字符串”。

右击字符串显示控件，从弹出菜单中选择“十六进制显示”。

2）添加 1 个数组控件：控件→数组、矩阵与簇→数组，标签改为“字节数组”。

3）将数值显示控件放入数组框架中，将成员数量设置为 4 列。

右击数值显示控件，选择“格式与精度”项，在出现的数值属性对话框中，选择数据范围项，将表示法设为“无符号单字节”。再选择格式与精度项，选择“十六进制”。

设计的程序前面板如图 6-16 所示。

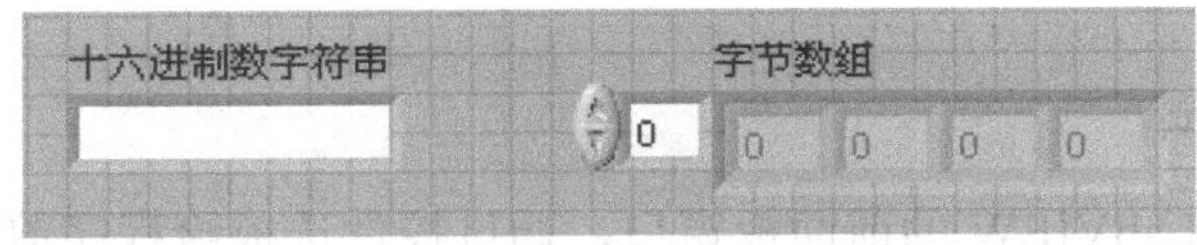

图 6-16　程序前面板

2. 程序框图设计

切换到 LabVIEW 的程序框图窗口，调整控件位置，添加节点与连线。

1）添加 1 个字符串至字节数组转换函数：函数→字符串→字符串/数组/路径转换→字符串至字节数组转换。字符串至字节数组转换函数的位置如图 6-17 所示。

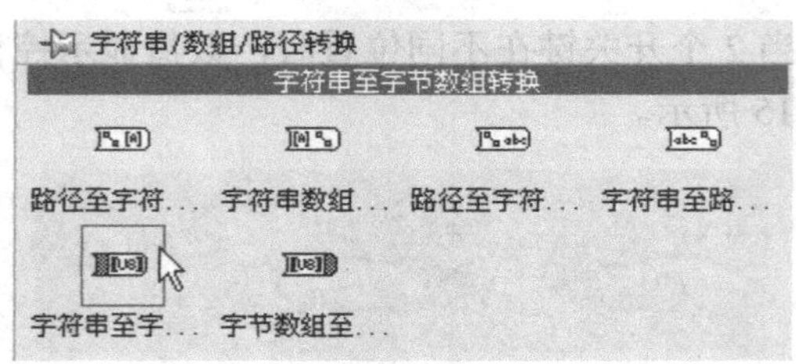

图 6-17　字符串至字节数组转换函数位置

2）将十六进制数字符串输入控件的输出端口与字符串至字节数组转换函数的输入端口“字符串”相连。

3）将字符串至字节数组转换函数的输出端口“无符号字节数组”与字节数组显示控件的输入端口相连。

连线后的程序框图如图 6-18 所示。

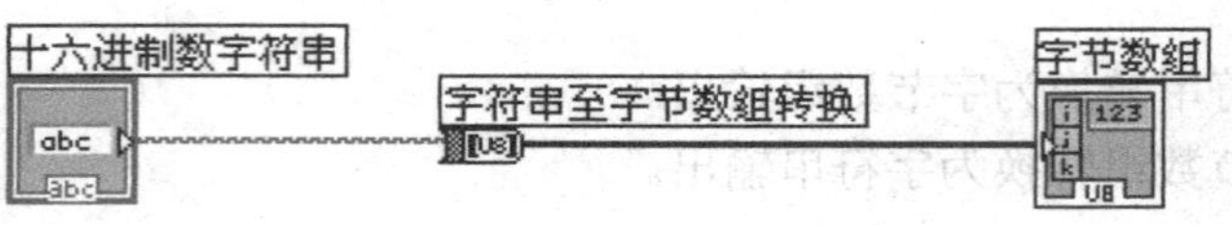

图 6-18　程序框图

3. 运行程序

切换到前面板窗口，单击工具栏“连续运行”按钮，运行程序。

在十六进制字符串输入控件框中输入字符串“1A21 33FF”，单击界面空白处，在字节数组控件中以字节形式显示“1A 21 33 FF”。

程序运行界面如图 6-19 所示。

图 6-19　程序运行界面

三、任务 2 实现

1. 程序前面板设计

新建 VI。切换到 LabVIEW 的前面板窗口，通过控件选板给程序前面板添加控件。

1）添加 1 个数组控件：控件→数组、矩阵与簇→数组。标签改为“字节数组”。

2）将数值显示控件放入数组框架中，将成员数量设置为 4 列。

右击数值显示控件，选择“格式与精度”项，在出现的“数值属性”对话框中，选择“数据范围”项，将表示法设为“无符号单字节”；再选择“格式与精度”项，选择“十六进制”。

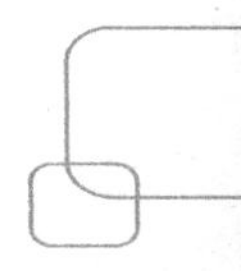

3）添加 1 个字符串显示控件：控件→字符串与路径→字符串显示控件，标签为“字符串”。右击字符串显示控件，选择“十六进制显示”。

设计的程序前面板如图 6-20 所示。

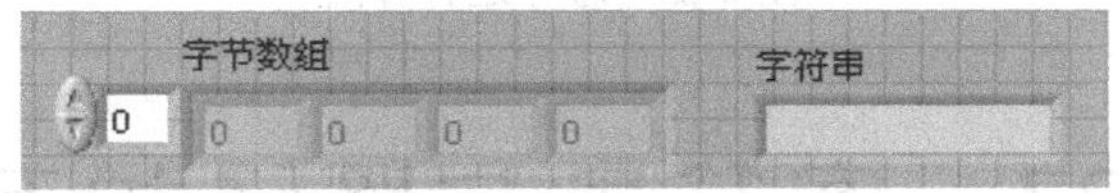

图 6-20　程序前面板

2. 程序框图设计

切换到 LabVIEW 的程序框图窗口，调整控件位置，添加节点与连线。

1）添加 1 个字节数组至字符串转换函数：函数→数值→转换→字节数组至字符串转换。字节数组至字符串转换函数的位置如图 6-21 所示。

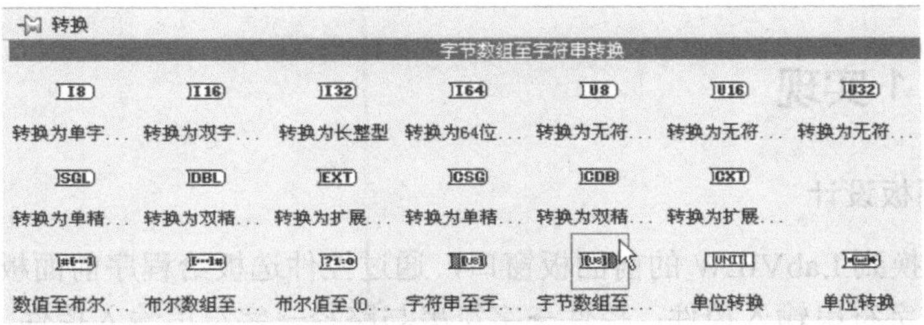

图 6-21　字节数组至字符串转换函数的位置

2）添加 1 个数组常量：函数→数组→数组常量。

再往数组常量数据区添加数值常量，设置为 4 列，将其数据格式设置为十六进制，方法为：右击数组框架中的数值常量，弹出快捷菜单，选择“格式与精度”（或“显示格式”）菜单项，出现“数值常量属性”对话框，在“格式与精度”（或“显示格式”）选项卡中选择“十六进制”，单击“确定”按钮。将 4 个数值常量的值分别改为 1A、21、C2、FF。

3）将数组常量与字节数组至字符串转换函数的输入端口“无符号字节数组”相连，再将数组常量与字节数组显示控件相连。

4）将字节数组至字符串转换函数的输出端口“字符串”与字符串显示控件相连。

连线后的程序框图如图 6-22 所示。

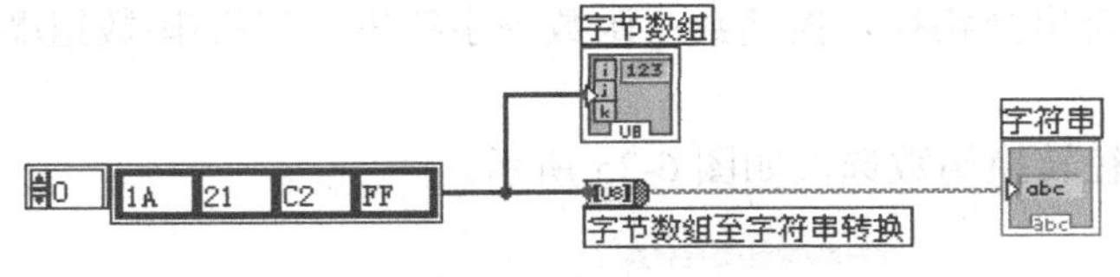

图 6-22　程序框图

3. 运行程序

切换到前面板窗口，单击工具栏“连续运行”按钮，运行程序。

本例中，字节数组控件显示 1A、21、C2、FF，字符串显示控件显示“1A21 C2FF”。

程序运行界面如图 6-23 所示。

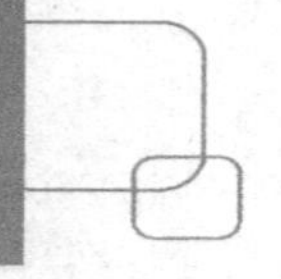

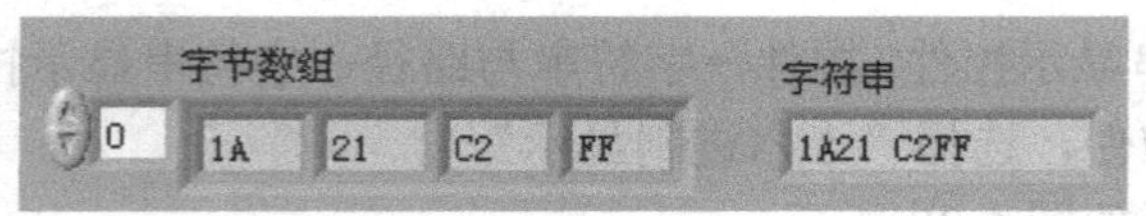

图 6-23　程序运行界面

实例 37　字符串与路径相互转换

一、设计任务

任务 1：将 1 个字符串转换为文件路径。

任务 2：将文件路径转换为字符串。

二、任务 1 实现

1. 程序前面板设计

新建 VI。切换到 LabVIEW 的前面板窗口，通过控件选板给程序前面板添加控件。

1）添加 1 个字符串输入控件：控件→字符串与路径→字符串输入控件，将标签改为“输入字符串”。

2）添加 1 个路径显示控件：控件→字符串与路径→文件路径显示控件，将标签改为“显示路径”。

设计的程序前面板如图 6-24 所示。

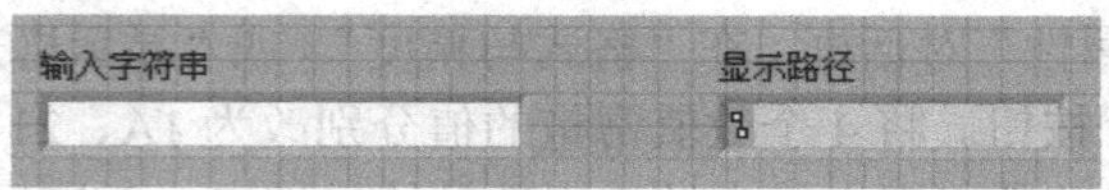

图 6-24　程序前面板

2. 程序框图设计

切换到 LabVIEW 的程序框图窗口，调整控件位置，添加节点与连线。

1）添加 1 个字符串至路径转换函数：函数→字符串→字符串/数组/路径转换→字符串至路径转换。

字符串/数组/路径转换函数选板如图 6-25 所示。

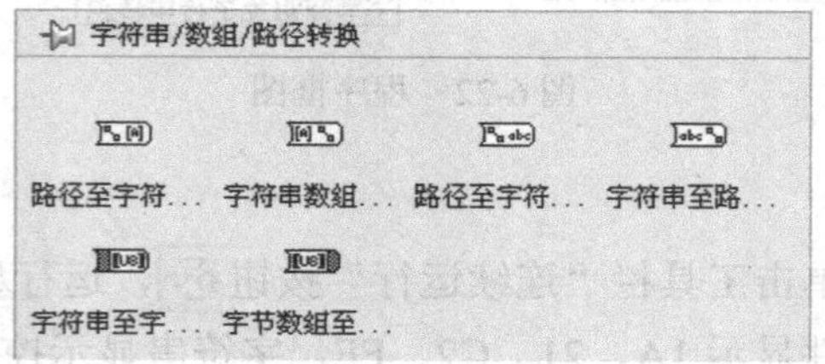

图 6-25　字符串/数组/路径转换函数选板

2）将字符串输入控件的输出端口与字符串至路径转换函数的输入端口“字符串”相连。

3）将字符串至路径转换函数的输出端口“路径”与路径显示控件的输入端口相连。

连线后的程序框图如图 6-26 所示。

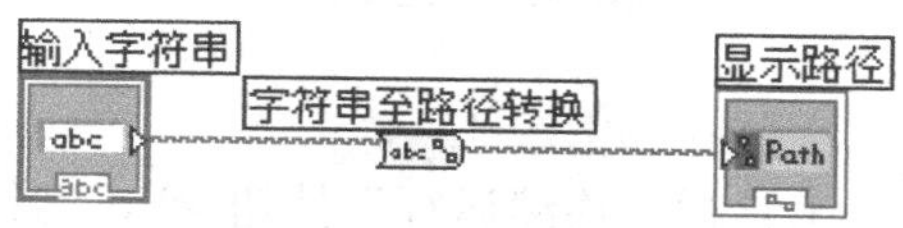

图 6-26　程序框图

3. 运行程序

切换到前面板窗口，单击工具栏“连续运行”按钮，运行程序。

输入字符串“C:\LabVIEW.vi”，转换为文件路径“C:\LabVIEW.vi”。

程序运行界面如图 6-27 所示。

图 6-27　程序运行界面

三、任务 2 实现

1. 程序前面板设计

新建 VI。切换到 LabVIEW 的前面板窗口，通过控件选板给程序前面板添加控件。

1）添加 1 个路径输入控件：控件→字符串与路径→文件路径输入控件，将标签改为“输入路径”。

2）添加 1 个字符串显示控件：控件→字符串与路径→字符串显示控件，将标签改为“输出字符串”。

设计的程序前面板如图 6-28 所示。

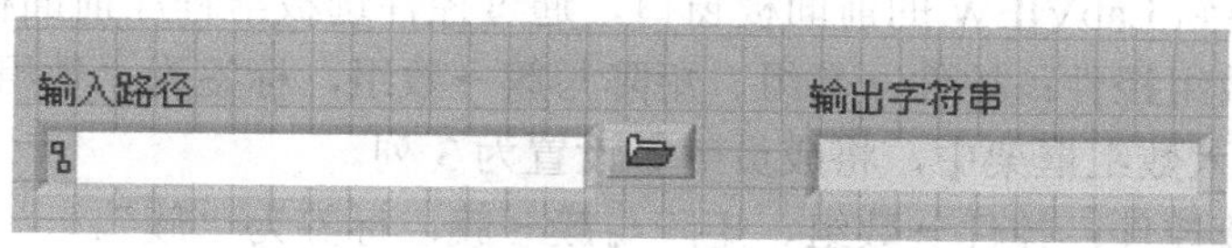

图 6-28　程序前面板

2. 程序框图设计

切换到 LabVIEW 的程序框图窗口，调整控件位置，添加节点与连线。

1）添加 1 个路径至字符串转换函数：函数→字符串→字符串/数组/路径转换→路径至字符串转换。

2）将路径输入控件的输出端口与路径至字符串转换函数的输入端口“路径”相连。

3）将路径至字符串转换函数的输出端口“字符串”与输出字符串显示控件的输入端口相连。

连线后的程序框图如图 6-29 所示。

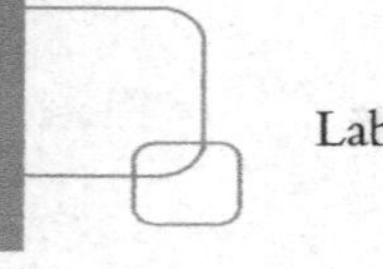

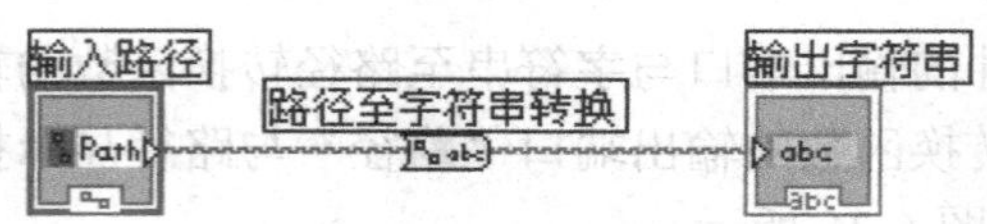

图 6-29　程序框图

3. 运行程序

切换到前面板窗口，单击工具栏“连续运行”按钮，运行程序。

通过单击输入路径文本框右侧的图标，选择一个文件，在输出字符串文本框显示该文件路径。

程序运行界面如图 6-30 所示。

图 6-30　程序运行界面

实例 38　数组与簇相互转换

一、设计任务

任务 1：将 1 个数组数据转换为簇数据。

任务 2：将 1 个簇数据转换为数组数据。

二、任务 1 实现

1. 程序前面板设计

新建 VI。切换到 LabVIEW 的前面板窗口，通过控件选板给程序前面板添加控件。

1）添加 1 个数组控件：控件→数组、矩阵与簇→数组，标签为“数组”。

将旋钮控件放入数组框架中，将成员数量设置为 3 列。

2）添加 1 个簇控件：控件→数组、矩阵与簇→簇，标签为“簇”。

将 3 个数值显示控件放入簇框架中。

设计的程序前面板如图 6-31 所示。

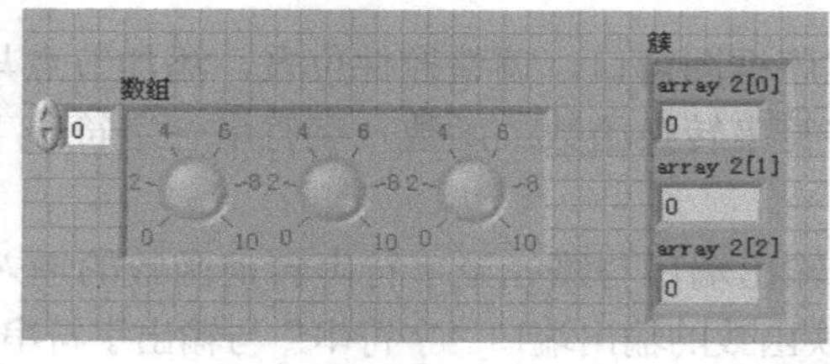

图 6-31　程序前面板

2. 程序框图设计

切换到 LabVIEW 的程序框图窗口，调整控件位置，添加节点与连线。
1）添加 1 个数组至簇转换函数：函数→数组→数组至簇转换。
数组至簇转换函数位置如图 6-32 所示。

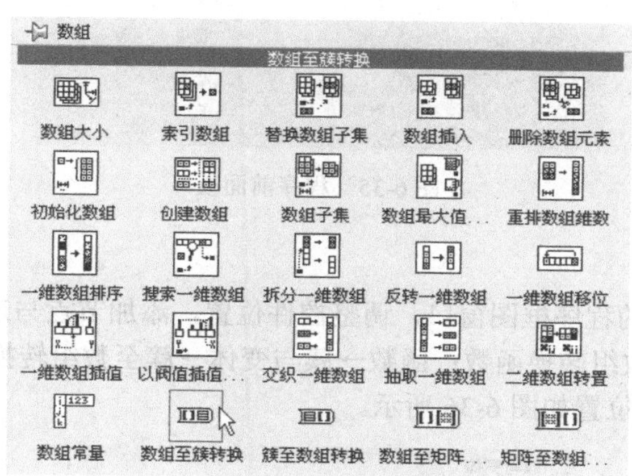

图 6-32　数组至簇转换函数位置

2）将数组控件的输出端口与数组至簇转换函数的输入端口“数组”相连。
3）将数组至簇转换函数的输出端口“簇”与簇控件的输入端口相连。
连线后的程序框图如图 6-33 所示。

3. 运行程序

切换到前面板窗口，单击工具栏“连续运行”按钮，运行程序。
改变数组控件中各旋钮位置，簇控件中各数值显示控件中的值随之改变。
程序运行界面如图 6-34 所示。

图 6-33　程序框图

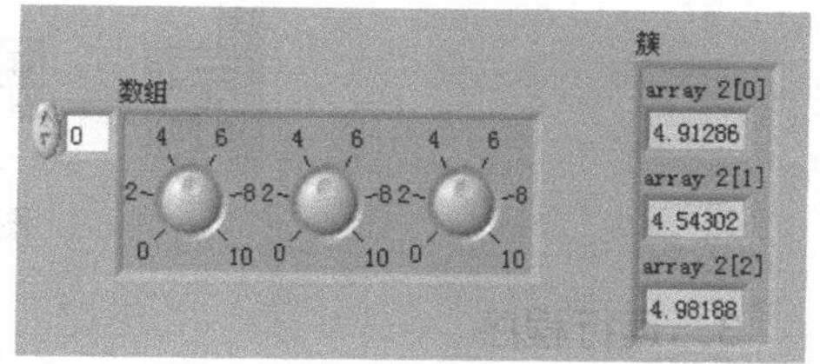

图 6-34　程序运行界面

三、任务 2 实现

1. 程序前面板设计

新建 VI。切换到 LabVIEW 的前面板窗口，通过控件选板给程序前面板添加控件。
1）添加 1 个簇控件：控件→数组、矩阵与簇→簇，标签为“簇”。
将 1 个旋钮控件、1 个数值输入控件放入簇框架中。

2）添加 1 个数组控件：控件→数组、矩阵与簇→数组，标签为“数组”。

将数值显示控件放入数组框架中，将成员数量设置为 2 列。

设计的程序前面板如图 6-35 所示。

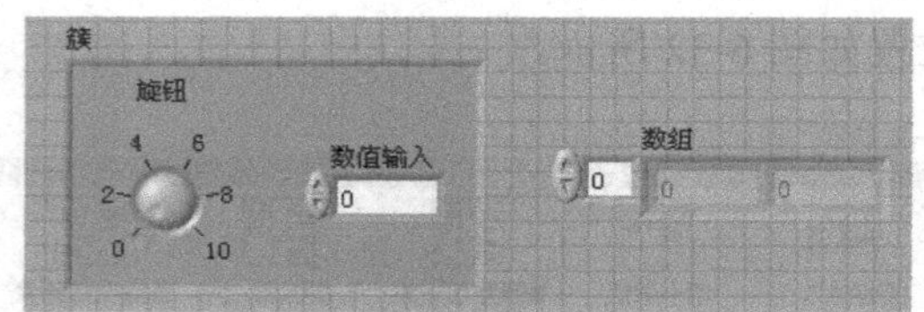

图 6-35　程序前面板

2．程序框图设计

切换到 LabVIEW 的程序框图窗口，调整控件位置，添加节点与连线。

1）添加 1 个簇至数组转换函数：函数→簇与变体→簇至数组转换。

簇至数组转换函数位置如图 6-36 所示。

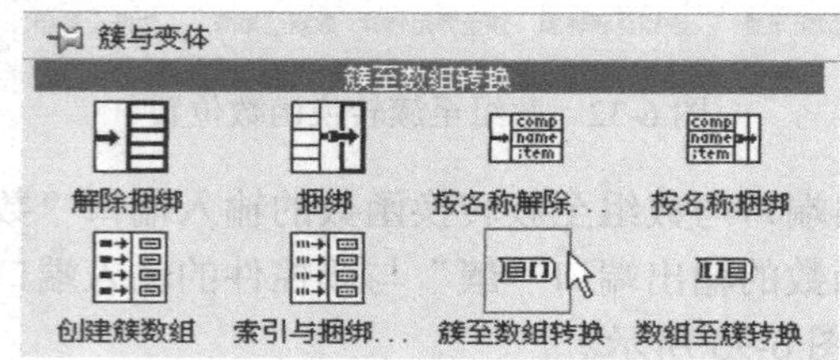

图 6-36　簇至数组转换函数位置

2）将簇控件的输出端口与簇至数组转换函数的输入端口“簇”相连。

3）将簇至数组转换函数的输出端口“数组”与数组控件的输入端口相连。

连线后的程序框图如图 6-37 所示。

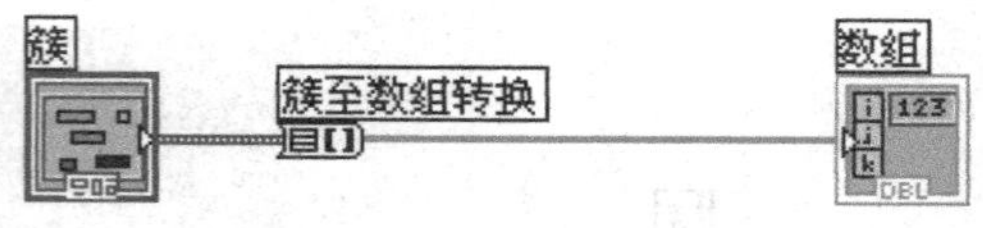

图 6-37　程序框图

3．运行程序

切换到前面板窗口，单击工具栏“连续运行”按钮，运行程序。

改变簇控件中旋钮的位置、数值输入控件的值，数组控件同时显示旋钮值、数值输入值。

程序运行界面如图 6-38 所示。

图 6-38　程序运行界面

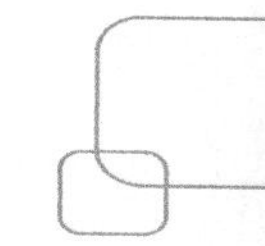

实例 39 布尔值至（0,1）转换

一、设计任务

将 1 个布尔数据转换为 0 或 1 显示。

二、任务实现

1. 程序前面板设计

新建 VI。切换到 LabVIEW 的前面板窗口，通过控件选板给程序前面板添加控件。

1）添加 1 个开关控件：控件→布尔→滑动开关，标签为“滑动开关”。

2）添加 1 个数值显示控件：控件→数值→数值显示控件，标签为“数值”。

设计的程序前面板如图 6-39 所示。

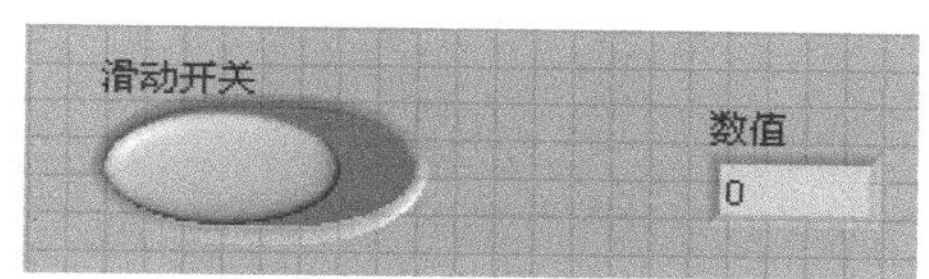

图 6-39 程序前面板

2. 程序框图设计

切换到 LabVIEW 的程序框图窗口，调整控件位置，添加节点与连线。

1）添加 1 个布尔值至(0,1)转换函数：函数→布尔→布尔值至(0,1)转换。

布尔值至(0,1)转换函数位置如图 6-40 所示。

图 6-40 布尔值至(0,1)转换函数位置

2）将滑动开关控件的输出端口与布尔值至(0,1)转换函数的输入端口“布尔”相连。

3）将布尔值至(0,1)转换函数的输出端口“(0,1)”与数值显示控件的输入端口相连。

连线后的程序框图如图 6-41 所示。

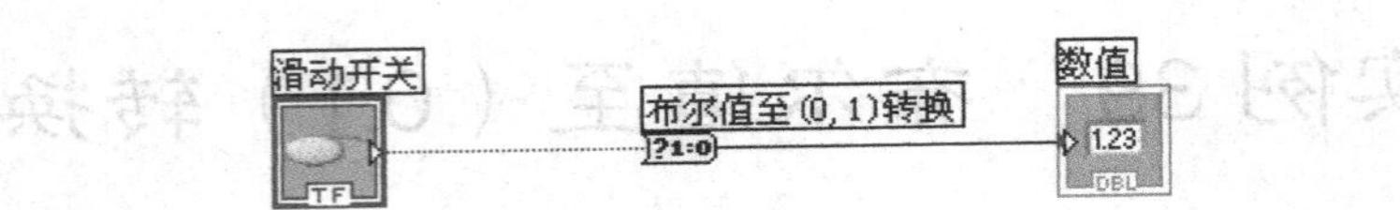

图 6-41　程序框图

3. 运行程序

切换到前面板窗口，单击工具栏“连续运行”按钮，运行程序。

单击滑动开关，数值显示控件显示 0 或 1。

程序运行界面如图 6-42 所示。

图 6-42　程序运行界面

第7章　程序结构

本章通过实例介绍LabVIEW程序框图设计中的程序流程控制结构，包括条件结构、顺序结构、For循环结构、While循环结构、定时结构、事件结构和禁用结构的创建与使用。

实例40　条件结构的使用

一、设计任务

任务1：通过开关改变指示灯颜色，并显示开关状态信息。
任务2：通过滑动杆改变数值，当该数值大于等于设定值时，指示灯颜色改变。
任务3：通过单选按钮，分别显示数值和字符串。

二、任务1实现

1．程序前面板设计

1）添加1个开关控件：控件→布尔→垂直滑动杆开关。将标签改为“开关”。

2）添加1个字符串显示控件：控件→字符串与路径→字符串显示控件。将标签改为“状态”。

3）添加1个指示灯控件：控件→布尔→圆形指示灯。将标签改为“指示灯”。

设计的程序前面板如图7-1所示。

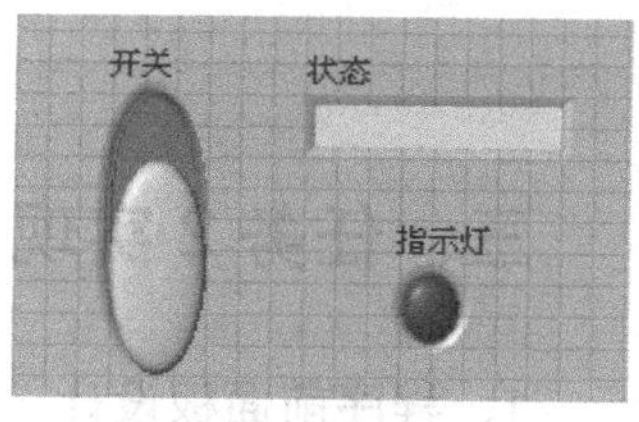

图7-1　程序前面板

2．程序框图设计

1）添加1个条件结构：函数→结构→条件结构。

2）在条件结构的“真”选项中添加1个字符串常量：函数→字符串→字符串常量。值设为“打开！”。

3）在条件结构的“真”选项中添加1个真常量：函数→布尔→真常量。

4）在条件结构的“假”选项中添加1个字符串常量：函数→字符串→字符串常量。值设为“关闭！”。

5）在条件结构的“假”选项中添加1个假常量：函数→布尔→假常量。

6）将开关控件的输出端口与条件结构的选择端口“?”相连。

7）将条件结构“真”选项中的字符串常量“打开！”与“状态”字符串显示控件的输入

端口相连。

8）将条件结构“真”选项中的真常量与指示灯控件的输入端口相连。

9）将条件结构“假”选项中的字符串常量“关闭!”与“状态”字符串显示控件的输入端口相连。

10）将条件结构“假”选项中的假常量与指示灯控件的输入端口相连。

连线后的程序框图如图 7-2 所示。

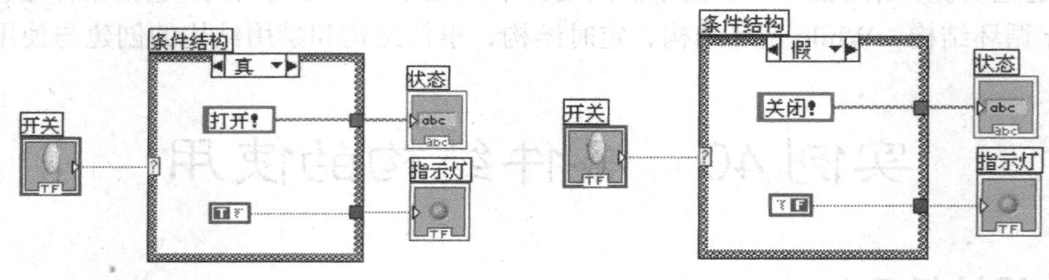

图 7-2　程序框图

3. 运行程序

切换到前面板窗口，单击工具栏“连续运行”按钮，运行程序。

在程序前面板单击开关，指示灯颜色发生变化，状态文本框显示“打开！”或“关闭！”。

程序运行界面如图 7-3 所示。

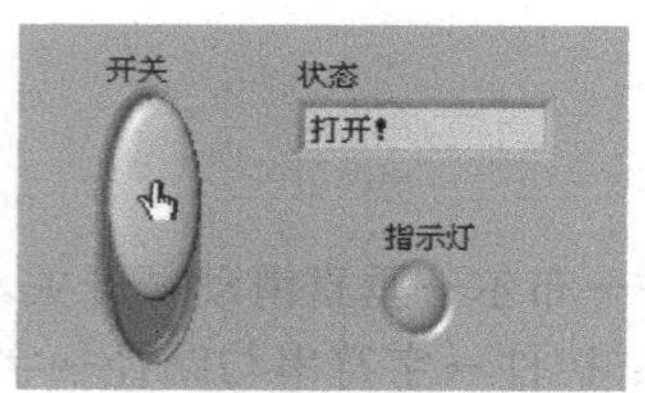

图 7-3　程序运行界面

三、任务 2 实现

1. 程序前面板设计

新建 VI。切换到 LabVIEW 的前面板窗口，通过控件选板给程序前面板添加控件。

1）添加 1 个滑动杆控件：控件→数值→水平指针滑动杆，标签为“滑动杆”。

2）添加 1 个数值显示控件：控件→数值→数值显示控件，标签为“数值”。

3）添加 1 个指示灯控件：控件→布尔→圆形指示灯，标签为“指示灯”。

设计的程序前面板如图 7-4 所示。

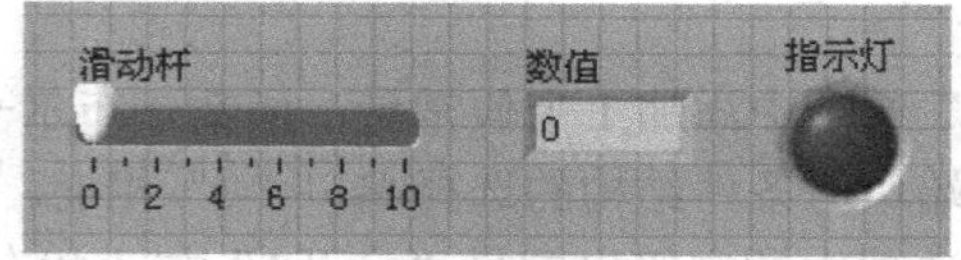

图 7-4　程序前面板

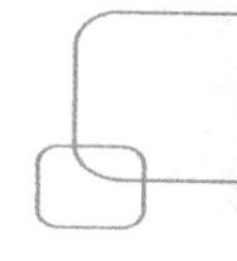

2. 程序框图设计

切换到 LabVIEW 的程序框图窗口，调整控件位置，添加节点与连线。

1）添加 1 个条件结构：函数→结构→条件结构。

2）添加 1 个比较函数：函数→比较→“大于等于?”。

3）添加 1 个数值常量：函数→数值→数值常量。数值常量的值改为“5”。

4）将滑动杆控件的输出端口与数值显示控件的输入端口相连，再与比较函数“大于等于?”的输入端口“x”相连。

5）将数值常量“5”与比较函数“大于等于?”的输入端口“y”相连。

6）将比较函数“大于等于?”的输出端口“x>=y?”与条件结构的选择端口相连。

7）在条件结构的真选项中添加 1 个真常量：函数→布尔→真常量。

8）将指示灯控件的图标移到条件结构的“真”选项中。

9）将条件结构“真”选项中的真常量与指示灯控件的输入端口相连。

连线后的程序框图如图 7-5 所示。

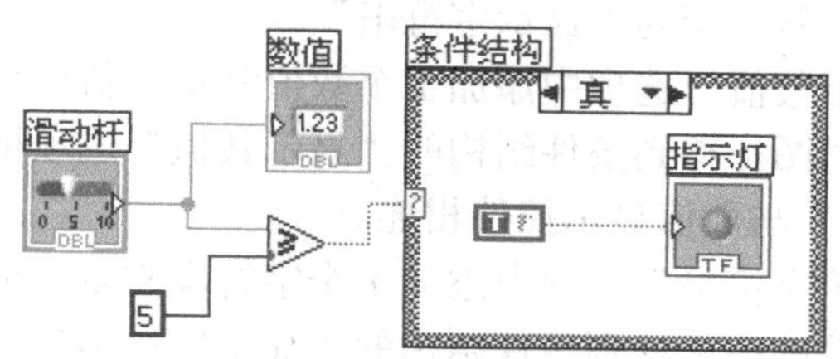

图 7-5　程序框图

3. 运行程序

切换到前面板窗口，单击工具栏“连续运行”按钮，运行程序。

在程序前面板单击滑动杆触点，当其数值大于等于 5 时，指示灯颜色发生变化。

程序运行界面如图 7-6 所示。

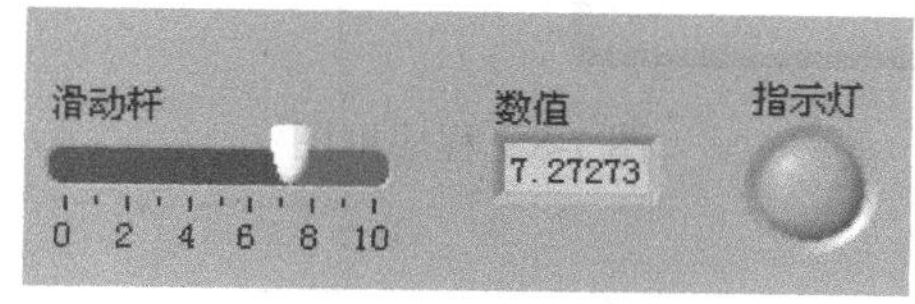

图 7-6　程序运行界面

四、任务 3 实现

1. 程序前面板设计

新建 VI。切换到 LabVIEW 的前面板窗口，通过控件选板给程序前面板添加控件。

1）添加 1 个单选按钮控件：控件→布尔→单选按钮。将标识“单选选项 1”改为“显示数值”，将标识“单选选项 2”改为“显示字符串”。

2）添加 1 个数值显示控件。

3）添加 1 个字符串显示控件。

设计的程序前面板如图 7-7 所示。

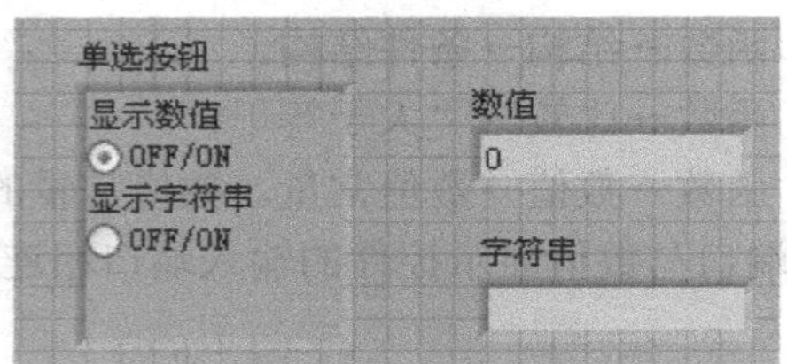

图 7-7　程序前面板

2. 程序框图设计

切换到 LabVIEW 的程序框图窗口，调整控件位置，添加节点与连线。

1）添加 1 个条件结构：函数→结构→条件结构。

2）将单选按钮控件与条件结构的选择端口相连。此时条件结构的框架标识符发生变化，“真”变为“显示数值”，“假”变为“显示字符串”。

3）在条件结构“显示数值”选项中添加 1 个数值常量。值设为“100”。

4）将数值显示控件的图标移到条件结构的“显示数值”选项框架中。

5）将数值常量“100”与数值显示控件相连。

6）在条件结构“显示字符串”选项中添加 1 个字符串常量。值设为“LabVIEW”。

7）将字符串显示控件的图标移到条件结构的“显示字符串”选项框架中。

8）将字符串常量“LabVIEW”与字符串显示控件相连。

连线后的程序框图如图 7-8 所示。

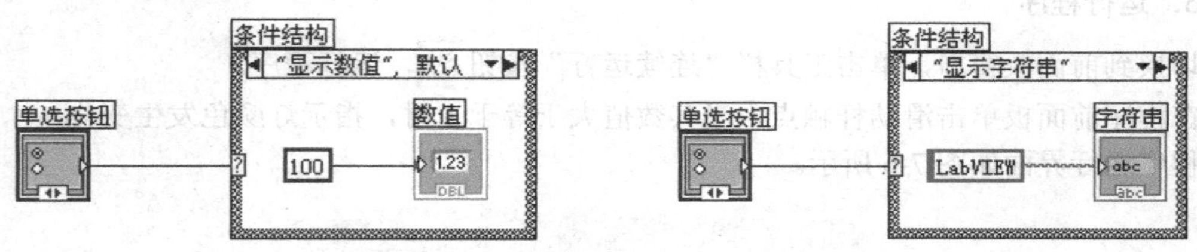

图 7-8　程序框图

3. 运行程序

切换到前面板窗口，单击工具栏“连续运行”按钮，运行程序。

首先显示数值“100”，单击“显示字符串”选项后，显示字符串“LabVIEW”。

程序运行界面如图 7-9 所示。

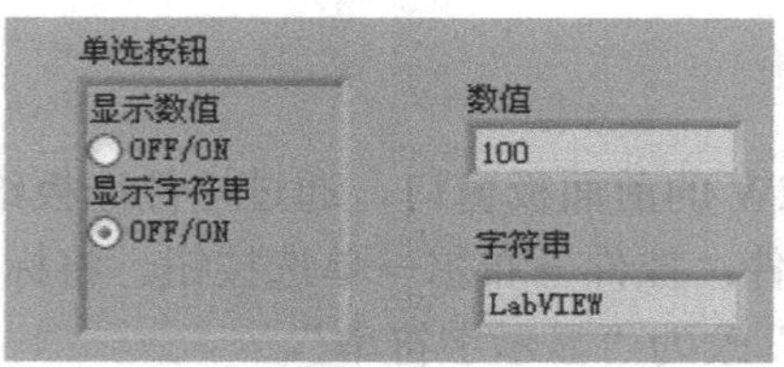

图 7-9　程序运行界面

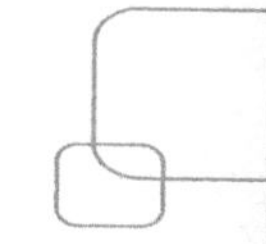

实例 41　平铺式顺序结构的使用

一、设计任务

使用平铺式顺序结构，将前一个框架中产生的数据传递到后续框架中使用。

二、任务实现

1. 程序前面板设计

新建 VI。切换到 LabVIEW 的前面板窗口，通过控件选板给程序前面板添加控件。

1）添加 1 个数值输入控件：控件→数值→数值输入控件。将标签改为“IN”。

2）添加 1 个数值显示控件：控件→数值→数值显示控件。将标签改为“OUT”。

设计的程序前面板如图 7-10 所示。

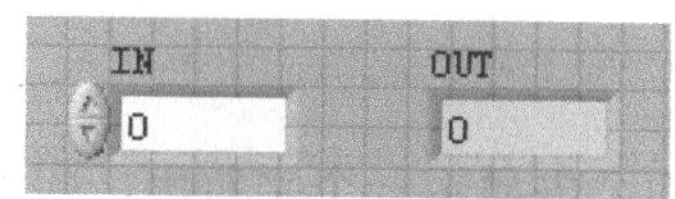

图 7-10　程序前面板

2. 程序框图设计

切换到 LabVIEW 的程序框图窗口，调整控件位置，添加节点与连线。

1）添加 1 个顺序结构：函数→结构→平铺式顺序结构。

将顺序结构框架设置为 4 个（0～3）。设置方法：右击顺序式结构右边框，弹出快捷菜单，选择“在后面添加帧”，执行 3 次。

2）将数值输入控件的图标移到顺序结构框架 0 中（最左边的框架）；将数值显示控件的图标移到顺序结构框架 3 中（最右边的框架）。

3）在顺序结构框架 2 中添加 1 个定时函数：函数→定时→时间延迟。延迟时间设置为 5 秒。

4）将顺序结构框架 0 中的数值输入控件的输出端口直接与顺序结构框架 3 中的数值显示控件的输入端口相连。

连线后的程序框图如图 7-11 所示。

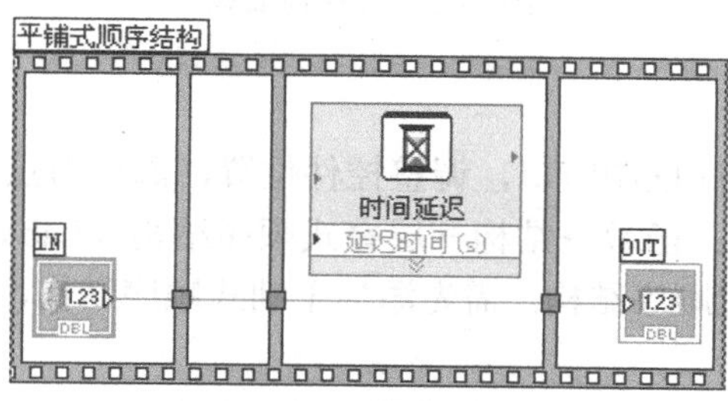

图 7-11　程序框图

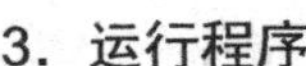

3. 运行程序

切换到前面板窗口，单击工具栏“运行”按钮，运行程序。

在数值输入控件中输入数值，如“8”，单击界面空白处，隔 5 秒后，在数值显示控件中显示“8”。

程序运行界面如图 7-12 所示。

图 7-12　程序运行界面

实例 42　层叠式顺序结构的使用

一、设计任务

任务 1：使用层叠式顺序结构，先显示一个字符串，隔 5 秒后再显示一个数值。

任务 2：使用层叠式顺序结构，将前一个框架中产生的数据传递到后续框架中使用。

二、任务 1 实现

1. 程序前面板设计

新建 VI。切换到 LabVIEW 的前面板窗口，通过控件选板给程序前面板添加控件。

1）添加 1 个字符串显示控件：控件→字符串与路径→字符串显示控件。标签为“字符串”。

2）添加 1 个数值显示控件：控件→数值→数值显示控件。标签为“数值”。

设计的程序前面板如图 7-13 所示。

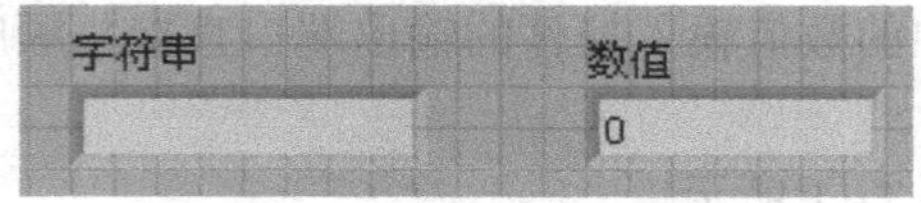

图 7-13　程序前面板

2. 程序框图设计

切换到 LabVIEW 的程序框图窗口，调整控件位置，添加节点与连线。

1）添加 1 个顺序结构：函数→结构→层叠式顺序结构（LabVIEW2015 以后版本结构子选板中没有直接提供层叠式顺序结构，需先添加平铺式顺序结构，右击边框，出现快捷菜单，选择“替换为层叠式顺序”）。

将顺序结构框架设置为 3 个（0～2）。设置方法：右击顺序式结构上边框，弹出快捷菜单，选择“在后面添加帧”，执行 2 次。

2）在顺序结构框架 0 中添加 1 个字符串常量：函数→字符串→字符串常量。值设为“LabVIEW2015”。

3）将字符串显示控件的图标移到在顺序结构框架 0 中，将字符串常量“LabVIEW2015”与字符串显示控件的输入端口相连，程序框图 1 如图 7-14 所示。

4）在顺序结构框架 1 中添加 1 个定时函数：函数→定时→时间延迟。延迟时间设为 5 秒，程序框图 2 如图 7-15 所示。

5）在顺序结构框架 2 中添加 1 个数值常量：函数→数值→数值常量。将值设为“100”。

6）将数值显示控件的图标移到顺序结构框架 2 中，将数值常量“100”与数值显示控件的输入端口相连，如图 7-16 所示。

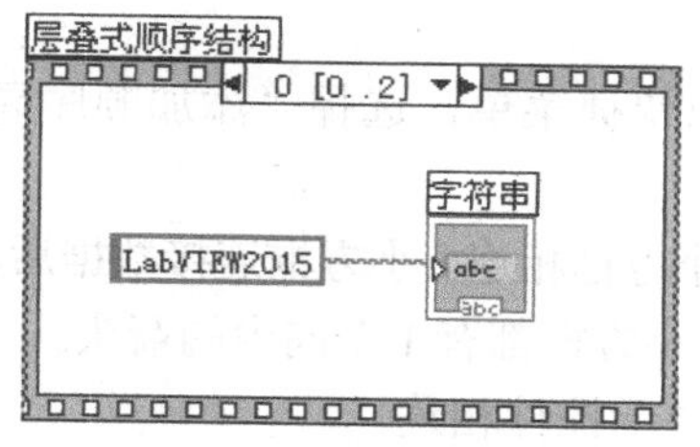

图 7-14　程序框图 1

图 7-15 程序框图 2

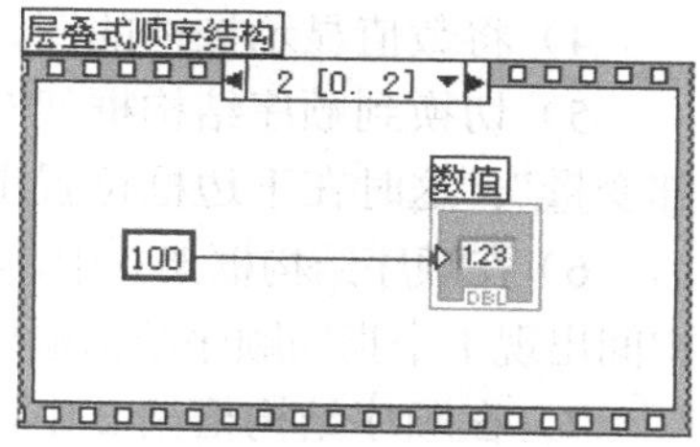

图 7-16　程序框图 3

3. 运行程序

切换到前面板窗口，单击工具栏“运行”按钮⇨，运行程序。

层叠式顺序结构执行时按照子框图的排列序号执行。本例程序运行后先显示字符串“LabVIEW2015”，隔 5 秒后，显示数值“100”。

程序运行界面如图 7-17 所示。

图 7-17　程序运行界面

三、任务 2 实现

1. 程序前面板设计

新建 VI。切换到 LabVIEW 的前面板窗口，通过控件选板给程序前面板添加控件。

1）添加 1 个数值输入控件：控件→数值→数值输入控件。将标签改为“IN”。

2）添加 1 个数值显示控件：控件→数值→数值显示控件。将标签改为“OUT”。

设计的程序前面板如图 7-18 所示。

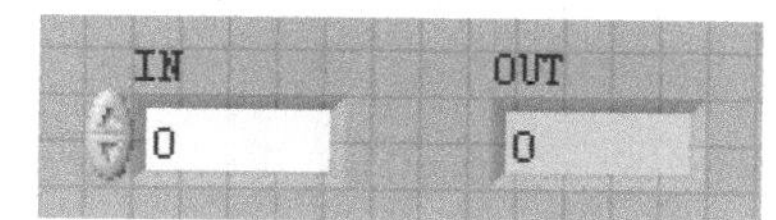

图 7-18　程序前面板

2. 程序框图设计

切换到 LabVIEW 的程序框图窗口，调整控件位置，添加节点与连线。

1）添加 1 个顺序结构：函数→结构→层叠式顺序结构（LabVIEW2015 以后版本结构子选板中没有直接提供层叠式顺序结构，需先添加平铺式顺序结构，右击边框，出现快捷菜单，选择“替换为层叠式顺序”）。

将顺序结构框架设置为 3 个（0～2）。设置方法：右击顺序式结构上边框，弹出快捷菜单，选择“在后面添加帧”，执行 2 次。

2）将数值输入控件的图标移到顺序结构框架 0 中。

3）在顺序结构框架 1 中添加 1 个定时函数：函数→定时→时间延迟。延迟时间设为 5 秒。

4）将数值显示控件的图标移到顺序结构框架 2 中。

5）切换到顺序结构框架 0，右击顺序式结构下边框，弹出快捷菜单，选择“添加顺序局部变量”。这时在下边框位置出现 1 个黄色小方框。

6）在顺序结构框架 0 中，将数值输入控件与顺序局部变量小方框相连。小方框连接数据后，中间出现 1 个指向顺序结构框外的箭头，后续框架顺序局部变量小方框都有 1 个向内的箭头。

7）在顺序结构框架 2 中，将顺序局部变量小方框与数值显示控件相连。

连线后的程序框图如图 7-19 所示。

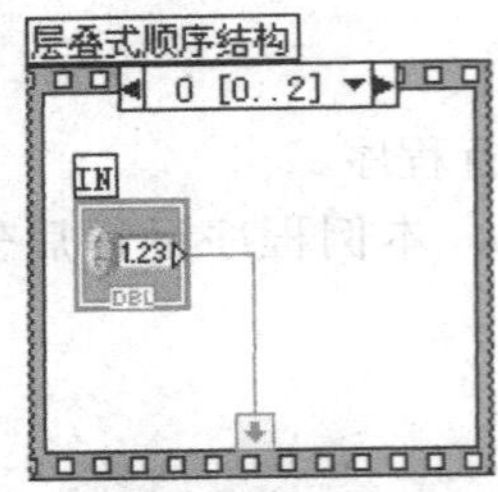

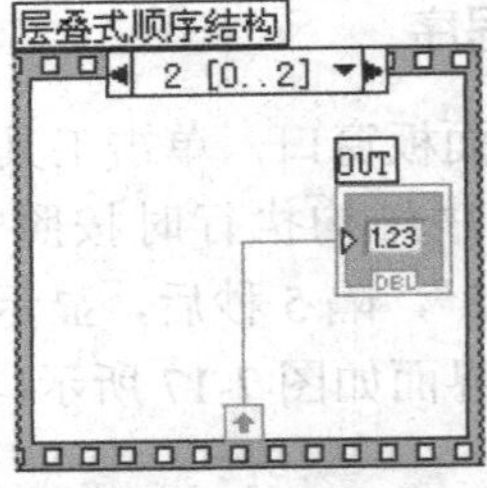

图 7-19 程序框图

3. 运行程序

切换到前面板窗口，单击工具栏“连续运行”按钮，运行程序。

在数值输入控件中输入数值，如“8”，单击界面空白处，隔 5 秒后，在数值显示控件中显示“8”。

程序运行界面如图 7-20 所示。

图 7-20 程序运行界面

实例 43 For 循环结构的使用

一、设计任务

任务 1：使用 For 循环结构，得到随机数并输出显示。

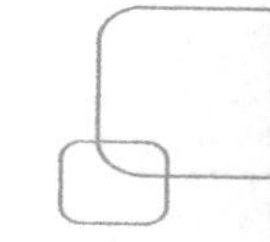

任务 2：使用 For 循环结构，输入数值 *n*，求 *n*！并输出显示。

任务 3：输入数值 *n*，求 0+1+2+3+…+*n* 的和并输出显示。

二、任务 1 实现

1. 程序前面板设计

新建 VI。切换到 LabVIEW 的前面板窗口，通过控件选板给程序前面板添加控件。

添加 2 个数值显示控件：控件→数值→数值显示控件。将标签分别改为“循环数”和“随机数:0-1”。

设计的程序前面板如图 7-21 所示。

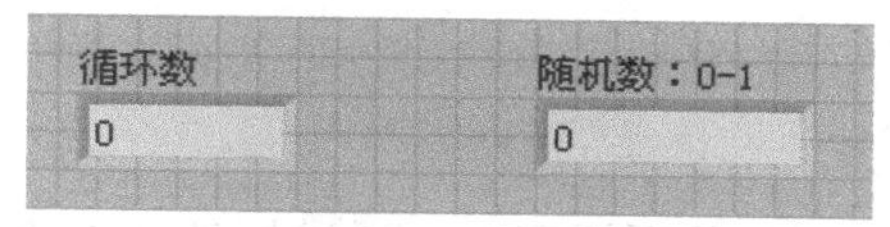

图 7-21　程序前面板

2. 程序框图设计

切换到 LabVIEW 的程序框图窗口，调整控件位置，添加节点与连线。

1）添加 1 个数值常量：函数→数值→数值常量。将值设为“10”。

2）添加 1 个 For 循环结构：函数→结构→For 循环。

3）将数值常量“10”与 For 循环结构的计数端口“N”相连。

以下为在 For 循环结构框架中添加节点并连线。

4）添加 1 个随机数函数：函数→数值→随机数(0-1)。

5）添加 1 个数值常量：函数→数值→数值常量。将值设为“1000”。

6）添加 1 个定时函数：函数→定时→等待下一个整数倍毫秒。

7）将“循环数”数值显示控件、“随机数:0-1”数值显示控件的图标移到 For 循环结构框架中。

8）将随机数(0-1)函数的输出端口“数字(0-1)”与“随机数:0-1”数值显示控件相连。

9）将循环结构的循环端口与“循环数”数值显示控件相连。

10）将数值常量“1000”与等待下一个整数倍毫秒函数的输入端口“毫秒倍数”相连。

连线后的程序框图如图 7-22 所示。

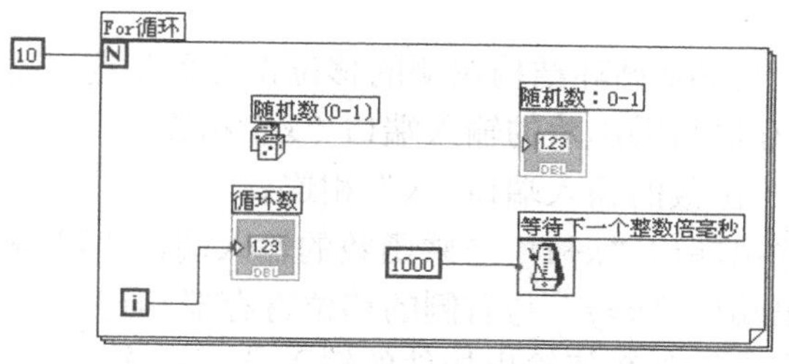

图 7-22　程序框图

3. 运行程序

切换到前面板窗口，单击工具栏“运行”按钮，运行程序。

程序运行后每隔 1000ms 从 0 开始计数，直到 9，并显示 10 个 0-1 的随机数。

程序运行界面如图 7-23 所示。

图 7-23　程序运行界面

三、任务 2 实现

1. 程序前面板设计

新建 VI。切换到 LabVIEW 的前面板窗口，通过控件选板给程序前面板添加控件。

1）添加 1 个数值输入控件：控件→数值→数值输入控件，将标签改为“n”。

2）添加 1 个数值显示控件：控件→数值→数值显示控件，将标签改为“n!”。

设计的程序前面板如图 7-24 所示。

图 7-24　程序前面板

2. 程序框图设计

切换到 LabVIEW 的程序框图窗口，调整控件位置，添加节点与连线。

1）添加 1 个 For 循环结构：函数→结构→For 循环。

2）将数值输入控件的输出端口与 For 循环结构的计数端口“N”相连。

3）添加 1 个数值常量：函数→数值→数值常量。将值改为“1”。

4）在 For 循环结构中添加 1 个乘函数：函数→数值→乘。

5）在 For 循环结构中添加 1 个加 1 函数：函数→数值→加 1。

6）选中循环框架边框，单击右键，在弹出菜单中选择“添加移位寄存器”选项，创建 1 个移位寄存器。

7）将数值常量“1”与 For 循环结构左侧的移位寄存器相连（寄存器初始化）。

8）将左侧的移位寄存器与乘函数的输入端口“x”相连。

9）将循环端口与加 1 函数的输入端口“x”相连。

10）将加 1 函数的输出端口“x+1”与乘函数的输入端口“y”相连。

11）将乘函数的输出端口“x*y”与右侧的移位寄存器相连。

12）将右侧的移位寄存器与数值输出控件的输入端口相连。

连线后的程序框图如图 7-25 所示。

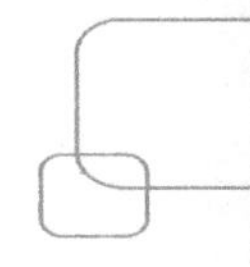

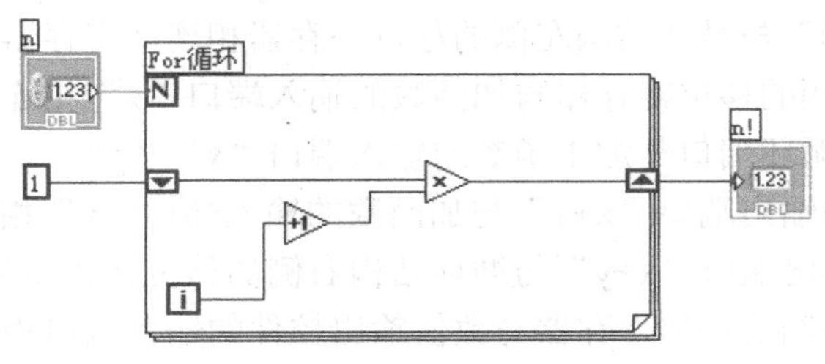

图 7-25　程序框图

3．运行程序

切换到前面板窗口，单击工具栏“运行”按钮，运行程序。

输入数值，如“5”，求 5！并显示结果“120”。

程序运行界面如图 7-26 所示。

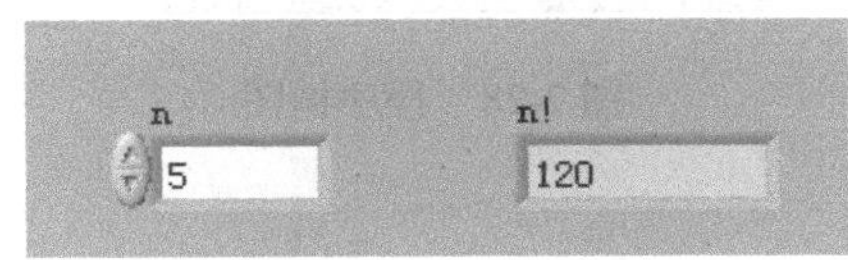

图 7-26　程序运行界面

四、任务 3 实现

1．程序前面板设计

新建 VI。切换到 LabVIEW 的前面板窗口，通过控件选板给程序前面板添加控件。

1）添加 1 个数值输入控件：控件→数值→数值输入控件。将标签改为“n”。

2）添加 1 个数值显示控件：控件→数值→数值显示控件。将标签改为“0+1+2+3+…+n”。

设计的程序前面板如图 7-27 所示。

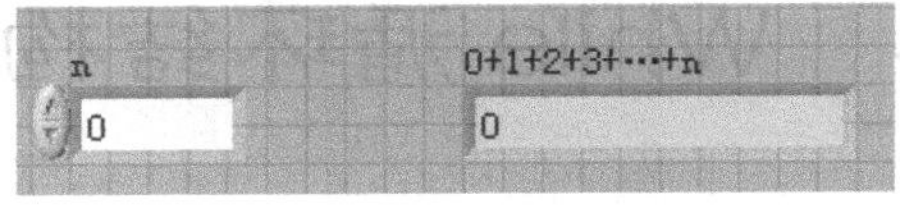

图 7-27　程序前面板

2．程序框图设计

切换到 LabVIEW 的程序框图窗口，调整控件位置，添加节点与连线。

1）添加 1 个数值常量：函数→数值→数值常量。值设为“0”。

2）添加 1 个 For 循环结构：函数→结构→For 循环。

3）将数值输入控件与 For 循环结构的计数端口“N”相连。

以下为在 For 循环结构框架中添加节点并连线。

4）添加 1 个加函数：函数→数值→加。

5）添加 1 个加 1 函数：函数→数值→加 1。

6）右击循环结构左边框，在弹出菜单中选择“添加移位寄存器”，创建一组移位寄存器。

7）将数值常量“0”与循环结构左侧的移位寄存器相连（寄存器初始化）。

8）将循环结构左侧的移位寄存器与加函数的输入端口“x”相连。

9）将循环结构的循环端口与加 1 函数的输入端口“x”相连。

10）将加 1 函数的输出端口“x+1”与加函数的输入端口“y”相连。

11）将加函数的输出端口“x+y”与循环结构右侧的移位寄存器相连。

12）将循环结构右侧的移位寄存器与数值输出控件的输入端口相连。

连线后的程序框图如图 7-28 所示。

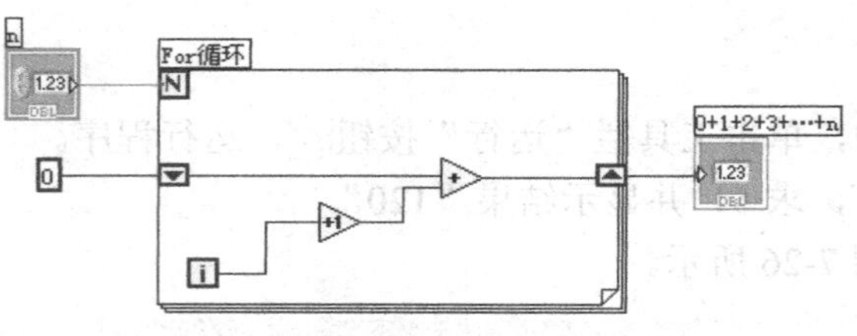

图 7-28　程序框图

3．运行程序

切换到前面板窗口，单击工具栏“连续运行”按钮，运行程序。

在数值输入控件中输入数值，如“100”，单击界面空白处，求 0+1+2+3+…+100，并显示结果“5050”。

程序运行界面如图 7-29 所示。

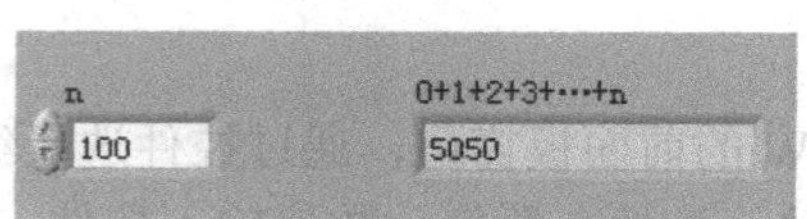

图 7-29　程序运行界面

实例 44　While 循环结构的使用

一、设计任务

任务 1：使用 While 循环结构，得到随机数并输出显示。

任务 2：使用 While 循环结构，输入数值 n，求 n！并输出显示。

任务 3：使用 While 循环结构，输入数值 n，求 0+1+2+3+…+n 的和并输出显示。

二、任务 1 实现

1．程序前面板设计

新建 VI。切换到 LabVIEW 的前面板窗口，通过控件选板给程序前面板添加控件。

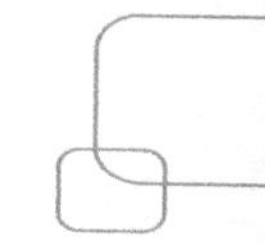

1）添加 2 个数值显示控件：控件→数值→数值显示控件。将标签分别改为“循环数”和“随机数 0-1”。

2）添加 1 个停止按钮：控件→布尔→停止按钮。

设计的程序前面板如图 7-30 所示。

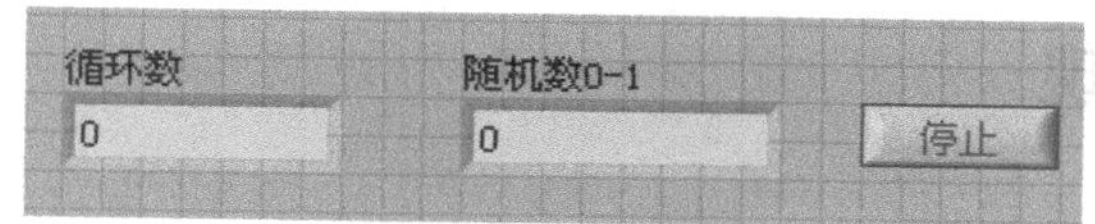

图 7-30 程序前面板

2. 程序框图设计

切换到 LabVIEW 的程序框图窗口，调整控件位置，添加节点与连线。

1）添加 1 个 While 循环结构：函数→结构→While 循环。

以下为在 While 循环结构框架中添加节点并连线。

2）添加 1 个随机数函数：函数→数值→随机数(0-1)。

3）添加 1 个数值常量：函数→数值→数值常量。将值设为“1000”。

4）添加 1 个定时函数：函数→定时→等待下一个整数倍毫秒。

5）将“循环数”数值显示控件、“随机数 0-1”数值显示控件、停止按钮控件的图标移到 While 循环结构框架中。

6）将随机数(0-1)函数的输出端口“数字(0-1)”与“随机数 0-1”数值显示控件的输入端口相连。

7）将数值常量“1000”与等待下一个整数倍毫秒函数的输入端口“毫秒倍数”相连。

8）将循环结构的循环端口与“循环数”数值显示控件的输入端口相连。

9）将停止按钮控件的输出端口与循环结构的条件端口相连。

连线后的程序框图如图 7-31 所示。

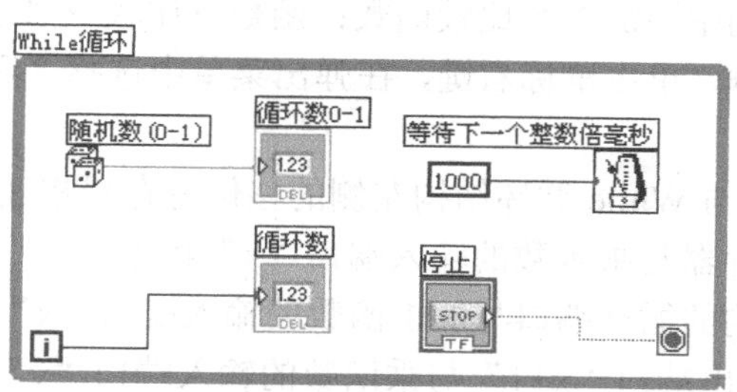

图 7-31 程序框图

3. 运行程序

切换到前面板窗口，单击工具栏“运行”按钮，运行程序。

程序运行后每隔 1000ms 从 0 开始累加计数，并显示随机数 0-1。单击停止按钮退出循环终止程序。

程序运行界面如图 7-32 所示。

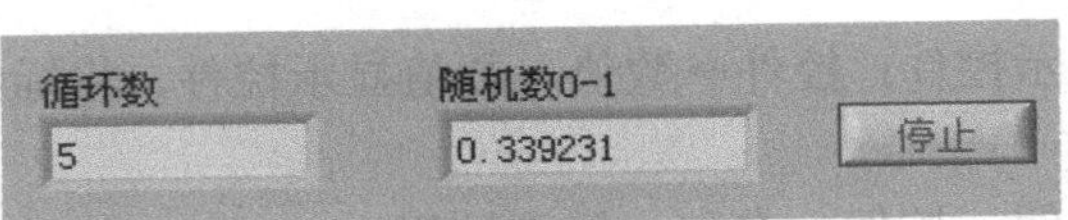

图 7-32　程序运行界面

三、任务 2 实现

1. 程序前面板设计

新建 VI。切换到 LabVIEW 的前面板窗口，通过控件选板给程序前面板添加控件。

1）添加 1 个数值输入控件：控件→数值→数值输入控件，将标签改为“n”。

2）添加 1 个数值显示控件：控件→数值→数值显示控件，将标签改为“n!”。

设计的程序前面板如图 7-33 所示。

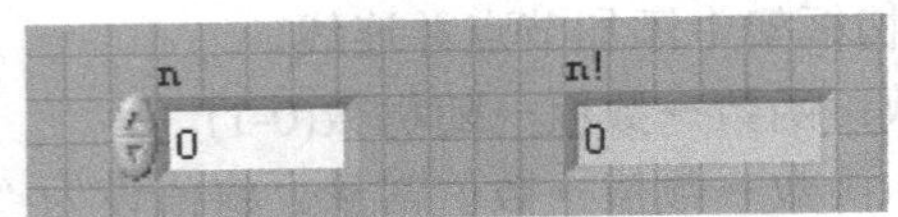

图 7-33　程序前面板

2. 程序框图设计

切换到 LabVIEW 的程序框图窗口，调整控件位置，添加节点与连线。

1）添加 1 个 While 循环结构：函数→结构→While 循环。

单击条件端口，选择“真(T)时继续”选项。

2）添加 1 个数值常量：函数→数值→数值常量。将值改为“1”。

3）在 While 循环结构中添加 1 个乘函数：函数→数值→乘。

4）在 While 循环结构中添加 1 个加 1 函数：函数→数值→加 1。

5）在 While 循环结构中添加 1 个比较函数：函数→比较→“小于?”。

6）选中循环框架边框，单击鼠标右键，在弹出菜单中选择“添加移位寄存器”选项，创建 1 个移位寄存器。

7）将数值常量“1”与 While 循环结构左侧的移位寄存器相连（寄存器初始化）。

8）将左侧的移位寄存器与乘函数的输入端口“x”相连。

9）将 While 循环结构的循环端口与加 1 函数的输入端口“x”相连。

10）将加 1 函数的输出端口“x+1”与乘函数的输入端口“y”相连。

11）将乘函数的输出端口“x*y”与右侧的移位寄存器相连。

12）将右侧的移位寄存器与数值输出控件的输入端口相连。

13）将加 1 函数的输出端口“x+1”与“小于?”比较函数的输入端口“x”相连。

14）将数值输入控件的图标移到循环结构框架中，并与“小于?”比较函数的输入端口“y”相连。

15）将“小于?”比较函数的输出端口“x<y?”与 While 循环结构的条件端口相连。

连线后的程序框图如图 7-34 所示。

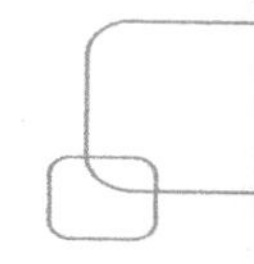

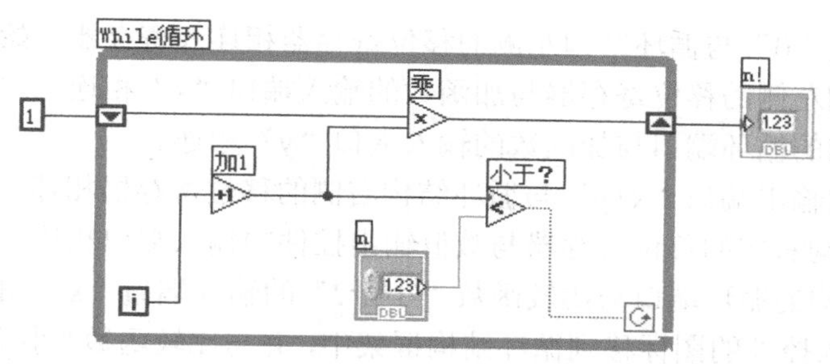

图 7-34　程序框图

3. 运行程序

切换到前面板窗口，单击工具栏“运行”按钮，运行程序。

输入数值，如“6”，求“6！”并显示结果“720”。

程序运行界面如图 7-35 所示。

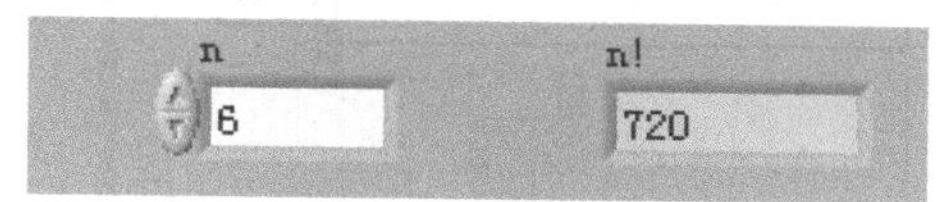

图 7-35　程序运行界面

四、任务 3 实现

1. 程序前面板设计

新建 VI。切换到 LabVIEW 的前面板窗口，通过控件选板给程序前面板添加控件。

1）添加 1 个数值输入控件：控件→数值→数值输入控件。将标签改为“n”。

2）添加 1 个数值显示控件：控件→数值→数值显示控件。将标签改为“0+1+2+3+…+n”。

设计的程序前面板如图 7-36 所示。

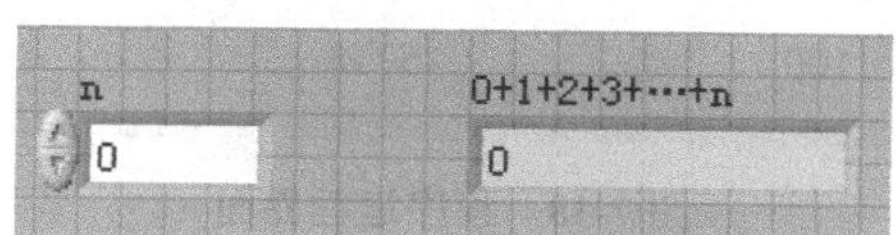

图 7-36　程序前面板

2. 程序框图设计

切换到 LabVIEW 的程序框图窗口，调整控件位置，添加节点与连线。

1）添加 1 个数值常量：函数→数值→数值常量。值设为“0”。

2）添加 1 个 While 循环结构：函数→结构→While 循环。右击条件端口，选择“真(T)时继续”，条件端口形状变成。

以下在 While 循环结构框架中添加节点并连线。

3）添加 1 个加函数：函数→数值→加。

4）添加 1 个比较函数：函数→比较→“小于?”。

5）右击循环结构左边框，在弹出菜单中选择“添加移位寄存器”，创建 1 组移位寄存器。

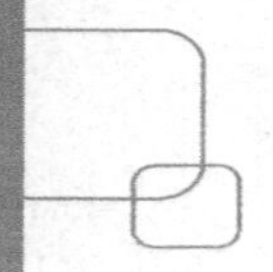

6）将数值常量“0”与循环结构左侧的移位寄存器相连（寄存器初始化）。

7）将循环结构左侧的移位寄存器与加函数的输入端口“x”相连。

8）将循环结构的循环端口与加函数的输入端口“y”相连。

9）将加函数的输出端口“x+y”与循环结构右侧的移位寄存器相连。

10）将循环结构右侧的移位寄存器与数值输出控件的输入端口相连。

11）将循环结构的循环端口与比较函数“小于?”的输入端口“x”相连。

12）将数值输入控件的图标移到循环结构框架中，并与比较函数“小于?”的输入端口“y”相连。

13）将比较函数“小于?”的输出端口“x<y?”与循环结构的条件端口相连。

连线后的程序框图如图 7-37 所示。

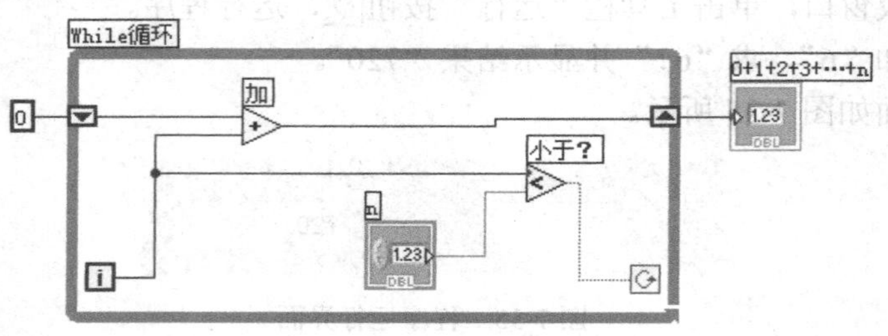

图 7-37　程序框图

3. 运行程序

切换到前面板窗口，单击工具栏“连续运行”按钮，运行程序。

在数值输入控件中输入数值，如“100”，单击界面空白处，求 0+1+2+3+…+100，并显示结果“5050”。

程序运行界面如图 7-38 所示。

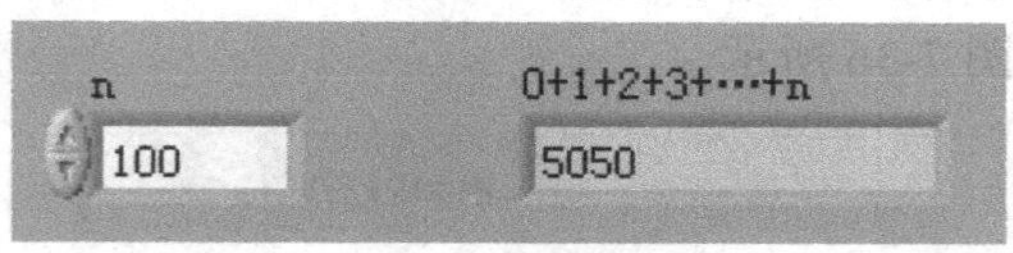

图 7-38　程序运行界面

实例 45　定时循环结构的使用

一、设计任务

任务 1：得到随机数并输出显示。

任务 2：输入数值 *n*，求 *n*！并输出显示。

任务 3：输入数值 *n*，求 0+1+2+3+…+*n* 的和并输出显示。

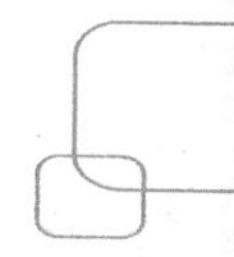

二、任务 1 实现

1. 程序前面板设计

新建 VI。切换到 LabVIEW 的前面板窗口，通过控件选板给程序前面板添加控件。

1）添加 2 个数值显示控件：控件→数值→数值显示控件，将标签分别改为“循环数”和“随机数 0-1”。

2）添加 1 个停止按钮：控件→布尔→停止按钮。

设计的程序前面板如图 7-39 所示。

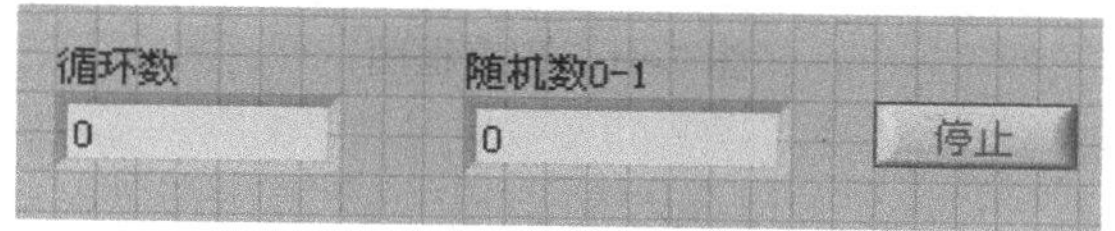

图 7-39 程序前面板

2. 程序框图设计

切换到 LabVIEW 的程序框图窗口，调整控件位置，添加节点与连线。

1）添加 1 个定时循环结构：函数→结构→定时结构→定时循环。

2）双击定时循环结构左侧的输入节点，打开“配置定时循环”对话框，设置其运行周期为 500ms，优先级为 100，配置定时循环如图 7-40 所示。

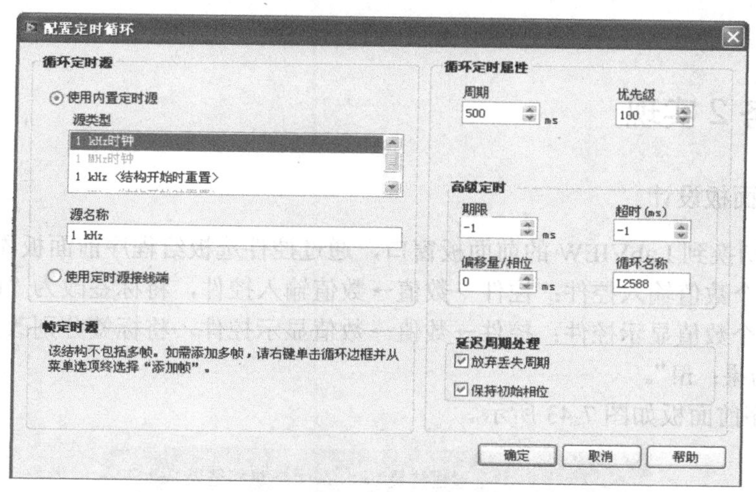

图 7-40 配置定时循环

3）在定时循环结构中添加 1 个随机数函数：函数→数值→随机数(0-1)。

4）将“循环数”显示控件、“随机数 0-1”显示控件、停止按钮控件的图标移到定时循环结构中。

5）将随机数（0-1）函数与“随机数 0-1”显示控件的输入端口相连。

6）将循环端口与循环数显示控件的输入端口相连。

7）将停止按钮控件的输出端口与定时循环的条件端口◉相连（按钮的值为真时停止循

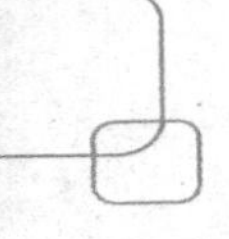

环并终止程序）。

连线后的程序框图如图 7-41 所示。

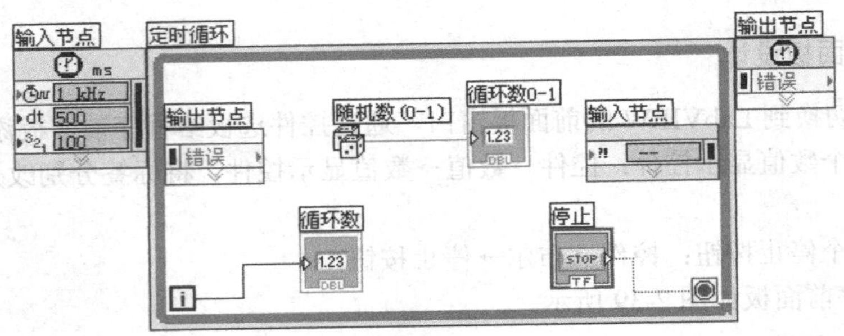

图 7-41 程序框图

3．运行程序

切换到前面板窗口，单击工具栏“运行”按钮，运行程序。

程序运行后每隔 1000ms 从 0 开始累加计数，并显示随机数 0-1，单击“停止”按钮退出循环终止程序。

程序运行界面如图 7-42 所示。

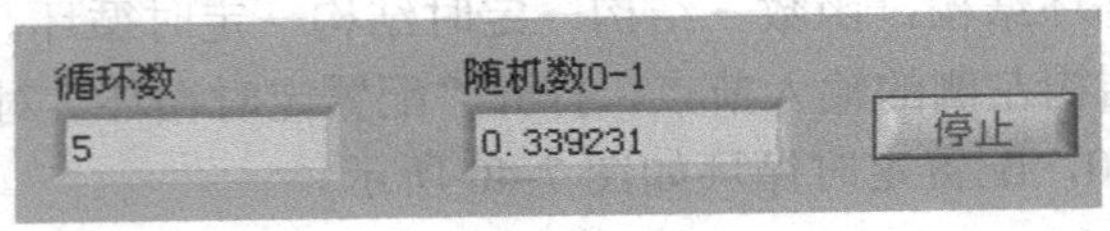

图 7-42 程序运行界面

三、任务 2 实现

1．程序前面板设计

新建 VI。切换到 LabVIEW 的前面板窗口，通过控件选板给程序前面板添加控件。

1）添加 1 个数值输入控件：控件→数值→数值输入控件，将标签改为“n”。

2）添加 2 个数值显示控件：控件→数值→数值显示控件，将标签分别改为“过程结果：n!”和“最终结果：n!”。

设计的程序前面板如图 7-43 所示。

图 7-43 程序前面板

2．程序框图设计

切换到 LabVIEW 的程序框图窗口，调整控件位置，添加节点与连线。

1）添加 1 个定时循环结构：函数→结构→定时结构→定时循环。

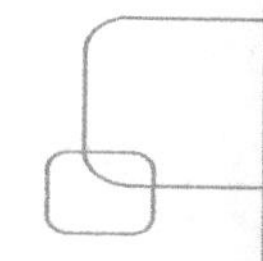

右击条件端口，在弹出的快捷菜单中选择“真(T)时继续”选项。

2）双击定时循环结构左侧的输入节点，打开“配置定时循环”对话框，设置其运行周期为 1000ms，其余参数保持默认。

3）添加 1 个数值常量：函数→数值→数值常量。将值改为“1”。

4）在定时循环结构中添加 1 个乘函数：函数→数值→乘。

5）在定时循环结构中添加 1 个加 1 函数：函数→数值→加 1。

6）在定时循环结构中添加 1 个比较函数：函数→比较→“小于?”。

7）选中循环框架边框，右击，在弹出的菜单中选择“添加移位寄存器”选项，创建 1 个移位寄存器。

8）将数值常量“1”与定时循环结构左侧的移位寄存器相连（寄存器初始化）。

9）将左侧的移位寄存器与乘函数的输入端口“x”相连。

10）将定时循环结构的循环端口与加 1 函数的输入端口“x”相连。

11）将加 1 函数的输出端口“x+1”与乘函数的输入端口“y”相连。

12）将过程结果显示控件移入定时循环结构框架中；将乘法函数的输出端口“x*y”与过程结果显示控件相连，再与右侧的移位寄存器相连。

13）将右侧的移位寄存器与最终结果输出控件的输入端口相连。

14）将加 1 函数的输出端口“x+1”与“小于?”比较函数的输入端口“x”相连。

15）将数值输入控件的图标移到循环结构框架中，并与“小于?”比较函数的输入端口“y”相连。

16）将“小于?”比较函数的输出端口“x<y?”与定时循环结构的条件端口相连。

连线后的程序框图如图 7-44 所示。

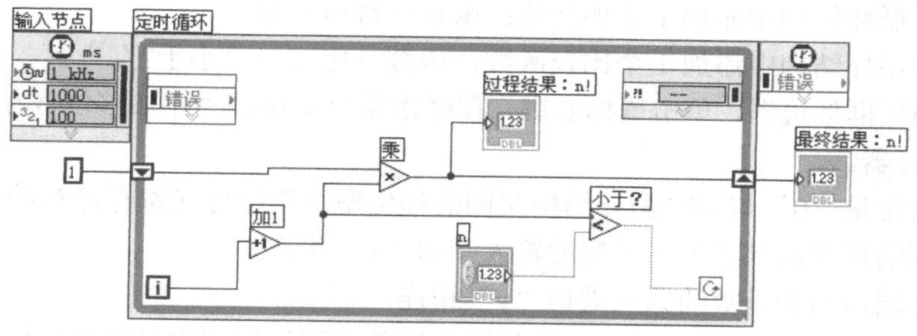

图 7-44　程序框图

3．运行程序

切换到前面板窗口，单击工具栏“运行”按钮，运行程序。

输入数值，如“5”，求 5!，过程结果不断变化，并显示最终结果“120”。

程序运行界面如图 7-45 所示。

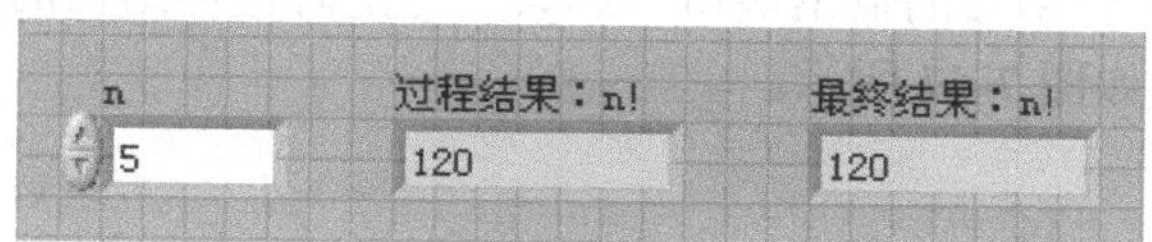

图 7-45　程序运行界面

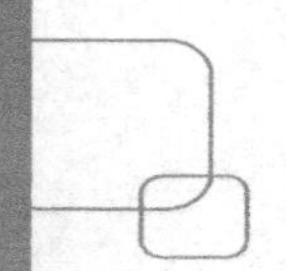

四、任务 3 实现

1. 程序前面板设计

新建 VI。切换到 LabVIEW 的前面板窗口，通过控件选板给程序前面板添加控件。

1）添加 1 个数值输入控件：控件→数值→数值输入控件，将标签改为“n”。

2）添加 2 个数值显示控件：控件→数值→数值显示控件，将标签分别改为“过程结果：0+1+2+3+…+n”和“最终结果：0+1+2+3+…+n”。

设计的程序前面板如图 7-46 所示。

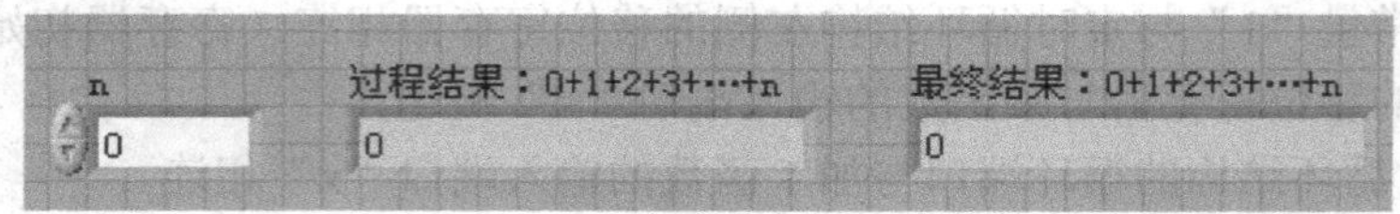

图 7-46　程序前面板

2. 程序框图设计

切换到 LabVIEW 的程序框图窗口，调整控件位置，添加节点与连线。

1）添加 1 个定时循环结构：函数→结构→定时结构→定时循环。

右键单击条件端口，选择“真(T)时继续”选项。

2）双击定时循环结构左侧的输入节点，打开配置定时循环对话框，设置其运行周期为 100ms。

3）添加 1 个数值常量：函数→数值→数值常量。值为“0”。

4）在定时循环结构中添加 1 个加函数：函数→数值→加。

5）在定时循环结构中添加 1 个比较函数：函数→比较→“小于?”。

6）选中循环框架边框，单击鼠标右键，在弹出菜单中选择“添加移位寄存器”选项，创建 1 个移位寄存器。

7）将数值常量“0”与定时循环结构左侧的移位寄存器相连（寄存器初始化）。

8）将左侧的移位寄存器与加函数的输入端口“x”相连。

9）将循环端口与加函数的输入端口“y”相连。

10）将过程结果显示控件的图标、数值输入控件的图标移到定时循环结构中。

11）将加函数的输出端口“x+y”与过程结果显示控件的输入端口相连，再与右侧的移位寄存器相连。

12）将右侧的移位寄存器与最终结果输出控件的输入端口相连。

13）将循环端口与“小于?”比较函数的输入端口“x”相连。

14）将数值输入控件的输出端口与“小于?”比较函数的输入端口“y”相连。

15）将“小于?”比较函数的输出端口“x<y?”与定时循环结构的条件端口相连。

连线后的程序框图如图 7-47 所示。

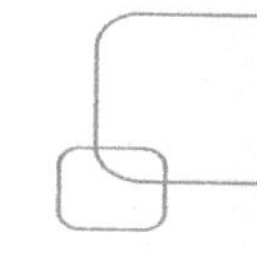

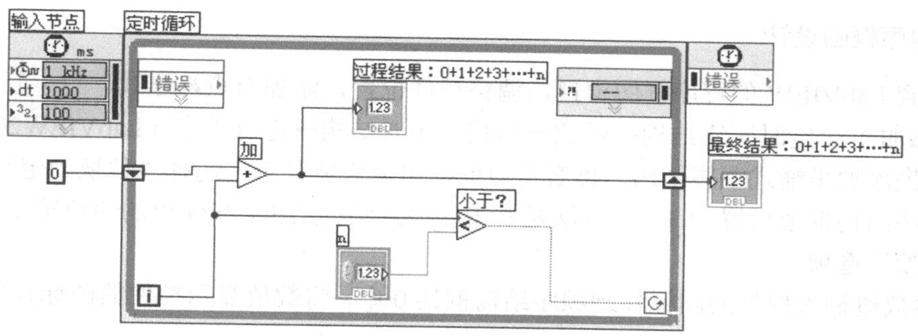

图 7-47　程序框图

3. 运行程序

切换到前面板窗口，单击工具栏"运行"按钮，运行程序。

输入数值，如"100"，求 0+1+2+3+…+100，并显示过程结果和最终结果"5050"。

程序运行界面如图 7-48 所示。

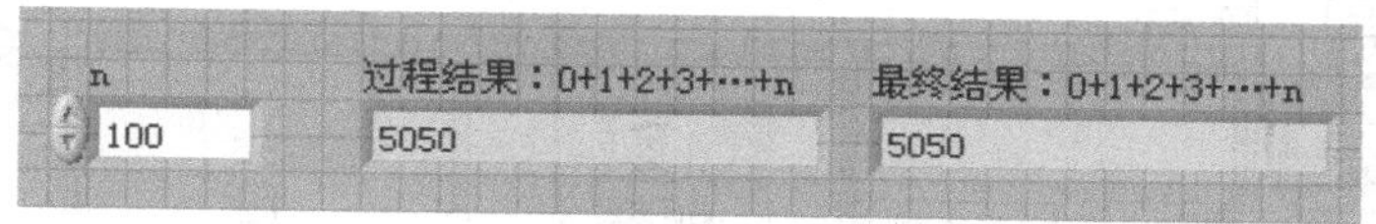

图 7-48　程序运行界面

实例 46　定时顺序结构的使用

一、设计任务

使用定时顺序结构将前一个框架中产生的数据传递到后续框架中并使用。

二、任务实现

1. 程序前面板设计

新建 VI。切换到 LabVIEW 的前面板窗口，通过控件选板给程序前面板添加控件。

1）添加 1 个数值输入控件：控件→数值→数值输入控件，将标签改为"IN"。

2）添加 1 个数值显示控件：控件→数值→数值显示控件，将标签改为"OUT"。

设计的程序前面板如图 7-49 所示。

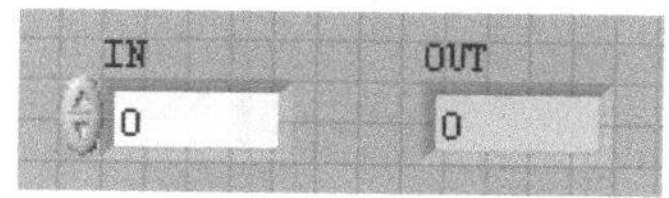

图 7-49　程序前面板

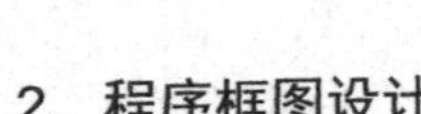

2．程序框图设计

切换到 LabVIEW 的程序框图窗口，调整控件位置，添加节点与连线。

1）添加 1 个定时顺序结构：函数→结构→定时结构→定时顺序（LabVIEW2015 以后版本，可以先添加平铺式顺序结构，再右击边框，出现快捷菜单，选择“替换为定时顺序”）。

将顺序结构框架设置为 3 个。方法是右击顺序式结构边框，在弹出的快捷菜单中选择“在后面添加帧”选项。

2）将数值输入控件的图标移到顺序结构框架 0 中，将数值显示控件的图标移到顺序结构框架 2 中。

3）在顺序结构框架 1 中添加 1 个定时函数：函数→定时→时间延迟。延迟时间设置为 5 秒。

4）将顺序结构框架 0 中的数值输入控件的输出端口直接与顺序结构框架 2 中的数值显示控件的输入端口相连。

连线后的程序框图如图 7-50 所示。

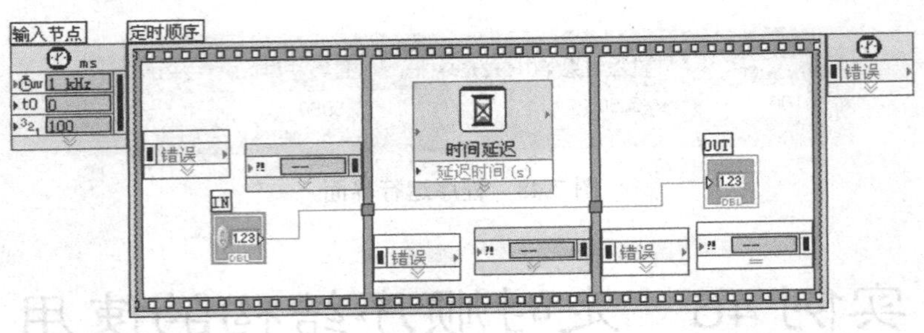

图 7-50　程序框图

3．运行程序

切换到前面板窗口，单击工具栏“运行”按钮，运行程序。

本例输入数值“8”，隔 5 秒后显示“8”。

程序运行界面如图 7-51 所示。

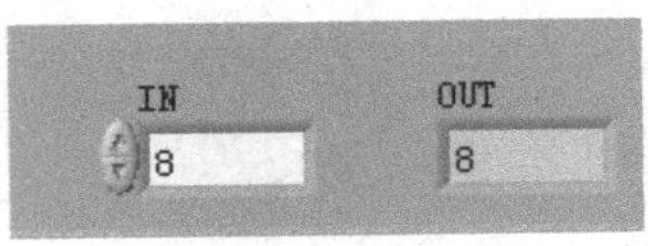

图 7-51 程序运行界面

实例 47　事件结构的使用

一、设计任务

单击滑动杆时，出现提示对话框；单击按钮时，出现提示对话框。

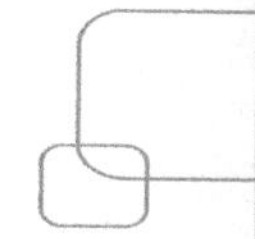

二、任务实现

1．程序前面板设计

新建 VI。切换到 LabVIEW 的前面板窗口，通过控件选板给程序前面板添加控件。

1）添加 1 个滑动杆控件：控件→数值→水平指针滑动杆，标签为“滑动杆”。

2）添加 1 个按钮控件：控件→布尔→确定按钮，标签为“确定按钮”。

设计的程序前面板如图 7-52 所示。

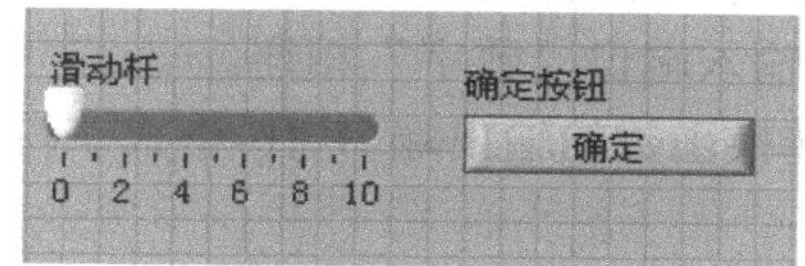

图 7-52　程序前面板

2．程序框图设计

切换到 LabVIEW 的程序框图窗口，调整控件位置，添加节点与连线。

1）添加 1 个事件结构：函数→结构→事件结构。

2）在事件结构的图框上右击，在弹出的快捷菜单中选择“编辑本分支所处理的事件”选项，打开如图 7-53 所示的“编辑事件”对话框。

单击按钮⊠删除超时事件。在事件源中选择“滑动杆”，从相应的事件窗口中选择“值改变”。单击“确定”按钮退出“编辑事件”对话框。

3）在事件结构图框上单击鼠标右键，从弹出的快捷菜单中选择“添加事件分支…”选项，打开“编辑事件”对话框。在事件源中选择“确定按钮”，从相应的事件窗口中选择“鼠标按下”。这时，程序的“编辑事件”对话框如图 7-54 所示。单击“确定”按钮，退出对话框。

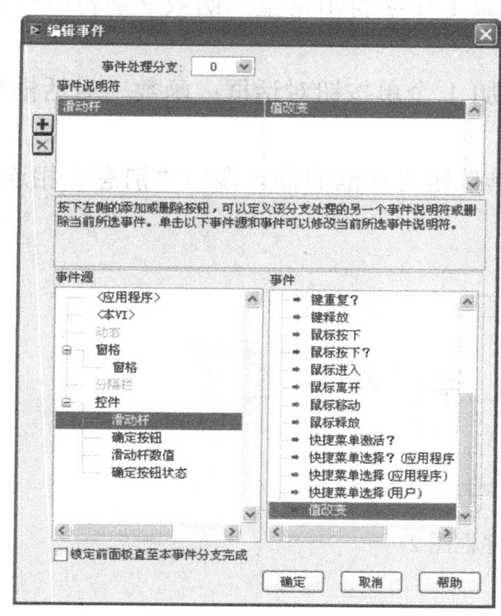

图 7-53　“编辑事件”对话框

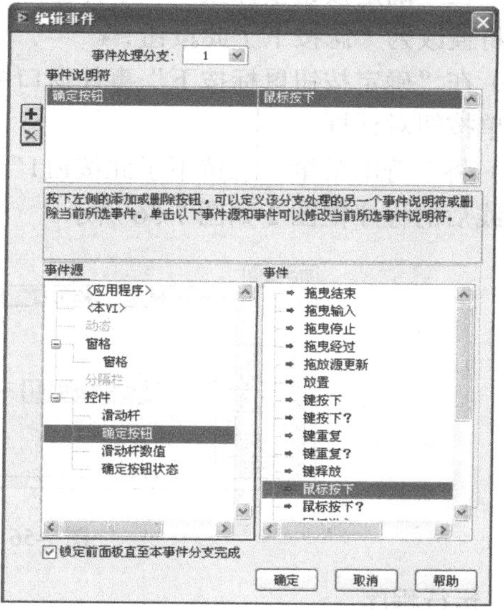

图 7-54　增加新的事件

4）在“滑动杆值改变”事件窗口中添加 1 个数值至小数字符串转换函数：函数→字符串→字符串/数值转换→数值至小数字符串转换。

5）在“滑动杆值改变”事件窗口中添加 1 个连接字符串函数：函数→字符串→连接字符串。

6）在“滑动杆值改变”事件窗口中添加 1 个字符串常量：函数→字符串→字符串常量，将值改为“当前数值是:”。

7）在“滑动杆值改变”事件窗口中添加 1 个单按钮对话框：函数→对话框与用户界面→单按钮对话框。

8）将滑动杆控件的图标移到“滑动杆值改变”事件窗口中；将滑动杆控件的输出端口与数值至小数字符串转换函数的输入端口“数字”相连。

9）将数值至小数字符串转换函数的输出端口“F-格式字符串”与连接字符串函数的输入端口“字符串”相连。

10）将字符串常量“当前数值是:”与连接字符串函数的输入端口“字符串”相连。

11）将连接字符串函数的输出端口“连接的字符串”与单按钮对话框的输入端口“消息”相连。

连线后的程序框图 1 如图 7-55 所示。

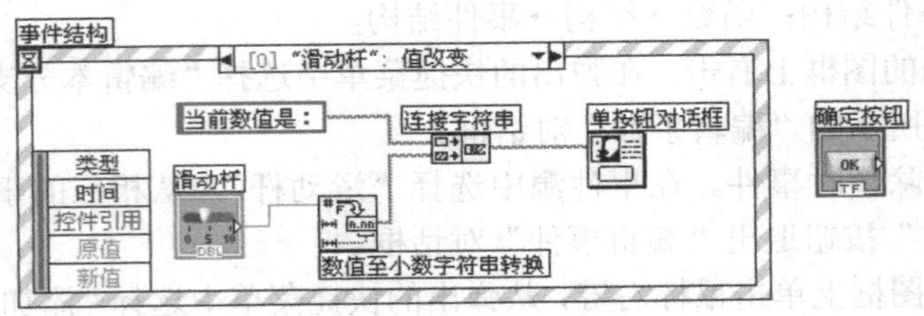

图 7-55　程序框图 1

12）在“确定按钮鼠标按下”事件窗口中添加 1 个字符串常量：函数→字符串→字符串常量，将值改为“您按下了此按钮!”。

13）在“确定按钮鼠标按下”事件窗口中添加 1 个单按钮对话框：函数→对话框与用户界面→单按钮对话框。

14）将字符串常量“您按下了此按钮!”与单按钮对话框的输入端口“消息”相连。

连线后的程序框图 2 如图 7-56 所示。

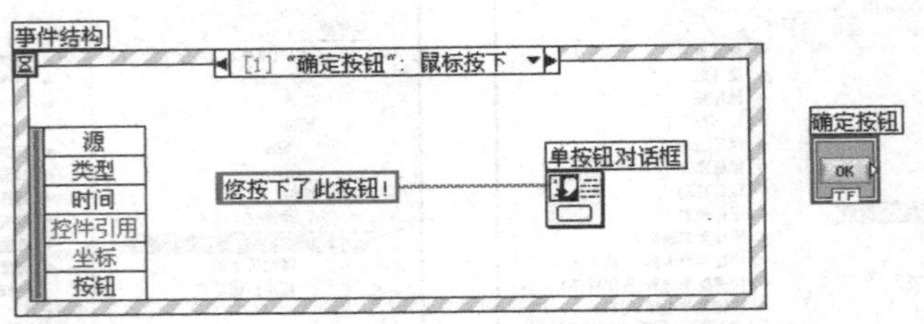

图 7-56　程序框图 2

3. 运行程序

切换到前面板窗口，单击工具栏“连续运行”按钮，运行程序。

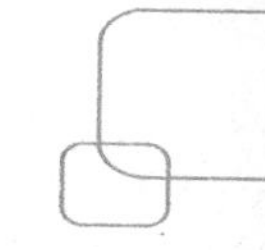

当更改水平指针滑动杆对象的数值时，出现提示对话框“当前数值是：…”；当按下“确定”按钮时，出现提示对话框“您按下了此按钮！”。

程序运行界面如图 7-57 所示。

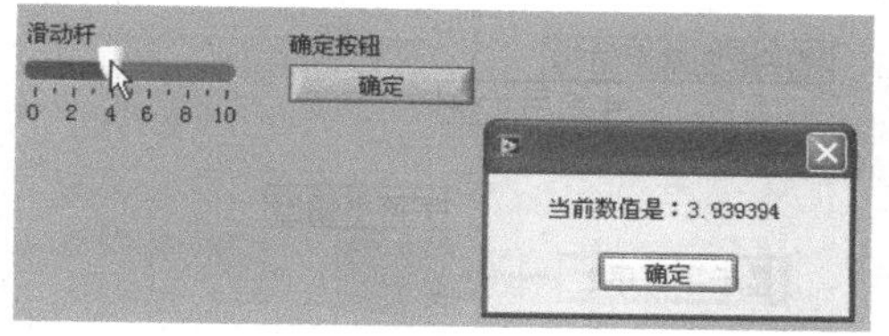

图 7-57 程序运行界面

实例 48 禁用结构的使用

一、设计任务

使用程序框图禁用结构，不显示数值输出，显示字符串输出。

二、任务实现

1. 程序前面板设计

新建 VI。切换到 LabVIEW 的前面板窗口，通过控件选板给程序前面板添加控件。

1）添加 1 个数值显示控件：控件→数值→数值显示控件，将标签改为“数值输出”。

2）添加 1 个字符串显示控件：控件→字符串与路径→字符串显示控件，将标签改为“字符串输出”。

设计的程序前面板如图 7-58 所示。

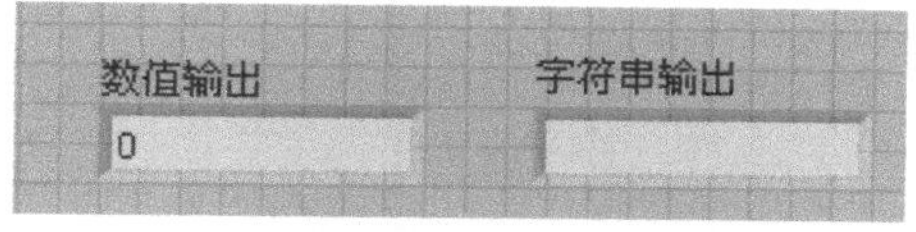

图 7-58 程序前面板

2. 程序框图设计

切换到 LabVIEW 的程序框图窗口，调整控件位置，添加节点与连线。

1）添加 1 个禁用结构：函数→结构→程序框图禁用结构。

2）在禁用结构的“禁用”框架中添加 1 个数值常量，值改为“100”。

3）在禁用结构的“启用”框架中添加 1 个字符串常量，值改为“显示字符串！”。

4）将数值输出控件的图标移到“禁用”框架中；将字符串输出控件的图标移到“启用”框架中。

5）将数值常量“100”与数值输出控件的输入端口相连。

6）将字符串常量“显示字符串！”与字符串输出控件的输入端口相连。

连线后的程序框图如图 7-59 所示。

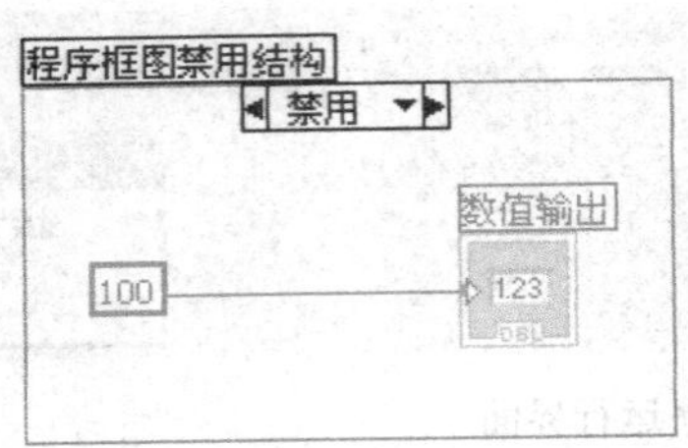

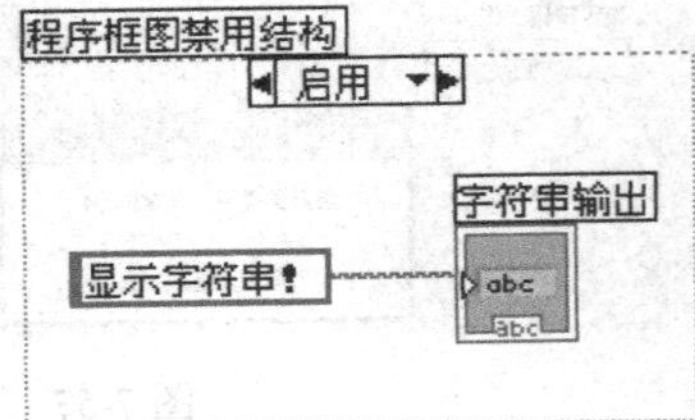

图 7-59　程序框图

3. 运行程序

切换到前面板窗口，单击工具栏“运行”按钮，运行程序。

程序运行后，没有新的数值输出；字符串输出“显示字符串！”。

程序运行界面如图 7-60 所示。

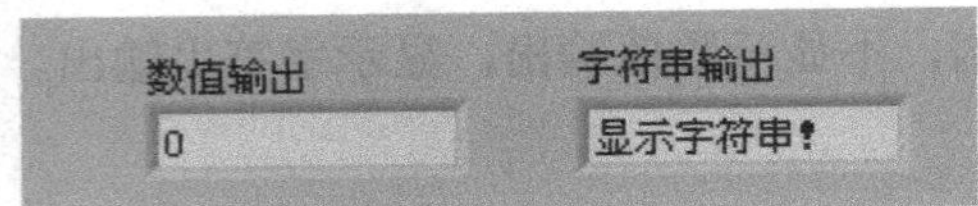

图 7-60　程序运行界面

第 8 章　变量与节点

在 LabVIEW 环境中，各对象之间传递数据的基本途径是通过连线。但是需要在几个同时运行的程序之间传递数据时，显然不能通过连线实现。即使在一个程序内部或各部分之间传递数据时，有时也会遇到连线的困难。还有的时候，需要在程序中多个位置访问同一个面板对象，有些是对它写入数据，有些是由它读出数据。在这些情况下，就需要使用变量。因此，变量是 LabVIEW 环境中传递数据的工具，主要解决数据和对象在同一 VI 程序中的复用和在不同 VI 程序中的共享问题。

本章通过实例介绍 LabVIEW 程序框图设计中变量的创建及使用；还介绍了节点的创建及使用。

实例 49　局部变量的创建与使用

一、设计任务

任务 1：通过旋钮改变数值大小，当旋钮数值小于 8 时指示灯为一种颜色，并显示提示信息“数值正常！”；当旋钮数值大于等于 8 时，指示灯为另一种颜色，并显示提示信息“数值超限！”。

任务 2：使用同一个开关同时控制两个 While 循环。

二、任务 1 实现

1．程序前面板设计

新建 VI。切换到 LabVIEW 的前面板窗口，通过控件选板给程序前面板添加控件。

添加 1 个旋钮控件、1 个仪表控件、1 个指示灯控件（标签为“上限灯”）、1 个字符串显示控件（标签为“信息提示”）。

设计的程序前面板如图 8-1 所示。

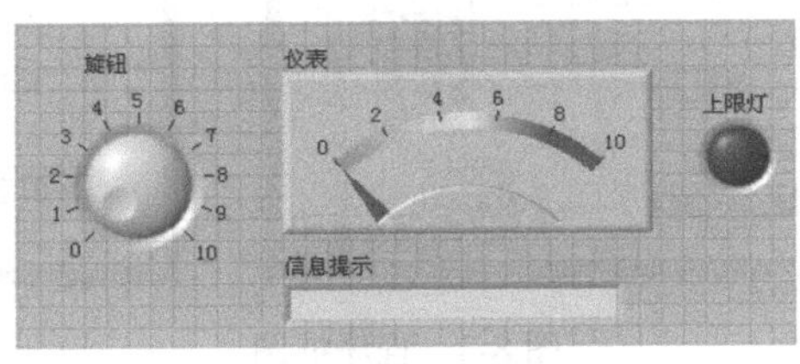

图 8-1　程序前面板

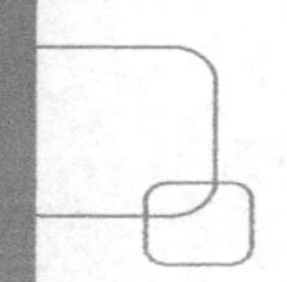

2. 程序框图设计

切换到 LabVIEW 的程序框图窗口，调整控件位置，添加节点与连线。

1）添加 1 个数值常量。将值设为“8”。

2）添加 1 个“大于等于?”比较函数。

3）添加 1 个条件结构。

4）在条件结构“真”选项中添加 1 个布尔真常量。

5）在条件结构“真”选项中添加 1 个字符串常量，将值设为“数值超限!”。

6）将“上限灯”控件图标、“信息提示”字符串显示控件移到条件结构“真”选项中。

7）在条件结构“假”选项中添加 1 个布尔假常量。

8）在条件结构“假”选项中添加 1 个字符串常量，将值设为“数值正常!”。

9）在条件结构“假”选项中创建 1 个局部变量：函数→结构→局部变量。

开始时局部变量的图标上有 1 个问号，此时的局部变量没有任何用处，因为它并没有与前面板上的输入或显示相关联。

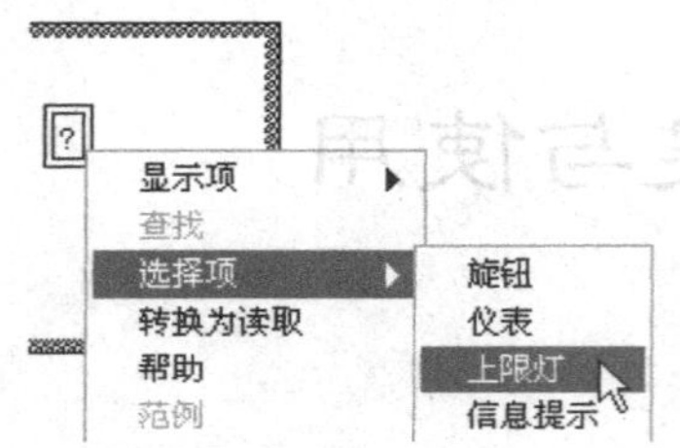

图 8-2　建立局部变量关联

右击局部变量图标，会弹出 1 个快捷菜单，鼠标移到“选择项”，弹出的菜单会将前面板上所有输入或显示控件的标签名称列出，选择所需要的标签名称如“上限灯”，建立局部变量关联如图 8-2 所示，完成前面板对象的 1 个局部变量的创建工作，此时局部变量中间会出现被选择控件的名称。

10）在条件结构“假”选项中再创建 1 个局部变量：函数→结构→局部变量。按上述步骤将该局部变量与前面板上的“信息提示”字符串显示控件相关联。

11）将旋钮控件与比较函数“大于等于?”的输入端口“x”相连，再与仪表控件相连。

12）将数值常量“8”与比较函数“大于等于?”的输入端口“y”相连。

13）将比较函数“大于等于?”的输出端口“x>=y?”与条件结构的选择端口“?”相连。

14）在条件结构“真”选项中将真常量与“上限灯”控件相连。

15）在条件结构“真”选项中将字符串常量“数值超限!”与“信息提示”字符串显示控件相连。

16）在条件结构“假”选项中将假常量与“上限灯”控件的局部变量相连。

17）在条件结构“假”选项中将字符串常量“数值正常!”与“信息提示”字符串显示控件的局部变量相连。

连线后的程序框图如 8-3 所示。

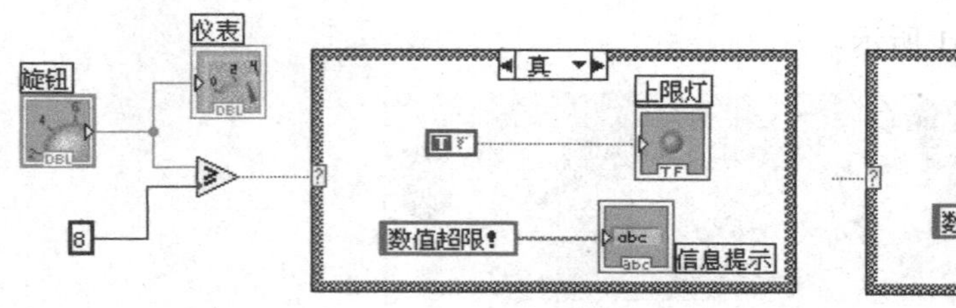

图 8-3　程序框图

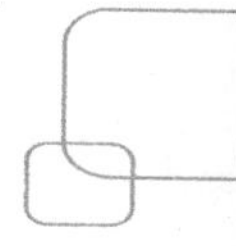

3. 运行程序

切换到前面板窗口，单击工具栏“连续运行”按钮，运行程序。

通过鼠标转动旋钮，数值变化，仪表指针随着转动，当旋钮数值小于 8 时指示灯为一种颜色，并显示提示信息“数值正常!”；当旋钮数值大于等于 8 时，指示灯变为另一种颜色，并显示提示信息“数值超限!”。

程序运行界面如图 8-4 所示。

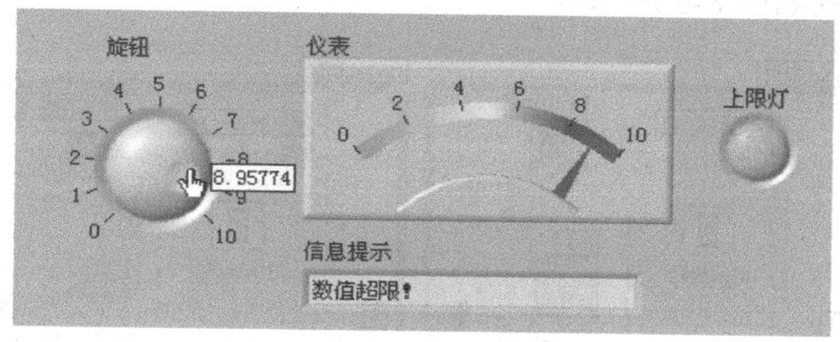

图 8-4　程序运行界面

三、任务 2 实现

1. 程序前面板设计

新建 VI。切换到 LabVIEW 的前面板窗口，通过控件选板给程序前面板添加控件。

1）添加 2 个波形图表控件。

2）添加 1 个垂直摇杆开关控件。标签改为“开关”。

设计的程序前面板如图 8-5 所示。

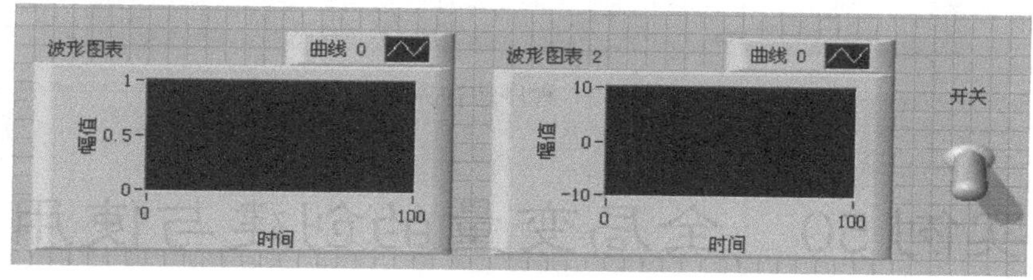

图 8-5　程序前面板

2. 程序框图设计

切换到 LabVIEW 的程序框图窗口，添加节点与连线。

1）添加 2 个 While 循环结构。

以下为分别在 2 个 While 循环结构框架中添加节点并连线。

2）添加 2 个随机数函数：函数→数值→随机数(0-1)。

3）添加 2 个“时间延迟”定时函数。延迟时间设置为 1 秒。

4）将 2 个波形图表控件图标分别移到两个循环结构框架中。

5）将垂直摇杆开关控件图标移到 While 循环 1 结构框架中。

6）在 While 循环 2 结构框架中创建 1 个局部变量：函数→结构→局部变量。

将该局部变量与前面板上的“开关”控件相关联。右击局部变量图标，会弹出快捷菜单，鼠标移到“选择项”，在弹出的菜单中选择控件标签“开关”。

鼠标右键单击“开关”局部变量，在弹出的快捷菜单中选择“转换为读取”。

7）分别将随机数(0-1)函数的输出端口“数字(0-1)”与波形图表控件相连。

8）在 While 循环 1 中将垂直摇杆开关控件与循环结构的条件端口相连。

9）在 While 循环 2 中将垂直摇杆开关控件的局部变量与循环结构的条件端口相连。

连线后的程序框图如图 8-6 所示。

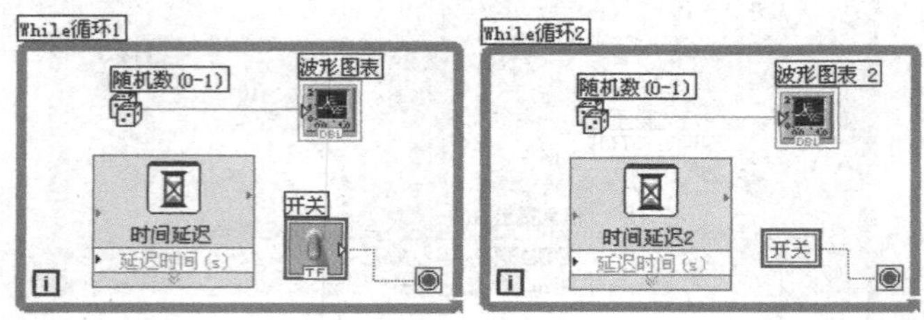

图 8-6　程序框图

3. 运行程序

切换到前面板窗口，单击工具栏“运行”按钮，运行程序。

程序执行后，画面上 2 个波形图表控件同时显示随机曲线；单击开关同时停止循环。

程序运行界面如图 8-7 所示。

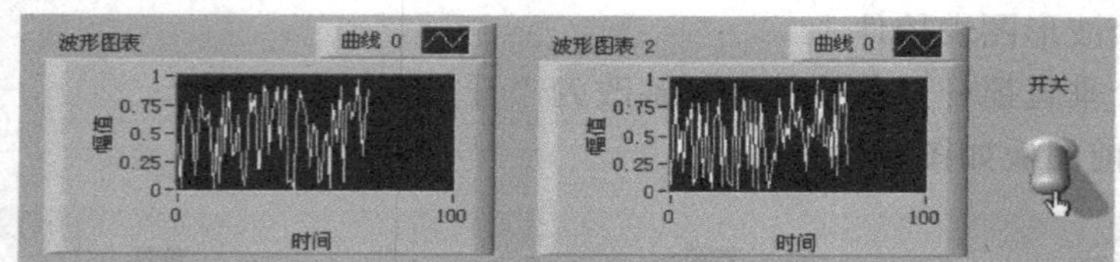

图 8-7　程序运行界面

实例 50　全局变量的创建与使用

一、设计任务

创建 1 个全局变量和 2 个 VI。将第 1 个 VI 程序中的数值变化传递到第 2 个 VI 程序中。

二、任务实现

1. 全局变量的创建

（1）程序前面板设计。

新建 VI。切换到 LabVIEW 的前面板窗口，通过控件选板给程序前面板添加控件。

1）添加 1 个旋钮控件：控件→数值→旋钮。标签为“旋钮”。

2）添加 1 个仪表控件：控件→数值→仪表。标签为“仪表”。

3）添加 1 个停止按钮：控件→布尔→停止按钮。

设计的程序前面板如图 8-8 所示。

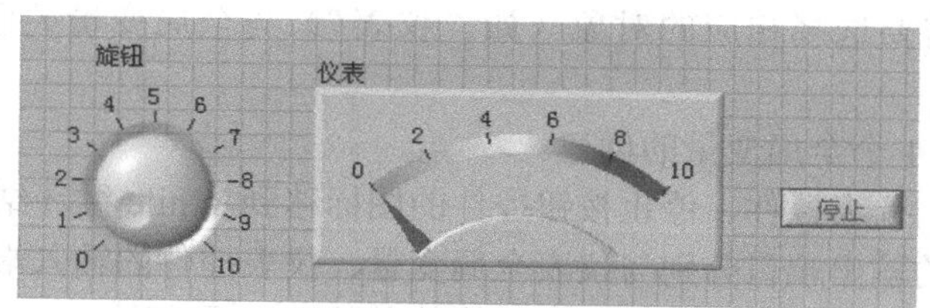

图 8-8　程序前面板

（2）程序框图设计。

切换到 LabVIEW 的程序框图窗口，调整控件位置，添加节点与连线。

1）添加 1 个 While 循环结构：函数→结构→While 循环。

2）在 While 循环结构中创建 1 个全局变量：函数→结构→全局变量。

将全局变量图标放至循环结构框架中。双击全局变量图标，打开其前面板，创建全局变量如图 8-9 所示。

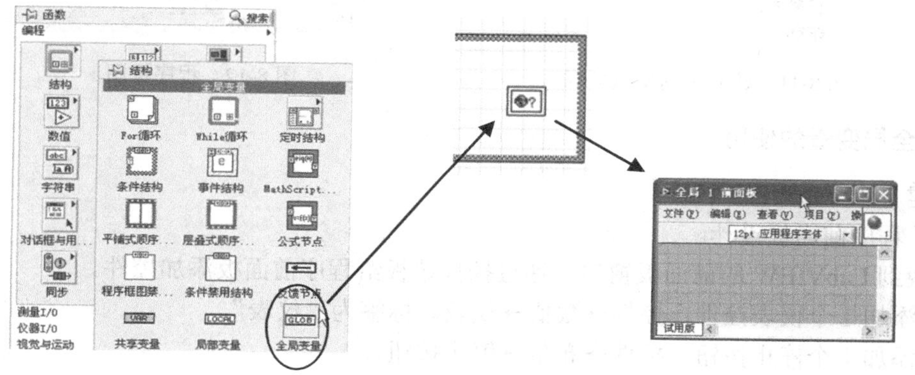

图 8-9　创建全局变量

切换到程序前面板，选择需要的控件对象，如“仪表”，并将其拖入全局变量的前面板窗口中，如图 8-10 所示。注意对象类型须和全局变量将传递的数据类型一致。

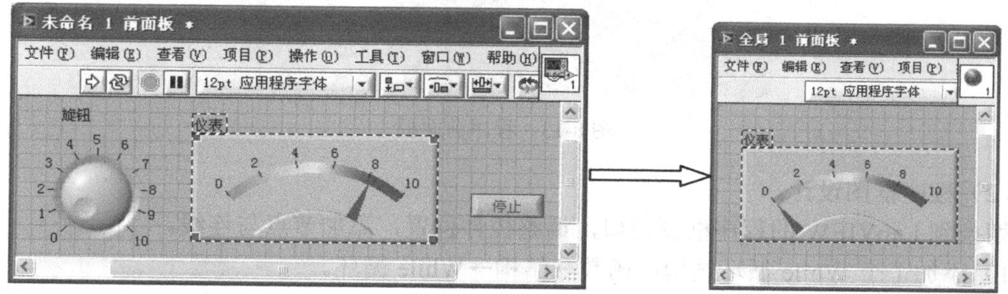

图 8-10　将程序前面板中的“仪表”拖入全局变量的前面板窗口中

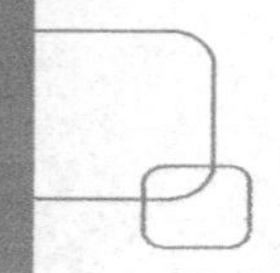

保存这个全局变量，最好以“Global”为结尾命名此文件，如“TestGlobal.vi”，以便在其他程序中全局变量与前面板对象关联时能够快速定位。然后关闭全局变量的前面板窗口。

切换到程序框图窗口，将鼠标切换至操作工具状态，右击全局变量的图标，在弹出的快捷菜单中选择“选择项”，将会出现 1 个弹出菜单。菜单会将全局变量中包含的所有对象的名称列出，然后根据需要选择相应的对象（如“仪表”）与全局变量关联，建立全局变量关联如图 8-11 所示。

至此，就完成了 1 个全局变量的创建。

3）将旋钮控件、仪表控件、停止按钮控件的图标移到 While 循环结构框架中。

4）将旋钮控件的输出端口分别与仪表全局变量、仪表控件的输入端口相连。

5）将停止按钮控件的输出端口与循环结构的条件端口相连。

6）保存程序，文件名为“VI1”。

连线后的程序框图如图 8-12 所示。

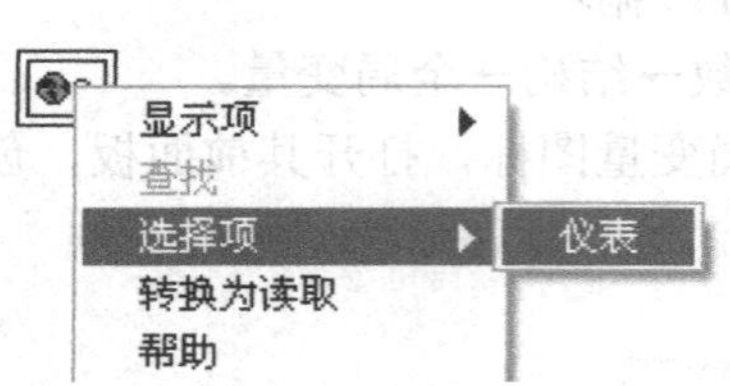

图 8-11　建立全局变量关联

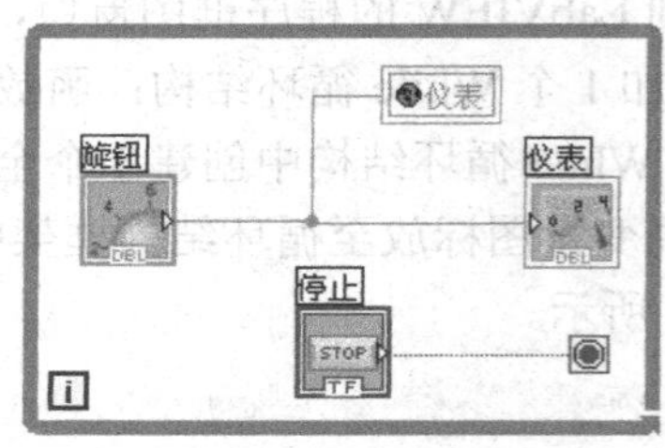

图 8-12　程序框图

2. 全局变量的使用

新建 1 个 LabVIEW 程序。

（1）程序前面板设计。

切换到 LabVIEW 的前面板窗口，通过控件选板给程序前面板添加控件。

1）添加 1 个仪表控件：控件→数值→仪表。标签为“仪表”。

2）添加 1 个停止按钮：控件→布尔→停止按钮。

设计的程序前面板如图 8-13 所示。

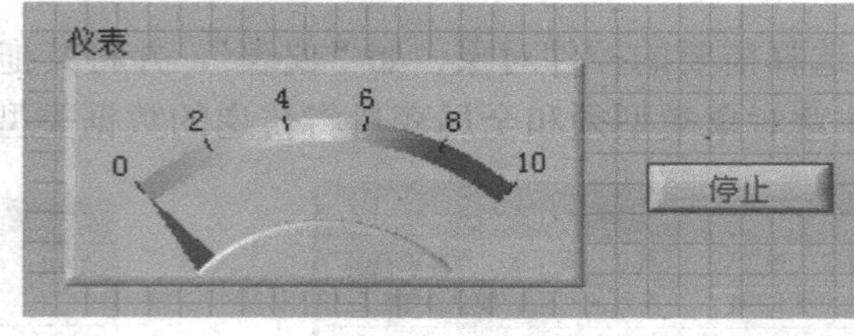

图 8-13　程序前面板

（2）程序框图设计。

切换到 LabVIEW 的程序框图窗口，调整控件位置，添加节点与连线。

1）添加 1 个 While 循环结构：函数→结构→While 循环。

2）在 While 循环结构中添加全局变量。进入函数选板，执行“选择 VI…”，出现“选择

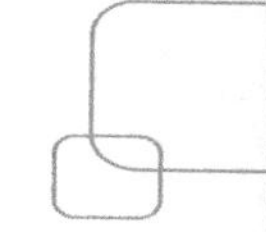

需打开的 VI”对话框，选择全局变量所在的程序文件“TestGlobal.vi”，如图 8-14 所示，单击“确定”按钮，将全局变量图标放至循环结构框架中。

3）右击全局变量图标，在弹出的快捷菜单中选择“转换为读取”，全局变量读写属性设置如图 8-15 所示。

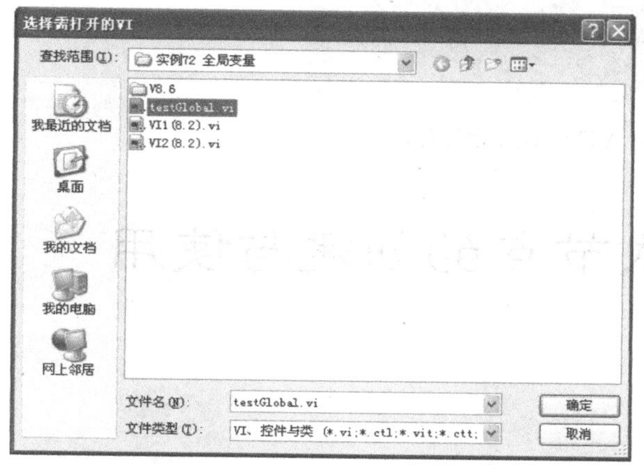

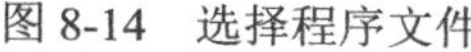

图 8-14　选择程序文件

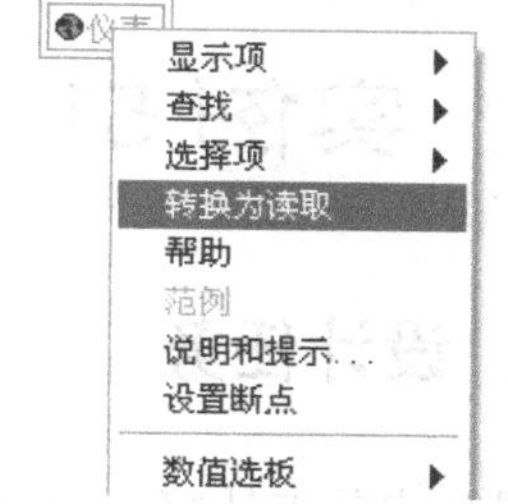

图 8-15　全局变量读写属性设置

4）将仪表控件、停止按钮控件的图标移到 While 循环结构框架中。

5）将全局变量与仪表控件的输入端口相连。

6）将停止按钮控件的输出端口与循环结构的条件端口◉相连。

7）保存程序，文件名为“VI2”。

连线后的程序框图如图 8-16 所示。

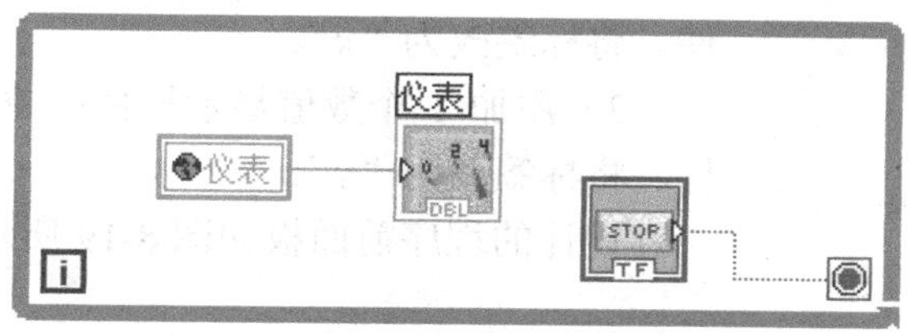

图 8-16　程序框图

（3）运行程序。

同时运行 VI1 程序和 VI2 程序。在 VI1.vi 程序中，转动旋钮，数值变化，仪表指针随着转动。同时旋钮数值也存到了全局变量（写属性）中，VI1.vi 程序运行界面如图 8-17 所示。

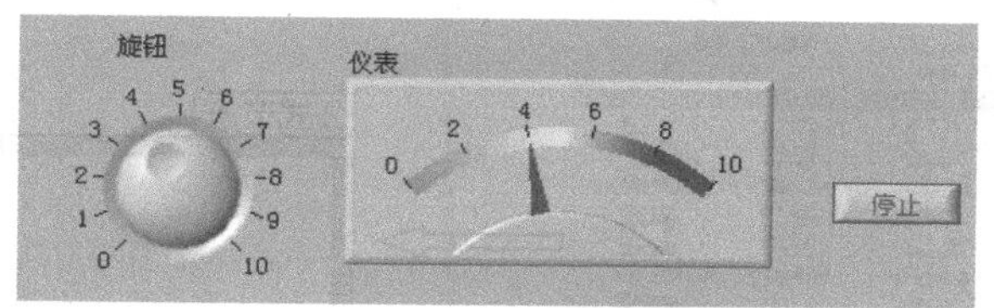

图 8-17　VI1.vi 程序运行界面

VI2.vi 程序从全局变量（读属性）中将数值读出，送至前面板上的仪表中并将数值变化显示出来，VI2.vi 程序运行界面如图 8-18 所示。

可以看到 VI2.vi 程序画面中的仪表指针与 VI1.vi 程序中仪表指针转动一致。

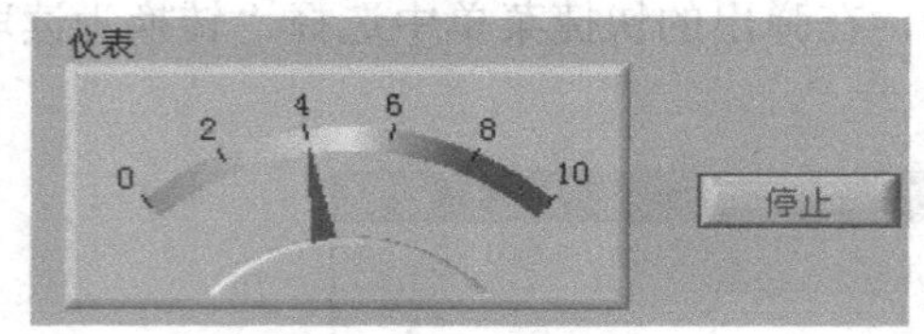

图 8-18　VI2.vi 程序运行界面

实例 51　公式节点的创建与使用

一、设计任务

利用公式节点计算 y=100+10*x。

二、任务实现

1. 程序前面板设计

新建 VI。切换到 LabVIEW 的前面板窗口，通过控件选板给程序前面板添加控件。

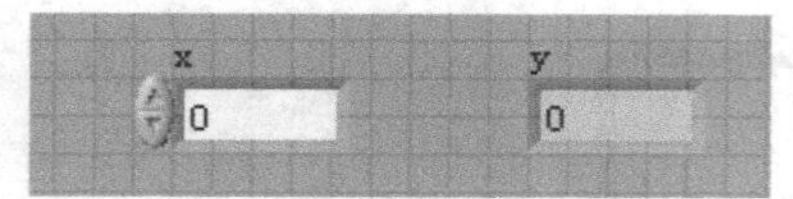

图 8-19　程序前面板

1）添加 1 个数值输入控件：控件→数值→数值输入控件。将标签改为“x”。

2）添加 1 个数值显示控件：控件→数值→数值显示控件。将标签改为“y”。

设计的程序前面板如图 8-19 所示。

2. 程序框图设计

切换到 LabVIEW 的程序框图窗口，调整控件位置，添加节点与连线。

1）添加 1 个公式节点：函数→结构→公式节点。选中公式节点，用鼠标在程序框图中拖动，画出公式节点的图框，添加公式节点如图 8-20 所示。

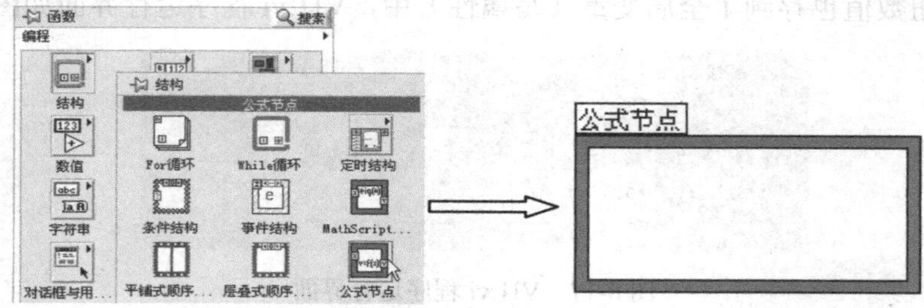

图 8-20　添加公式节点

2）创建输入端口：右击公式节点左边框，从弹出菜单中选择“添加输入”，然后在出现的端口中输入变量名称，如“x”，就完成了 1 个输入端口的创建，创建输入端口如图 8-21 所示。

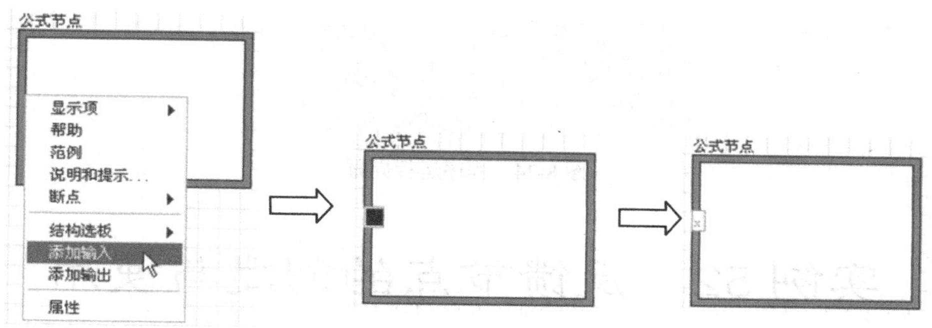

图 8-21　创建输入端口

3）创建输出端口：右击公式节点右边框，从弹出菜单中选择“添加输出”，然后在出现的端口中输入变量名称，如“y”，就完成了 1 个输出端口的创建，创建输出端口如图 8-22 所示。

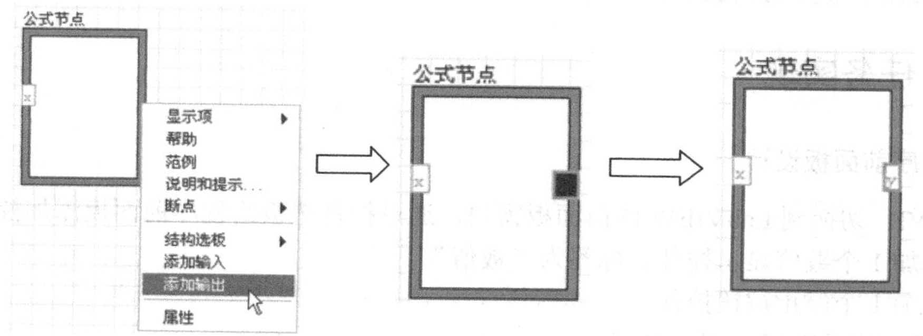

图 8-22　创建输出端口

4）按照 C 语言的语法规则在公式节点的框架中输入公式，如“y=100+10*x;”。

至此，就完成了 1 个完整的公式节点的创建。

注意： 公式节点框架内每个公式后都必须以分号（英文字符“;”）结尾。

5）将数值输入控件的输出端口与公式节点输入端口“输入变量”相连。

6）将公式节点的输出端口“输出变量”与数值显示控件的输入端口相连。

连线后的程序框图如图 8-23 所示。

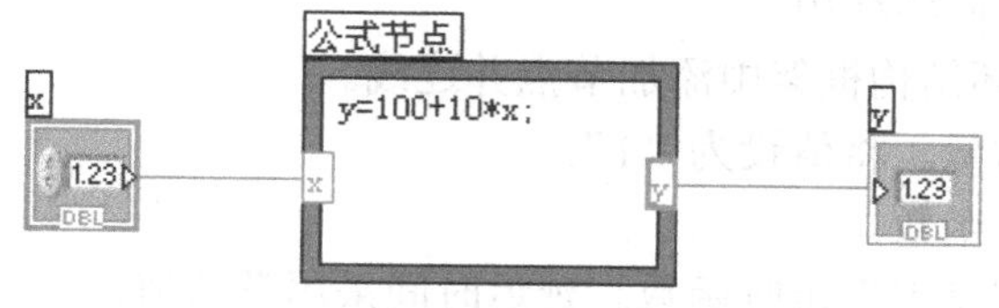

图 8-23　程序框图

3．运行程序

切换到前面板窗口，单击工具栏“连续运行”按钮，运行程序。

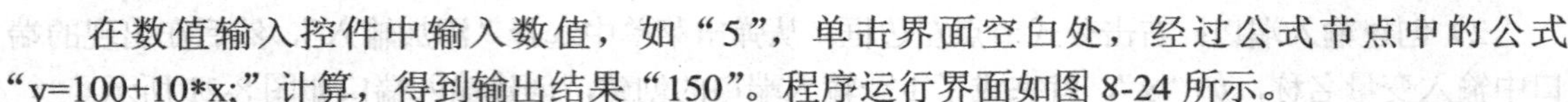

在数值输入控件中输入数值，如“5”，单击界面空白处，经过公式节点中的公式“y=100+10*x;”计算，得到输出结果“150”。程序运行界面如图 8-24 所示。

图 8-24　程序运行界面

实例 52　反馈节点的创建与使用

一、设计任务

利用反馈节点实现数值累加。

二、任务实现

1. 程序前面板设计

新建 VI。切换到 LabVIEW 的前面板窗口，通过控件选板给程序前面板添加控件。

1）添加 1 个数值显示控件。标签为“数值”。

2）添加 1 个停止按钮控件。

设计的程序前面板如图 8-25 所示。

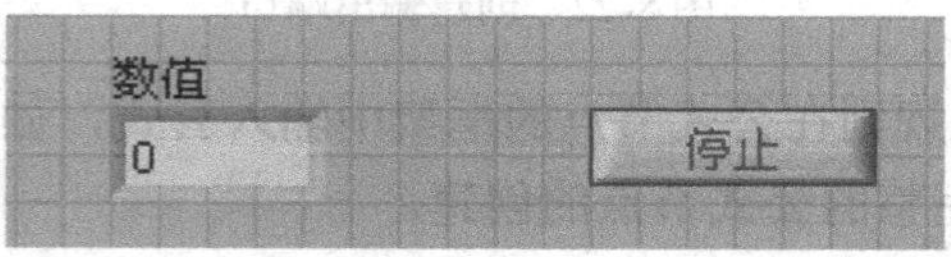

图 8-25　程序前面板

2. 程序框图设计

切换到 LabVIEW 的程序框图窗口，调整控件位置，添加节点与连线。

1）添加 1 个 While 循环结构。

以下为在 While 循环结构框架中添加节点并连线。

2）添加 1 个数值常量。将值设为“1”。

3）添加 1 个“加”函数。

4）添加 1 个“时间延迟”定时函数。延迟时间采用默认值。

5）将数值显示控件、停止按钮控件的图标移到 While 循环结构框架中。

6）添加 1 个反馈节点：函数→结构→反馈节点。选中反馈节点，用鼠标在程序框图中拖动，画出反馈节点的图框（也可直接将加函数的输出端口“x+y”与加函数的输入端口“x”相连，此时连线中会自动插入 1 个反馈节点）。

7）将数值常量“1”与加函数的输入端口“y”相连。
8）将加函数的输出端口“x+y”与数值显示控件的输入端口相连。
9）将停止按钮控件的输出端口与循环结构的条件端口相连。
连线后的程序框图如图 8-26 所示。

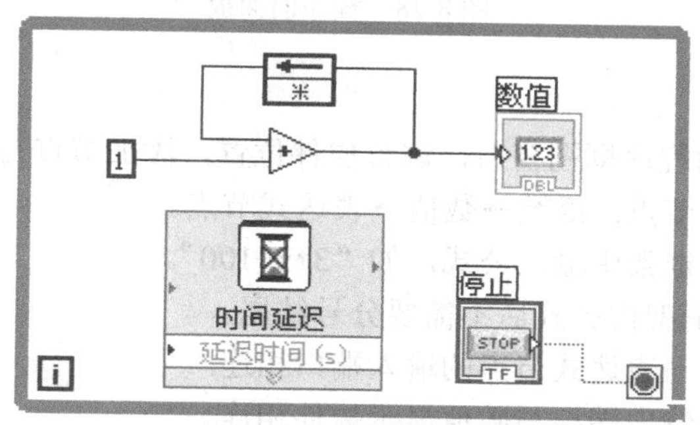

图 8-26　程序框图

3. 运行程序

切换到前面板窗口，单击工具栏“运行”按钮，运行程序。

程序运行后，数值从 1 开始每隔 1 秒加 1，并输出显示。单击“停止”按钮，停止循环累加，退出程序。

程序运行界面如图 8-27 所示。

图 8-27　程序运行界面

实例 53　表达式节点的创建与使用

一、设计任务

利用表达式节点计算 $y=3*x+100$。

二、任务实现

1. 程序前面板设计

新建 VI。切换到 LabVIEW 的前面板窗口，通过控件选板给程序前面板添加控件。
1）添加 1 个数值输入控件：控件→数值→数值输入控件。将标签改为“x”。
2）添加 1 个数值显示控件：控件→数值→数值显示控件。将标签改为“y”。

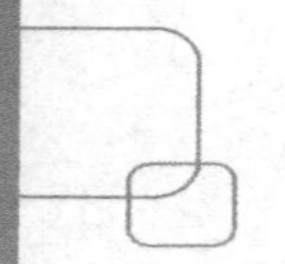

设计的程序前面板如图 8-28 所示。

图 8-28　程序前面板

2. 程序框图设计

切换到 LabVIEW 的程序框图窗口，调整控件位置，添加节点与连线。

1）添加 1 个表达式节点：函数→数值→表达式节点。

2）在表达式节点的框架中输入公式，如“3*x+100”。

注意：表达式节点框架内公式后不需要分号结尾。

3）将数值输入控件与表达式节点的输入端口相连。

4）将表达式节点的输出端口与数值显示控件相连。

连线后的程序框图如图 8-29 所示。

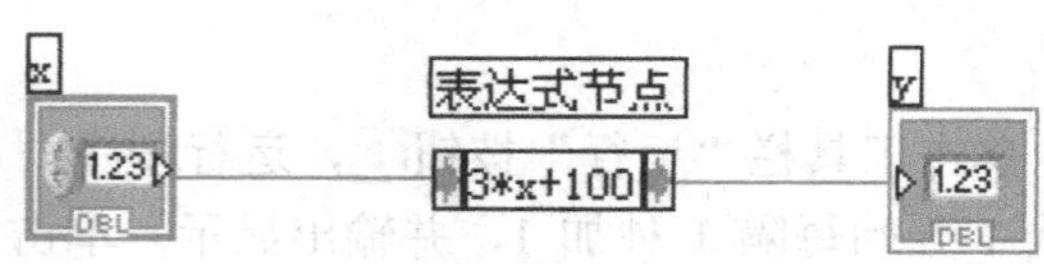

图 8-29　程序框图

3. 运行程序

切换到前面板窗口，单击工具栏“连续运行”按钮，运行程序。

在数值输入控件中输入数值，如“10”，单击界面空白处，经过表达式节点中的公式“3*x+100”计算，得到输出结果“130”。

程序运行界面如图 8-30 所示。

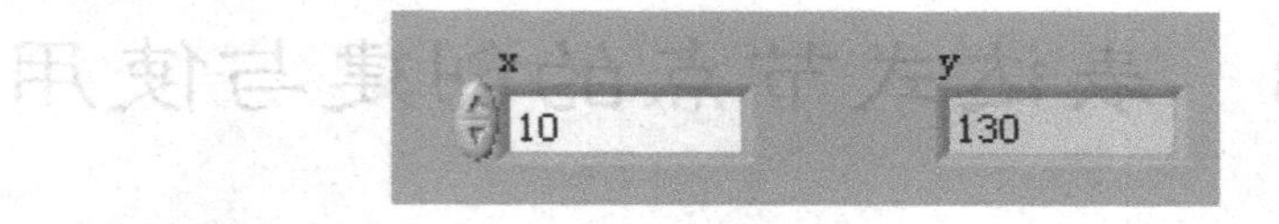

图 8-30　程序运行界面

实例 54　属性节点的创建与使用

一、设计任务

任务 1：利用属性节点使指示灯控件可见或不可见。

任务 2：利用属性节点使数值输入控件可用或不可用。

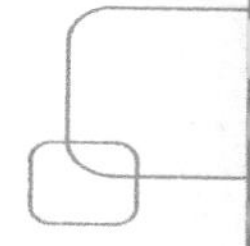

二、任务 1 实现

1. 程序前面板设计

新建 VI。切换到 LabVIEW 的前面板窗口，通过控件选板给程序前面板添加控件。

1）添加 1 个滑动开关控件，标签为“开关”。

2）添加 1 个圆形指示灯控件，标签为“灯”。

设计的程序前面板如图 8-31 所示。

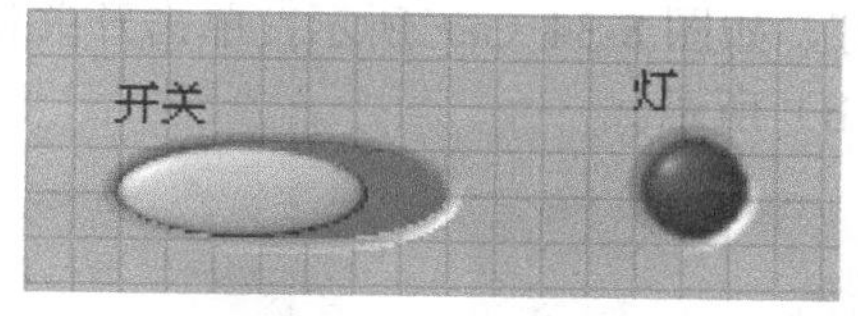

图 8-31　程序前面板

2. 程序框图设计

切换到 LabVIEW 的程序框图窗口，调整控件位置，添加节点与连线。

1）鼠标右键单击前面板指示灯控件，在弹出的快捷菜单中选择“创建”中的“属性节点”选项，此时将会弹出 1 个下级子菜单，该菜单包含指示灯控件的所有可选属性，指示灯属性节点设置如图 8-32 所示。用户选定某项属性后，如“可见”，便可在程序框图窗口创建 1 个属性节点。

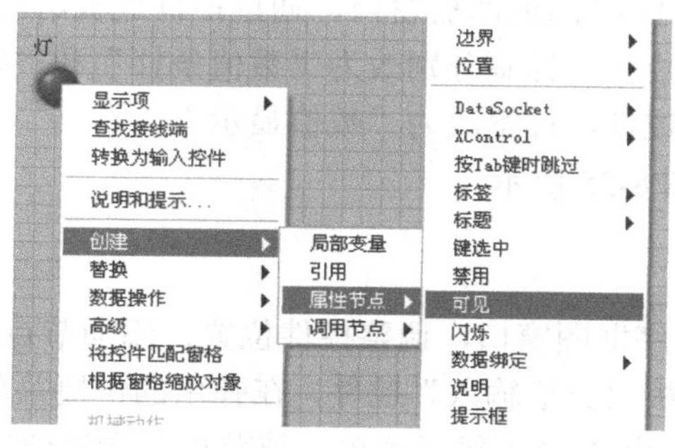

图 8-32　指示灯属性节点设置

说明：当属性节点与指示灯控件的“可见”属性相关联时，属性节点的输入端口属于布尔型端口。当输入为“真”时，指示灯控件在前面板是可见的；当输入为“假”时，指示灯控件在前面板则是不可见的。

用户还可以给属性节点添加与其相关联的属性。方法如下：直接用鼠标左键拖动属性节点上下边框的尺寸控制点，即可添加属性。

2）将属性节点设置成“写入”状态。在默认情况下，属性节点处于“读取”状态，用户可以将属性节点设置成“写入”状态。方法如下：右击属性节点，在弹出的快捷菜单中选择“转换为写入”选项，即可将属性节点设置成“写入”状态。

3）将开关控件的输出端口与灯属性节点的输入端口“可见”相连。

连线后的程序框图如图 8-33 所示。

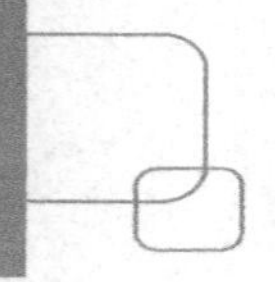

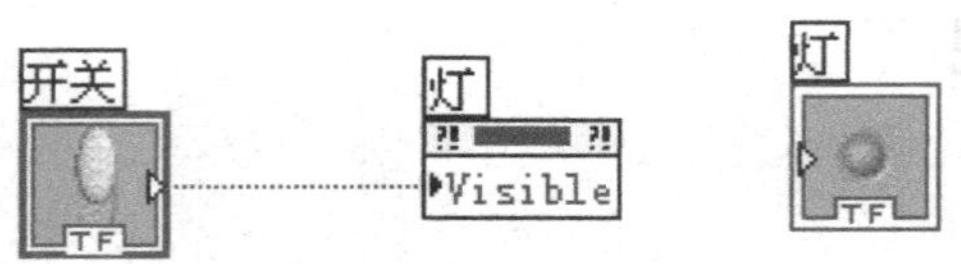

图 8-33　程序框图

3．运行程序

切换到前面板窗口，单击工具栏“连续运行”按钮，运行程序。

程序运行后看不见指示灯，如图 8-34（a）所示，单击开关使开关键置于右侧位置，指示灯出现（可见），如图 8-34（b）所示。

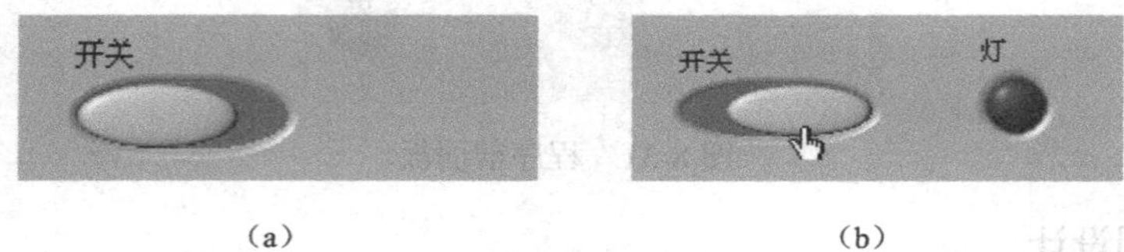

（a）　　　　　　　　（b）

图 8-34　程序运行界面

三、任务 2 实现

1．程序前面板设计

新建 VI。切换到 LabVIEW 的前面板窗口，通过控件选板给程序前面板添加控件。

1）添加 2 个数值输入控件，标签分别改为“数值条件”和“数值输入”。

2）添加 1 个数值显示控件，标签改为“数值显示”。

设计的程序前面板如图 8-35 所示。

2．程序框图设计

切换到 LabVIEW 的程序框图窗口，调整控件位置，添加节点与连线。

1）鼠标右键单击前面板“数值输入”控件，在弹出的快捷菜单中选择“创建”中的“属性节点”命令，此时将会弹出 1 个下级子菜单，该菜单包含数值输入控件的所有可选属性，属性节点设置如图 8-36 所示。用户选定某项属性后，如“禁用”，便可在程序框图窗口创建 1 个属性节点。

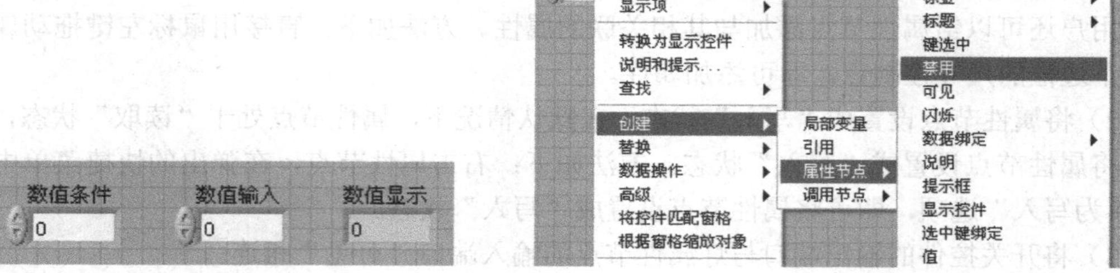

图 8-35　程序前面板　　　　　　图 8-36　属性节点设置

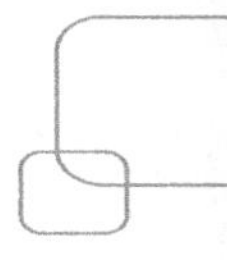

当属性节点与数值控件的“禁用”属性相关联时，属性节点的输入端口属于 U8 型端口。

2）将属性节点设置成“写入”状态。在默认情况下，属性节点处于“读取”状态，用户可以将属性节点设置成“写入”状态。右击属性节点，在弹出的快捷菜单中选择“转换为写入”选项，即可将属性节点设置成“写入”状态。

3）将数值条件输入控件的输出端口与数值输入属性节点的输入端口“禁用”相连。

4）将数值输入控件的输出端口与数值显示控件的输入端口相连。

连线后的程序框图如图 8-37 所示。

图 8-37　程序框图

3. 运行程序

切换到前面板窗口，单击工具栏“连续运行”按钮，运行程序。

当数值条件控件输入为 0 时，数值输入控件处于“启用”状态，用户可以使用该控件，如图 8-38（a）所示；当数值条件控件输入为 1 时，数值输入控件处于“禁用”状态，用户不能使用该控件，如图 8-38（b）所示；当数值条件控件输入为 2 时，数值输入控件处于“禁用并变灰”状态，用户不能使用该控件，且该控件变成灰色，如图 8-38（c）所示。

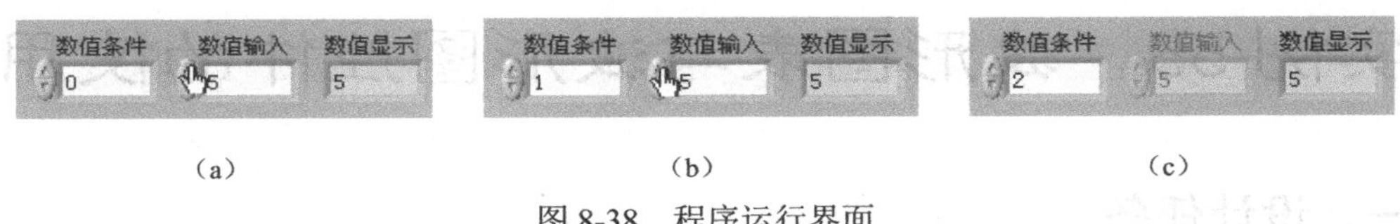

（a）　　（b）　　（c）

图 8-38　程序运行界面

第9章 图形显示

数据采集作为LabVIEW最重要的组成部分，数据的显示自然成为LabVIEW中的重要内容。数据的图形化显示具有直观明了的优点，能够增强数据的表达能力，如示波器，提供了丰富的图形显示功能。在虚拟仪器程序设计的过程中，LabVIEW对图形化显示提供了强大的支持。

LabVIEW提供了两类基本的图形显示控件：图和图表。图控件采集所有需要显示的数据，能够对数据进行处理并一次性显示结果；图表控件将采集的数据逐点地显示为图形，可以反映数据的变化趋势，类似于传统的模拟示波器、波形记录仪。

LabVIEW中的图形型控件主要用于LabVIEW程序中数据的形象化显示，例如，可以将程序中的数据流在形如示波器窗口的控件中显示，也可以利用图形型控件显示图片或图像。

在LabVIEW中，用于图形显示的控件主要位于控件选板中的图形子选板中，包括波形图表、波形图、XY图、强度图表、强度图和三维曲面图等。

实例55 波形图表与波形图控件的使用

一、设计任务

任务1：使用波形图表控件显示正弦曲线。
任务2：使用波形图控件显示正弦曲线。
任务3：同时绘制随机曲线，比较波形图表控件和波形图控件的数据刷新方式。

二、任务1实现

1. 程序前面板设计

新建VI。切换到LabVIEW的前面板窗口，通过控件选板给程序前面板添加控件。

1）添加1个波形图表控件：控件→图形→波形图表。

2）添加1个停止按钮控件。

设计的程序前面板如图9-1所示。

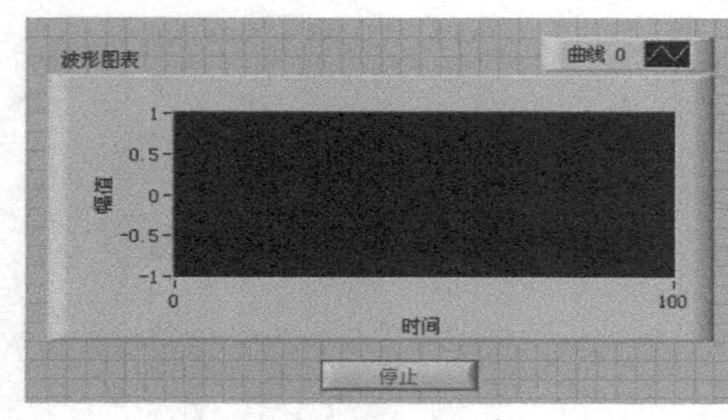

图9-1 程序前面板

2. 程序框图设计

切换到 LabVIEW 的程序框图窗口，调整控件位置，添加节点与连线。

1）添加 1 个 While 循环结构。

以下为在 While 循环结构框架中添加节点并连线。

2）添加 1 个“除”函数。

3）添加 1 个数值常量。将值设为“10”。

4）添加 1 个“时间延迟”定时函数。将延迟时间设为“0.5”秒。

5）添加 1 个正弦函数：函数→数学→初等与特殊函数→三角函数→正弦。

6）将波形图表控件、停止按钮控件的图标移到 While 循环结构框架中。

7）将循环结构的循环端口与除函数的输入端口“x”相连。

8）将数值常量“10”与除函数的输入端口“y”相连。

9）将除函数的输出端口“x/y”与正弦函数的输入端口“x”相连。

10）将正弦函数的输出端口“sin(x)”与波形图表控件的输入端口相连。

11）将停止按钮控件与循环结构的条件端口相连。

连线后的程序框图如图 9-2 所示。

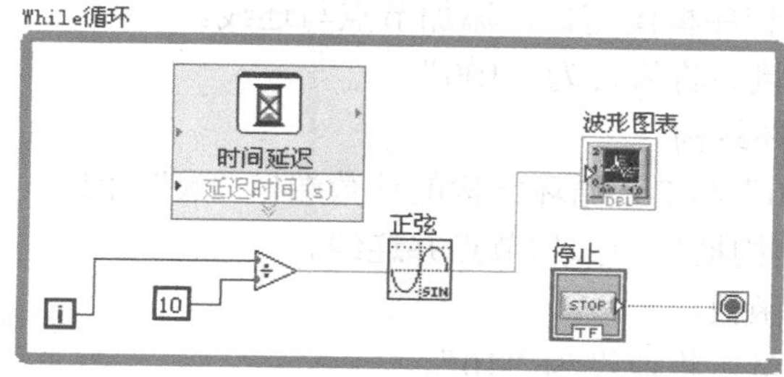

图 9-2　程序框图

3. 运行程序

切换到前面板窗口，单击工具栏“运行”按钮，运行程序。

程序实时绘制、显示正弦曲线。

程序运行界面如图 9-3 所示。

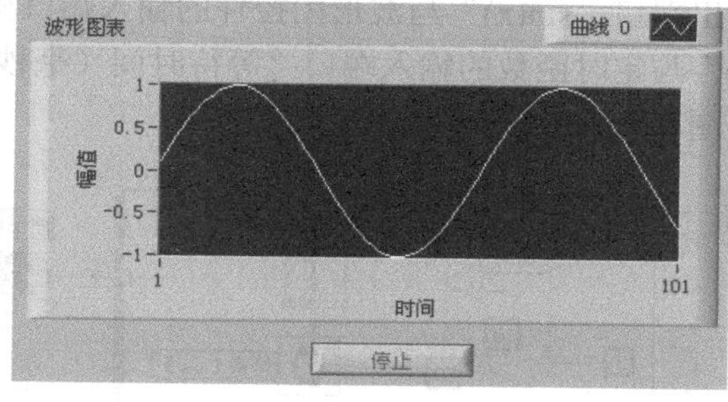

图 9-3　程序运行界面

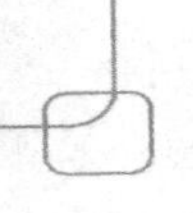

三、任务 2 实现

1. 程序前面板设计

新建 VI。切换到 LabVIEW 的前面板窗口，通过控件选板给程序前面板添加控件。

添加 1 个波形图控件：控件→图形→波形图。标签为“波形图”。

设计的程序前面板如图 9-4 所示。

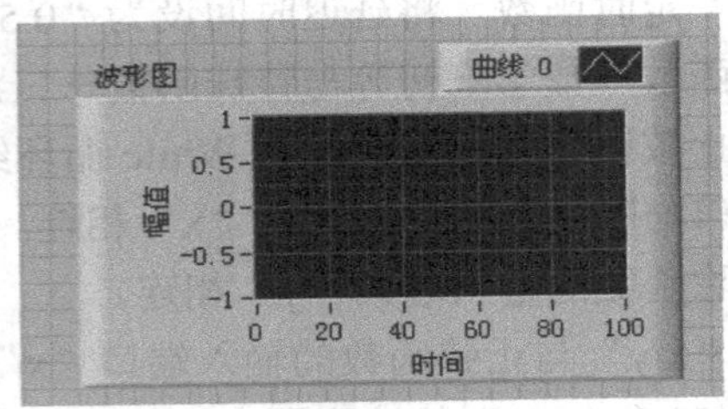

图 9-4　程序前面板

2. 程序框图设计

切换到 LabVIEW 的程序框图窗口，添加节点与连线。

1）添加 1 个数值常量。将值设为“100”。

2）添加 1 个 For 循环结构。

3）将数值常量“100”与 For 循环结构的计数端口“N”相连。

以下为在 For 循环结构框架中添加节点并连线。

4）添加 1 个“除”函数。

5）添加 1 个数值常量。将值设为“10”。

6）添加 1 个正弦函数：函数→数学→初等与特殊函数→三角函数→正弦。

7）添加 1 个“等待（ms）”定时函数。

8）添加 1 个数值常量。将值设为“50”。

9）将循环结构的循环端口与除函数的输入端口“x”相连。

10）将数值常量“10”与除函数的输入端口“y”相连。

11）将除函数的输出端口“x/y”与正弦函数的输入端口“x”相连。

12）将正弦函数的输出端口“sin(x)”与波形图控件的输入端口相连。

13）将数值常量“50”与定时函数的输入端口“等待时间（毫秒）”相连。

连线后的程序框图如图 9-5 所示。

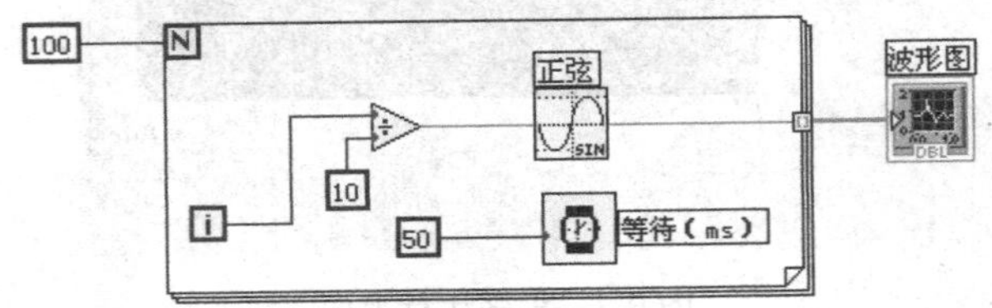

图 9-5　程序框图

3. 运行程序

切换到前面板窗口，单击工具栏“运行”按钮，运行程序。

程序执行后，等待 50ms，画面上的波形图控件一次性显示正弦曲线，并终止程序。

程序运行界面如图 9-6 所示。

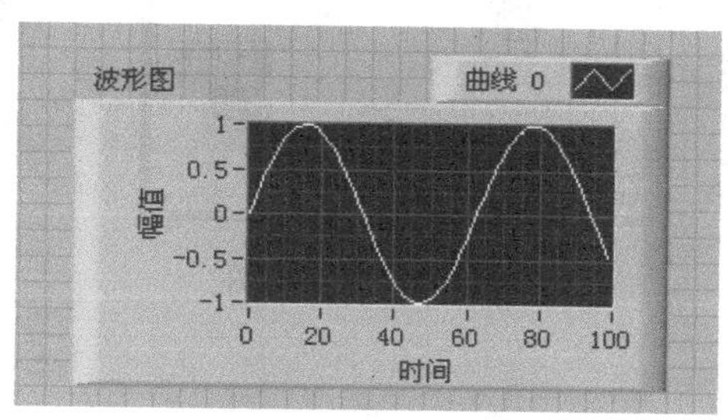

图 9-6　程序运行界面

四、任务 3 实现

1. 程序前面板设计

新建 VI。切换到 LabVIEW 的前面板窗口，通过控件选板给程序前面板添加控件。

1）添加 1 个波形图表控件：控件→图形→波形图表。

2）添加 1 个波形图控件：控件→图形→波形图。

设计的程序前面板如图 9-7 所示。

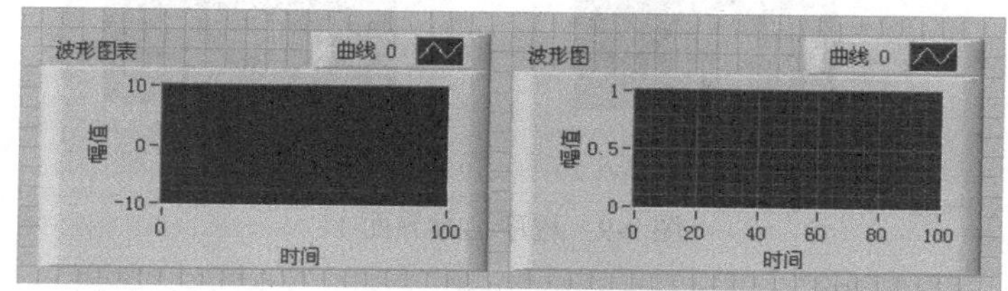

图 9-7　程序前面板

2. 程序框图设计

切换到 LabVIEW 的程序框图窗口，添加节点与连线。

1）添加 1 个数值常量。将值设为“100”。

2）添加 1 个 For 循环结构。

3）将数值常量“100”与 For 循环结构的计数端口“N”相连。

以下为在 For 循环结构框架中添加节点并连线。

4）添加 1 个随机数函数：函数→数值→随机数(0-1)。

5）添加 1 个数值常量。将值设为“50”。

6）添加 1 个“等待（ms）”定时函数。

7）将波形图表控件图标移到循环结构框架中。

8）将随机数(0-1)函数的输出端口“数字(0-1)”与循环结构框架内的波形图表控件相连，

再与循环结构框架外的波形图控件相连。

9）将数值常量“50”与定时函数等待（ms）的输入端口“等待时间（毫秒）”相连。

连线后的程序框图如图 9-8 所示。

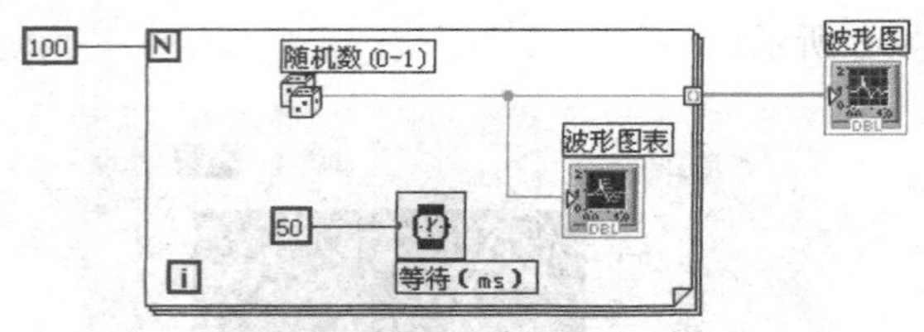

图 9-8　程序框图

3. 运行程序

切换到前面板窗口，单击工具栏“运行”按钮，运行程序。

本例使用波形图表和波形图控件显示同一个“随机数(0-1)”函数产生的随机数，通过比较显示结果可以直观地看出波形图和波形图表控件的差异。2 个控件最终显示的波形是一样的，但是两者的显示机制却是完全不同的。

在 VI 的运行过程中，可以看到随机数(0-1)函数产生的随机数逐个在波形图表控件上显示，如果 VI 没有执行完毕，波形图控件并不显示任何波形，程序运行界面 1 如图 9-9 所示。VI 运行结束时，VI 产生的 100 个随机数并在波形图控件上一次性地显示出来，程序运行界面 2 如图 9-10 所示。

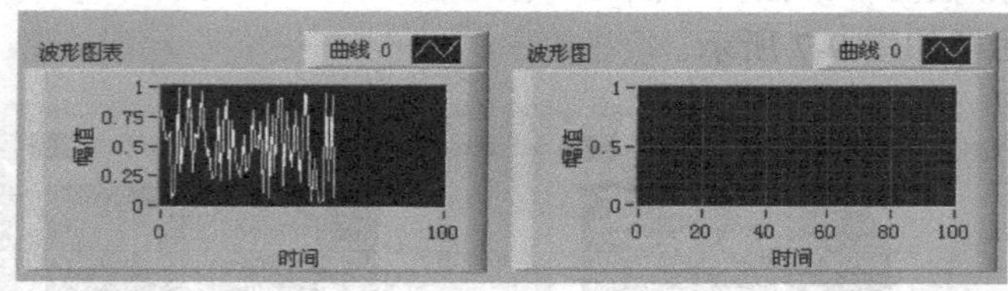

图 9-9　程序运行界面 1

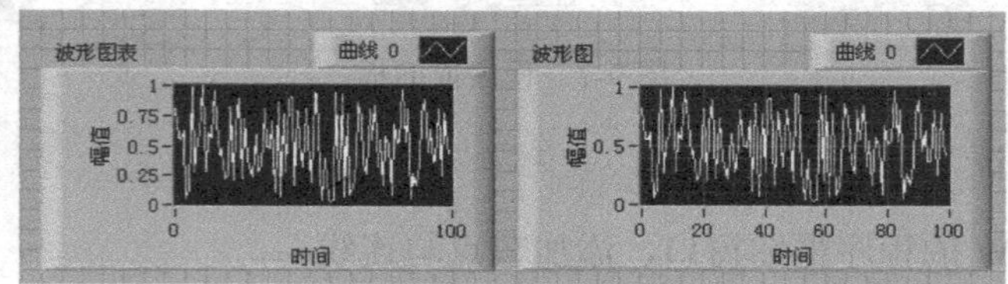

图 9-10　程序运行界面 2

实例 56　强度图表与强度图控件的使用

一、设计任务

使用强度图表控件和强度图控件显示 1 组相同的二维数组数据，通过显示结果比较强度

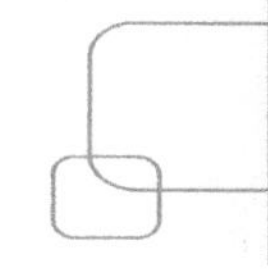

图表控件和强度图控件的差异。

二、任务实现

1．程序前面板设计

新建 VI。切换到 LabVIEW 的前面板窗口，通过控件选板给程序前面板添加控件。

1）添加 1 个强度图表控件：控件→图形→强度图表。

2）添加 1 个强度图控件：控件→图形→强度图。

将 2 个控件的频率均设置为 0～4Hz，将时间均设置为 0～2Hz。

设计的程序前面板如图 9-11 所示。

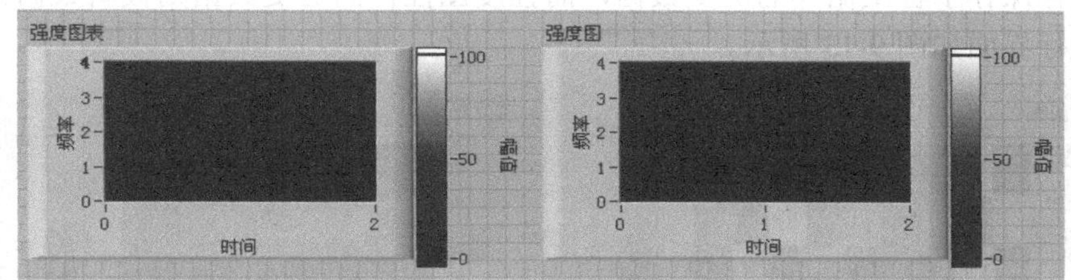

图 9-11　程序前面板

2．程序框图设计

切换到 LabVIEW 的程序框图窗口，添加节点与连线。

1）添加 1 个 For 循环结构。

2）添加 1 个数值常量。将值改为“3”。

3）将数值常量“3”与 For 循环结构的计数端口“N”相连。

4）在 For 循环结构中添加 1 个条件结构。

5）将 For 循环结构的循环端口与条件结构的选择端口相连。此时条件结构的框架标识符自动变为 0 和 1。选择框架 1，右击，在弹出的菜单中选择“在后面添加分支”。

6）在条件结构框架 0、1 和 2 中分别添加数组常量。

将数值显示控件放入数组框架中，将数组维数设置为“2”，将成员数量设置为 2 行 4 列。填入相应的数值。

7）将强度图表控件和强度图控件的图标移到 For 循环结构中。

8）将条件结构中的 3 个数组常量分别与强度图表控件、强度图控件的输入端口相连。

9）在 For 循环结构中添加 1 个“等待下一个整数倍毫秒”定时函数。

10）在 For 循环结构中添加 1 个数值常量。将值改为“500”。

11）将数值常量“500”与等待下一个整数倍毫秒函数的输入端口“毫秒倍数”相连。

连线后的程序框图如图 9-12 所示。

3．运行程序

切换到前面板窗口，单击工具栏“运行”按钮，运行程序。

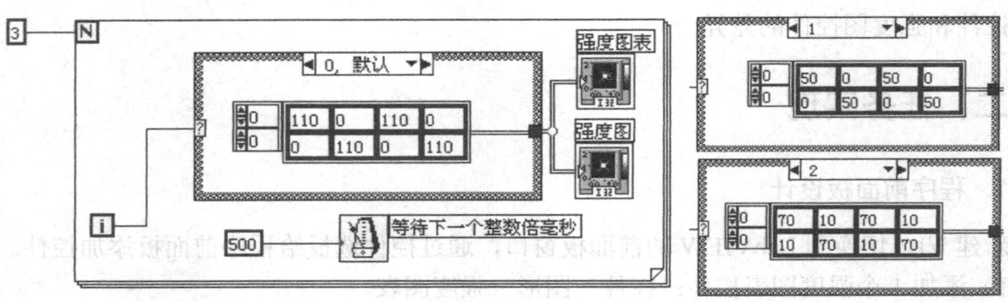

图 9-12　程序框图

可以很明显地看出强度图表控件和强度图控件在数据刷新模式方面的差异，强度图表控件的显示缓存保存了各次循环的历史数据，而强度图控件的历史数据则被新数据覆盖了。

程序运行界面如图 9-13 所示。

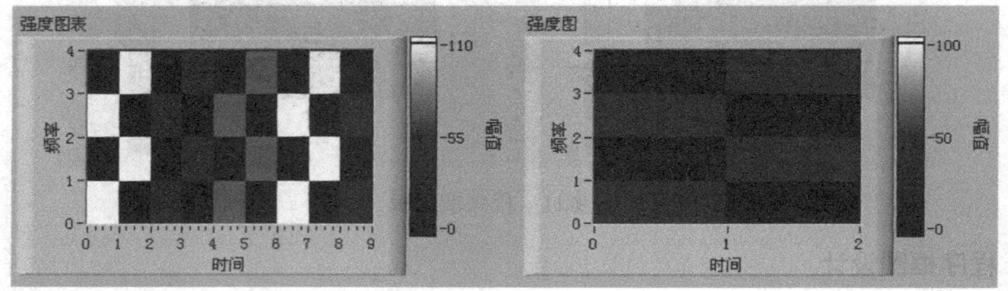

图 9-13　程序运行界面

实例 57　XY 图控件的使用

一、设计任务

任务 1：使用 XY 图控件显示一条曲线。
任务 2：使用 XY 图控件显示两条曲线。

二、任务 1 实现

1．程序前面板设计

新建 VI。切换到 LabVIEW 的前面板窗口，通过控件选板给程序前面板添加控件。
添加 1 个 XY 图控件：控件→图形→XY 图。
设计的程序前面板如图 9-14 所示。

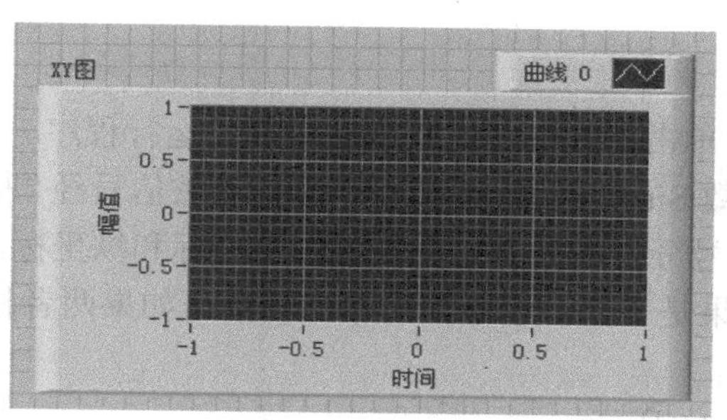

图 9-14　程序前面板

2．程序框图设计

切换到 LabVIEW 的程序框图窗口，添加节点与连线。

1）添加 1 个数值常量：函数→数值→数值常量。将值改为“3”。

2）添加 1 个 For 循环结构：函数→结构→For 循环。

3）将数值常量“3”与 For 循环结构的计数端口“N”相连。

以下为在 For 循环结构框架中添加节点并连线。

4）在 For 循环结构中添加 1 个数值常量：函数→数值→数值常量。将值改为“500”。

5）在 For 循环结构中添加 1 个定时函数：函数→定时→等待下一个整数倍毫秒。

6）在 For 循环结构中添加 2 个正弦信号函数：函数→信号处理→信号生成→正弦信号。

7）在 For 循环结构中添加 1 个捆绑函数：函数→簇与变体→捆绑。

8）在 For 循环结构中添加 1 个条件结构：函数→结构→条件结构。

9）在条件结构框架 0、1 和 2 中分别添加数值常量：函数→数值→数值常量。值分别改为“45”“70”“90”。

10）将 For 循环结构的循环端口与条件结构的选择端口相连。此时条件结构的框架标识符自动变为 0 和 1。选择框架 1，右击，在弹出的菜单中选择“在后面添加分支”。

11）将条件结构中的 3 个数值常量分别与下面的正弦信号函数的输入端口“相位（度）”相连。

12）分别将 2 个正弦信号函数的输出端口“正弦信号”与捆绑函数的 2 个输入端口相连。

13）将 XY 图控件的图标移到 For 循环结构中。然后将捆绑函数的输出端口“输出簇”与 XY 图控件相连。

14）将数值常量“500”与等待下一个整数倍毫秒函数的输入端口“毫秒倍数”相连。

连线后的程序框图如图 9-15 所示。

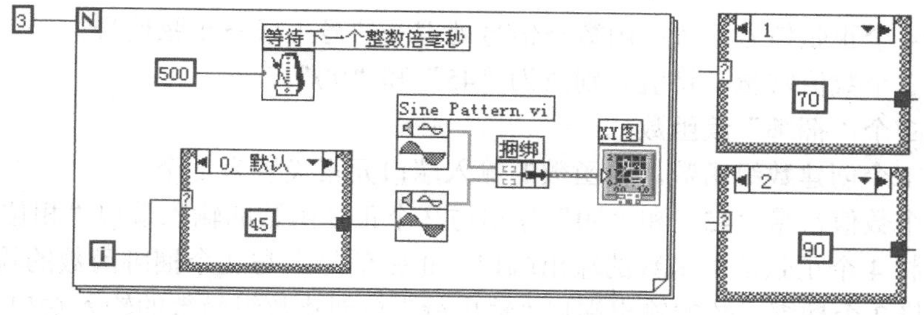

图 9-15　程序框图

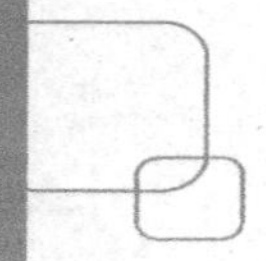

3．运行程序

切换到前面板窗口，单击工具栏“运行”按钮⇨，运行程序。

本例中，2 个正弦函数 Sine Pattern.vi 节点产生的正弦信号经“捆绑”节点打包后送往 XY 图控件显示。2 个正弦信号分别作为 XY 图控件的横坐标和纵坐标，如果两者的相位差为 45 度和 70 度时，显示的结果是 2 个具有不同曲率的椭圆；如果两者相位差为 90 度时，显示的结果是 1 个正圆。

程序运行界面如图 9-16 所示。

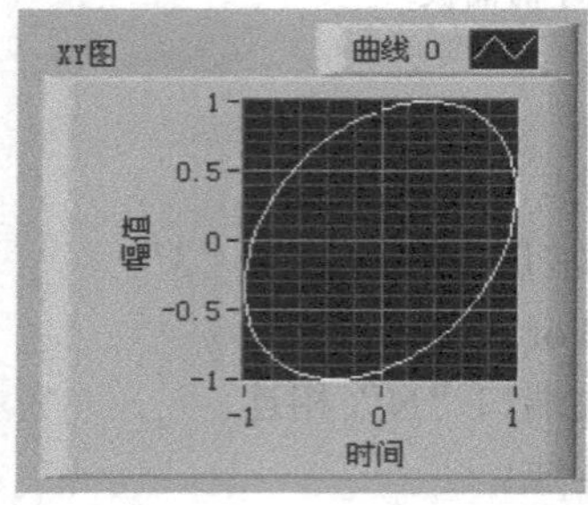

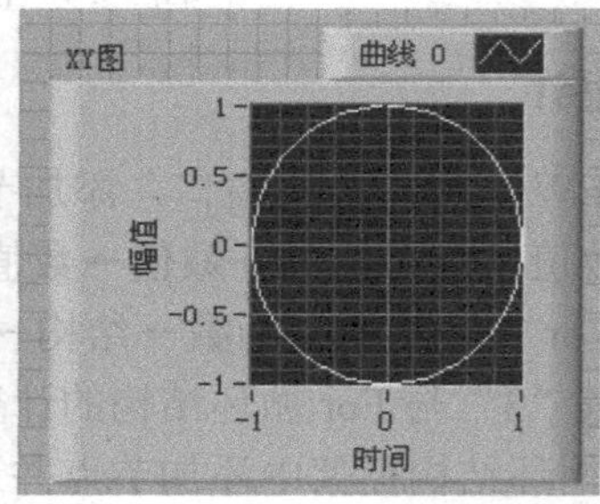

图 9-16　程序运行界面

三、任务 2 实现

1．程序前面板设计

新建 VI。切换到 LabVIEW 的前面板窗口，通过控件选板给程序前面板添加控件。

添加 1 个 XY 图控件：控件→图形→XY 图。

设计的程序前面板如图 9-17 所示。

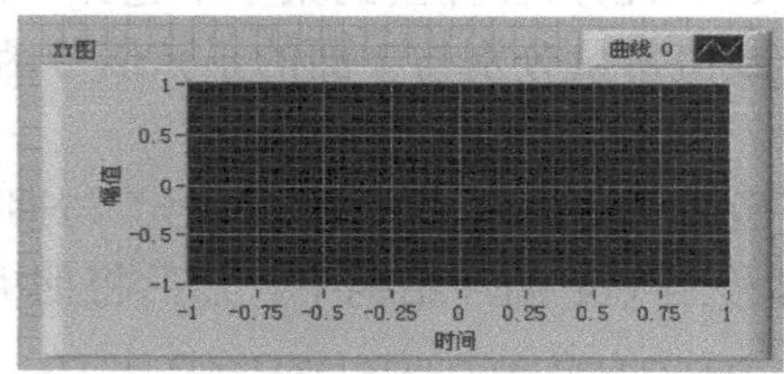

图 9-17　程序前面板

2．程序框图设计

1）添加 4 个正弦信号函数：函数→信号处理→信号生成→正弦信号。

2）添加 2 个数值常量。将值分别改为“45”和“90”。

3）添加 2 个“捆绑”簇函数。

4）添加 1 个创建数组函数。将函数的输入端口元素设置为 2 个。

5）将 2 个数值常量“45”和“90”分别与 2 个正弦函数的输入端口“相位（度）”相连。

6）分别将 4 个正弦信号函数的输出端口“正弦信号”与 2 个捆绑函数的输入端口相连。

7）分别将 2 个捆绑函数的输出端口“输出簇”与创建数组函数的输入端口“元素”相连。

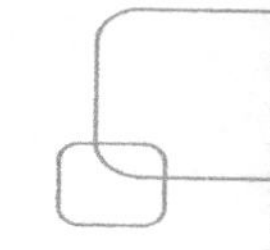

8）将创建数组函数的输出端口添加的数组与 XY 图控件相连。

连线后的程序框图如图 9-18 所示。

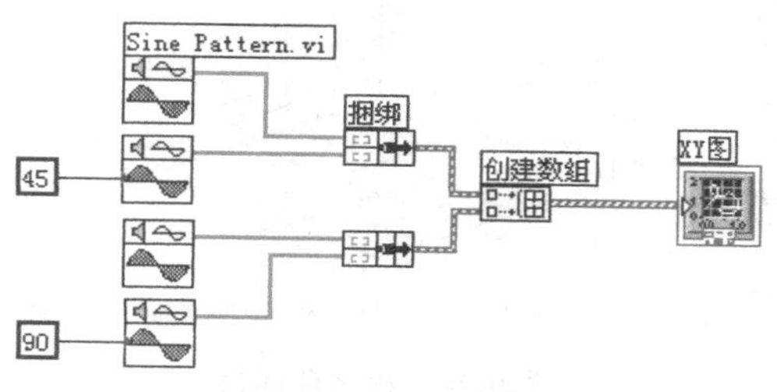

图 9-18　程序框图

3. 运行程序

切换到前面板窗口，单击工具栏“连续运行”按钮，运行程序。

本例中，调用“创建数组”节点将 2 个簇数组构成 1 个一维数组，然后送往 XY 图控件显示，这样即可在 XY 图控件上显示两条曲线。

程序运行界面如图 9-19 所示。

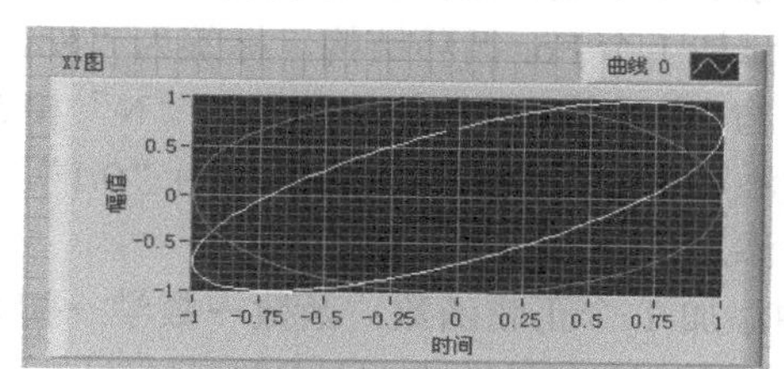

图 9-19　程序运行界面

实例 58　三维曲面图控件的使用

一、设计任务

使用三维曲面图控件显示正弦波。

二、任务实现

1. 程序前面板设计

新建 VI。切换到 LabVIEW 的前面板窗口，通过控件选板给程序前面板添加控件。

添加 1 个三维曲面图控件：控件→图形→三维曲面图。标签为“三维曲面”。

设计的程序前面板如图 9-20 所示。

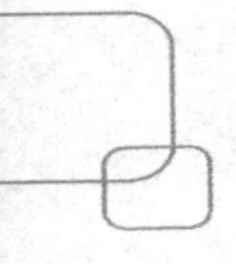

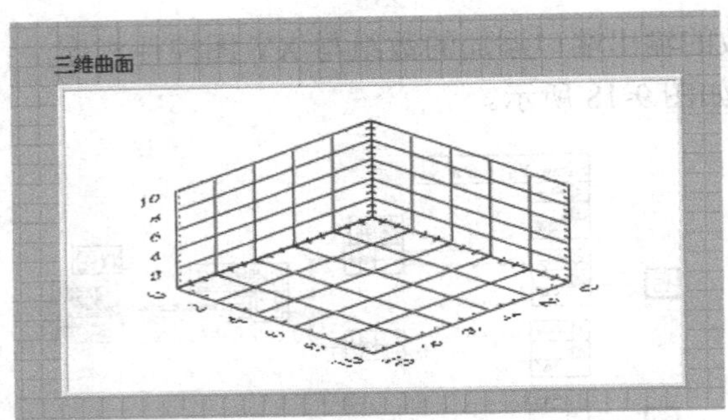

图 9-20 程序前面板

2. 程序框图设计

切换到 LabVIEW 的程序框图窗口，添加节点与连线。

1）添加 1 个数值常量。将值设为“100”。

2）添加 1 个 For 循环结构。标签为“For 循环 1”。

3）将数值常量“100”与“For 循环 1”的计数端口“N”相连。

4）在“For 循环 1”中添加 1 个数值常量，将值设为“100”。

5）在“For 循环 1”中添加 1 个 For 循环结构，标签为“For 循环 2”。

6）将数值常量“100”与“For 循环 2”的计数端口“N”相连。

7）在“For 循环 2”中添加 1 个数值常量，将值设为“0.1”。

8）在“For 循环 2”中添加 1 个“乘”函数。

9）在“For 循环 2”中添加 1 个正弦函数：函数→数学→初等与特殊函数→三角函数→正弦。

10）将数值常量“0.1”与乘函数的输入端口“x”相连。

11）将循环结构的循环端口与乘函数的输入端口“y”相连。

12）将乘函数的输出端口“x*y”与正弦函数的输入端口“x”相连。

13）将正弦函数的输出端口“sin(x)”与三维曲面图控件的输入端口“z 矩阵”相连。

连线后的程序框图如图 9-21 所示。

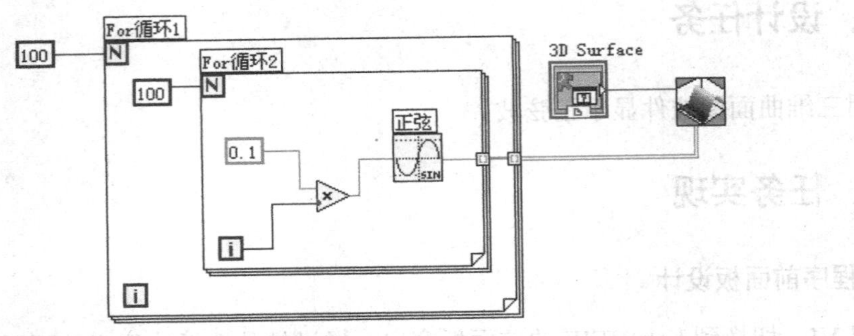

图 9-21 程序框图

3. 运行程序

切换到前面板窗口，单击工具栏“运行”按钮，运行程序。

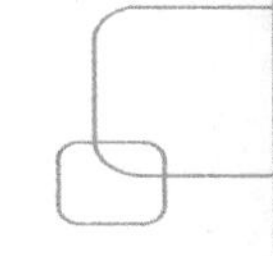

程序执行后，画面上显示正弦波的三维曲面图。

程序运行界面如图 9-22 所示。

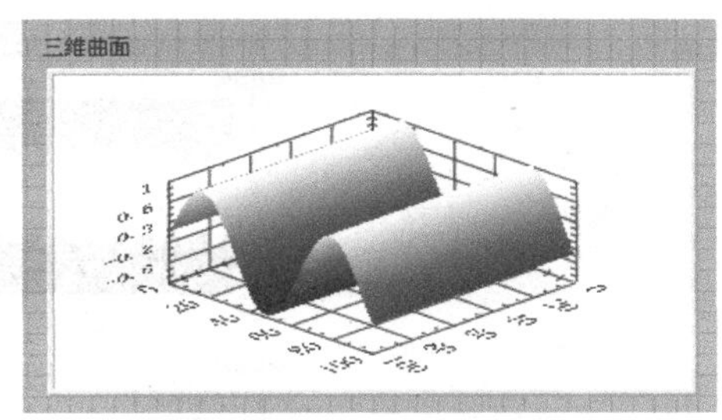

图 9-22　程序运行界面

实例 59　滤波器 Express VI 的使用

一、设计任务

使用仿真信号 Express VI 产生 1 个带噪声的波形，使用滤波器 Express VI 滤除噪声。

二、任务实现

1. 程序前面板设计

新建 VI。切换到 LabVIEW 的前面板窗口，通过控件选板给程序前面板添加控件。

1）添加 2 个波形图控件。标签分别为“原始信号”和“滤波后信号”。

2）为了设置波形运行参数，添加 4 个数值输入控件：控件→数值→数值输入控件，将标签分别设为“频率”“幅值”“相位”“低截止频率”。

设计的程序前面板如图 9-23 所示。

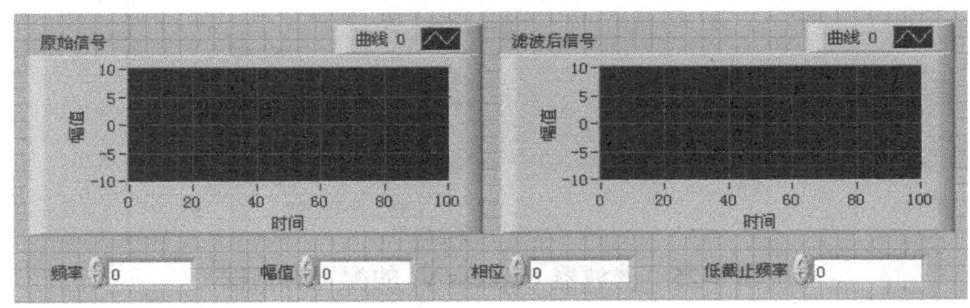

图 9-23　程序前面板

2. 程序框图设计

切换到 LabVIEW 的程序框图窗口，添加节点与连线。

1）添加 1 个仿真信号 Express VI：函数→Express→信号分析→仿真信号。弹出“配置仿真信号”对话框。信号类型选择“正弦”，频率设为 10.1Hz，幅值设为 1，勾选“添加噪声”

复选框，噪声类型选择“高斯白噪声”，采样率设为100000Hz，采样数选择“自动”，勾选“整数周期数”，其他参数配置如图 9-24 所示。

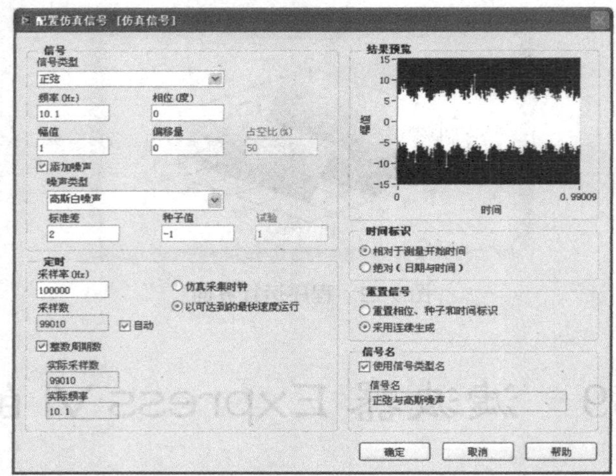

图 9-24　仿真信号 Express VI 的配置对话框

2）添加 1 个滤波器 Express VI：函数→Express→信号分析→滤波器。弹出“配置滤波器”对话框。滤波器类型选择“低通”，截止频率设为 20Hz，选择“无限长冲击响应滤波器”，其他配置如图 9-25 所示。

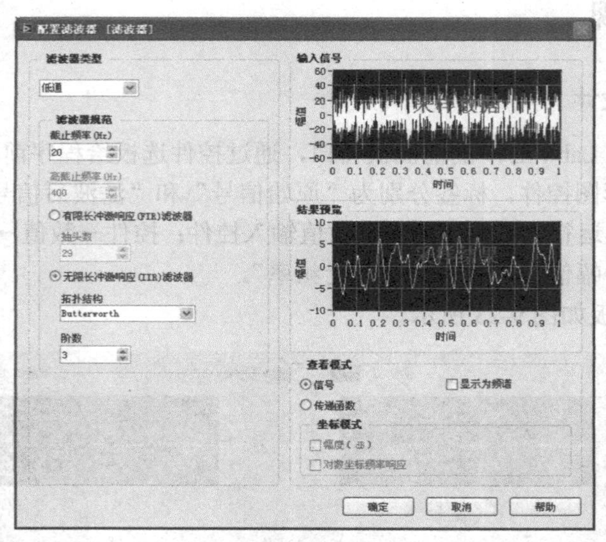

图 9-25　滤波器 Express VI 的配置对话框

3）将“频率”“幅值”“相位”数值输入控件的输出端口分别与仿真信号 Express VI 的输入端口“频率”“幅值”“相位”相连。

4）将仿真信号 Express VI 的输出端口“正弦与高斯噪声”与滤波器 Express VI 的输入端口“信号”相连；再与“原始信号”波形图控件相连。

5）将“低截止频率”数值输入控件的输出端口与滤波器 Express VI 的输入端口“低截止

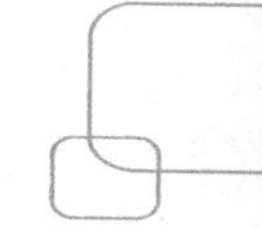

频率”相连。

6）将滤波器 Express VI 的输出端口“滤波后信号”与“滤波后信号”波形图控件相连。连线后的程序框图如图 9-26 所示。

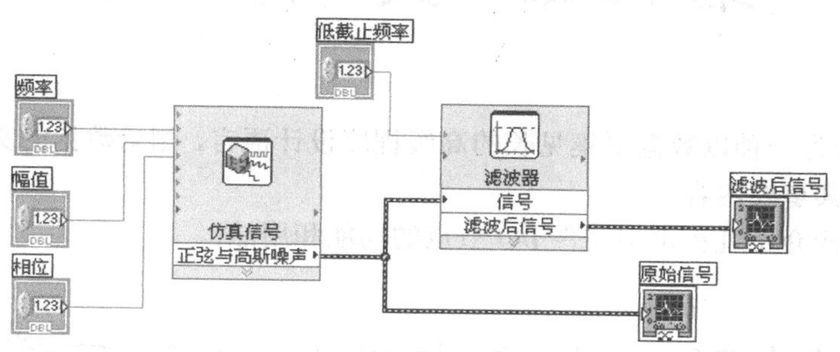

图 9-26　程序框图

3. 运行程序

切换到前面板窗口，首先设置频率、幅值、相位和截止频率的初始值分别为“10.1”“2”“180”“20”，然后单击工具栏“连续运行”按钮，运行程序。

程序执行后，画面上的波形图控件分别显示带噪声的正弦波和滤除噪声后的正弦波。

程序运行界面如图 9-27 所示。

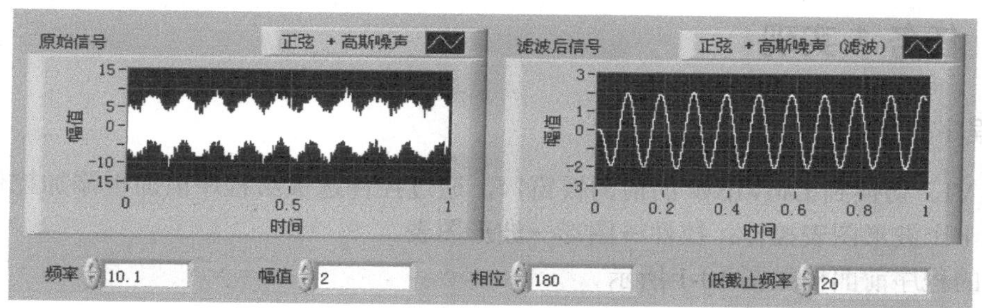

图 9-27　程序运行界面

第10章 文 件 I/O

LabVIEW 作为一种以数据采集见长的高级程序设计语言，测量数据的文件保存和数据存储文件的读取是其重要内容。

本章通过实例介绍几种常用文件 I/O 节点的功能和用法。

实例60 文本文件的写入与读取

一、设计任务

任务 1：实时绘制正弦曲线，并将绘图数据存入文本文件中。
任务 2：从文本文件中读取数据，并显示到界面的字符串文本框中。

二、任务 1 实现

1. 程序前面板设计

新建 VI。切换到 LabVIEW 的前面板窗口，通过控件选板给程序前面板添加控件。
添加 1 个波形图表控件：控件→图形→波形图表。
设计的程序前面板如图 10-1 所示。

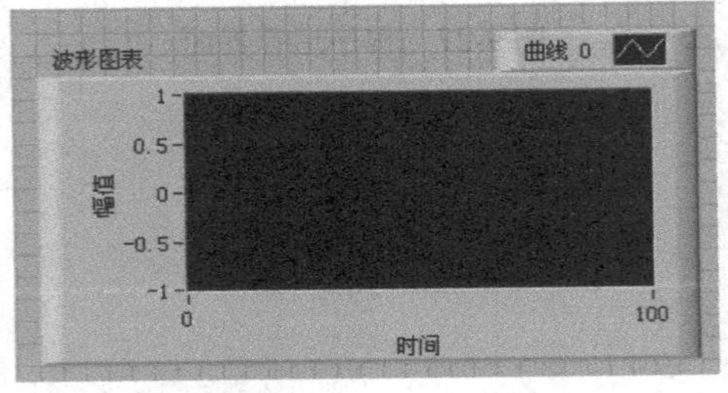

图 10-1 程序前面板

2. 程序框图设计

切换到 LabVIEW 的程序框图窗口，调整控件位置，添加节点与连线。
1）添加 1 个 For 循环结构。
2）添加 1 个数值常量。将值改为“100”。
3）将数值常量“100”与 For 循环结构的计数端口“N”相连。

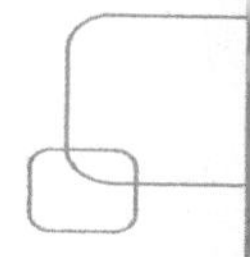

以下为将节点或函数添加到 For 循环结构中。

4）添加 1 个除函数。

5）添加 1 个数值常量，值改为“10”。

6）将 For 循环结构的循环端口与除函数的输入端口“x”相连。

7）将数值常量“10”与除函数的输入端口“y”相连。

8）添加 1 个正弦函数：函数→数学→初等与特殊函数→三角函数→正弦。

9）将除函数的输出端口“x/y”与正弦函数的输入端口“x”相连。

10）将波形图表控件的图标移到 For 循环结构中。

11）将正弦函数的输出端口“sin(x)”与波形图表控件的输入端口相连。

12）添加 1 个字符串常量，值改为“%.4f”。

13）添加 1 个格式化写入字符串函数。

14）将正弦函数的输出端口“sin(x)”与格式化写入字符串函数的输入端口“输入 1”相连。

15）将字符串常量“%.4f”与格式化写入字符串函数的输入端口“格式字符串”相连。

16）添加 1 个数值常量，将值改为“50”。

17）添加 1 个“等待（ms）”定时函数。

18）将数值常量“50”与定时函数等待（ms）的输入端口“等待时间”相连。

19）添加 1 个字符串常量，值改为“输入文件名”。

20）添加 1 个文件对话框函数：函数→文件 I/O→高级文件函数→文件对话框。

21）添加 1 个写入文本文件函数：函数→文件 I/O→写入文本文件。

22）将字符串常量“输入文件名”与文件对话框函数的输入端口“提示”相连。

23）将格式化写入字符串函数的输出端口“结果字符串”与写入文本文件函数的输入端口“文本”相连。

24）将文件对话框函数的输出端口“所选路径”与写入文本文件函数的输入端口“文件（使用对话框）”相连。

连线后的程序框图如图 10-2 所示。

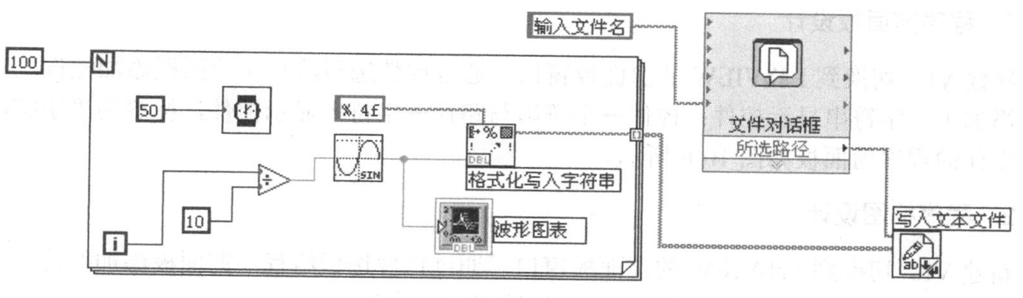

图 10-2　程序框图

3．运行程序

切换到前面板窗口，单击工具栏“运行”按钮，运行程序。

程序实时绘制正弦曲线，同时出现“输入文件名”对话框，如图 10-3 所示，选择或输入文本文件名，如 test.txt，绘制曲线的数据保存到指定的文本文件 test.txt 中。可使用“记事本”

程序打开文本文件 test.txt，使用记事本观察保存的数据，如图 10-4 所示。

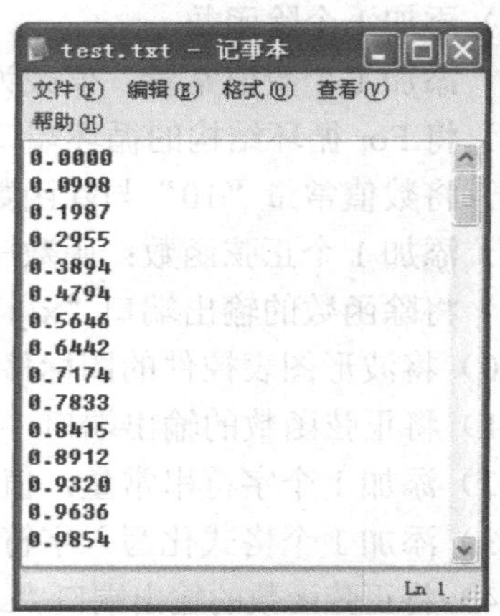

图 10-3 “输入文件名”对话框　　图 10-4 使用记事本观察保存的数据

程序运行界面如图 10-5 所示。

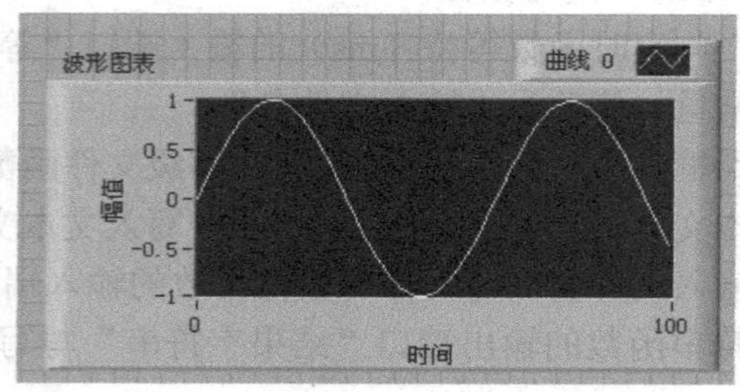

图 10-5 程序运行界面

三、任务 2 实现

1. 程序前面板设计

新建 VI。切换到 LabVIEW 的前面板窗口，通过控件选板给程序前面板添加控件。

添加 1 个字符串显示控件：控件→字符串与路径→字符串显示控件，标签为“字符串”。

设计的程序前面板如图 10-6 所示。

2. 程序框图设计

新建 VI。切换到 LabVIEW 的前面板窗口，通过控件选板给程序前面板添加控件。

1）添加 1 个字符串常量，将值改为“请选择文本文件”。

2）添加 1 个文件对话框函数：函数→文件 I/O→高级文件函数→文件对话框。

3）添加 1 个读取文本文件函数：函数→文件 I/O→读取文本文件。

4）将字符串常量“请选择文本文件”与文件对话框函数的输入端口“提示”相连。

5）将文件对话框函数的输出端口“所选路径”与读取文本文件函数的输入端口“文件（使用对话框）”相连。

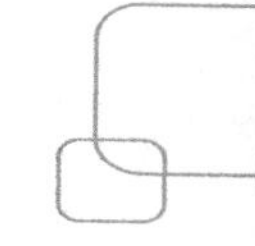

6）将读取文本文件函数的输出端口“文本”与字符串显示控件的输入端口相连。

连线后的程序框图如图 10-7 所示。

3. 运行程序

切换到前面板窗口，单击工具栏“运行”按钮，运行程序。

程序运行后，首先出现“请选择文本文件”对话框，本例选择任务 1 生成的文本文件 test.txt，读取后将文件中的数据显示出来，可与图 10-4 中的数据进行比较。

程序运行界面如图 10-8 所示。

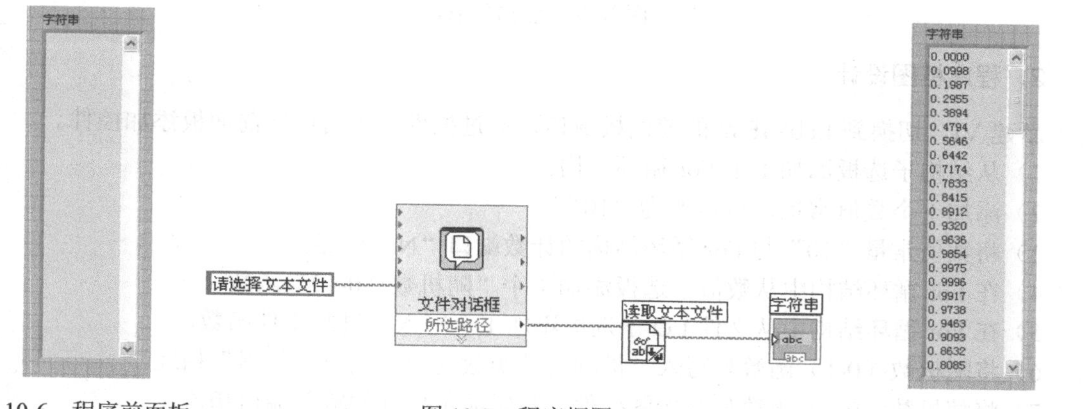

图 10-6　程序前面板　　图 10-7　程序框图　　图 10-8　程序运行界面

实例 61　二进制文件的写入与读取

一、设计任务

任务 1：实时绘制随机曲线，并将绘图数据存入二进制文件中。

任务 2：从二进制文件中读取数据，并显示。

二、任务 1 实现

1. 程序前面板设计

新建 VI。切换到 LabVIEW 的前面板窗口，通过控件选板给程序前面板添加控件。

1）添加 1 个波形图控件：控件→图形→波形图，标签为“波形图”。

2）添加 1 个数组控件：控件→数组、矩阵与簇→数组，标签为“数组”。

将数值显示控件放入数组框架中，将成员数量设置为 10 列。

设计的程序前面板如图 10-9 所示。

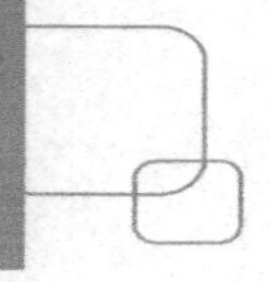

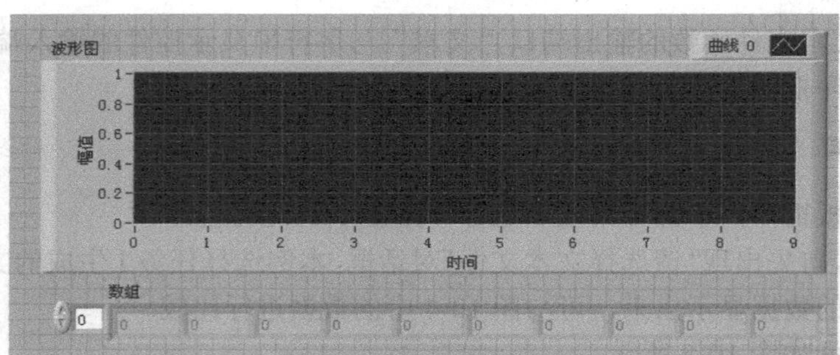

图 10-9　程序前面板

2. 程序框图设计

新建 VI。切换到 LabVIEW 的前面板窗口，通过控件选板给程序前面板添加控件。

1）从结构子选板添加 1 个 For 循环结构。

2）添加 1 个数值常量，将值改为“10”。

3）将数值常量“10”与 For 循环结构的计数端口“N”相连。

4）在 For 循环结构中从数值子选板添加 1 个“随机数（0-1）”函数。

5）在 For 循环结构中从文件 I/O 子选板添加 1 个写入二进制文件函数。

6）将随机数（0-1）函数与写入二进制文件函数的输入端口“数据”相连。

7）将随机数（0-1）函数与波形图控件、数组显示控件的输入端口相连。

8）添加 1 个字符串常量，值改为“请输入二进制文件名”。

9）添加 1 个文件对话框函数：函数→编程→文件 I/O→高级文件函数→文件对话框。

10）将字符串常量“请输入二进制文件名”与文件对话框函数的输入端口“提示”相连。

11）从文件 I/O 子选板添加 1 个“打开/创建/替换文件”函数。

12）将文件对话框函数的输出端口“所选路径”与打开/创建/替换文件函数的输入端口“文件路径（使用对话框）”相连。

13）将打开/创建/替换文件函数的输出端口“引用句柄输出”与写入二进制文件函数的输入端口“文件（使用对话框）”相连。

连线后的程序框图如图 10-10 所示。

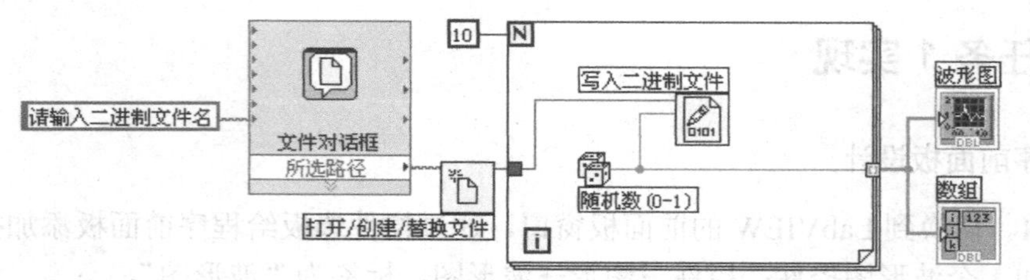

图 10-10　程序框图

3. 运行程序

切换到前面板窗口，单击工具栏“运行”按钮，运行程序。

程序实时绘制随机曲线，同时出现文件对话框，选择或输入二进制文件名，如 test.bin，绘制曲线的数据将保存到指定的二进制文件 test.bin 中。

程序运行界面如图 10-11 所示。

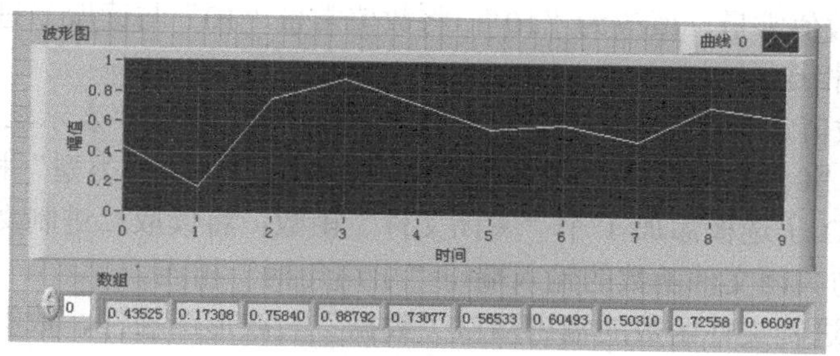

图 10-11　程序运行界面

三、任务 2 实现

1．程序前面板设计

新建 VI。切换到 LabVIEW 的前面板窗口，通过控件选板给程序前面板添加控件。

1）添加 1 个波形图控件：控件→图形→波形图，标签为“波形图”。

2）添加 1 个数组控件：控件→数组、矩阵与簇→数组，标签为“数组”。

将数值显示控件放入数组框架中，将成员数量设置为 10 列。

设计的程序前面板如图 10-12 所示。

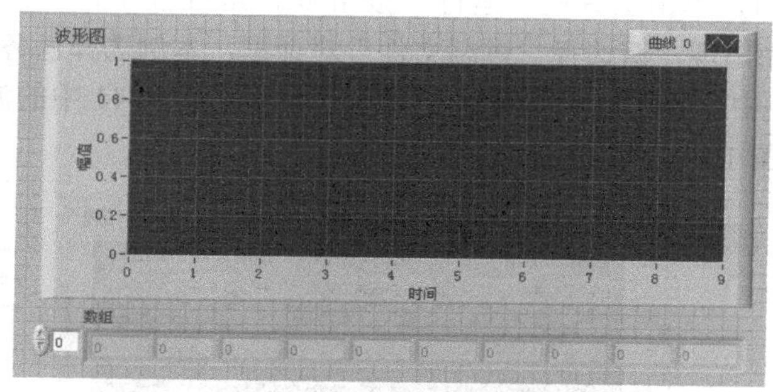

图 10-12　程序前面板

2．程序框图设计

新建 VI。切换到 LabVIEW 的前面板窗口，通过控件选板给程序前面板添加控件。

1）添加 1 个字符串常量，将值改为“请选择二进制文件”。

2）添加 1 个文件对话框函数：函数→文件 I/O→高级文件函数→文件对话框。

3）将字符串常量“请选择二进制文件”与文件对话框函数的输入端口“提示”相连。

4）从文件 I/O 子选板添加 1 个“打开/创建/替换文件”函数。

5）将文件对话框函数的输出端口“所选路径”与打开/创建/替换文件函数的输入端口“文件路径（使用对话框）”相连。

6）从文件 I/O 子选板添加 1 个“读取二进制文件”函数。

7）将打开/创建/替换文件函数的输出端口“引用句柄输出”与读取二进制文件函数的输入端口“文件（使用对话框）”相连。

8）添加 1 个数值常量，值改为“10”；将数值常量“10”与读取二进制文件函数的输入端口“总数（1）”相连。

9）添加 1 个数值常量，值为“0”。右击数值常量“0”，选择“表示法”中的“扩展精度”命令；将数值常量“0”与读取二进制文件函数的输入端口“数据类型”相连。

10）从文件 I/O 子选板添加 1 个“关闭文件”函数；将读取二进制文件函数的输出端口“引用句柄输出”与关闭文件函数的输入端口“引用句柄”相连。

11）将读取二进制文件函数的输出端口“数据”与波形图控件、数组显示控件的输入端口相连。

连线后的程序框图如图 10-13 所示。

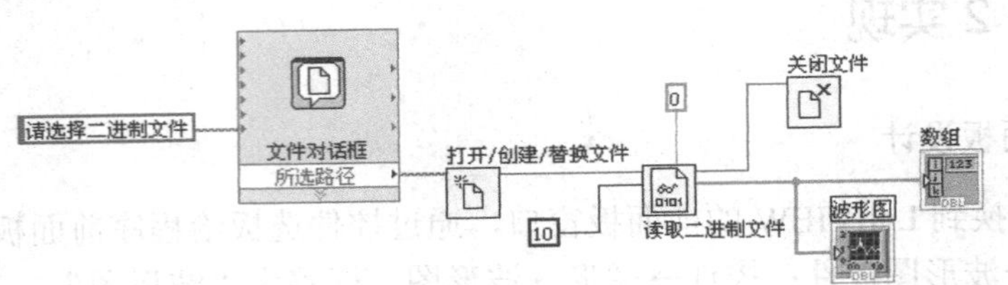

图 10-13　程序框图

3. 运行程序

切换到前面板窗口，单击工具栏“运行”按钮，运行程序。

程序运行后，首先出现“请选择二进制文件”对话框，本例选择任务 1 生成的二进制文件 test.bin，读取后将文件中的数据显示出来并绘制波形，可与图 10-11 中的波形和数据进行比较。

程序运行界面如图 10-14 所示。

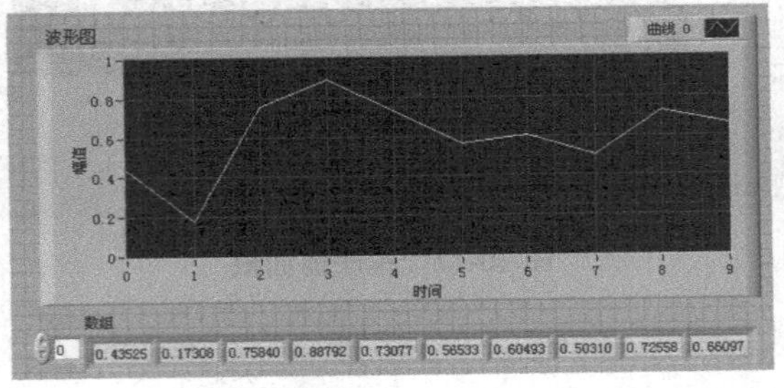

图 10-14　程序运行界面

实例 62　波形文件的写入与读取

一、设计任务

任务 1：实时绘制正弦曲线，并将绘图数据存入波形文件中。

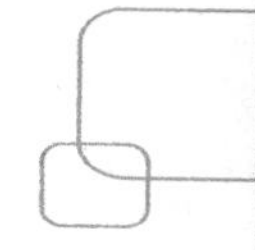

任务 2：从波形文件中读取数据，并通过波形控件显示。

二、任务 1 实现

1. 程序前面板设计

新建 VI。切换到 LabVIEW 的前面板窗口，通过控件选板给程序前面板添加控件。

添加 1 个波形图控件：控件→图形→波形图，标签为“波形图”。

设计的程序前面板如图 10-15 所示。

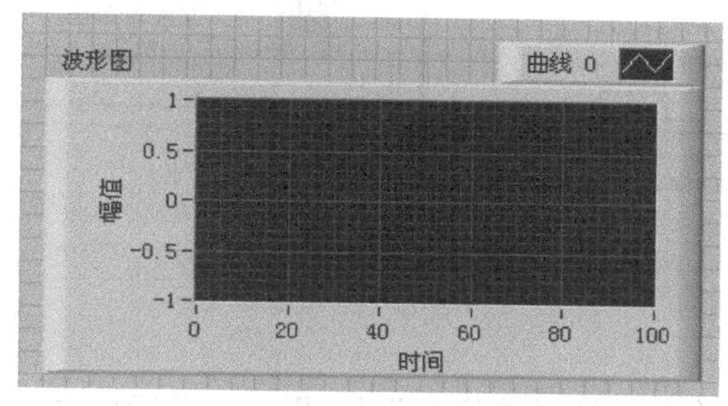

图 10-15　程序前面板

2. 程序框图设计

新建 VI。切换到 LabVIEW 的前面板窗口，通过控件选板给程序前面板添加控件。

1）从结构子选板添加 1 个 For 循环结构。

2）添加 1 个数值常量，将值改为“100”。

3）将数值常量“100”与 For 循环结构的计数端口“N”相连。

4）在 For 循环结构中从数值子选板添加 1 个“除”函数。

5）在 For 循环结构中添加 1 个数值常量，值改为“10”。

6）将 For 循环结构的循环端口与除函数的输入端口“x”相连。

7）将数值常量“10”与除函数的输入端口“y”相连。

8）在 For 循环结构中添加 1 个正弦函数：函数→数学→初等与特殊函数→三角函数→正弦。

9）将除函数的输出端口“x/y”与正弦函数的输入端口“x”相连。

10）将正弦函数的输出端口“sin(x)”与波形图控件的输入端口相连。

11）在 For 循环结构中添加 1 个数值常量，将值改为“50”。

12）在 For 循环结构中添加 1 个“等待（ms）”定时函数。

13）在 For 循环结构中将数值常量“50”与定时函数等待（ms）的输入端口“等待时间”相连。

14）添加 1 个文件对话框函数：函数→文件 I/O→高级文件函数→文件对话框。

15）添加 1 个写入波形至文件函数：函数→文件 I/O→波形文件 I/O→写入波形至文件（或者从“波形”选板中添加）。

16）添加 1 个布尔真常量。

17）将文件对话框函数的输出端口“所选路径”与写入波形至文件函数的输入端口“文件路径（空时为对话框）”相连。

18）将正弦函数的输出端口“sin(x)”与写入波形至文件函数的输入端口“波形”相连。

19）将真常量与写入波形至文件函数的输入端口“添加至文件?”相连。

连线后的程序框图如图 10-16 所示。

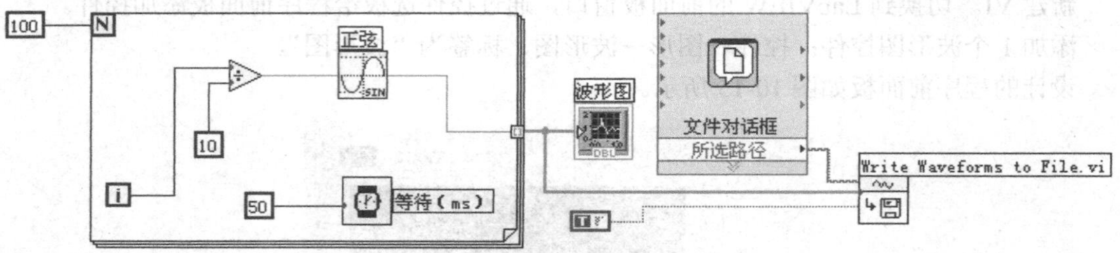

图 10-16　程序框图

3. 运行程序

切换到前面板窗口，单击工具栏“运行”按钮，运行程序。

程序实时绘制正弦曲线，同时出现文件对话框，选择或输入波形文件名，如 test.dat，将绘制曲线的数据保存到指定的波形文件 test.dat 中。

程序运行界面如图 10-17 所示。

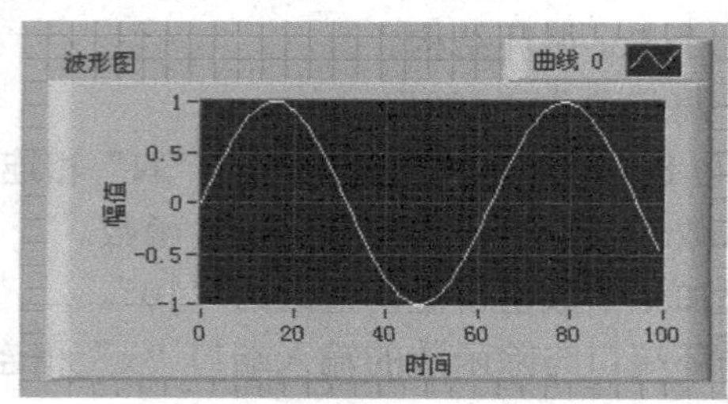

图 10-17　程序运行界面

三、任务 2 实现

1. 程序前面板设计

新建 VI。切换到 LabVIEW 的前面板窗口，通过控件选板给程序前面板添加控件。

添加 1 个波形图控件：控件→图形→波形图，标签为“波形图”。

设计的程序前面板如图 10-18 所示。

2. 程序框图设计

新建 VI。切换到 LabVIEW 的前面板窗口，通过控件选板给程序前面板添加控件。

1）添加 1 个文件对话框函数：函数→文件 I/O→高级文件函数→文件对话框。

2）添加 1 个从文件读取波形函数：函数→文件 I/O→波形文件 I/O→从文件读取波形（或

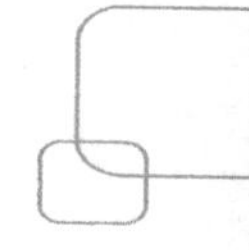

者从“波形”选板中添加）。

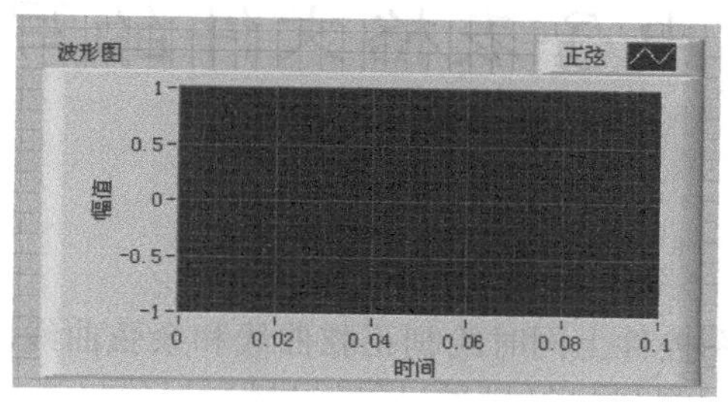

图 10-18　程序前面板

3）将文件对话框函数的输出端口“所选路径”与从文件读取波形函数的输入端口“文件路径（空时为对话框）”相连。

4）将从文件读取波形函数的输出端口“记录中所有波形”与波形图控件的输入端口相连。

连线后的程序框图如图 10-19 所示。

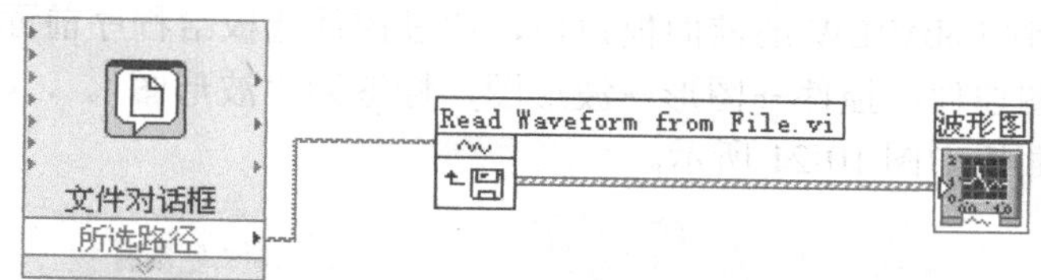

图 10-19　程序框图

3. 运行程序

切换到前面板窗口，单击工具栏“运行”按钮，运行程序。

程序运行后，出现选择文件对话框，本例选择任务 1 生成的波形文件 test.dat，读取后显示波形。可与图 10-17 中的波形进行比较。

程序运行界面如图 10-20 所示。

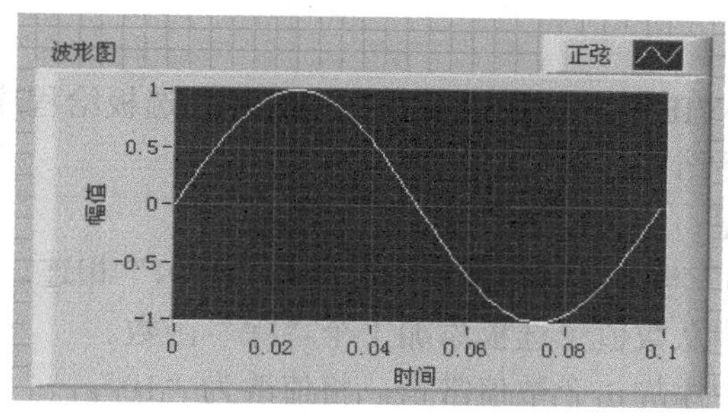

图 10-20　程序运行界面

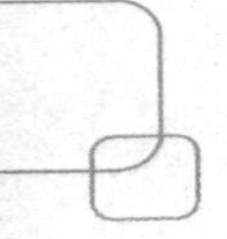

实例 63　电子表格文件的写入与读取

一、设计任务

任务 1：在 1 个波形图控件上同时绘制正弦曲线和余弦曲线，并将绘图数据存入电子表格文件中。

任务 2：从电子表格文件中读取数据，并通过波形控件显示。

二、任务 1 实现

1. 程序前面板设计

新建 VI。切换到 LabVIEW 的前面板窗口，通过控件选板给程序前面板添加控件。

添加 1 个波形图控件：控件→图形→波形图，标签为“波形图”。

设计的程序前面板如图 10-21 所示。

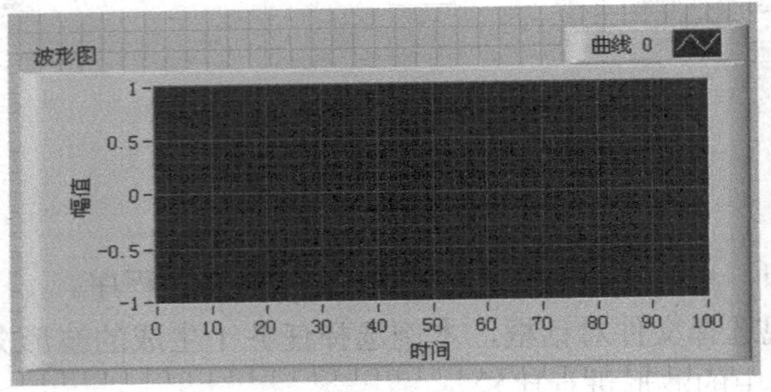

图 10-21　程序前面板

2. 程序框图设计

新建 VI。切换到 LabVIEW 的前面板窗口，通过控件选板给程序前面板添加控件。

1）添加 1 个 For 循环结构。

2）添加 1 个数值常量，将值改为“100”。

3）将数值常量“100”与 For 循环结构的计数端口“N”相连。

4）在 For 循环结构中从数值子选板添加 1 个“除”函数。

5）在 For 循环结构中添加 1 个数值常量，将值改为“10”。

6）将 For 循环结构的循环端口与除函数的输入端口“x”相连。

7）将数值常量“10”与除函数的输入端口“y”相连。

8）在 For 循环结构中添加 1 个正弦函数：函数→数学→初等与特殊函数→三角函数→正弦。

9）在 For 循环结构中添加 1 个余弦函数：函数→数学→初等与特殊函数→三角函数→余弦。

10）将除函数的输出端口“x/y”分别与正弦函数、余弦函数的输入端口“x”相连。

11）从数组子选板添加 1 个“创建数组”函数。将元素端口设置为 2 个。

12）将正弦函数的输出端口“sin(x)”与创建数组函数的一个输入端口“元素”相连；将余弦函数的输出端口“cos(x)”与创建数组函数的另一个输入端口“元素”相连。

13）将创建数组函数的输出端口“添加的数组”与波形图控件的输入端口相连。

14）添加 1 个文件对话框函数：函数→文件 I/O→高级文件函数→文件对话框。

15)添加 2 个写入带分割符电子表格文件函数：函数→文件 I/O→写入带分割符电子表格。

16）添加 2 个布尔真常量。

17）将正弦函数的输出端口“sin(x)”与一个写入带分割符电子表格函数的输入端口“一维数据”相连；将余弦函数的输出端口“cos(x)”与另一个写入带分割符电子表格函数的输入端口“一维数据”相连。

18）将文件对话框函数的输出端口“所选路径”分别与 2 个写入带分割符电子表格函数的输入端口“文件路径（空时为对话框）”相连。

19）将 2 个真常量分别与 2 个写入带分割符电子表格函数的输入端口“添加至文件?”相连。

连线后的程序框图如图 10-22 所示。

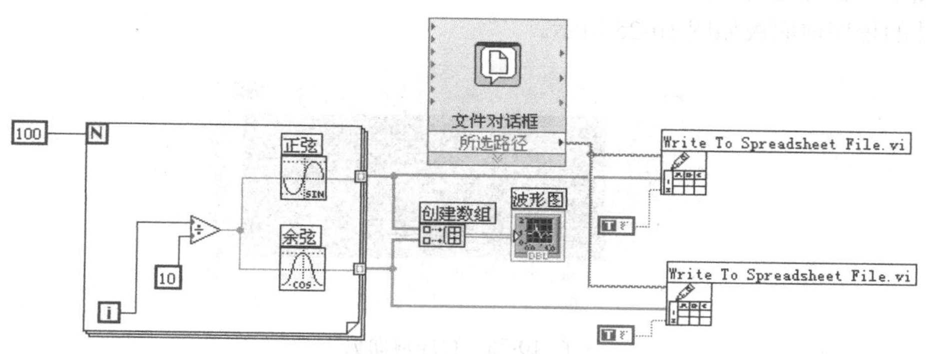

图 10-22 程序框图

3. 运行程序

切换到前面板窗口，单击工具栏“运行”按钮，运行程序。

程序实时绘制正弦曲线和余弦曲线，同时出现文件对话框，选择或输入电子表格文件名，如 test.xls，绘制曲线的数据保存到指定的电子表格文件 test.xls 中。

程序运行界面如图 10-23 所示。可使用 Excel 程序打开电子表格文件 test.xls，使用 Excel 程序观察数据，如图 10-24 所示。

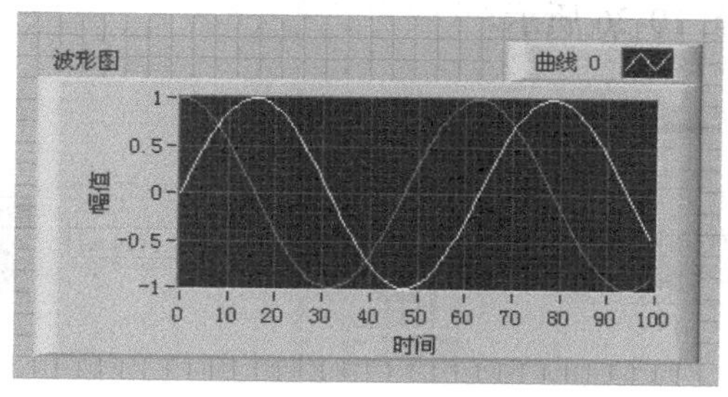

图 10-23 程序运行界面

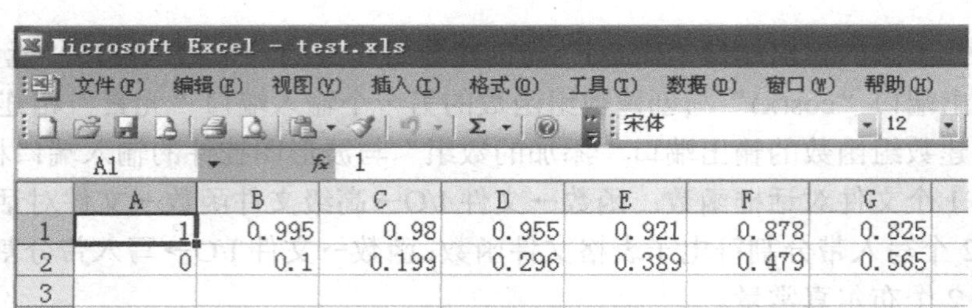

	A	B	C	D	E	F	G
1	1	0.995	0.98	0.955	0.921	0.878	0.825
2	0	0.1	0.199	0.296	0.389	0.479	0.565
3							

图 10-24　使用 Excel 程序观察数据

三、任务 2 实现

1．程序前面板设计

新建 VI。切换到 LabVIEW 的前面板窗口，通过控件选板给程序前面板添加控件。

添加 1 个波形图控件：控件→图形→波形图，标签为“波形图”。

设计的程序前面板如图 10-25 所示。

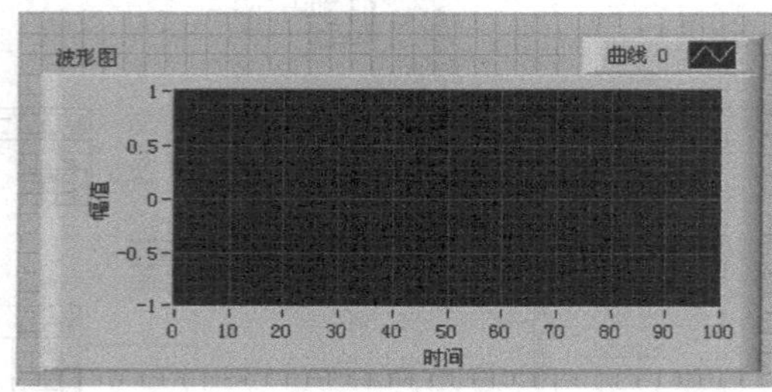

图 10-25　程序前面板

2．程序框图设计

新建 VI。切换到 LabVIEW 的前面板窗口，通过控件选板给程序前面板添加控件。

1）添加 1 个文件对话框函数：函数→文件 I/O→高级文件函数→文件对话框。

2）添加 1 个读取带分割符电子表格文件函数：函数→文件 I/O→读取带分割符电子表格。

3）将文件对话框函数的输出端口“所选路径”与读取带分割符电子表格函数的输入端口“文件路径（空时为对话框）”相连。

4）将读取带分割符电子表格函数的输出端口“所有行”与波形图控件的输入端口相连。

连线后的程序框图如图 10-26 所示。

图 10-26　程序框图

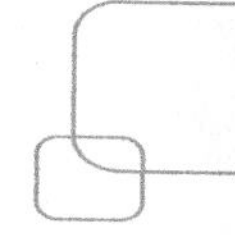

3. 运行程序

切换到前面板窗口，单击工具栏“运行”按钮，运行程序。

程序运行后，出现选择文件对话框，本例选择任务 1 生成的电子表格文件 test.xls，读取后显示波形。可与图 10-23 中的波形进行比较。

程序运行界面如图 10-27 所示。

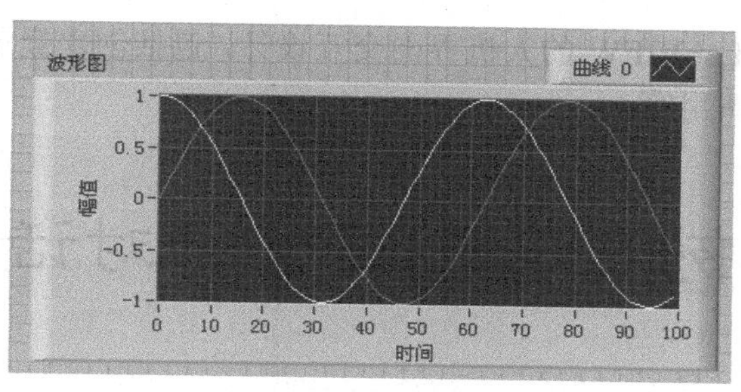

图 10-27　程序运行界面

第 11 章 界面交互

本章通过实例介绍 LabVIEW 的人机界面交互设计，包括创建登录对话框、菜单的设计与使用、子程序的创建与调用等。

实例 64 创建登录对话框

一、设计任务

使用“提示用户输入”对话框 VI 来创建登录对话框，当输入的用户名和密码均正确时，提示信息正确，否则提示信息错误。

二、任务实现

1. 程序框图设计

1）添加 1 个“提示用户输入”对话框 VI：函数→对话框与用户界面→提示用户输入。弹出“配置提示用户输入”对话框，如图 11-1 所示。

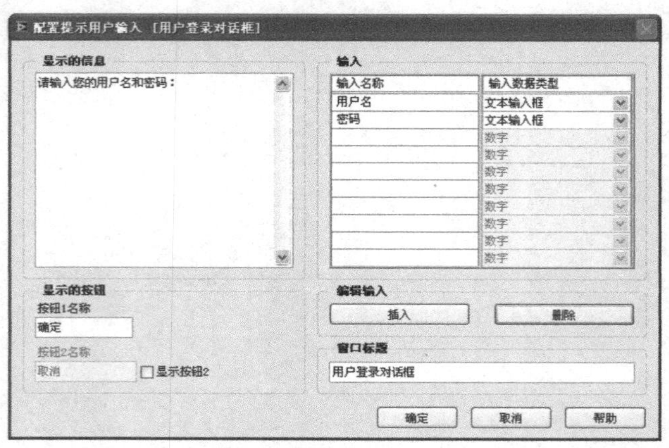

图 11-1 “配置提示用户输入”对话框

在显示的信息文本框输入“请输入您的用户名和密码:”，在右侧输入栏输入名称“用户名”和“密码”，输入数据类型均选择“文本输入框”，按钮 1 名称设为“确定”，不显示按钮 2，窗口标题设为“用户登录对话框”。

2）添加 2 个“等于？”比较函数，标签分别为“等于函数 1”和“等于函数 2”。

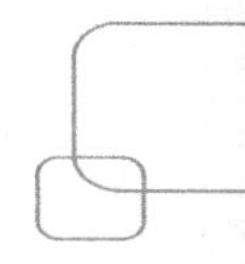

3）添加 2 个字符串常量，分别设为“abc”和“123”；添加 1 个布尔“与”函数。

4）将“提示用户输入”对话框 VI 的输出端口“用户名”与“等于函数 1”的输入端口“x”相连；将字符串常量“abc”与“等于函数 1”的输入端口“y”相连。

5）将“提示用户输入”对话框 VI 的输出端口“密码”与“等于函数 2”的输入端口“x”相连；将字符串常量“123”与“等于函数 2”的输入端口“y”相连。

6）将“等于函数 1”的输出端口“x=y?”与逻辑“与”函数的输入端口“x”相连；将“等于函数 2”的输出端口“x=y?”与逻辑“与”函数的输入端口“y”相连。

7）添加 1 个条件结构。将“与”函数的输出端口“x 与 y?”与条件结构的选择端口相连。

8）在条件结构的“真”选项中添加 1 个“显示对话框信息”对话框 VI：函数→对话框与用户界面→显示对话框信息。弹出“配置显示对话框信息”对话框，在“显示的信息”文本框输入“用户名与密码输入正确！”，按钮 1 名称设为“确定”。

9）在条件结构的“假”选项中添加 1 个“显示对话框信息”对话框 VI，弹出“配置显示对话框信息”对话框，在“显示的信息”文本框输入“用户名或密码输入错误！”，按钮 1 名称设为“确定”。

连线后的程序框图如 11-2 所示。

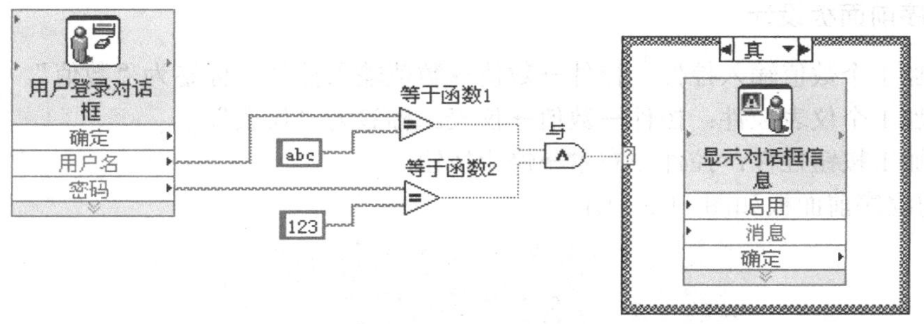

图 11-2 程序框图

2. 运行程序

切换到前面板窗口，单击工具栏“运行”按钮，运行程序。

当程序运行时，弹出“用户登录对话框”，输入用户名和密码，如图 11-3 所示。当用户名和密码输入均正确时，弹出“用户名与密码输入正确！”提示框；当用户名和密码输入有误时，弹出“用户名或密码输入错误！”提示框，提示信息对话框如图 11-4 所示。

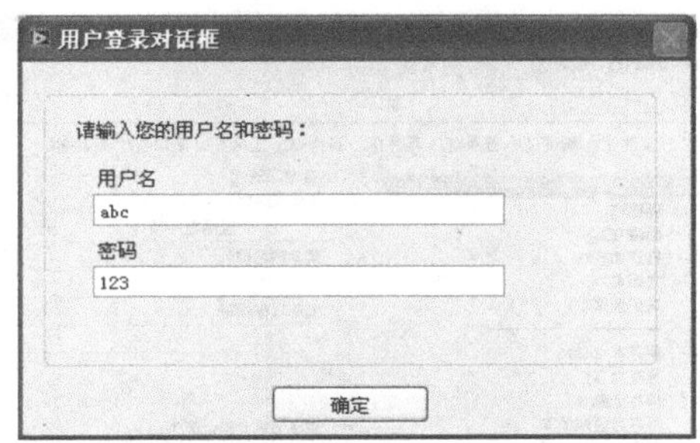

图 11-3 用户登录对话框

图 11-4　提示信息对话框

实例 65　菜单的设计与使用

一、设计任务

设计 1 个菜单，程序运行时，在画面显示菜单，并在执行菜单项时给出提示或响应。

二、任务实现

1．程序前面板设计

1）添加 1 个数值输入控件：控件→数值→数值输入控件。标签为“数值”。

2）添加 1 个仪表控件：控件→数值→仪表。标签为“仪表”。

3）添加 1 按钮控件：控件→布尔→停止按钮。

设计的程序前面板如图 11-5 所示。

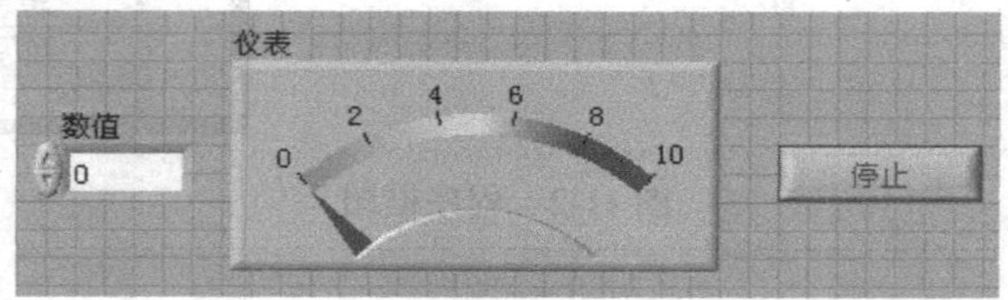

图 11-5　程序前面板

2．菜单编辑

1）在前面板窗口选择“编辑”菜单中的“运行时菜单”项，出现菜单编辑器对话框窗口，如图 11-6 所示。

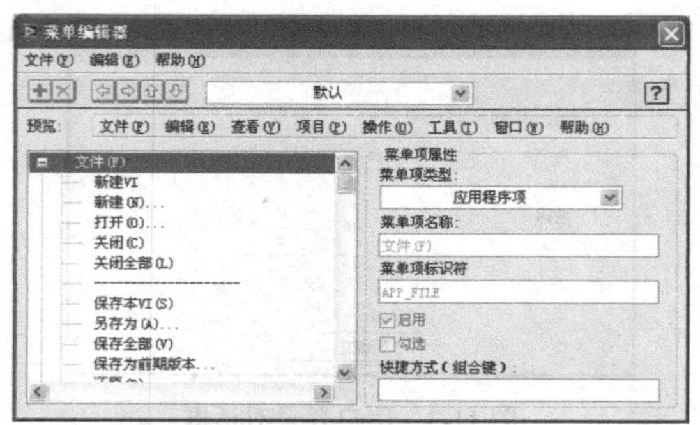

图 11-6　菜单编辑器窗口

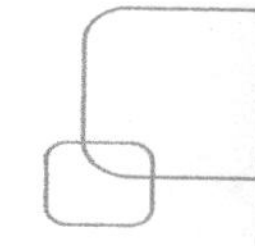

2）将菜单类型“默认”改为“自定义”，菜单项类型变为“用户项”。

3）在菜单项名称中填写“_File”，在菜单项标识符中填写“File”。

4）单击添加 1 个新的菜单项，单击使其成为与“File”菜单项的子菜单项。

5）在菜单项名称中填写“_Exit”，在菜单项标识符中填写“Exit”。

6）单击添加 1 个新的菜单项，然后单击使插入的菜单成为与“File”菜单并列的菜单项。

7）在菜单项名称中填写“_Edit”，在菜单项标识符中填写“Edit”。

8）单击添加 1 个新的菜单项，单击使其成为与“Edit”菜单项并列的子菜单项。

9）在菜单项名称中填写“_Cut”，在菜单项标识符中填写“Cut”。

10）单击添加 1 个新的菜单项，然后单击使插入的菜单成为与“Edit”菜单并列的菜单项。

11）在菜单项名称中填写“_Help”，在菜单项标识符中填写“Help”。

12）单击添加 1 个新的菜单项，单击使其成为与“Help”菜单项并列的子菜单项。

13）在菜单项名称中填写“_About”，在菜单项标识符中填写“About”。

完成了菜单的设置，这时在预览窗口中已经完整的显示出菜单项的内容，此时菜单编辑器窗口如图 11-7 所示。

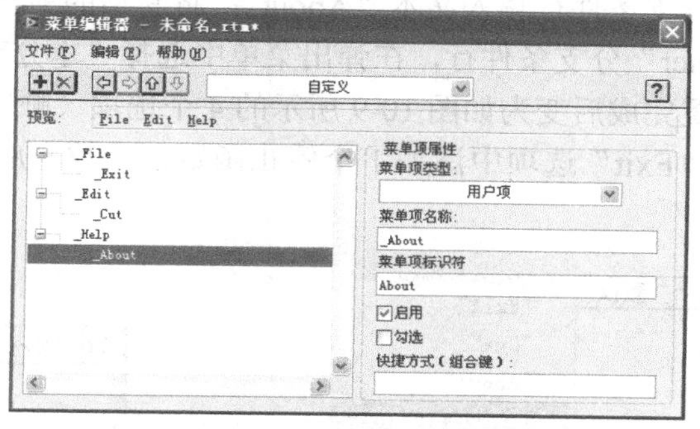

图 11-7　菜单编辑器窗口

打开菜单编辑器文件菜单，将菜单保存为“menu.rtm”。关闭菜单编辑器，系统将提示“将运行时菜单转换为 menu.rtm”，单击按钮“是”，退出菜单编辑器。

3．程序框图设计

1）添加 1 个菜单操作函数：函数→对话框与用户界面→菜单→当前 VI 菜单栏。

2）添加 1 个 While 循环结构。

3）在 While 循环结构中添加 1 个菜单操作函数：函数→对话框与用户界面→菜单→获取所选菜单项。

4）将“当前 VI 菜单栏”函数的输出端口“菜单引用”与“获取所选菜单项”函数的输入端口“菜单引用”相连。

5）将数值输入控件、仪表控件、停止按钮控件的图标移到 While 循环结构框架中。

6）将数值输入控件的输出端口与仪表控件的输入端口相连。

7）将停止按钮控件的输出端口与 While 循环结构的条件端口相连。

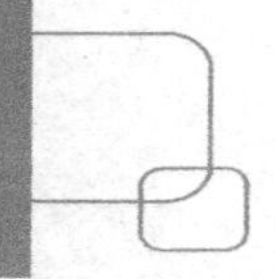

8）添加 1 个条件结构：函数→结构→条件结构。

9）将“获取所选菜单项”函数的输出端口“项标识符”与条件结构的选择端口“?”相连。设计的程序框图如图 11-8 所示。

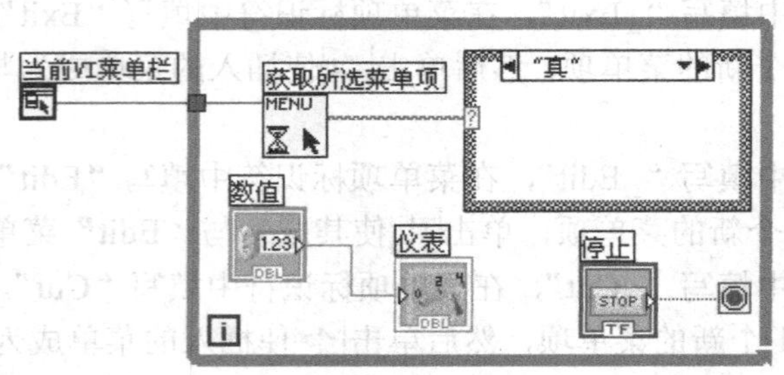

图 11-8　程序框图

10）使用“编辑文本”工具将条件结构“真”选项中的文字“真”修改为“Exit”，将“假”选项中的文字“假”修改为“Cut”。注意程序框图中的引号为英文输入法中的双引号。

11）增加 2 个条件结构的分支：右击条件结构的边框，在弹出的快捷菜单中选择“在后面添加分支”，执行 2 次。

12）在新增的一个分支条件行输入文本“About”；将新增的另一个分支条件行输入文本“Other”，然后右击“Other”分支条件行，在弹出菜单中选择“本分支设置为默认分支”。

条件结构的条件设置完成后变为如图 10-9 所示的 4 个选项（顺序可以不一样）。

13）在条件结构的“Exit”选项中添加 1 个停止函数：函数→应用程序控制→停止，如图 10-10 所示。

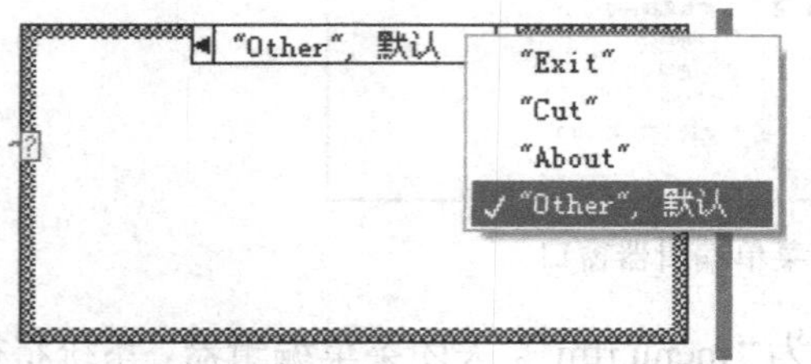

图 11-9　设置条件结构的条件选项

图 11-10　条件结构的“Exit”选项

14）在条件结构的“Cut”选项中添加 1 个字符串常量：函数→字符串→字符串常量。值设为“您选择了 Cut 命令！”。

15）在条件结构的“Cut”选项中添加 1 个单按钮对话框：函数→对话框与用户界面→单按钮对话框。

16）在条件结构的“Cut”选项中将字符串常量“您选择了 Cut 命令！”与单按钮对话框的输入端口“消息”相连，如图 10-11 所示。

17）在条件结构的“About”选项中添加 1 个字符串常量：函数→字符串→字符串常量。值为“关于菜单设计”。

18）在条件结构的“About”选项中添加 1 个单按钮对话框：函数→对话框与用户界面→单按钮对话框。

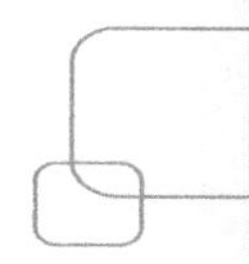

19）在条件结构的“About”选项中将字符串常量“关于菜单设计”与单按钮对话框的输入端口“消息”相连，如图 10-12 所示。

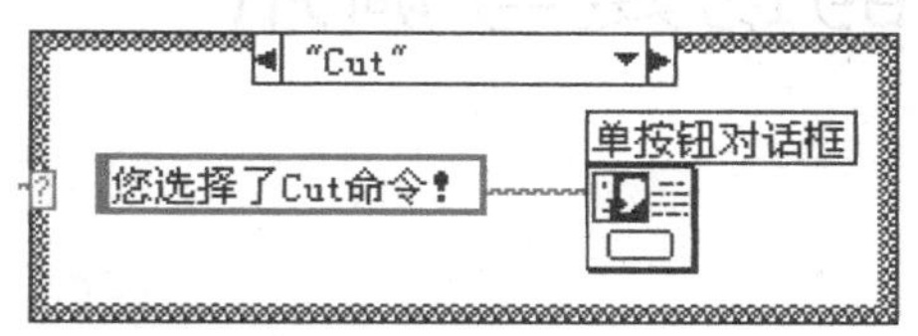

图 10-11 条件结构的“Cut”选项

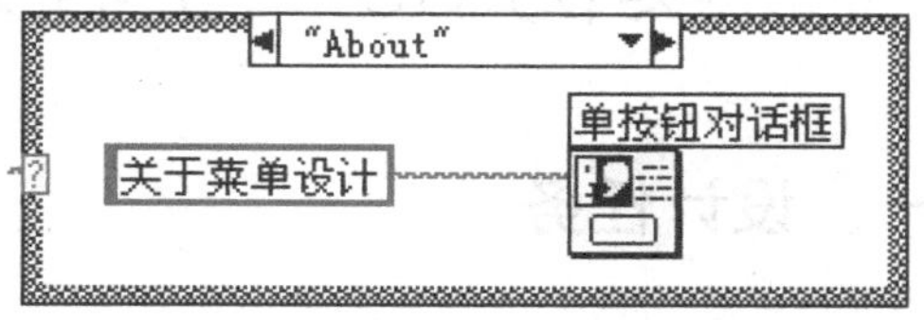

图 10-12 条件结构的“About”选项

4. 运行程序

切换到前面板窗口，单击工具栏“运行”按钮，运行程序。

程序运行界面出现 File、Edit 和 Help 菜单项。

其中，Edit 菜单下有 Cut 子菜单，选择该子菜单项，弹出“您选择了 Cut 命令！”对话框，程序运行界面 1 如图 10-13 所示。

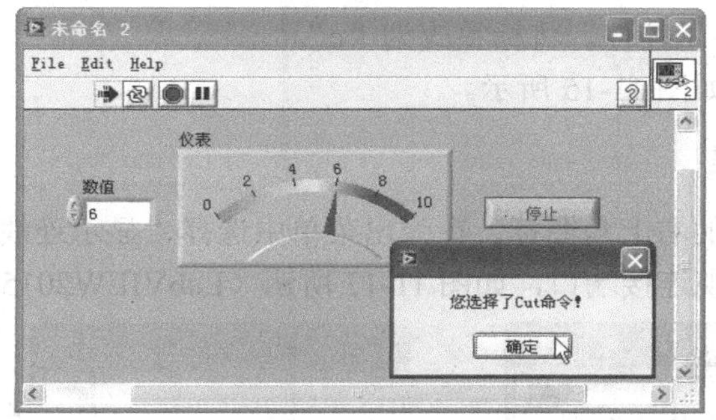

图 10-13 程序运行界面 1

Help 菜单下有 About 子菜单，选择该子菜单项，弹出“关于菜单设计”对话框，程序运行界面 2 如图 10-14 所示。

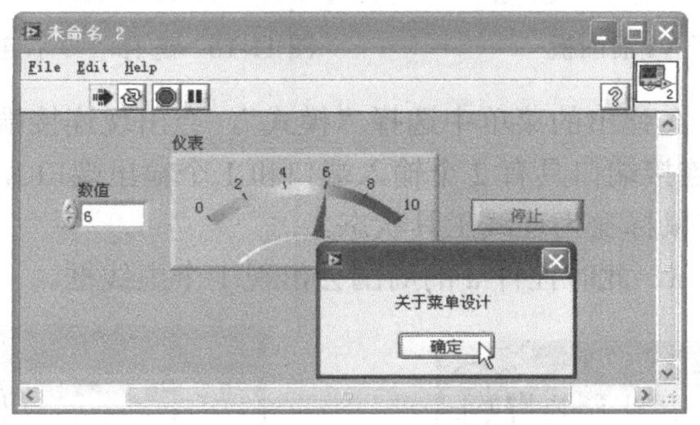

图 10-14 程序运行界面 2

File 菜单下有 Exit 子菜单，选择该子菜单项，停止程序运行。

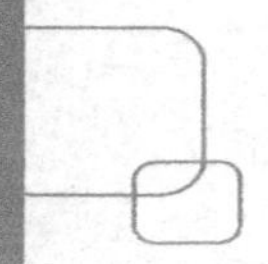

实例 66　子程序的创建与调用

一、设计任务

任务 1：设计 1 个 VI，完成两数相加（a+b=c），然后把该 VI 创建成子 VI。
任务 2：设计 1 个 VI，调用已建立的子 VI。

二、任务 1 实现

1. 程序前面板设计

1）添加 2 个数值输入控件。将标签分别改为“a”和“b”。
2）添加 1 个数值显示控件。将标签改为“c”。
设计的程序前面板如图 11-15 所示。

2. 连接端口的创建

1）右击 VI 前面板的右上角图标，在弹出菜单中选择“显示连线板”，如图 11-16 所示，原来图标的位置就会出现连接端口，如图 11-17 所示（LabVIEW2015 版省略该步骤）。

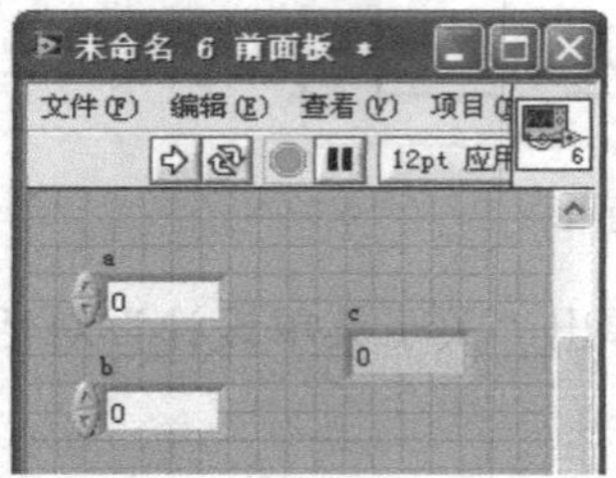

图 11-15　子 VI 前面板

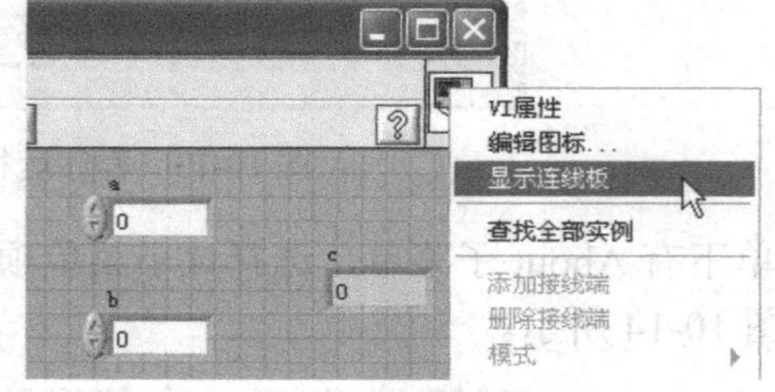

图 11-16　选择“显示连线板”

2）右击连接端口，在弹出的菜单中选择“模式”，会出现连接端口选板，选择其中一个连接端口（本例选择的连接端口具有 2 个输入端口和 1 个输出端口），如图 11-18 所示。

3）在工具选板中将鼠标变为连线工具状态。

4）用鼠标选中控件 a，此时控件 a 的周围会出现 1 个虚线框。

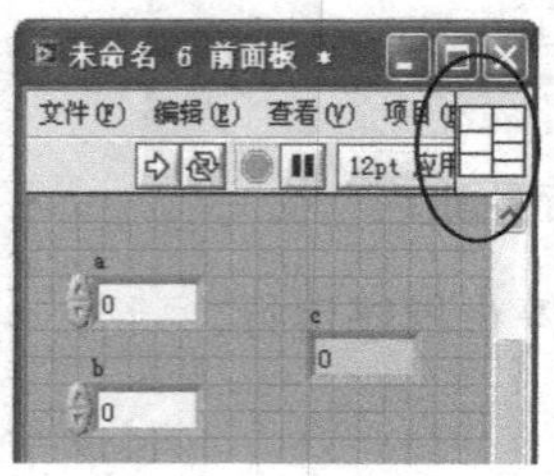

图 11-17　连接端口

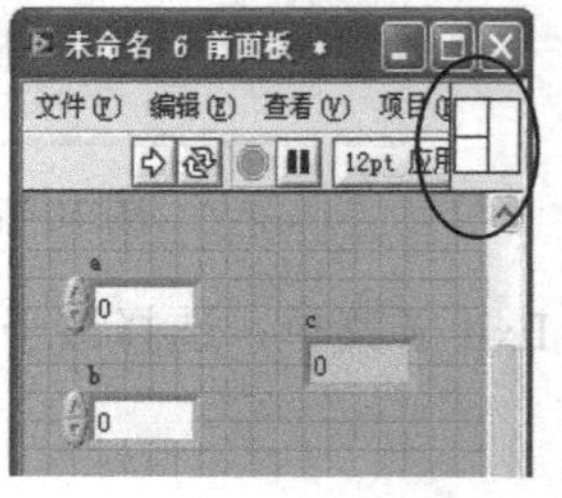

图 11-18　选择连接端口

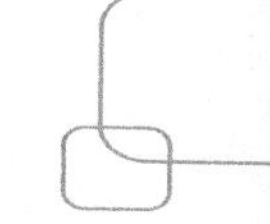

5）将鼠标移动至连接端口的一个输入端口上，单击，此时这个端口就建立了与控件 a 的关联关系，端口的名称为 a，颜色变为棕色。

当其他 VI 调用这个 SubVI 时，从这个连接端口输入的数据就会输入到控件 a 中，然后程序从控件 a 在程序框图中所对应的端口中将数据取出，进行相应的处理。

同样建立数值输入控件 b 与另一个输入端口的关联关系；建立数值显示控件 c 与输出端口的关联关系，如图 11-19 所示。

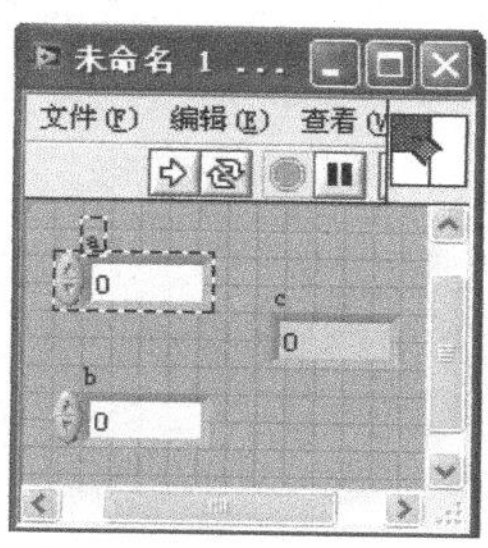
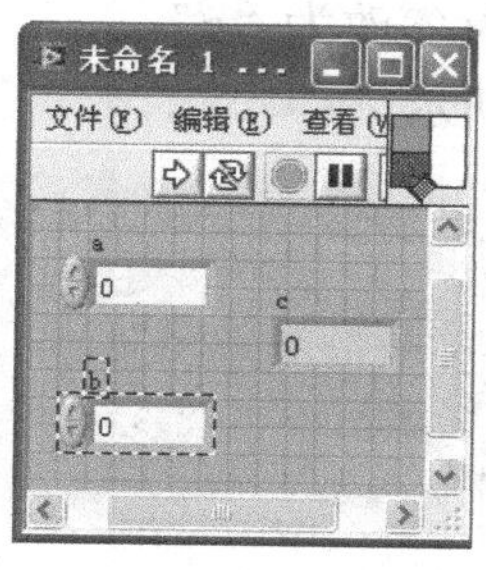
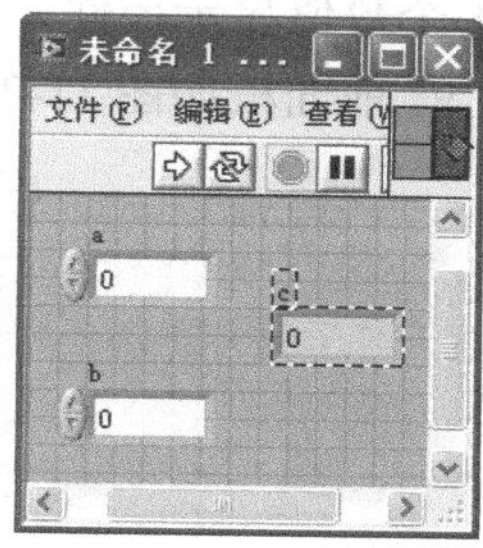

图 11-19 建立控件 a、b、c 与连接端口的关联关系

在完成了连接端口的定义之后，这个 VI 就可以被当作 SubVI 来调用了。

3. 程序框图设计

1）添加 1 个加函数：函数→数值→加。
2）将数值输入控件 a 的输出端口与加函数的输入端口“x”相连。
3）将数值输入控件 b 的输出端口与加函数的输入端口“y”相连。
4）将加函数的输出端口“x+y”与数值显示控件 c 的输入端口相连。
5）保存程序，文件名为“addSub”(该程序可作为子程序被调用)。

连线后的程序框图如图 11-20 所示。

4. 运行程序

切换到前面板窗口，单击工具栏“连续运行”按钮，运行程序。

改变数值输入控件 a、b 的值，数值显示控件 c 显示两数相加的结果。

运行的程序界面如图 11-21 所示。

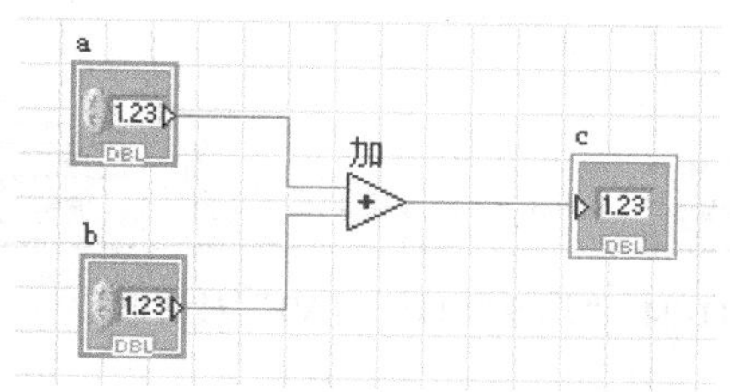

图 11-20 程序框图

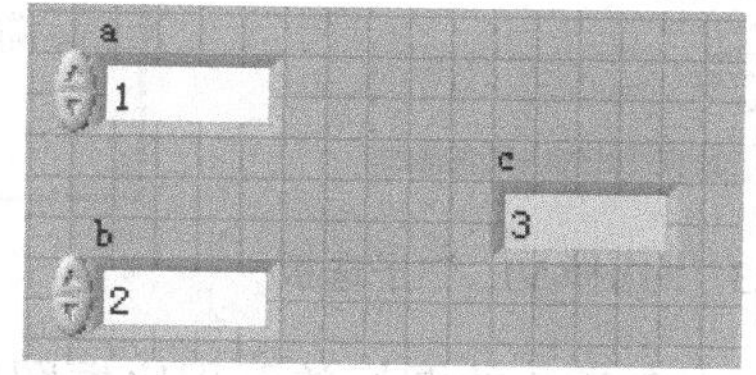

图 11-21 程序界面

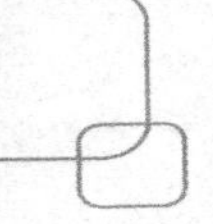

三、任务 2 实现

1．程序前面板设计

切换到 LabVIEW 的前面板窗口，通过控件选板给程序前面板添加控件。

1）添加 2 个数值输入控件。将标签分别改为“a”和“b”。

2）添加 1 个数值显示控件。将标签改为“c”。

设计的主 VI 前面板如图 11-22 所示。

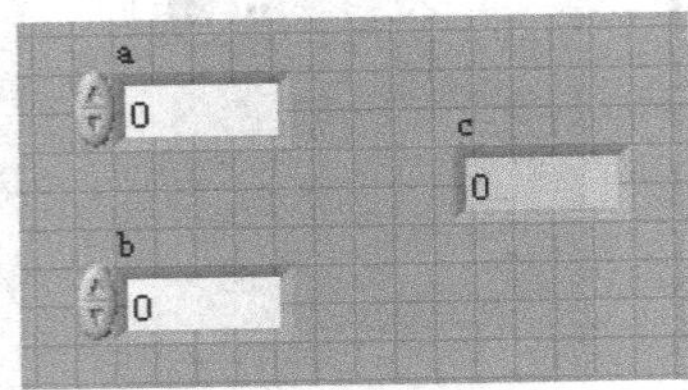

图 11-22　主 VI 前面板

2．程序框图设计

切换到 LabVIEW 的程序框图窗口，调整控件位置，添加节点与连线。

1）添加 SubVI：选择函数选板中的“选择 VI...”子选板，如图 11-23 所示，弹出“选择需打开的 VI”对话框，如图 11-24 所示，在对话框中找到需要调用的 SubVI，本例是调用任务 1 建立的子程序 addSub.vi，选中后单击“确定”按钮。

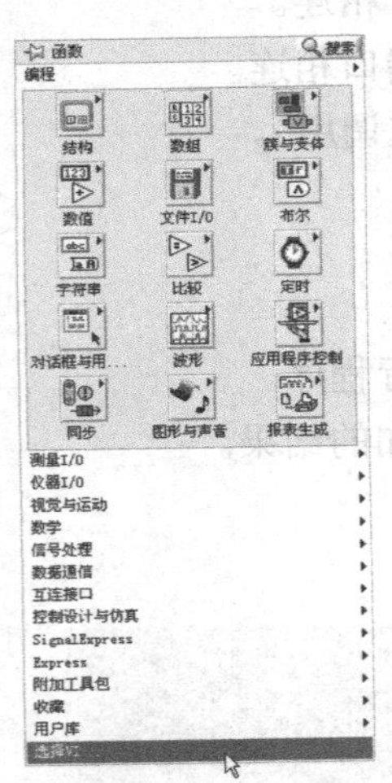

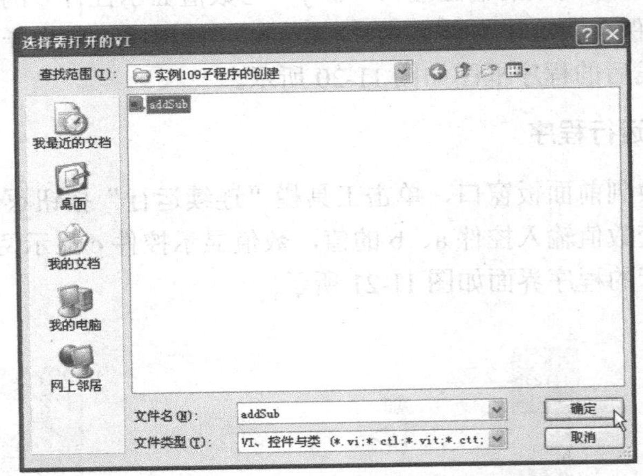

图 11-23　“选择 VI...”子选板

图 11-24　“选择需打开的 VI”对话框

2）将 addSub.vi 的图标放至程序框图窗口中。

3）将数值输入控件 a 的输出端口与 addSub.vi 图标的输入端口“a”相连。

4）将数值输入控件 b 的输出端口与 addSub.vi 图标的输入端口“b”相连。

5）将 addSub.vi 图标的输出端口“c”与数值显示控件 c 的输入端口相连。

6）保存程序，文件名为“addMain”。

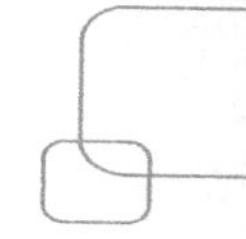

连线后的程序框图如图 11-25 所示。

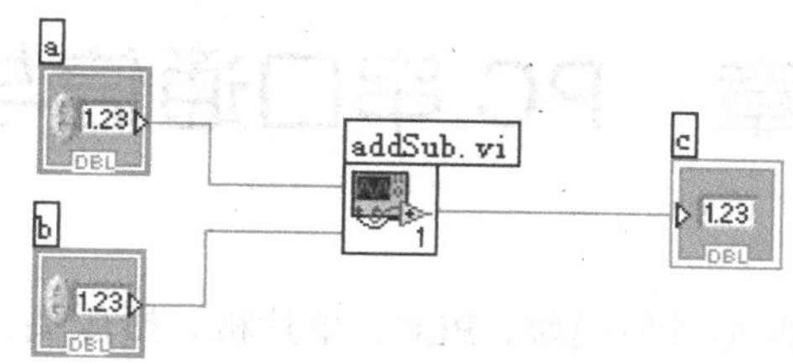

图 11-25　程序框图

3. 运行程序

切换到前面板窗口，单击工具栏"连续运行"按钮，运行程序。

改变数值输入控件 a、b 的值，数值显示控件 c 显示两数相加的结果。

主 VI 运行界面如图 11-26 所示。

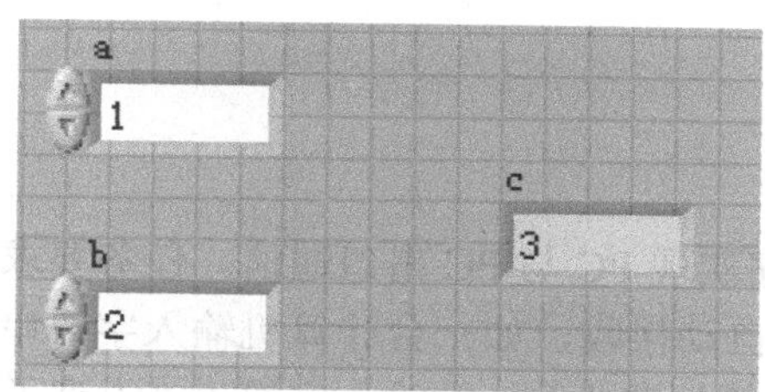

图 11-26　主 VI 运行界面

第 12 章　PC 串口通信与测控

以 PC 作为上位机，以各种监控模块、PLC、单片机、摄像头云台、数控机床及智能设备等作为下位机，这种系统广泛应用于测控领域。

本章通过几个典型实例，详细介绍采用 LabVIEW 实现 PC 与 PC 串口通信、PC 双串口互通信、PC 与智能仪器串口通信的程序设计方法。

实例 67　PC 与 PC 串口通信

一、设计任务

采用 LabVIEW 编写程序实现 PC 与 PC 串口通信。任务要求：

两台计算机互发字符并自动接收，如一台计算机输入字符串“收到信息请回复！”，单击“发送字符”命令，另一台计算机若收到，就输入字符串“收到了！”，单击“发送字符”命令，信息返回到与它相连的计算机。

实际上就是编写一个简单的双机聊天程序。

二、线路连接

1．硬件线路

在实际使用中常使用串口通信线将 2 个串口设备连接起来。串口线的制作方法非常简单：准备 2 个 9 针的串口接线端子（因为计算机上的串口为公头，因此连接线为母头），准备 3 根导线（最好采用 3 芯屏蔽线），按如图 12-1 所示的串口通信线的制作方法将导线焊到接线端子上。

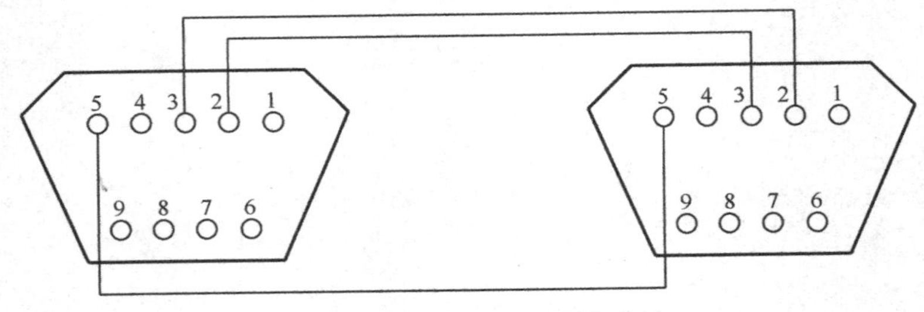

图 12-1　串口通信线的制作方法

图 12-1 中的 2 号接收脚与 3 号发送脚交叉连接是因为在直连方式时，把通信双方都当作

数据终端设备看待，双方都可发也可收。在这种方式下，通信双方中的任何一方，只要请求发送 RTS 有效和数据终端准备好 DTR 有效就能开始发送和接收。

在计算机通电前，按如图 12-2 所示的 PC 与 PC 串口通信线路将两台 PC 的 COM1 口用串口线连接起来。

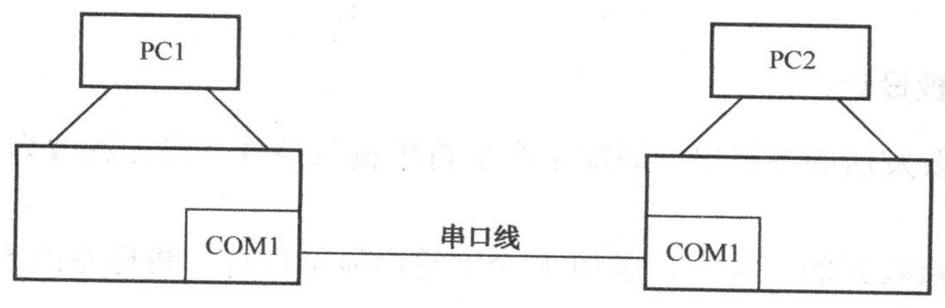

图 12-2　PC 与 PC 串口通信线路

2. PC 与 PC 串口通信调试

在进行串口开发之前，一般要进行串口调试，经常使用的工具是“串口调试助手”程序。它是一个适用于 Windows 平台的串口监视、串口调试程序。它可以在线设置各种通信速率、通信端口等参数，可以发送字符串命令，可以发送文件，可以设置自动发送/手动发送方式，可以十六进制显示接收到的数据等，从而提高串口开发效率。

“串口调试助手”程序（SComAssistant.exe）是串口开发设计人员常用的调试工具，如图 12-3 所示。

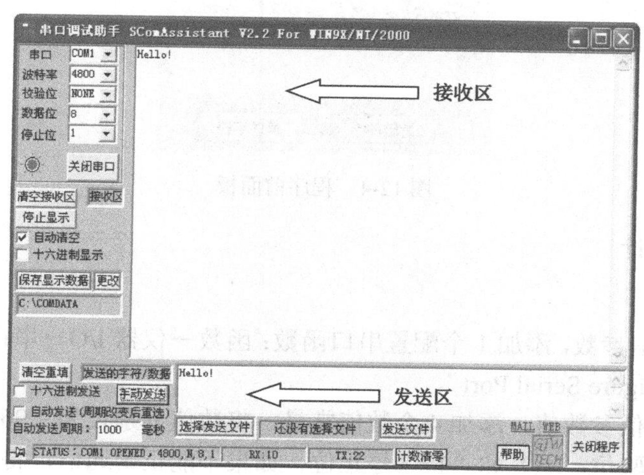

图 12-3　“串口调试助手”程序

在两台计算机中同时运行“串口调试助手”程序，首先串口号选“COM1”、波特率选“4800”、校验位选“NONE”、数据位选“8”、停止位选“1”等（注意：两台计算机设置的参数必须一致），单击“打开串口”按钮。

在发送数据区输入字符，比如“Hello!”，单击“手动发送”按钮，发送区的字符串通过 COM1 口发送出去；如果联网通信的另一台计算机收到字符，则返回字符串，如“Hello!”，如果通信正常，该字符串将显示在接收区中。

若选择了“手动发送”，每单击一次可以发送一次；若选中了“自动发送”，则每隔设定

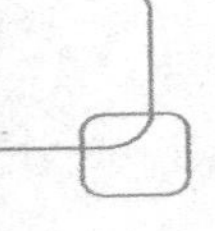

的发送周期发送一次，直到取消“自动发送”为止。还有一些特殊的字符，如回车换行，则直接敲入回车即可。

三、任务实现

1. 程序前面板设计

1）为了输入要发送的字符串，添加 1 个字符串输入控件。将标签改为“发送区:”，将字符输入区放大。

2）为了显示接收到的字符串，添加 1 个字符串显示控件。将标签改为“接收区”，将字符显示区放大。

3）为了执行发送字符命令，添加 1 个确定按钮控件。将标题改为“发送字符”。

4）为了执行关闭程序命令，添加 1 个停止按钮控件。将标题改为“关闭程序”。

5）为了获得串行端口号，添加 1 个 VISA 资源名称控件：控件→I/O→VISA 资源名称。

设计的程序前面板如图 12-4 所示。

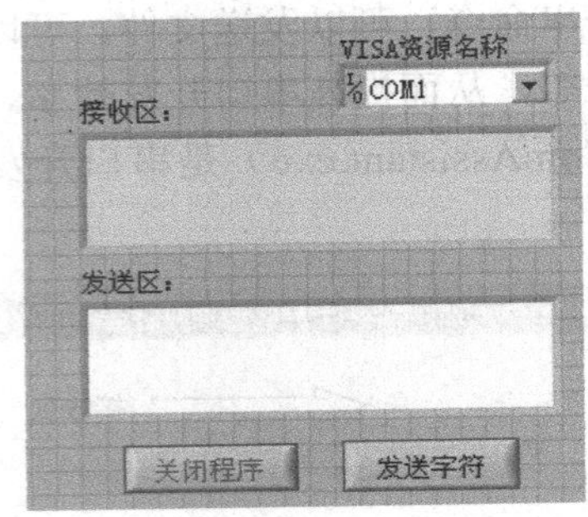

图 12-4　程序前面板

2. 程序框图设计

（1）添加节点。

1）为了设置通信参数，添加 1 个配置串口函数：函数→仪器 I/O→串口→VISA 配置串口。标签为“VISA Configure Serial Port”。

2）为了设置通信参数值，添加 4 个数值常量。将数值分别设为“9600”（波特率）、“8”（数据位）、“0”（校验位，无）和“1”（停止位，如果不能正常通信，将值设为“10”）。

3）为了关闭串口，添加 2 个关闭串口函数：函数→仪器 I/O→串口→VISA 关闭。

4）为了周期性地监测串口接收缓冲区的数据，添加 1 个 While 循环结构。

以下添加的节点放置在 While 循环结构框架中：

5）为了以一定的周期监测串口接收缓冲区的数据，添加 1 个“等待下一个整数倍毫秒”定时函数。

6）为了设置检测周期，添加 1 个数值常量。将数值改为 500（时钟频率值）。

7）为了获得串口缓冲区数据个数，添加 1 个串口字节数函数：函数→仪器 I/O→串口→VISA 串口字节数。标签为“属性节点”。

8）添加 1 个数值常量。将数值改为 0（比较值）。

9）为了判断串口缓冲区是否有数据，添加 1 个“不等于?”比较函数。

只有当串口接收缓冲区的数据个数不等于 0 时，才将数据读入接收区。

10）添加 2 个条件结构。

添加理由：发送字符时，需要单击按钮“发送字符”，因此需要判断是否单击了发送按钮；接收数据时，需要判断串口接收缓冲区的数据个数是否不为 0。

11）为了发送数据到串口，在条件结构（上）真选项框架中添加 1 个串口写入函数：函数→仪器 I/O→串口→VISA 写入。

12）为了从串口缓冲区获取返回数据，在条件结构（下）真选项框架中添加 1 个串口读取函数：函数→仪器 I/O→串口→VISA 读取。

13）将字符输入控件图标（标签为“发送区:”）移到条件结构（上）“真”选项框架中；将字符显示控件图标（标签为“接收区:”）移到条件结构（下）“真”选项框架中。

14）分别将确定按钮控件图标（标签为“确定按钮”）、停止按钮控件图标（标签为“停止”）移到循环结构框架中。

添加的所有节点、结构、控件等，节点布置如图 12-5 所示。

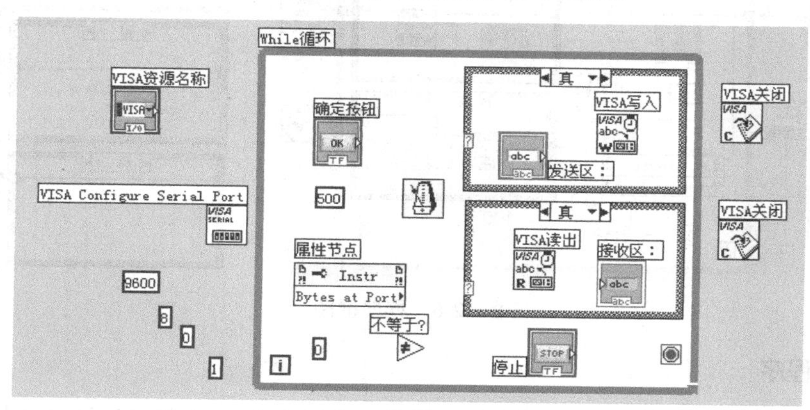

图 12-5　节点布置

（2）节点连线。

1）将 VISA 资源名称控件的输出端口分别与串口配置函数、VISA 写入函数、VISA 读取函数的输入端口“VISA 资源名称”相连；将 VISA 资源名称控件的输出端口与串口字节数函数的输入端口“reference（引用）”相连，此时“reference”自动变为“VISA 资源名称”。

2）将数值常量“9600”“8”“0”“1”分别与 VISA 配置串口函数的输入端口“波特率”“数据比特”“奇偶”“停止位”相连。

3）将数值常量“500”与时钟函数的输入端口“毫秒倍数”相连。

4）将“确定按钮”按钮与条件结构（上）的选择端口相连。

5）将 VISA 串口字节数函数的输出端口“Number of bytes at Serial port”与比较函数“不等于?”的输入端口“x”相连；再与 VISA 读取函数的输入端口“字节总数”相连。

6）将数值常量“0”与比较函数“不等于?”的输入端口“y”相连。

7）将比较函数“不等于?”的输出端口“x != y?”与条件结构（下）的选择端口“?”相连。

8）在条件结构（上）中将字符串输入控件与 VISA 写入函数的输入端口“写入缓冲区”相连。

9）在条件结构（下）中将 VISA 读取函数的输出端口“读取缓冲区”与字符串显示控件相连。

10）在条件结构（上）“真”选项中将 VISA 写入函数的输出端口“VISA 资源名称输出”与 VISA 关闭函数（上）的输入端口“VISA 资源名称”相连。

11）在条件结构（下）“真”选项中将 VISA 读取函数的输出端口“VISA 资源名称输出”与 VISA 关闭函数（下）的输入端口“VISA 资源名称”相连。

12）在 2 个条件结构的“假”选项中，将 VISA 资源名称控件的输出端口与 VISA 关闭函数（上、下）的输入端口“VISA 资源名称”相连。

13）将停止按钮控件与循环结构的条件端口◉相连。

连线后的程序框图如图 12-6 所示（所有图标的标签已去掉）。

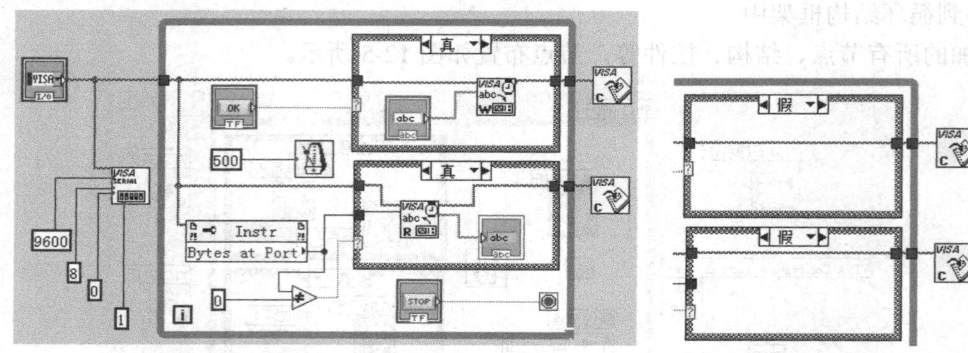

图 12-6　程序框图

3．运行程序

切换到前面板窗口，保存设计好的 VI 程序。通过 VISA 资源名称控件选择串口号，如 COM1。单击快捷工具栏“运行”按钮，运行程序。2 台计算机同时运行本程序。

在一台计算机程序窗体中发送区输入要发送的字符，如“收到信息请回复!”，单击“发送字符”按钮，发送区的字符串通过 COM1 口发送出去。

通信连接的另一台计算机程序如收到字符，则返回字符串，如“收到了!”，如果通信正常，该字符串将显示在接收区中。

程序运行界面如图 12-7 所示。

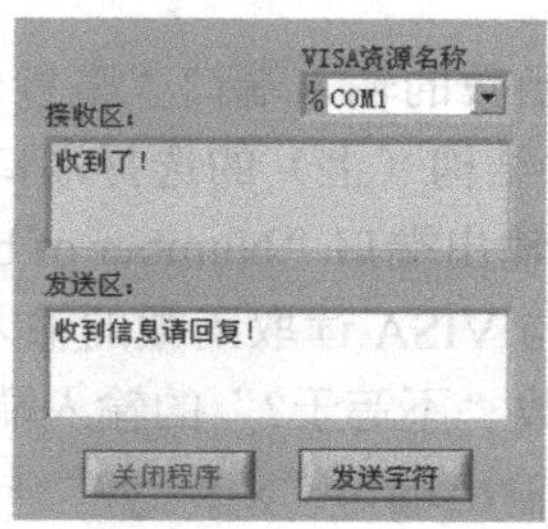

图 12-7　程序运行界面

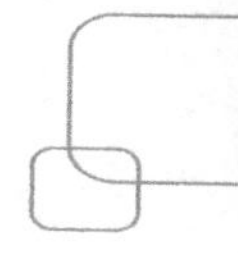

实例 68　PC 双串口互通信

一、设计任务

采用 LabVIEW 编写程序实现 PC 的 COM1 口与 COM2 口串行通信：

1）在程序界面的一个文本框中输入字符，通过 COM1 口发送出去。

2）通过 COM2 口接收到这些字符，在另一个文本框中显示。

3）使用手动发送与自动接收方式。

二、线路连接

如果 1 台计算机有 2 个串口，可通过串口线将 2 个串口连接起来：COM1 端口的 TXD 与 COM2 端口的 RXD 相连；COM1 端口的 RXD 与 COM2 端口的 TXD 相连；COM1 端口的 GND 与 COM2 端口的 GND 相连，如图 12-8（a）所示，这是串口通信设备之间的最简单连接（三线连接），图中的 2 号接收脚与 3 号发送脚交叉连接是因为在直连方式时，将通信双方都视为数据终端设备，双方都可发也可收。

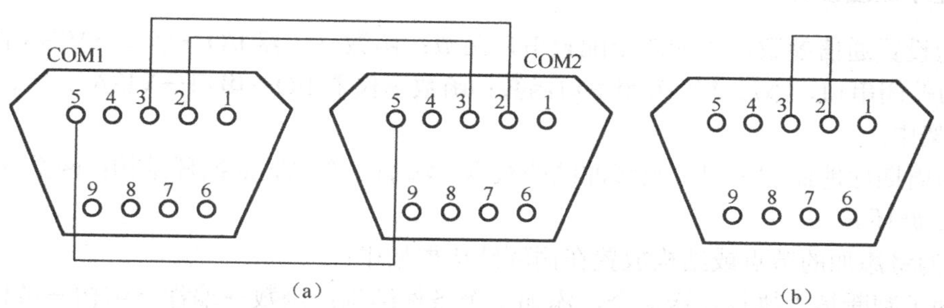

图 12-8　串口通信设备之间的最简单连接

如果 1 台计算机只有 1 个串行通信端口可以使用，那么将第 2 脚与第 3 脚短路，如图 12-8（b）所示，则第 3 脚的输出信号就会被传送到第 2 脚，进而送到同一串行端口的输入缓冲区，程序只要再通过相同的串行端口进行读取操作，即可将数据读入，一样可以形成一个测试环境。

注意：连接串口线时，计算机严禁通电，否则极易烧毁串口。

三、任务实现

1．程序前面板设计

1）为输入要发送的字符串，添加 1 个字符串输入控件：控件→新式→字符串与路径→字符串输入控件，将标签改为“发送数据区”。

2）为显示接收到的字符串，添加 1 个字符串显示控件：控件→新式→字符串与路径→字符串显示控件，将标签改为“接收数据区”。

3）为实现双串口通信，添加 2 个串口资源检测控件：控件→新式→I/O→VISA 资源名称，标签分别为“接收端口号”“发送端口号”；单击控件箭头，选择串口号，如“ASRL1:”或“COM1”。

4）为执行发送字符命令，添加 1 个确定按钮控件：控件→新式→布尔→确定按钮，将标题改为“发送”。

5）为执行关闭程序命令，添加 1 个停止按钮控件：控件→新式→布尔→停止按钮，将标题改为“停止”。

设计的程序前面板如图 12-9 所示。

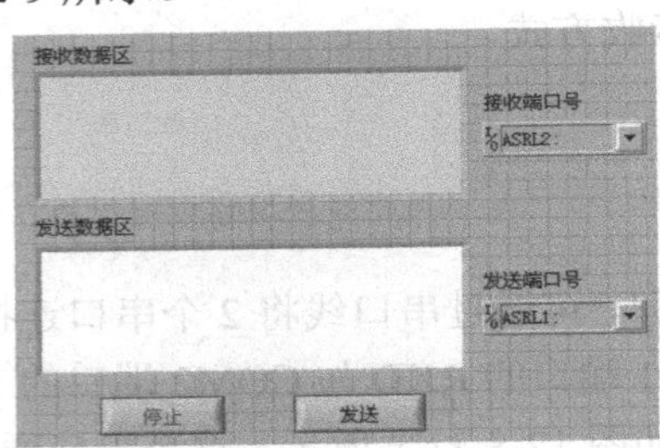

图 12-9　程序前面板

2．程序框图设计

1）为设置通信参数，添加 2 个配置串口函数：函数→仪器 I/O→串口→VISA 配置串口。

2）为关闭串口，添加 2 个关闭串口函数：函数→仪器 I/O→串口→VISA 关闭，并拖入循环结构框架中。

3）为周期性地监测串口接收缓冲区的数据，添加 1 个 While 循环结构：函数→编程→结构→While 循环。

以下为将添加的节点或结构放置在循环结构框架中：

4）为了判断是否执行发送命令，添加 1 个条件结构：函数→编程→结构→条件结构。

5）为了发送数据到串口，添加 1 个串口写入函数：函数→仪器 I/O→串口→VISA 写入，并拖入条件结构真选项框架中。

6）为了从串口缓冲区获取返回数据，添加 1 个串口读取函数：函数→仪器 I/O→串口→VISA 读取，并拖入条件结构真选项框架中。

7）分别将字符输入控件图标（标签为“发送数据区”）、字符显示控件图标（标签为“接收数据区”）拖入条件结构真（True）选项框架中。

8）分别将 OK 按钮控件图标（标签为“发送数据”）、Stop 按钮控件图标（标签为“停止”）拖入循环结构框架中。

9）将 VISA 资源名称函数的输出端口分别与 VISA 串口配置函数、VISA 写入函数、VISA 读取函数的输入端口 VISA 资源名称相连。

10）在条件结构真选项中将 VISA 写入函数的输出端口“VISA 资源名称输出”与 VISA 关闭函数（上）的输入端口“VISA 资源名称”相连。

11）在条件结构真选项中将 VISA 读取函数的输出端口“VISA 资源名称输出”与 VISA

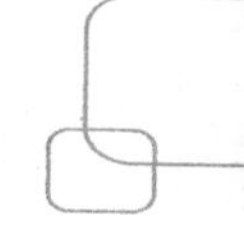

关闭函数（下）的输入端口“VISA 资源名称”相连。

12）将 OK 按钮节点（标签为“发送数据”）与条件结构上的选择端口相连。

13）将字符串输入控件图标（标签为“发送数据区”）与 VISA 写入函数的输入端口“写入缓冲区”相连。

14）将 VISA 读取函数的输出端口“读取缓冲区”与字符串显示控件图标（标签为“接收数据区”）相连。

15）将 Stop 按钮节点（标签为“停止运行”）与循环结构中的条件端口相连。

设计的程序框图如图 12-10 所示。

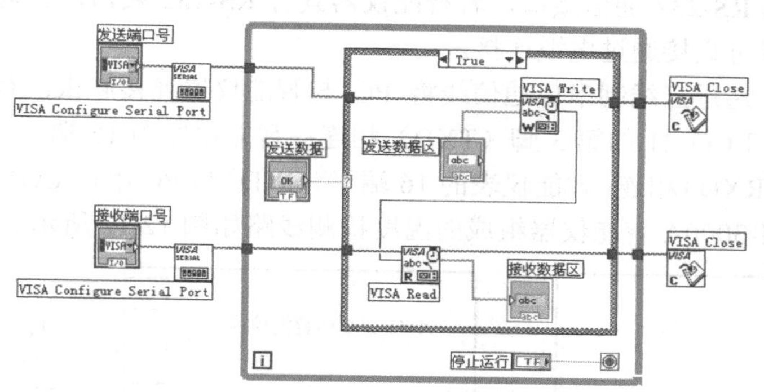

图 12-10　程序框图

3．运行程序

单击快捷工具栏“运行”按钮，运行程序。

首先在程序窗体中发送字符区输入要发送的字符，单击“发送”按钮，发送区的字符串通过 COM1 的第 3 脚发送出去；COM1 传送过来的字符串由 COM2 的第 2 脚输入缓冲区并自动读入，显示在接收区中。单击“停止”按钮将终止程序的运行。

程序运行界面如图 12-11 所示。

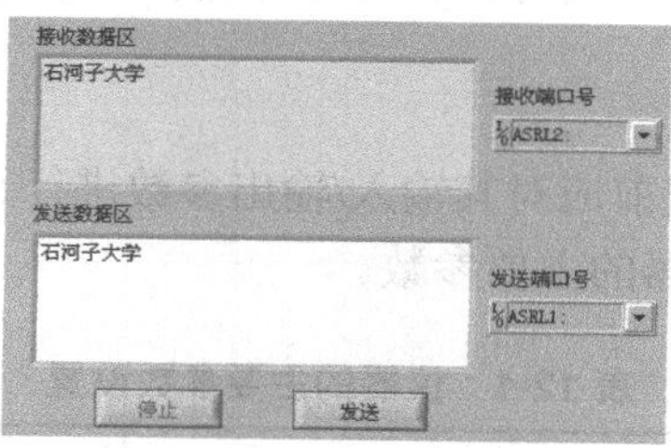

图 12-11　程序运行界面

实例 69　PC 与智能仪器串口通信

一、设计任务

采用 LabVIEW 语言编写应用程序实现 PC 与智能仪器温度检测。任务要求：

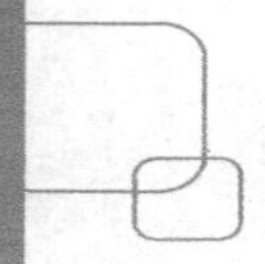

1）PC 机自动连续读取并显示智能仪器温度测量值（十进制）。

2）在程序运行界面绘制温度实时变化曲线。

二、线路连接与测试

1. 线路连接

查看智能仪器的串口及其连接线。

一般 PC 采用 RS-232 通信接口，若智能仪器具有 RS-232 接口，当通信距离较近且是一对一通信时，二者可直接通过电缆连接。

仪表通电前，通过三线制串口通信线将 PC 与智能仪器连接起来：智能仪器的 14 端子（RXD）与 PC 串口 COM1 的第 3 脚（TXD）相连；智能仪器的 15 端子（TXD）与 PC 串口 COM1 的第 2 脚（RXD）相连；智能仪表的 16 端子（GND）与 PC 串口 COM1 的第 5 脚（GND）相连，PC 与 XMT-3000A 智能仪器组成的温度检测线路如图 12-12 所示。

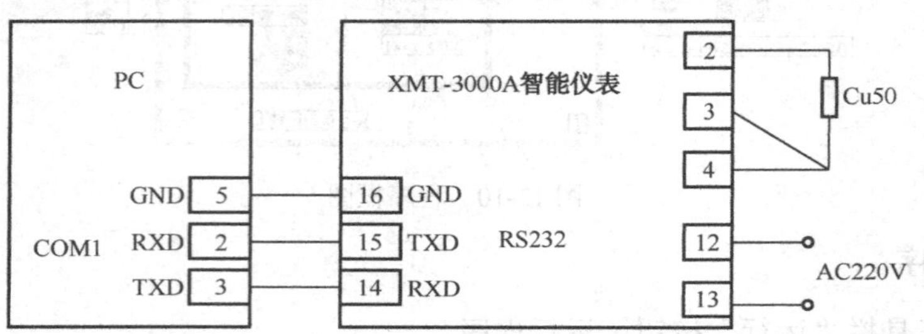

图 12-12　PC 与 XMT-3000A 智能仪器组成的温度检测线路

再将热电阻传感器 Cu50 与 XMT-3000 智能仪器连接。

本实例所用的 XMT-3000 智能仪器需配置 RS-232 通信模块。

特别注意：连接传感器、串口线时，仪器与计算机严禁通电，否则极易烧毁串口。

2. 参数设置

XMT-3000 智能仪器在使用前应对其输入/输出参数进行正确设置，设置好的仪表才能投入正常使用。按表 12-1 设置仪器的主要参数。

表 12-1　仪器的主要参数设置

参　数	参 数 含 义	设　置　值
HiAL	上限报警值	30
LoAL	下限报警值	20
Sn	输入规格	传感器为：Cu50，则 Sn=20
diP	小数点位置	要求显示一位小数，则 diP=1
ALP	仪表功能定义	ALP=10
Addr	通信地址	1
bAud	波特率	4800

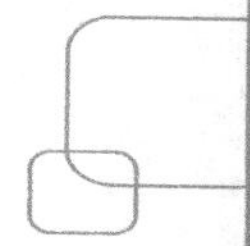

3．温度测量与控制

1）正确设置仪器参数后，仪器 PV 窗显示当前温度测量值。

2）给传感器升温，当温度测量值大于上限报警值 30℃时，上限指示灯亮，仪器 SV 窗显示上限报警信息。

3）给传感器降温，当温度测量值小于上限报警值 30℃，大于下限报警值 20℃时，上限指示灯和下限指示灯均灭。

4）给传感器继续降温，当温度测量值小于下限报警值 20℃时，下限指示灯亮，仪器 SV 窗显示下限报警信息。

4．串口通信调试

PC 与智能仪表系统连接并设置参数后，可进行串口通信调试。

运行“串口调试助手”程序，首先设置串口号“COM1”、波特率“4800”、校验位“NONE”、数据位“8”、停止位“2”等参数（注意：设置的参数必须与智能仪器的设置一致），选择“十六进制显示”和“十六进制”发送方式，打开串口，串口调试助手如图 12-13 所示。

在“发送的字符/数据”文本框中输入读指令“81 81 52 0C”（81 81 表示仪表的地址 1，52 表示从仪表读数据，0C 表示参数代号），单击“手动发送”按钮，则 PC 向仪器发送一条指令，仪器返回一串数据，如“3F 01 14 00 00 01 01 00”，该串数据在返回信息框内显示（瞬时温度不同，返回数据不同）。

根据仪器返回的数据，可知仪器的当前温度测量值为“01 3F”（十六进制，低位字节在前，高位字节在后），十进制为“31.9”℃。

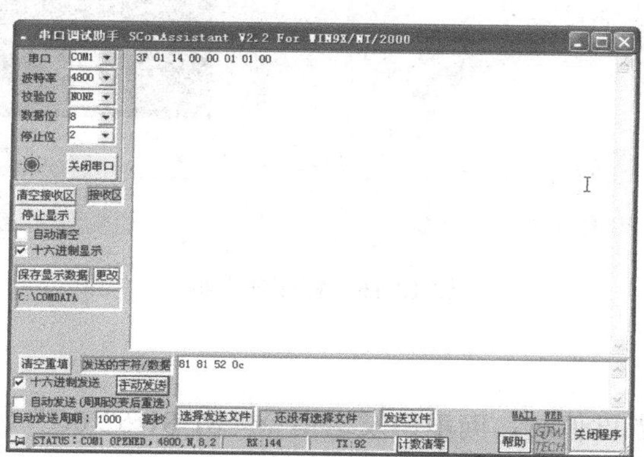

图 12-13　串口调试助手

5．数制转换

可以使用“计算器”实现数制转换。打开 Windows 附件中“计算器”程序，在“查看”菜单下选择“科学型”。

选择“十六进制”，输入仪器当前温度测量值：01 3F（十六进制，0 在最前面不显示），如图 12-14 所示。

单击“十进制”选项，则十六进制数“013F”转换为十进制数“319”，如图 12-15 所示。仪器的当前温度测量值为：31.9 ℃（十进制）。

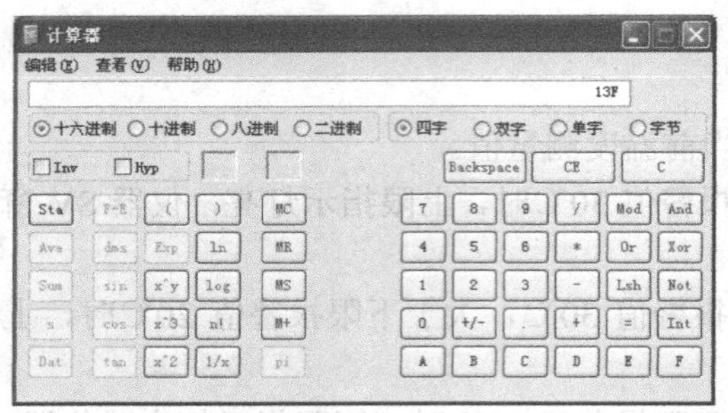

图 12-14 在“计算器”中输入十六进制数

图 12-15 十六进制数转十进制数

三、任务实现

1. 程序前面板设计

1）为了以数值形式显示测量温度值，添加 1 个数值显示控件。将标签改为“测量值”。

2）为了以指针形式显示测量温度值，添加 1 个仪表控件。将标签改为“仪表”。

3）为了显示测量温度实时变化曲线，添加 1 个波形图表控件。将标签改为“实时曲线”。

4）为了获得串行端口号，添加 1 个串口资源检测控件：控件→I/O→VISA 资源名称。

5）为了执行关闭程序命令，添加 1 个停止按钮控件。标题为“STOP”。

设计的程序前面板如图 12-16 所示。

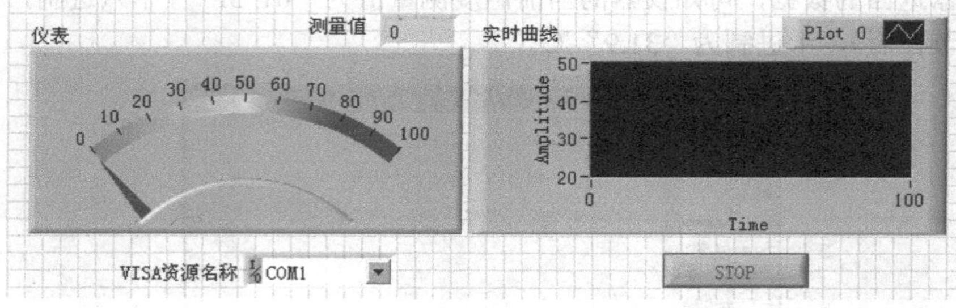

图 12-16 程序前面板

2. 程序框图设计

程序设计思路：读温度值时，向串口发送指令“81 81 52 0C”（十六进制），智能仪器向串口返回包含测量温度值的数据包（十六进制）。

主要解决 3 个问题：如何发送读指令？如何读取返回值？如何从返回值中提取温度值？

（1）串口初始化程序框图。

1）为了设置通信参数，添加 1 个串口配置函数：函数→仪器 I/O→串口→VISA 配置串口。

2）为了设置通信参数值，添加 4 个数值常量。将值分别设为 4800（波特率）、8（数据位）、0（校验位，无）和 2（停止位，如果不能正常通信，将值设为 20）。

3）将数值常量“4800”“8”“0”“2”分别与 VISA 配置串口函数的输入端口“波特率”“数据比特”“奇偶”“停止位”相连。

4）将 VISA 资源名称控件的输出端口与串口配置函数的输入端口“VISA 资源名称”相连。

（2）发送指令程序框图。

1）为了周期性地读取智能仪器的温度测量值，添加 1 个 While 循环结构。

以下为在 While 循环结构框架中添加节点并连线。

2）为了以一定的周期读取智能仪器的温度测量数据，添加 1 个“等待下一个整数倍毫秒”定时函数。

3）添加 1 个数值常量，将值改为“300”（时钟频率值）。

4）将数值常量“300”与等待下一个整数倍毫秒函数的输入端口“毫秒倍数”相连。

5）为了停止程序时，关闭串口，添加 1 个条件结构。

6）为了关闭串口，在条件结构的“真”选项中，添加 1 个关闭串口函数：函数→仪器 I/O→串口→VISA 关闭。

7）将停止按钮控件图标移到 While 循环结构框架中。

8）将停止按钮与循环结构的条件端口相连；再将停止按钮与条件结构的选择端口“?”相连。

9）将 VISA 资源名称控件的输出端口与 VISA 关闭函数的输入端口“VISA 资源名称”相连。

10）添加 1 个平铺式顺序结构，右击结构边框，弹出快捷菜单，选择“替换为层叠式顺序”。将顺序结构框架设置为 2 个。设置方法：右击顺序式结构上边框，弹出快捷菜单，选择“在后面添加帧”，执行 1 次。

以下为在顺序结构框架 0 中添加节点并连线。

11）为了发送指令，添加 1 个串口写入函数：函数→仪器 I/O→串口→VISA 写入。

12）为了输入读指令，添加数组常量，标签为“读指令”。

再往数组常量数据区添加数值常量，设置为 4 列，将其数据格式设置为十六进制，方法为：右击数组框架中的数值常量，弹出快捷菜单，选择“格式与精度”（或“显示格式”）菜单项，出现“数值常量属性”对话框，在“格式与精度”（或“显示格式”）选项卡中选择十六进制，单击“确定”按钮。

将 4 个数值常量的值分别改为 81、81、52、0C（读 1 号表测量值指令）。

13）添加 1 个字节数组转字符串函数：函数→字符串→字符串/数组/路径转换→字节数组至字符串转换。

14）将 VISA 资源名称控件的输出端口与 VISA 写入函数的输入端口“VISA 资源名称”相连。

15）将数组常量（标签为“读指令”）的输出端口与字节数组至字符串转换函数的输入端口“无符号字节数组”相连。

16）将字节数组至字符串转换函数的输出端口“字符串”与 VISA 写入函数的输入端口“写入缓冲区”相连。

连接好的程序框图如图 12-17 所示。

（3）接收数据程序框图。

以下为在顺序结构框架 1 中添加节点并连线。

1）为了获得串口缓冲区数据的个数，添加 1 个串口字节数函数：函数→仪器 I/O→串口→VISA 串口字节数，标签为“属性节点”。

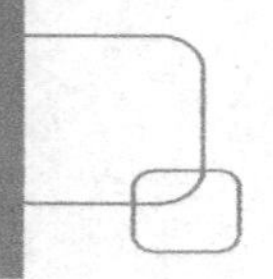

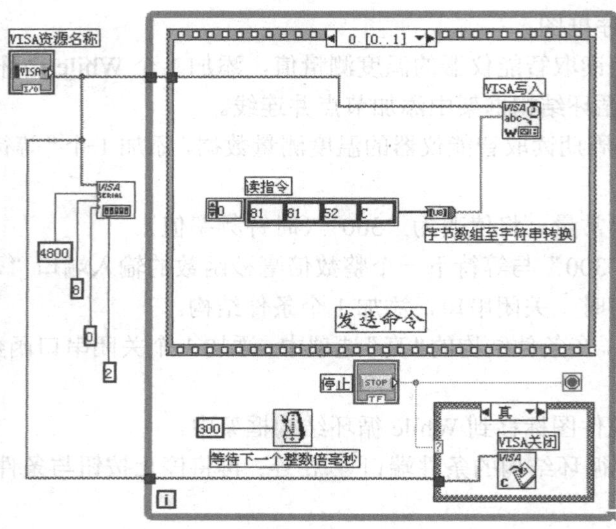

图 12-17 发送读指令程序框图

2）将 VISA 资源名称控件的输出端口与串口字节数函数的输入端口“reference（引用）”相连，此时“reference”自动变为“VISA 资源名称”。

3）为了从串口缓冲区获取返回数据，添加 1 个串口读取函数：函数→仪器 I/O→串口→VISA 读取。

4）将 VISA 资源名称控件的输出端口与 VISA 读取函数的输入端口“VISA 资源名称”相连。

5）添加 1 个字符串转字节数组函数：函数→字符串→字符串/数组/路径转换→字符串至字节数组转换。

6）添加 2 个索引数组函数。

7）添加 1 个“加”函数；添加 2 个“乘”函数。

8）添加 4 个数值常量，值分别设为“0”“1”“256”“0.1”。

9）分别将数值显示控件图标（标签为“测量值”）、仪表控件图标（标签为“仪表”）、波形图表控件图标（标签为“实时曲线”）移到顺序结构的框架 1 中。

10）将“串口字节数”函数的输出端口“Number of bytes at Serial port”与 VISA 读取函数的输入端口“字节总数”相连。

11）将 VISA 读取函数的输出端口“读取缓冲区”与“字符串至字节数组转换”函数的输入端口“字符串”相连。

12）将“字符串至字节数组转换”函数的输出端口“无符号字节数组”分别与索引数组函数（上）和索引数组函数（下）的输入端口“数组”相连。

13）将数值常量“0”“1”分别与索引数组函数（上）和索引数组函数（下）的输入端口“索引”相连。

14）将索引数组函数（上）的输出端口“元素”与加函数的输入端口“x”相连。

15）将索引数组函数（下）的输出端口“元素”与乘函数（下）的输入端口“x”相连；将数值常量“256”与乘函数（下）的输入端口“y”相连。

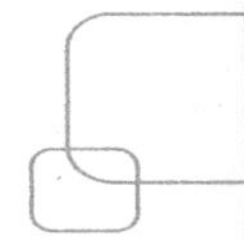

16）将乘函数（下）的输出端口“x*y”与加函数的输入端口“y”相连。

17）将加函数的输出端口“x+y”与乘函数（上）的输入端口“x”相连；将数值常量“0.1”与乘函数（上）的输入端口“y”相连。

18）将乘函数（上）的输出端口“x*y”分别与数值显示控件（标签为“测量值”）、仪表控件（标签为“仪表”）、波形图表控件（标签为“实时曲线”）的输入端口相连。

连接好的程序框图如图 12-18 所示。

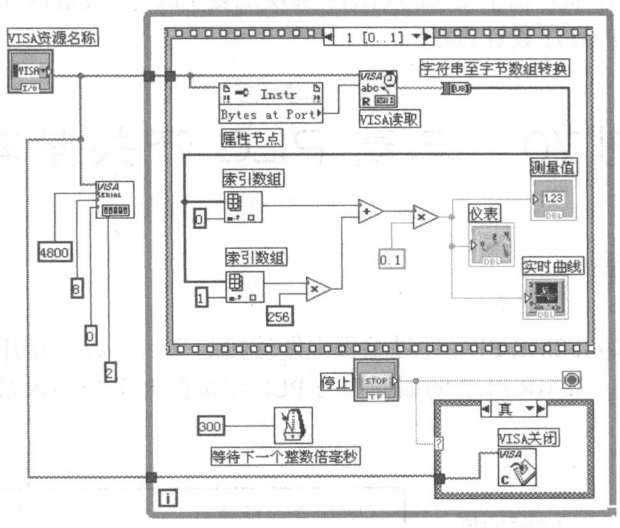

图 12-18　接收数据程序框图

3. 运行程序

切换到前面板窗口，通过 VISA 资源名称控件选择串口号，如 COM1。单击快捷工具栏“运行”按钮，运行程序。

给传感器升温或降温，程序运行界面中显示测量温度值及实时变化曲线，如图 12-19 所示。观察画面显示的温度值与智能仪表显示的温度值是否一致。

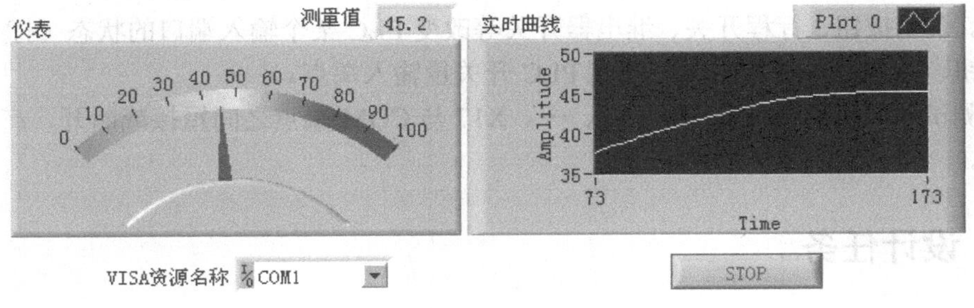

图 12-19　程序运行界面

第 13 章　三菱 PLC 串口通信与测控

本章通过实例，详细介绍采用 LabVIEW 实现三菱 PLC 开关量输入、开关量输出、温度测控，以及电压输出的程序设计方法。

实例 70　三菱 PLC 开关量输入

一、线路连接

将 PC 与三菱 FX_{2N}-32MR PLC 通过编程电缆连接起来，构成一套开关量输入系统。

PC 通过三菱 FX_{2N}-32MR PLC 的编程口与 PLC 组成的开关量输入系统如图 13-1 所示。

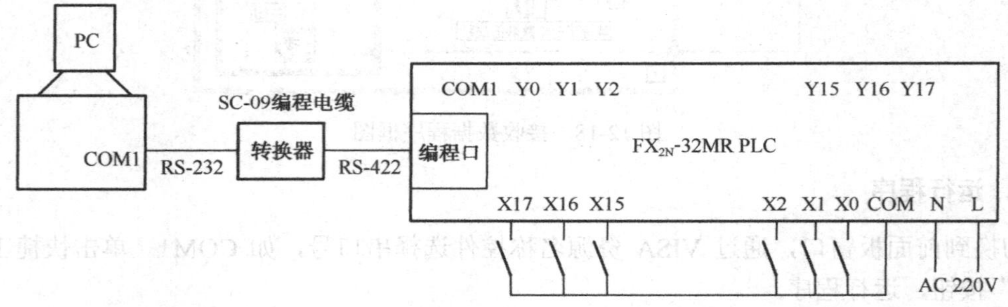

图 13-1　PC 通过三菱 FX_{2N}-32MR PLC 的编程口与 PLC 组成的开关量输入系统

图 13-1 中，通过 SC-09 编程电缆将 PC 的串口 COM1 与三菱 FX_{2N}-32MR PLC 的编程口连接起来。采用按钮、行程开关、继电器开关等改变 PLC 某个输入端口的状态（打开/关闭）。方法是按钮、行程开关等的常开触点接 PLC 开关量输入端点。

实际测试中，可用导线将 X0、X1、…、X17 与 COM 端点之间短接或断开，产生开关量输入信号。

二、设计任务

采用 LabVIEW 语言编写程序，实现 PC 与三菱 FX_{2N}-32MR PLC 数据通信，要求 PC 接收 PLC 发送的开关量输入信号状态值，并在程序界面中显示。

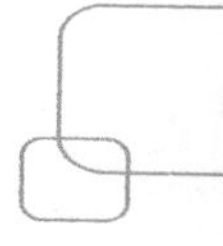

三、任务实现

（一）PC 与 PLC 串口通信调试

PC 与三菱 PLC 串口通信采用编程口通信协议。

打开“串口调试助手”程序，首先设置串口号为 COM1、波特率为 9600、校验位为 EVEN（偶校验）、数据位为 7、停止位为 1 等参数（注意：设置的参数必须与 PLC 设置的一致），选择“十六进制显示”和“十六进制发送”，打开串口。

例如，从 PLC 的输入端口 X0～X7 读取 1 个字节数据，反映 X0～X7 的状态信息。

发送读指令的获取过程如下。

开始字符 STX：02H。

命令码 CMD（读）：0，ASCII 码值为 30H。

寄存器 X0～X7 的位地址：0080H，其 ASCII 码值为 30H 30H 38H 30H。

字节数 NUM：1，ASCII 码值为 30H 31H。

结束字符 EXT：03H。

累加和 SUM：30H+30H+30H+38H+30H+30H+31H+03H=15CH。累加和超过两位数时，取它的低两位，即 SUM 为 5CH，5CH 的 ASCII 码值为 35H 43H。

因此，对应的读命令帧格式为：

02 30 30 30 38 30 30 31 03 35 43

在串口调试助手发送区输入指令，单击“手动发送”按钮，PLC 接收到命令，如正确执行接收区显示返回应答帧，如 02 30 34 03 36 37，PC 与 PLC 串口通信调试如图 13-2 所示。如果指令错误执行，接收区显示返回 NAK 码 15。

返回的应答帧中“30 34”表示 X0～X7 的状态，其十六进制形式为 04，04 的二进制形式为 00000100，表明触点 X2 闭合，其他触点断开。

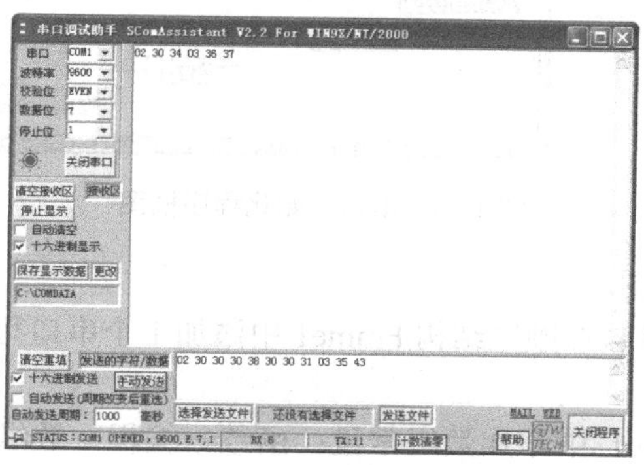

图 13-2　PC 与 PLC 串口通信调试

（二）PC 端 LabVIEW 程序

1．程序前面板设计

1）为了显示开关信号输入状态，添加 1 个数值显示控件：控件→新式→数值→数值显示

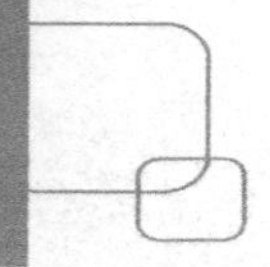

控件，将标签改为“返回信息：”。

右键单击该控件，选择“格式与精度”选项，在出现的数值属性对话框中进入“数据范围”选项，表示法选择“无符号单字节”，然后进入“格式与精度”选项，选择“二进制”。

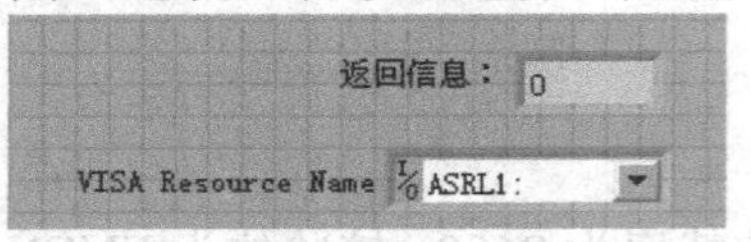

图 13-3　程序前面板

2）为了获得串行端口号，添加 1 个串口资源检测控件：控件→新式→I/O→VISA 资源名称（Rescourse Name）；单击控件箭头，选择串口号，如 COM1 或 ASRL1:。

设计的程序前面板如图 13-3 所示。

2. 程序框图设计

（1）串口初始化程序框图。

1）添加 1 个顺序结构：函数→编程→结构→层叠式顺序结构。

将其帧设置为 4 个（序号 0～3）。设置方法：选中层叠式顺序结构上边框，单击鼠标右键，执行“在后面添加帧”命令 3 次。

2）为了设置通信参数，在顺序结构 Frame0 中添加 1 个串口配置函数：函数→仪器 I/O→串口→VISA 配置串口。

3）为了设置通信参数值，在顺序结构 Frame0 中添加 4 个数值常量：函数→编程→数值→数值常量，值分别为 9600（波特率）、7（数据位）、2（校验位，偶校验）、10（停止位 1，注意这里的设定值为 10）。

4）将 VISA 资源名称函数的输出端口与串口配置函数的输入端口 VISA 资源名称相连。

5）将数值常量 9600、7、2、10 分别与 VISA 配置串口函数的输入端口波特率、数据比特、奇偶、停止位相连。

连接好的程序框图如图 13-4 所示。

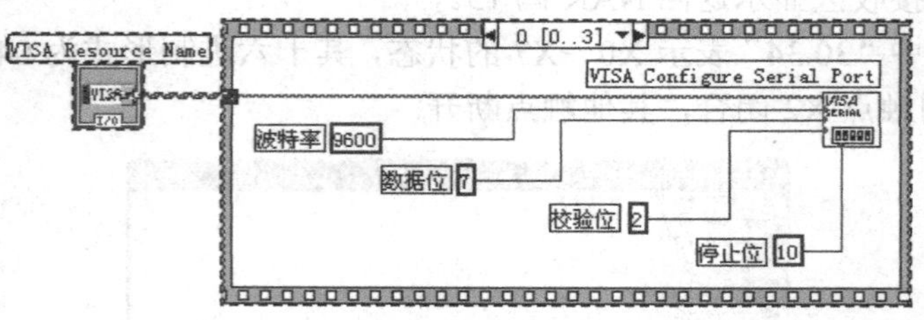

图 13-4　串口初始化程序框图

（2）发送指令程序框图。

1)为了发送指令到串口,在顺序结构 Frame1 中添加 1 个串口写入函数:函数→仪器 I/O→串口→VISA 写入。

2）在顺序结构 Frame1 中添加数组常量：函数→编程→数组→数组常量，标签为“读指令”。

再往数组常量中添加数值常量，设置为 11 个，将其数据格式设置为十六进制，方法为：选中数组常量（函数中的数值常量，单击右键，执行“格式与精度”命令，在出现的对话框中，从格式与精度选项中选择十六进制，单击“OK”按钮确定。

将 11 个数值常量的值分别改为 02、30、30、30、38、30、30、31、03、35、43（从 PLC 的输入端口 X0～X7 读取 1 字节数据，反映 X0～X7 的状态信息）。

3）在顺序结构 Frame1 中添加字节数组转字符串函数：函数→编程→字符串→字符串/数组/路径转换→字节数组至字符串转换。

4）将 VISA 资源名称函数的输出端口与 VISA 写入函数的输入端口 VISA 资源名称相连。

5）将数组常量（标签为“读指令”）的输出端口与字节数组至字符串转换函数的输入端口无符号字节数组相连。

6）将字节数组至字符串转换函数的输出端口字符串与 VISA 写入函数的输入端口写入缓冲区相连。

连接好的程序框图如图 13-5 所示。

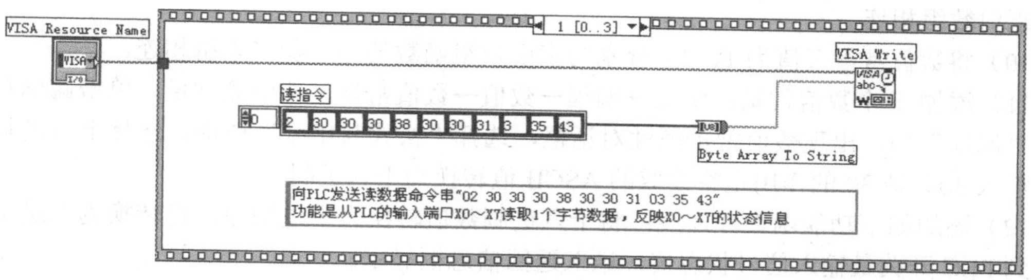

图 13-5　发送指令程序框图

（3）延时程序框图。

1）为了以一定的周期读取 PLC 的返回数据，在顺序结构 Frame2 中添加 1 个时钟函数：函数→编程→定时→等待下一个整数倍毫秒。

2）在顺序结构 Frame2 中添加 1 个数值常量：函数→编程→数值→数值常量，将值改为 500（时钟频率值）。

3）将数值常量（值为 500）与等待下一个整数倍毫秒函数的输入端口毫秒倍数相连。

连接好的程序框图如图 13-6 所示。

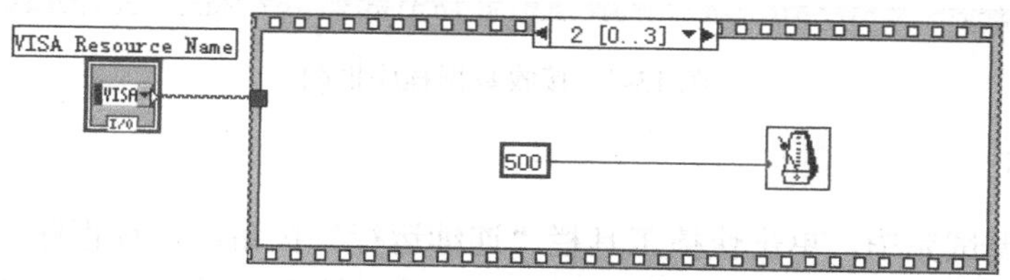

图 13-6　延时程序框图

（4）接收数据程序框图。

1）为了获得串口缓冲区数据个数，在顺序结构 Frame3 中添加 1 个串口字节数函数：函数→仪器 I/O→串口→VISA 串口字节数，标签为“Property Node”。

2）为了从串口缓冲区获取返回数据，在顺序结构 Frame3 中添加 1 个串口读取函数：函数→仪器 I/O→串口→VISA 读取。

3）在顺序结构 Frame3 中添加字符串转字节数组函数：函数→编程→字符串→字符串/数组/路径转换→字符串至字节数组转换。

4）在顺序结构 Frame3 中添加 2 个索引数组函数：函数→编程→数组→索引数组。

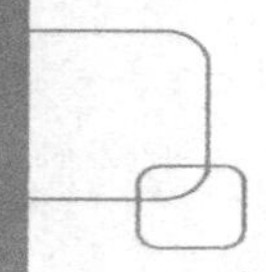

5）添加 2 个数值常量：函数→编程→数值→数值常量，值分别为 1、2。

6）将 VISA 资源名称函数的输出端口分别与串口字节数函数的输入端口引用、VISA 读取函数的输入端口 VISA 资源名称相连。

7）将串口字节数函数的输出端口 Number of bytes at Serial port 与 VISA 读取函数的输入端口字节总数相连。

8）将 VISA 读取函数的输出端口读取缓冲区与字符串至字节数组转换函数的输入端口字符串相连。

9）将字符串至字节数组转换函数的输出端口无符号字节数组分别与 2 个索引数组函数的输入端口数组相连。

10）将数值常量（值为 1、2）分别与索引数组函数的输入端口索引相连。

11）添加 1 个数值常量：函数→编程→数值→数值常量，选中该常量，单击鼠标右键，选择“属性”项，出现数值常量属性对话框，选择“格式与精度”选项，选择十六进制，确定后输入 30。减 30 的作用是将读取的 ASCII 值转换为十六进制。

12）添加如下功能函数并连线：将十六进制数值转换为十进制数，再转换为二进制数，就得到 PLC 开关量输入信号状态值，送入返回信息框显示。

连接好的程序框图如图 13-7 所示。

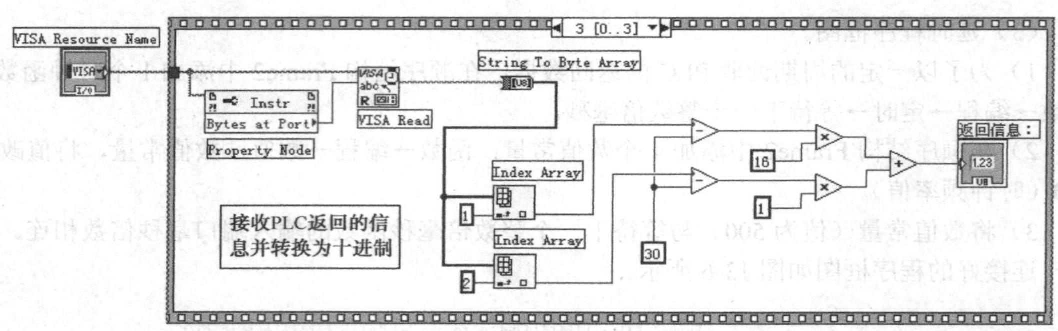

图 13-7　接收数据程序框图

3. 运行程序

程序设计、调试完毕，单击快捷工具栏“连续运行”按钮，运行程序。

首先设置端口号。PC 读取并显示三菱 PLC 开关量输入信号值，如“100000”，因为有 8 位数据，实际是“00100000”，表示端口 Y5 闭合，其他端口断开。

程序运行界面如图 13-8 所示。

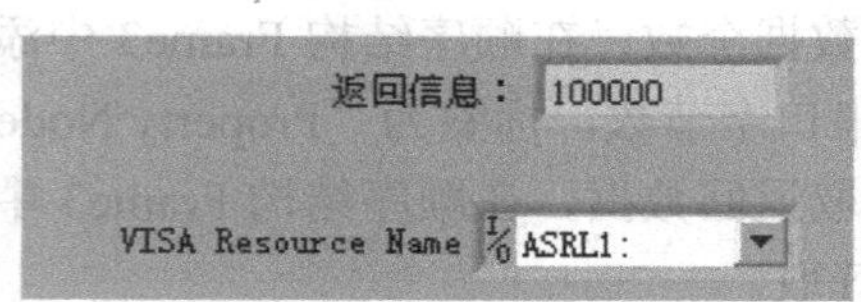

图 13-8　程序运行界面

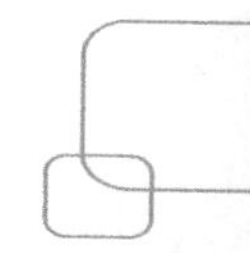

实例 71　三菱 PLC 开关量输出

一、线路连接

将 PC 与三菱 FX_{2N}-32MR PLC 通过编程电缆连接起来，构成一套开关量输出系统。

PC 通过 FX_{2N}-32MR PLC 的编程口与 PLC 组成的开关量输出系统如图 13-9 所示。

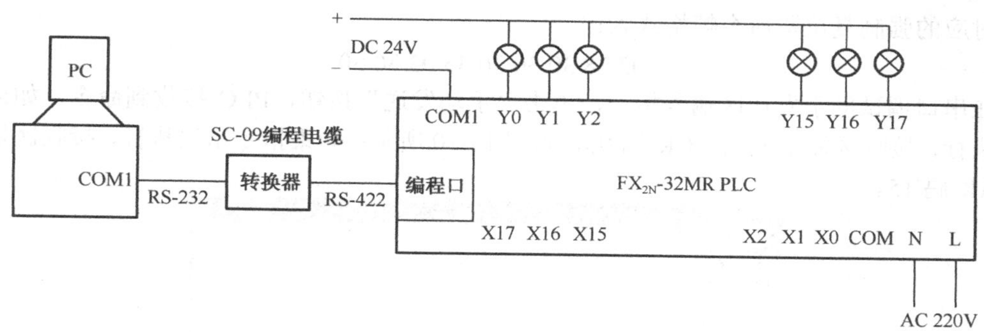

图 13-9　PC 通过 FX_{2N}-32MR PLC 的编程口与 PLC 组成的开关量输出系统

图 13-9 中，通过 SC-09 编程电缆将 PC 的串口 COM1 与三菱 FX_{2N}-32MR PLC 的编程口连接起来。可外接指示灯或继电器等装置来显示开关输出状态（打开/关闭）。

实际测试中，不需要外接指示装置，直接使用 PLC 提供的输出信号指示灯。

二、设计任务

采用 LabVIEW 语言编写程序，实现 PC 与三菱 FX_{2N}-32MR PLC 数据通信，要求在 PC 程序界面中指定元件地址，单击置位/复位（或打开/关闭）命令按钮，置指定地址的元件端口（继电器）状态为 ON 或 OFF，使线路中 PLC 指示灯亮/灭。

三、任务实现

（一）PC 与 PLC 串口通信调试

PC 与三菱 PLC 串口通信采用编程口通信协议。

打开“串口调试助手”程序，首先设置串口号为 COM1、波特率为 9600、校验位为 EVEN（偶校验）、数据位为 7、停止位为 1 等参数（注意：设置的参数必须与 PLC 一致），选择“十六进制显示”和“十六进制发送”，打开串口。

例如，将 Y0 强制置位成 1，再强制复位成 0。发送写指令的获取过程如下。

开始字符 STX：02H。

命令码 CMD：强制置位为 7，ASCII 码为 37H；强制复位为 8，ASCII 码为 38H。

地址：实际地址为 Y0，计算地址为 0500，因后两位先送，前两位后送，则表达地址为 0005，其 ASCII 码值为 30H 30H 30H 35H。

结束字符 EXT：03H。

强制置位的累加和 SUM：37H+30H+30H+30H+35H+03H=FFH，FFH 的 ASCII 码值为：46H 46H。

强制复位的累加和 SUM：38H+30H+30H+30H+35H+03H=100H，累加和超过两位数时，取它的低两位，即 SUM 为 00H，00H 的 ASCII 码值为：30H、30H。

对应的强制置位写命令帧格式为：

02 37 30 30 30 35 03 46 46

对应的强制复位写命令帧格式为：

02 38 30 30 30 35 03 30 30

在串口调试助手发送区输入指令，单击“手动发送”按钮，PLC 接收到命令，如果指令正确执行，接收区显示返回 ACK 码 06，如图 13-10 所示；如果指令错误执行，接收区显示返回 NAK 码 15。

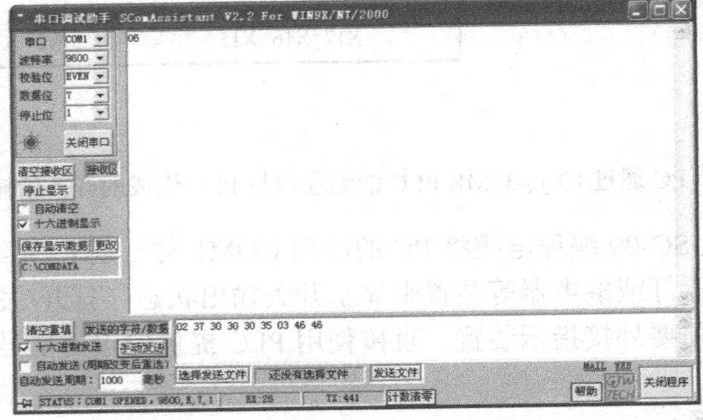

图 13-10 PC 与 PLC 串口通信调试

如果执行强制置位命令，PLC 输出端口 Y0 指示灯亮；如果执行强制复位命令，PLC 输出端口 Y0 指示灯灭。

（二）PC 端 LabVIEW 程序

1. 程序前面板设计

1）为了输出开关信号，添加 1 个开关控件：控件→新式→布尔→垂直滑动杆开关控件，将标签改为“Y0”。

2）为了获得串行端口号，添加 1 个串口资源检测控件：控件→新式→I/O→VISA 资源名称；单击控件箭头，选择串口号，如 COM1 或 ASRL1:。

设计的程序前面板如图 13-11 所示。

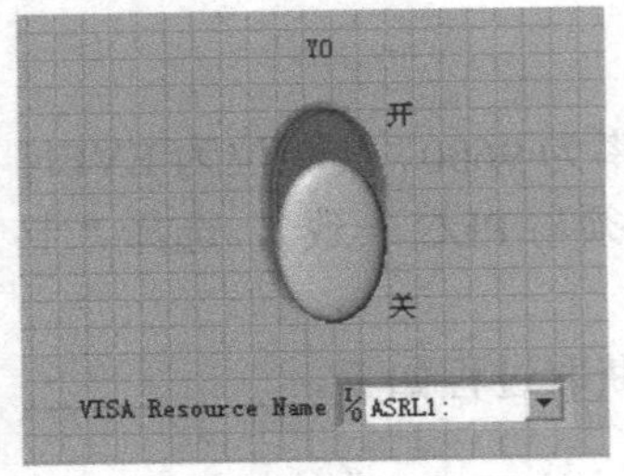

图 13-11 程序前面板

2. 程序框图设计

（1）串口初始化程序框图。

1）添加 1 个顺序结构：函数→编程→结构→层叠式顺序结构。

将其帧设置为 3 个（序号 0～2）。设置方法：选中层叠式顺序结构上边框，单击鼠标右键，执行“在后面添加帧”命令 2 次。

2）为了设置通信参数，在顺序结构 Frame0 中添加 1 个串口配置函数：函数→仪器 I/O→串口→VISA 配置串口。

3）为了设置通信参数值，在顺序结构 Frame0 中添加 4 个数值常量：函数→编程→数值→数值常量，值分别为 9600（波特率）、7（数据位）、2（校验位，偶校验）、10（停止位 1，注意这里的设定值为 10）。

4）将 VISA 资源名称函数的输出端口与串口配置函数的输入端口 VISA 资源名称相连。

5）将数值常量 9600、7、2、10 分别与 VISA 配置串口函数的输入端口波特率、数据比特、奇偶、停止位相连。

连接好的程序框图如图 13-12 所示。

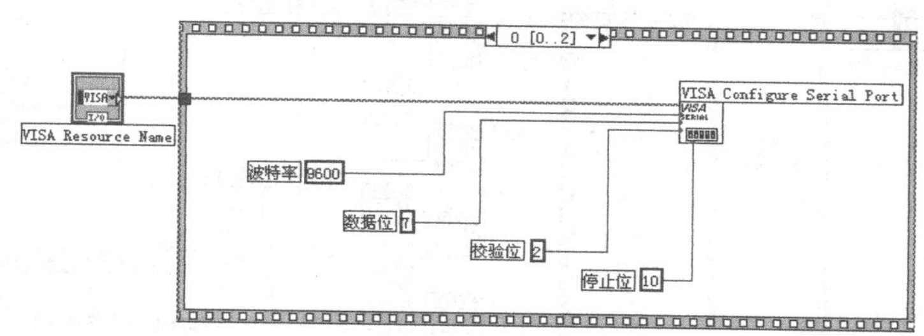

图 13-12　串口初始化程序框图

（2）发送指令程序框图。

1）在顺序结构 Frame1 中添加 1 个条件结构：函数→编程→结构→条件结构。

2）在条件结构真选项中添加 9 个字符串常量：函数→编程→字符串→字符串常量。将 9 个字符串常量的值分别改为 02、37、30、30、30、35、03、46、46（向 PLC 发送指令，将 Y0 强制置位成 1）。

3）在条件结构假选项中添加 9 个字符串常量：函数→编程→字符串→字符串常量。将 9 个字符串常量的值分别改为 02、38、30、30、30、35、03、30、30（向 PLC 发送指令，将 Y0 强制复位成 0）。

4）在顺序结构 Frame1 中添加 9 个十六进制数字符串至数值转换函数：函数→编程→字符串/数值转换→十六进制数字符串至数值转换。

5）分别将条件结构真、假选项中的 9 个字符串常量分别与 9 个十六进制数字符串至数值转换函数的输入端口字符串相连。

6）在顺序结构 Frame1 中添加 1 个创建数组函数：函数→编程→数组→创建数组。并设置为 9 个元素。

7）将 9 个十六进制数字符串至数值转换函数的输出端口分别与创建数组函数的对应输入端口元素相连。

8）在顺序结构 Frame1 中添加字节数组转字符串函数：函数→编程→字符串→字符串/数组/路径转换→字节数组至字符串转换。

9）将创建数组函数的输出端口添加的数组与字节数组至字符串转换函数的输入端口无符

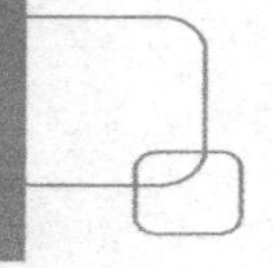

号字节数组相连。

10）为了发送指令到串口，在顺序结构 Frame1 中添加 1 个串口写入函数：函数→仪器 I/O→串口→VISA 写入。

11）将字节数组至字符串转换函数的输出端口字符串与 VISA 写入函数的输入端口写入缓冲区相连。

12）将 VISA 资源名称函数的输出端口与 VISA 写入函数的输入端口 VISA 资源名称相连。

13）将垂直滑动杆开关控件图标移到顺序结构 Frame1 中；并将其输出端口与条件结构的选择端口?相连。

连接好的发送指令程序框图如图 13-13 所示。

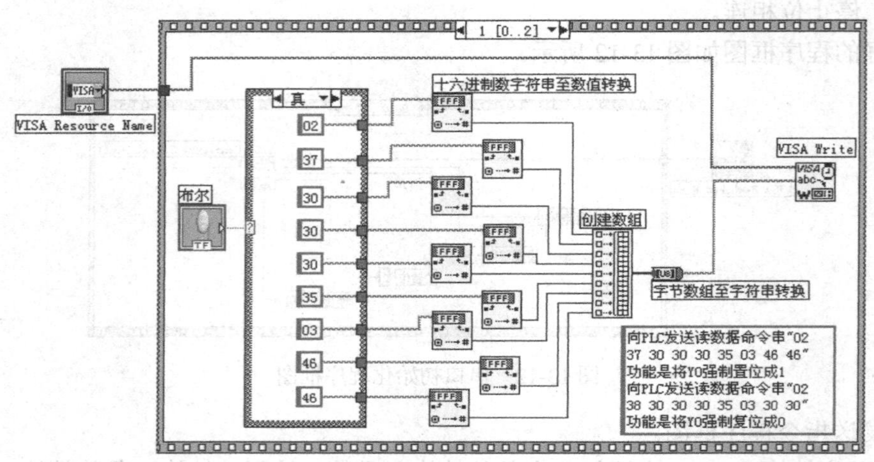

图 13-13　发送指令程序框图

（3）延时程序框图。

1）在顺序结构 Frame2 中添加 1 个时钟函数：函数→编程→定时→等待下一个整数倍毫秒。

2）在顺序结构 Frame2 中添加 1 个数值常量：函数→编程→数值→数值常量，将值改为 200（时钟频率值）。

3）将数值常量（值为 200）与等待下一个整数倍毫秒函数的输入端口毫秒倍数相连。

连接好的程序框图如图 13-14 所示。

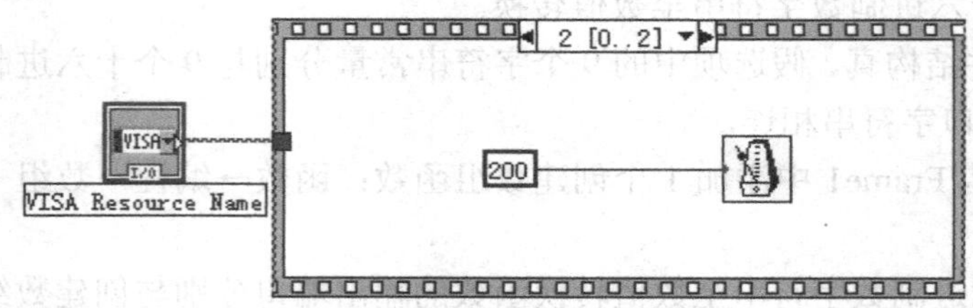

图 13-14　延时程序框图

3. 运行程序

程序设计、调试完毕，单击快捷工具栏“连续运行”按钮，运行程序。

设置串行端口，单击滑动开关，将 Y0 置位成 1，再复位成 0，相应指示灯亮或灭。

程序运行界面如图 13-15 所示。

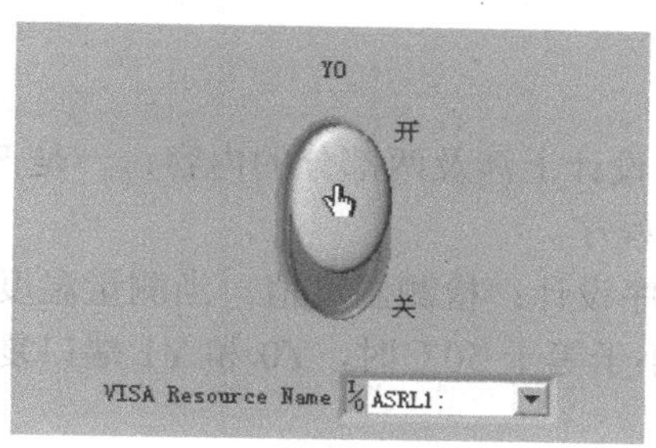

图 13-15　程序运行界面

实例 72　三菱 PLC 温度测控

一、线路连接

PC、三菱 FX_{2N} PLC 及 FX_{2N}-4AD 模拟量输入模块构成的温度测控线路，如图 13-16 所示。

图 13-16 中，将 PC 与三菱 FX_{2N}-32MR PLC 通过 SC-09 编程电缆连接起来，输出端口 Y0、Y1、Y2 接指示灯，温度传感器 Pt100 接到温度变送器输入端，温度变送器输入 0～200℃，输出 4～200mA，经过 250Ω电阻将电流信号转换为 1～5V 电压信号输入到 FX_{2N}-4AD 的输入端口 V+和 V−。

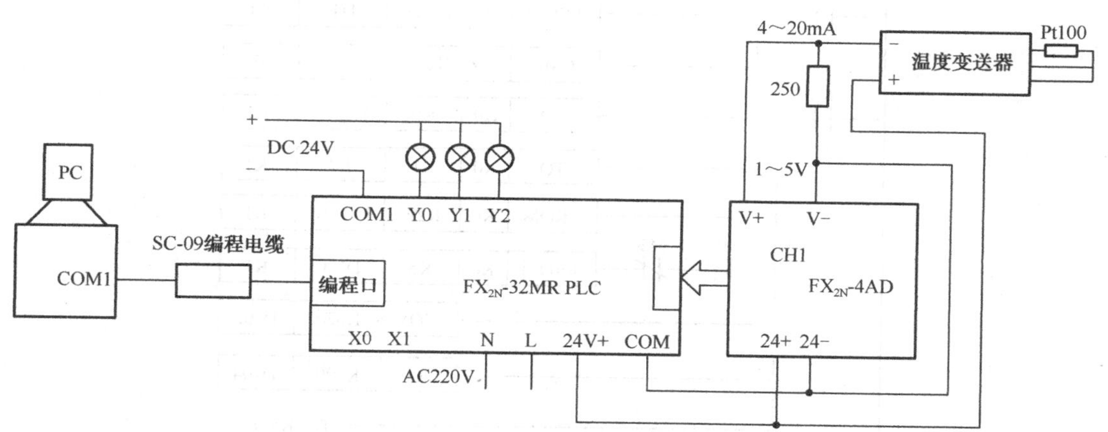

图 13-16　PC、三菱 FX_{2N}-32MR PLC 及 FN_{2N}-4AD 模拟量输入模块构成的温度测控线路

FX_{2N}-4AD 空闲的输入端口一定要用导线短接以免干扰信号窜入。

PLC 的模拟量输入模块（FX_{2N}-4AD）负责 A/D 转换，即将模拟量信号转换为 PLC 可以识别的数字量信号。

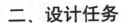

二、设计任务

PLC 与 PC 通信，在程序设计上涉及两部分的内容：一是 PLC 端数据采集、控制和通信程序；二是 PC 端通信和功能程序。

1）PLC 端（下位机）程序设计：检测温度值。当测量温度小于 30℃时，Y0 端口置位，当测量温度大于等于 30℃且小于等于 50℃时，Y0 和 Y1 端口复位，当测量温度大于 50℃时，Y1 端口置位。

2）PC 端（上位机）程序设计：采用 LabVIEW 语言编写应用程序，读取并显示三菱 PLC 检测的温度值，绘制温度变化曲线。当测量温度小于 30℃时，下限指示灯为红色，当测量温度大于等于 30℃且小于等于 50℃时，上、下限指示灯均为绿色，当测量温度大于 50℃时，上限指示灯为红色。

三、任务实现

（一）三菱 PLC 端温度测控程序

1. PLC 梯形图

三菱 FX_{2N}-32MR PLC 使用 FX_{2N}-4AD 模拟量输入模块实现模拟电压采集。采用 SWOPC-FXGP/WIN-C 编程软件编写的 PLC 程序梯形图如图 13-17 所示。

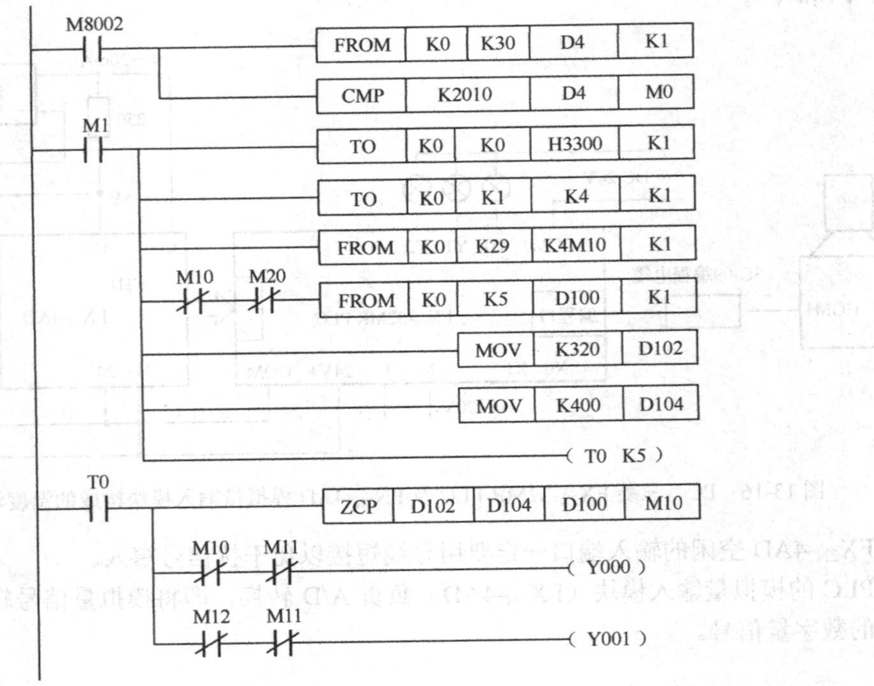

图 13-17　PLC 程序梯形图

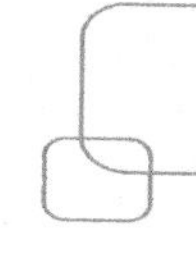

程序的主要功能是：实现三菱 FX_{2N}-32MR PLC 温度采集，当测量温度小于 30℃时，Y0 端口置位，当测量温度大于等于 30℃而小于等于 50℃时，Y0 和 Y1 端口复位，当测量温度大于 50℃时，Y1 端口置位。

程序说明：

第 1 逻辑行，首次扫描时从 0 号特殊功能模块的 BFM# 30 中读出标识码，即模块 ID 号，并放到基本单元的 D4 中。

第 2 逻辑行，检查模块 ID 号，如果是 FX_{2N}-4AD，结果送到 M0。

第 3 逻辑行，设定通道 1 的量程类型。

第 4 逻辑行，设定通道 1 平均滤波的周期数为 4。

第 5 逻辑行，将模块运行状态从 BFM#29 读入 M10～M25。

第 6 逻辑行，如果模块运行正常，且模块数字量输出值正常，通道 1 的平均采样值（温度的数字量值）存入寄存器 D100 中。

第 7 逻辑行，将下限温度数字量值 320（对应温度 30℃）放入寄存器 D102 中。

第 8 逻辑行，将上限温度数字量值 400（对应温度 50℃）放入寄存器 D104 中。

第 9 逻辑行，延时 0.5 秒。

第 10 逻辑行，将寄存器 D102 和 D104 中的值（上、下限）与寄存器 D100 中的值（温度采样值）进行比较。

第 11 逻辑行，当寄存器 D100 中的值小于寄存器 D102 中的值，Y000 端口置位。

第 12 逻辑行，当寄存器 D100 中的值大于寄存器 D104 中的值，Y001 端口置位。

上位机程序读取寄存器 D100 中的数字量值，然后根据温度与数字量值的对应关系计算出温度测量值。

2．程序的写入

PLC 端程序编写完成后需将其写入 PLC 才能正常运行。步骤如下：

1）接通 PLC 主机电源，将 RUN/STOP 转换开关置于 STOP 位置。

2）运行 SWOPC-FXGP/WIN-C 编程软件，打开温度测控程序。

3）执行菜单命令“PLC”→“传送”→“写出”，如图 13-18 所示，打开“PC 程序写入”对话框，如图 13-19 所示，选中“范围设置”项，终止步设为 100，单击“确认”按钮，即开始写入程序。

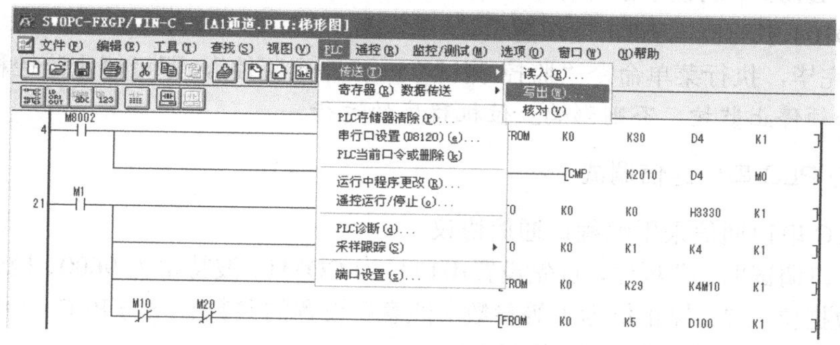

图 13-18　执行菜单命令“PLC”→“传送”→“写出”

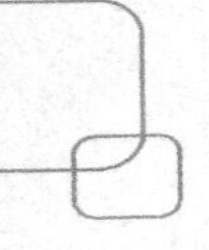

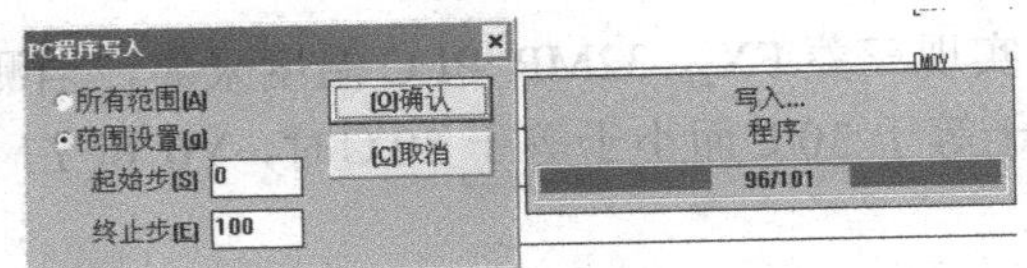

图 13-19　PC 程序写入

4）程序写入完毕将 RUN/STOP 转换开关置于 RUN 位置，即可进行温度测控。

3．PLC 程序的监控

PLC 端程序写入后，可以进行实时监控。步骤如下：

1）接通 PLC 主机电源，将 RUN/STOP 转换开关置于 RUN 位置。

2）运行 SWOPC-FXGP/WIN-C 编程软件，打开温度测控程序，并写入。

3）执行菜单命令“监控/测试”→“开始监控”，即可开始监控程序的运行，如图 13-20 所示。

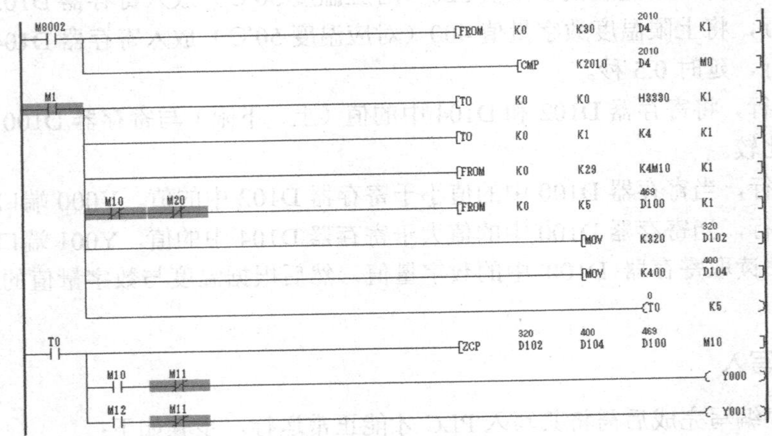

图 13-20　PLC 程序监控

寄存器 D100 上的蓝色数字（如 469）就是模拟量输入 1 通道的电压实时采集值（换算后的电压值为 2.345V，与万用表测量值相同，换算的温度值为 67.25℃），改变温度值，输入电压改变，该数值随着改变。

当寄存器 D100 中的值小于寄存器 D102 中的值，Y000 端口置位；当寄存器 D100 中的值大于寄存器 D104 中的值，Y001 端口置位。

4）监控完毕，执行菜单命令“监控/测试”→“停止监控”，即可停止监控程序的运行。

注意：必须停止监控，否则影响上位机程序的运行。

4．PC 与 PLC 串口通信调试

PC 与 PLC 串口通信采用编程口通信协议。

打开“串口调试助手”程序，首先设置串口号为 COM1、波特率为 9600、校验位为 EVEN（偶校验）、数据位为 7、停止位为 1 等参数（注意：设置的参数必须与 PLC 一致），选择“十六进制显示”和“十六进制发送”，打开串口。

从寄存器 D100 中读取数字量值，发送读指令的获取过程如下。

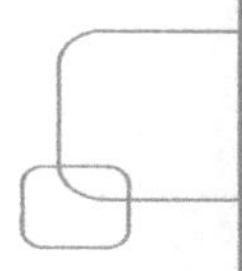

开始字符 STX：02H。

命令码 CMD（读）：0，其 ASCII 码值为 30H。

寄存器 D100 起始地址计算：100*2 为 200，转成十六进制数为 C8H，则 ADDR= 1000H+C8H=10C8H（其 ASCII 码值为：31H 30H 43H 38H）。

字节数 NUM：04H（ASCII 码值为：30H 34H），返回 2 个通道的数据。

结束字符 EXT：03H。

累加和 SUM：30H+31H+30H+43H+38H+30H+34H+03H=173H。

累加和超过两位数时，取它的低两位，即 SUM 为 73H，73H 的 ASCII 码值为：37H 33H。

因此，对应的读命令帧格式为：

02 30 31 30 43 38 30 34 03 37 33

在串口调试助手发送区输入指令，单击“手动发送”按钮，PLC 接收到命令，如果指令正确执行，接收区显示返回应答帧，如 02 44 35 30 31 30 30 30 30 03 39 44，PC 与 PLC 串口通信调试如图 13-21 所示。PLC 接收到命令，如未正确执行，则返回 NAK 码（15H）。

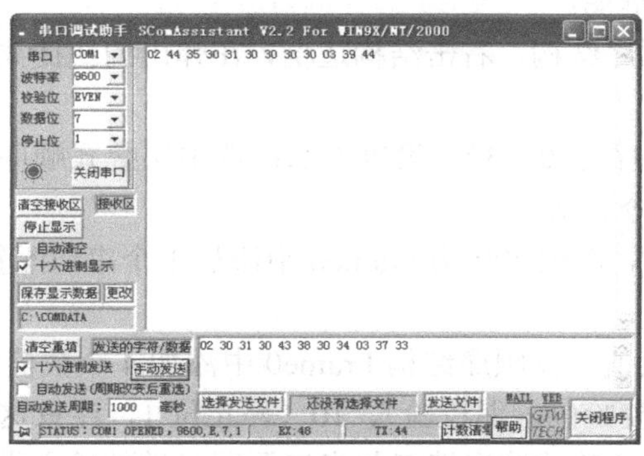

图 13-21　PC 与 PLC 串口通信调试

返回的应答帧中，“44 35 30 31”反映第一通道检测的温度大小，为 ASCII 码形式，低字节在前，高字节在后，实际为“30 31 44 35”，转换成十六进制值为“01 D5”，再转换成十进制值为“469”（与 SWOPC-FXGP/WIN-C 编程软件中的寄存器 D100 中的监控值相同），此值除以 200 即为采集的电压值 2.345V，换算的温度值为 67.25℃。

温度与数字量值的换算关系：0～200℃对应电压值 1～5V，0～10V 对应数字量值 0～2000，那么 1～5V 对应数字量值 200～1000，因此 0～200℃对应数字量值 200～1000。

（二）PC 端 LabVIEW 程序

1．程序前面板设计

1）为了以数值形式显示测量温度值，添加 1 个数值显示控件，将标签改为“温度值:”。

2）为了显示测量温度实时变化曲线，添加 1 个波形图表控件，将 Y 轴标尺范围改为 0～100。

3）为了温度显示超限报警状态，添加 2 个圆形指示灯控件，将标签分别改为“上限指示灯”“下限指示灯”。

4）为了获得串行端口号，添加 1 个串口资源检测控件：控件→I/O→VISA 资源名称；单

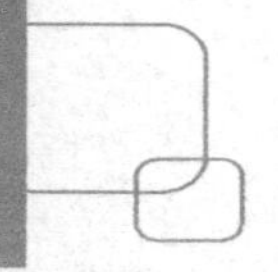

击控件箭头，选择串口号，如 COM1 或 ASRL1:。

设计的程序前面板如图 13-22 所示。

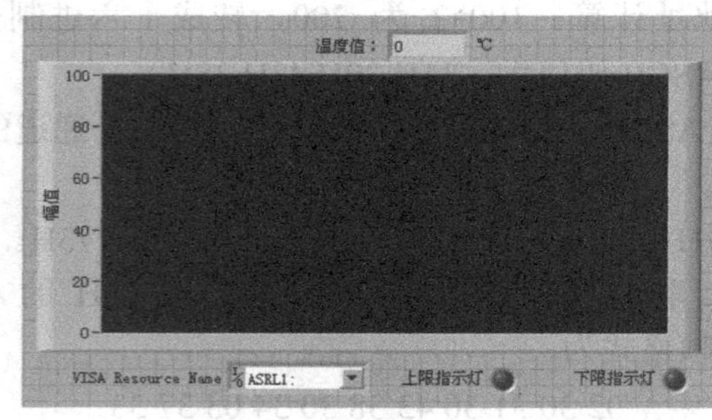

图 13-22　程序前面板

2．程序框图设计

（1）串口初始化程序框图。

1）添加 1 个平铺式顺序结构，右击结构边框，在弹出的快捷菜单中选择“替换为层叠式顺序”。

将其帧设置为 4 个（序号 0～3）。设置方法：选中层叠式顺序结构上边框，单击右键，执行“在后面添加帧”命令 3 次。

2）为了设置通信参数，在顺序结构 Frame0 中添加 1 个串口配置函数：函数→仪器 I/O→串口→VISA 配置串口。

3）为了设置通信参数值，在顺序结构 Frame0 中添加 4 个数值常量，值分别为 9600（波特率）、7（数据位）、2（校验位，偶校验）、10（停止位 1，注意这里的设定值为 10）。

4）将 VISA 资源名称函数的输出端口与串口配置函数的输入端口 VISA 资源名称相连。

5）将数值常量 9600、7、2、10 分别与 VISA 配置串口函数的输入端口波特率、数据比特、奇偶、停止位相连。

连接好的串口初始化程序框图如图 13-23 所示。

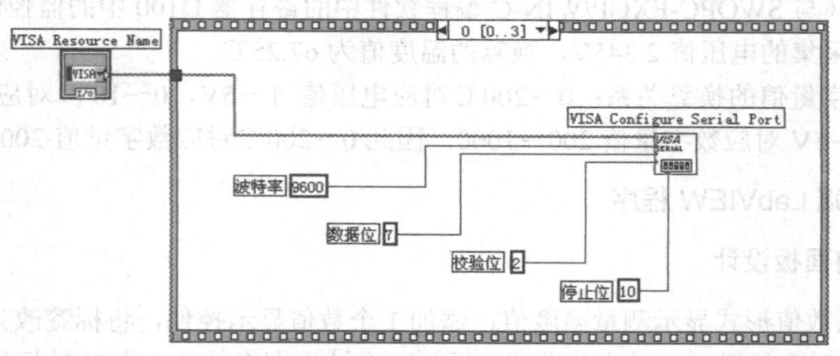

图 13-23　串口初始化程序框图

（2）发送指令程序框图。

1）为了发送指令到串口，在顺序结构 Frame1 中添加 1 个串口写入函数：函数→仪器 I/O→串口→VISA 写入。

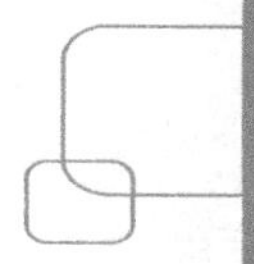

2）在顺序结构 Frame1 中添加数组常量，标签为“读指令”。

再往数组常量中添加数值常量，设置为 11 个，将其数据格式设置为十六进制，方法为：选中数组常量（函数中的数值常量，右击，执行“格式与精度”命令，在出现的对话框中，从格式与精度选项中选择十六进制，单击“OK”按钮确定。

将 11 个数值常量的值分别改为 02、30、31、30、43、38、30、32、03、37、31（读 PLC 寄存器 D100 中的数据指令）。

3）在顺序结构 Frame1 中添加字节数组转字符串函数：函数→字符串→字符串/数组/路径转换→字节数组至字符串转换。

4）将 VISA 资源名称函数的输出端口与 VISA 写入函数的输入端口 VISA 资源名称相连。

5）将数组常量（标签为“读指令”）的输出端口与字节数组至字符串转换函数的输入端口无符号字节数组相连。

6）将字节数组至字符串转换函数的输出端口字符串与 VISA 写入函数的输入端口写入缓冲区相连。

连接好的程序框图如图 13-24 所示。

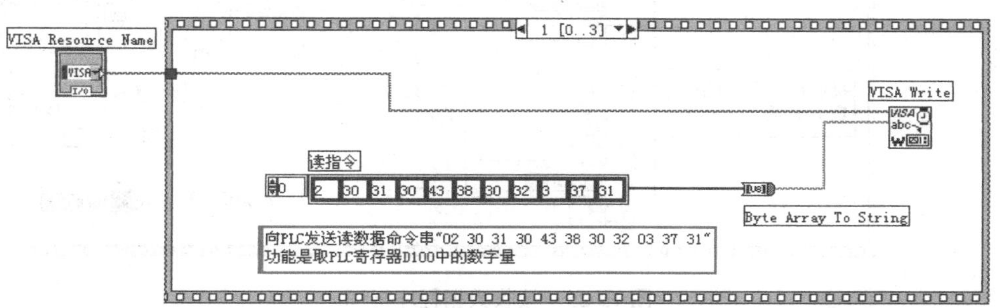

图 13-24　发送指令程序框图

（3）接收数据程序框图。

1）为了获得串口缓冲区数据个数，在顺序结构 Frame2 中添加 1 个串口字节数函数：函数→仪器 I/O→串口→VISA 串口字节数，标签为“Property Node”。

2）为了从串口缓冲区获取返回数据，在顺序结构 Frame2 中添加 1 个串口读取函数：函数→仪器 I/O→串口→VISA 读取。

3）在顺序结构 Frame2 中添加字符串转字节数组函数：函数→字符串→字符串/数组/路径转换→字符串至字节数组转换。

4）在顺序结构 Frame2 中添加 4 个“索引数组”函数。

5）添加 4 个数值常量，值分别为“1”“2”“3”“4”。

6）将 VISA 资源名称函数的输出端口与 VISA 读取函数的输入端口 VISA 资源名称相连；将 VISA 资源名称函数的输出端口与串口字节数函数的输入端口引用相连。

7）将串口字节数函数的输出端口 Number of bytes at Serial port 与 VISA 读取函数的输入端口字节总数相连。

8）将 VISA 读取函数的输出端口读取缓冲区与字符串至字节数组转换函数的输入端口字符串相连。

9）将字符串至字节数组转换函数的输出端口无符号字节数组分别与 4 个索引数组函数的输入端口数组相连。

10）将数值常量（值为 1、2、3、4）分别与索引数组函数的输入端口索引相连。

11）添加 1 个数值常量，选中该常量，右击，选择“属性”选项，出现数值常量属性对话框，选择格式与精度，选择十六进制，确定后输入 30。减 30 的作用是将读取的 ASCII 值转换为十六进制。

12）再添加如下功能函数并连线：将十六进制电压值转换为十进制数（PLC 寄存器中的数字量值），然后除以 200 就是 1 通道的十进制电压值，然后根据电压 u 与温度 t 的数学关系，即 $t=(u-1)\times50$，就得到温度值。

连接好的程序框图如图 13-25 所示。

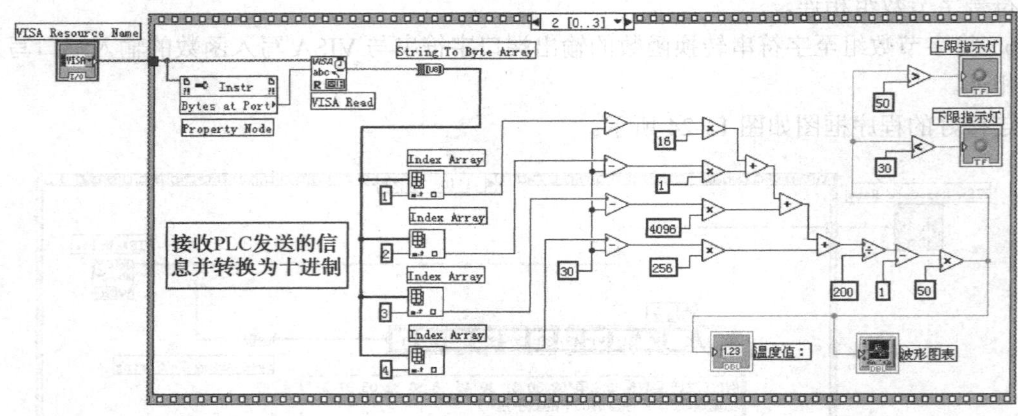

图 13-25　接收数据程序框图

（4）延时程序框图。

1）为了以一定的周期读取 PLC 的返回数据，在顺序结构 Frame3 中添加 1 个“等待下一个整数倍毫秒”定时函数。

2）在顺序结构 Frame3 中添加 1 个数值常量，将值改为 500（时钟频率值）。

3）将数值常量（值为 500）与等待下一个整数倍毫秒函数的输入端口毫秒倍数相连。

连接好的延时程序框图如图 13-26 所示。

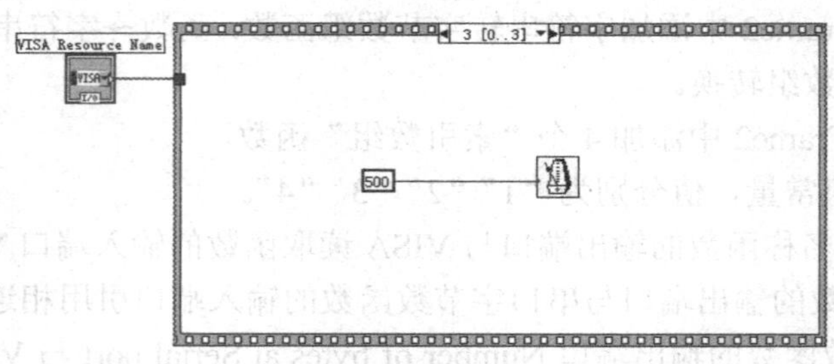

图 13-26　延时程序框图

3．运行程序

程序设计、调试完毕，单击快捷工具栏“连续运行”按钮，运行程序。

PC 读取并显示三菱 PLC 检测的温度值，绘制温度变化曲线。当测量温度小于 30℃时，程序界面下限指示灯为红色，PLC 的 Y0 端口置位；当测量温度大于 50℃时，程序界面上限指示灯为红色，Y1 端口置位。

程序运行界面如图 13-27 所示。

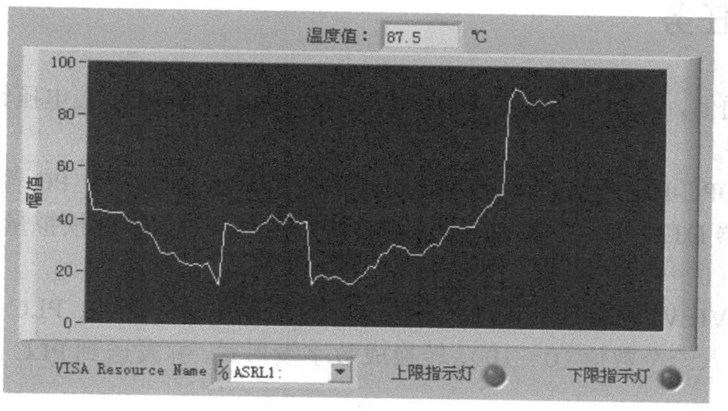

图 13-27　程序运行界面

实例 73　三菱 PLC 电压输出

一、线路连接

将 PC 与三菱 FX_{2N}-32MR PLC 通过编程电缆连接起来，将模拟量输出扩展模块 FX_{2N}-4DA 与 PLC 连接起来，构成一套模拟量输出系统。

PC 通过 FX_{2N}-32MR PLC 的编程口与 PLC 组成的模拟电压输出系统如图 13-28 所示。

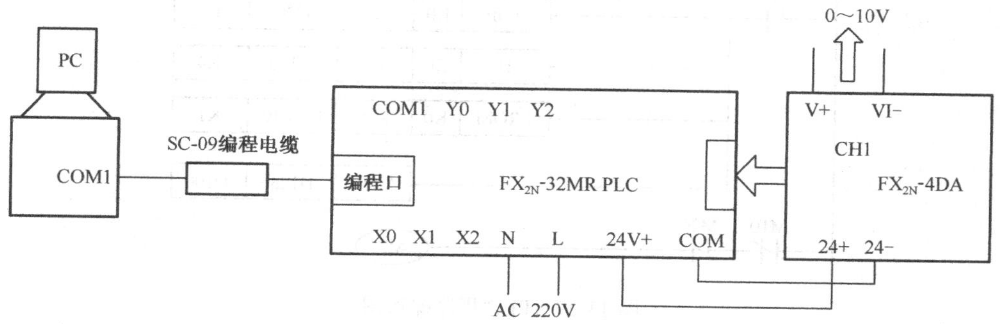

图 13-28　PC 通过 FX_{2N}-32MR PLC 的编程口与 PLC 组成的模拟电压输出系统

图 13-28 中，通过 SC-09 编程电缆将 PC 的串口 COM1 与三菱 FX_{2N}-32MR PLC 的编程口连接起来；将模拟量输出扩展模块 FX_{2N}-4DA 与 PLC 主机相连。FX_{2N}-4DA 模块的 ID 号为 0，其 DC 24V 电源由主机提供（也可使用外接电源）。

PC 发送到 PLC 的数值（0～10，反映电压大小）由 FX_{2N}-4DA 的模拟量输出 1 通道（CH1）

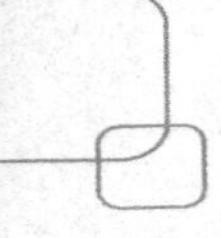

V+与 VI-之间接输出。

PLC 的模拟量输出模块（FX_{2N}-4DA）负责 D/A 转换，即将数字量信号转换为模拟量信号输出。

二、设计任务

PLC 与 PC 通信，在程序设计上涉及两部分的内容：一是 PLC 端电压输出程序；二是 PC 端 LabVIEW 程序。

1）采用 SWOPC-FXGP/WIN-C 编程软件编写 PLC 程序，将上位 PC 输出的电压值（数字量形式，在寄存器 D123 中）放入寄存器 D100 中，并在 FX_{2N}-4AD 模拟量输出 1 通道输出同样大小的电压值（0～10V）。

2）采用 LabVIEW 语言编写程序，实现 PC 与三菱 FX_{2N}-32MR PLC 数据通信，要求在 PC 程序界面中输入一个数值（0～10），转换成数字量形式，并发送到 PLC 的寄存器 D123 中。

三、任务实现

（一）PLC 端电压输出程序

1. PLC 梯形图

三菱 FX_{2N}-32MR 型 PLC 使用 FX_{2N}-4AD 模拟量输出模块实现模拟电压输出，采用 SWOPC-FXGP/WIN-C 编程软件编写的 PLC 程序梯形图，如图 13-29 所示。

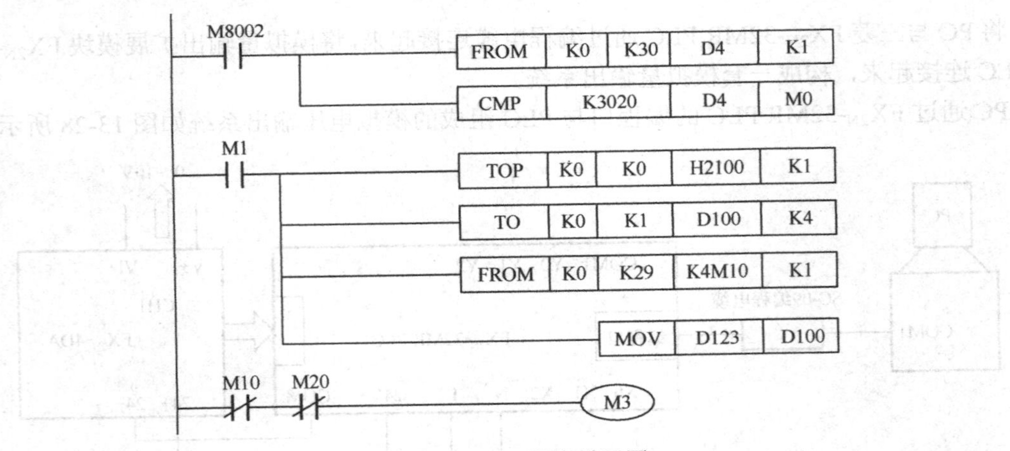

图 13-29 PLC 程序梯形图

程序的主要功能是：PC 程序中设置的数值写入到 PLC 的寄存器 D123 中，并将数据传送到寄存器 D100 中，在扩展模块 FX_{2N}-4AD 模拟量输出 1 通道输出同样大小的电压值。

程序说明：

第 1 逻辑行，首次扫描时从 0 号特殊功能模块的 BFM# 30 中读出标识码，即模块 ID 号，并放到基本单元的 D4 中。

第 2 逻辑行，检查模块 ID 号，如果是 FX_{2N}-4AD，结果送到 M0。

第 3 逻辑行，传送控制字，设置模拟量输出类型。

第 4 逻辑行，将从 D100 开始的 4 字节数据写到 0 号特殊功能模块的编号从 1 开始的 4 个缓冲寄存器中。

第 5 逻辑行，独处通道工作状态，将模块运行状态从 BFM#29 读入 M10～M17。

第 6 逻辑行，将上位 PC 传送到 D123 的数据传送给寄存器 D100。

第 7 逻辑行，如果模块运行没有错，且模块数字量输出值正常，将内部寄存器 M3 置“1”。

2. 程序的写入

PLC 端程序编写完成后需将其写入 PLC 才能正常运行。步骤如下：

1）接通 PLC 主机电源，将 RUN/STOP 转换开关置于 STOP 位置。

2）运行 SWOPC-FXGP/WIN-C 编程软件，打开模拟量输出程序，执行“转换”命令。

3）执行菜单命令“PLC”→“传送”→“写出”，如图 13-30 所示，打开“PC 程序写入”对话框，选中“范围设置”项，终止步设为 100，单击“确认”按钮，即开始 PC 程序写入，如图 13-31 所示。

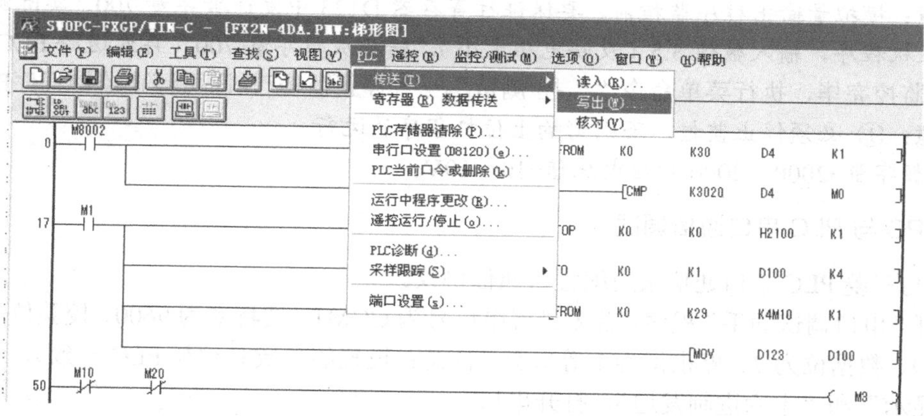

图 13-30　执行菜单命令“PLC”→“传送”→“写出”

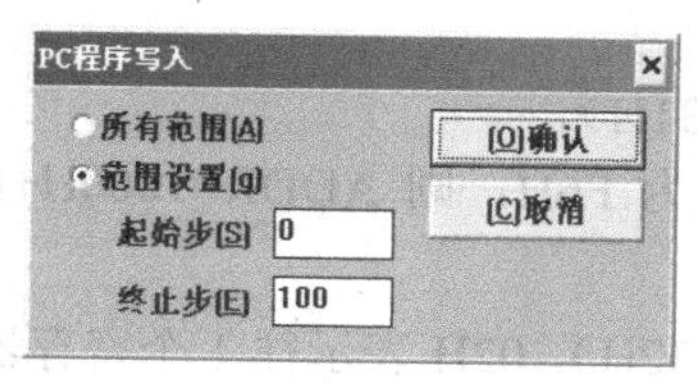

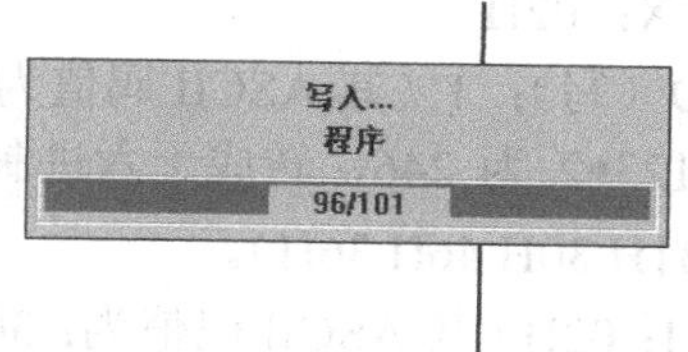

图 13-31　PC 程序写入

4）程序写入完毕后，将 RUN/STOP 转换开关置于 RUN 位置，即可进行模拟电压的输出。

3. PLC 程序的监控

PLC 端程序写入后，可以进行实时监控。步骤如下：

1）接通 PLC 主机电源，将 RUN/STOP 转换开关置于 RUN 位置。

2）运行 SWOPC-FXGP/WIN-C 编程软件，打开模拟量输出程序，并写入。

3）执行菜单命令“监控/测试”→“开始监控”，即可开始监控程序的运行，如图 13-32 所示。

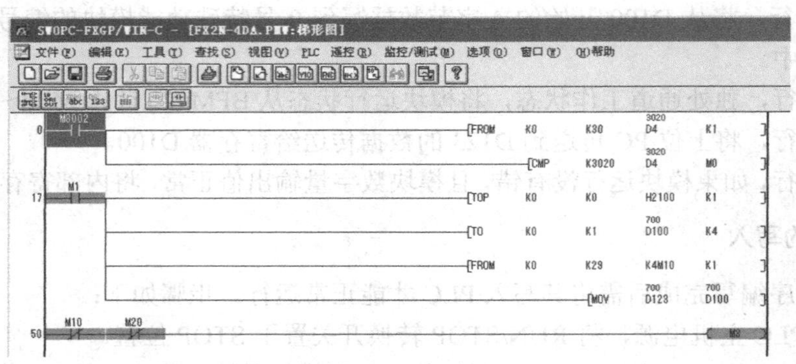

图 13-32　PLC 程序监控

寄存器 D123 和 D100 上的蓝色数字（如 700）就是要输出到模拟量输出 1 通道的电压值（换算后的电压值为 3.5V，与万用表测量值相同）。

注意：模拟量输出程序监控前，要保证往寄存器 D123 中发送数字量 700。实际测试时先运行上位机程序，输入数值 3.5（反映电压大小），转换成数字量 700，再发送给 PLC。

4）监控完毕，执行菜单命令“监控/测试”→“停止监控”，即可停止监控程序的运行。

注意：① 必须停止监控，否则影响上位机程序的运行。

② 数字量-2000～2000 对应电压值-10～10V。

4．PC 与 PLC 串口通信调试

PC 与三菱 PLC 串口通信采用编程口通信协议。

打开“串口调试助手”程序，首先设置串口号为 COM1、波特率为 9600、校验位为 EVEN（偶校验）、数据位为 7、停止位为 1 等参数（注意：设置的参数必须与 PLC 一致），选择“十六进制显示”和“十六进制发送”，打开串口。

例如，往寄存器 D123 中写入数值 500（2.5V）。发送写指令的获取过程如下：

开始字符 STX：02H。

命令码 CMD（写）：1（其 ASCII 码值为：31H）。

起始地址：123*2 为 246，转成十六进制数为 F6H，则 ADDR=1000H+F6H=10F6H（其 ASCII 码值为：31H 30H 46H 36H）。

字节数 NUM：02H（其 ASCII 码值为：30H 32H）。02H 表示往 1 个寄存器发送数值，04H 表示往 2 个寄存器发送数值，依次类推。

数据 DATA：写给 D123 的数为 500，转成十六进制为 01F4，其 ASCII 码值为：30 31 46 34，低字节在前，高字节在后，在指令中应为 46 34 30 31。

结束字符 EXT：03H。

累加和 SUM：31H+31H+30H+46H+36H+30H+32H+46H+34H+30H+31H+03H = 24EH。累加和超过两位数时，取它的低两位，即 SUM 为 4EH，4EH 的 ASCII 码值为 34H 45H。

对应的写命令帧格式为：

02 31 31 30 46 36 30 32 46 34 30 31 03 34 45

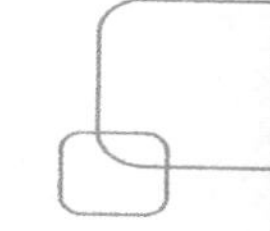

在串口调试助手发送区输入指令“02 31 31 30 46 36 30 32 46 34 30 31 03 34 45”，单击“手动发送”按钮，PLC 接收到此命令，如正确执行，则返回 ACK 码（06H），如图 13-33 所示，否则返回 NAK 码（15H）。

发送成功后，使用万用表测量 FX_{2N}-4DA 扩展模块模拟量输出 1 通道，输出电压值应该是 2.5V。

同样可知往寄存器 D123 中写入数值 700（3.5V），对应的写命令帧格式为：

02 31 31 30 46 36 30 32 42 43 30 32 03 35 41

（二）PC 端 LabVIEW 程序

1. 程序前面板设计

1）为了输出电压值，添加 1 个开关控件：控件→新式→布尔→垂直滑动杆开关控件，将标签改为“输出 2.5V”。

2）为了输入指令，添加 1 个字符串输入控件：控件→新式→字符串与路径→字符串输入控件，将标签改为“指令：02 31 31 30 46 36 30 32 46 34 30 31 03 34 45”。

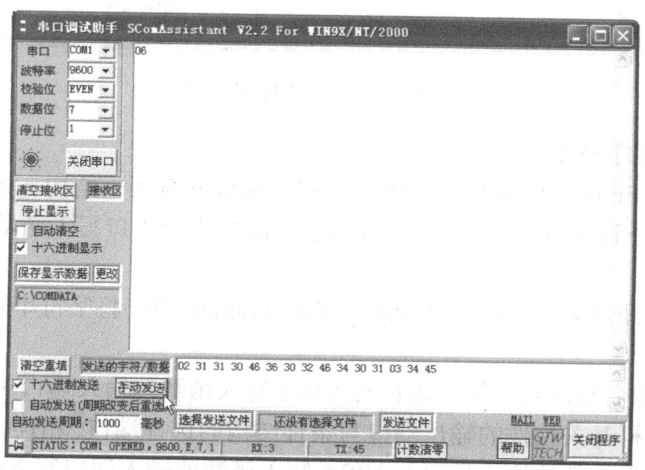

图 13-33　三菱 PLC 模拟量输出串口调试

3）为了获得串行端口号，添加 1 个串口资源检测控件：控件→新式→I/O→VISA 资源名称；单击控件箭头，选择串口号，如 COM1 或 ASRL1:。

设计的程序前面板如图 13-34 所示。

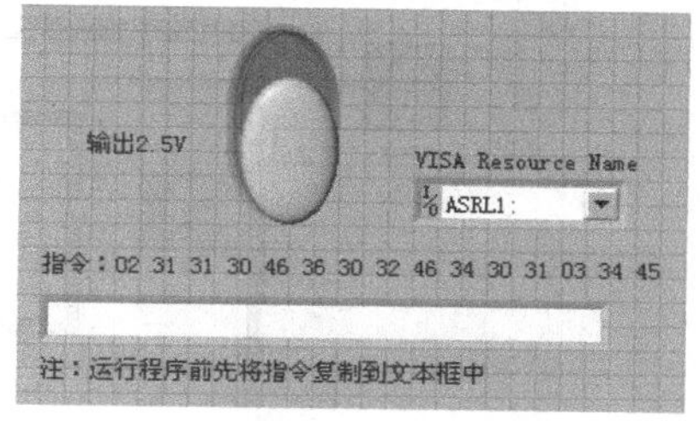

图 13-34　程序前面板

2. 程序框图设计

（1）串口初始化程序框图。

1）添加 1 个顺序结构：函数→编程→结构→层叠式顺序结构。

将其帧设置为 4 个（序号 0～3）。设置方法：选中层叠式顺序结构上边框，右击，执行“在后面添加帧”命令 3 次。

2）为了设置通信参数，在顺序结构 Frame0 中添加 1 个串口配置函数：函数→仪器 I/O→

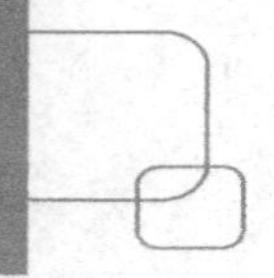

串口→VISA 配置串口。

3）为了设置通信参数值，在顺序结构 Frame0 中添加 4 个数值常量：函数→编程→数值→数值常量，值分别为 9600（波特率）、7（数据位）、2（校验位，偶校验）、10（停止位 1，注意这里的设定值为 10）。

4）将 VISA 资源名称函数的输出端口与串口配置函数的输入端口 VISA 资源名称相连。

5）将数值常量 9600、7、2、10 分别与 VISA 配置串口函数的输入端口波特率、数据比特、奇偶、停止位相连。

连接好的串口初始化程序框图如图 13-35 所示。

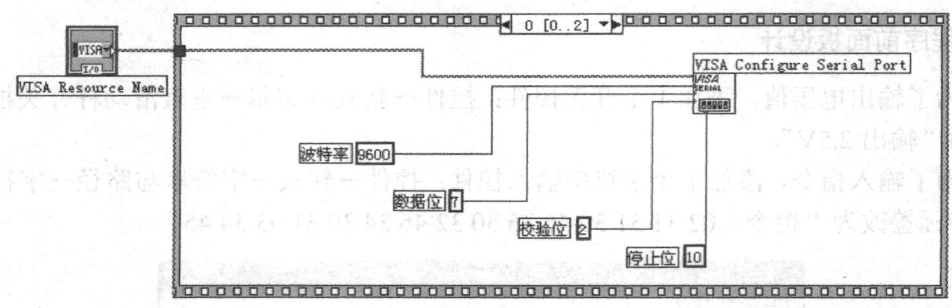

图 13-35　串口初始化程序框图

（2）发送指令程序框图。

1）在顺序结构 Frame1 中添加 1 个条件结构：函数→编程→结构→条件结构。

2）为了发送指令到串口，在条件结构真选项中添加 1 个串口写入函数：函数→仪器 I/O→串口→VISA 写入。

3）将垂直滑动杆开关控件图标移到顺序结构 Frame1 中；将字符串输入控件图标移到条件结构真选项中。

4）将 VISA 资源名称函数的输出端口与 VISA 写入函数的输入端口 VISA 资源名称相连。

5）将垂直滑动杆开关控件的输出端口与条件结构的选择端口?相连。

6）将字符串输入控件的输出端口与 VISA 写入函数的输入端口写入缓冲区相连。

连接好的发送指令程序框图如图 13-36 所示。

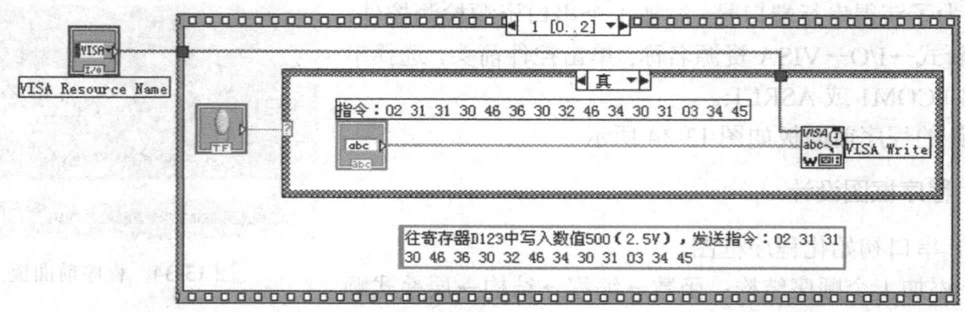

图 13-36　发送指令程序框图

（3）延时程序框图。

1）在顺序结构 Frame2 中添加 1 个时钟函数：函数→编程→定时→等待下一个整数倍毫秒。

2）在顺序结构 Frame2 中添加 1 个数值常量：函数→编程→数值→数值常量，将值改为 200（时钟频率值）。

3）将数值常量（值为 200）与等待下一个整数倍毫秒函数的输入端口毫秒倍数相连。

连接好的延时程序框图如图 13-37 所示。

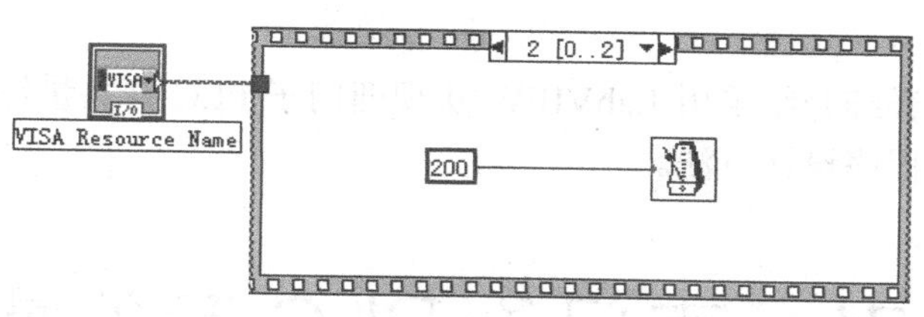

图 13-37　延时程序框图

3. 运行程序

程序设计、调试完毕，单击快捷工具栏“连续运行”按钮，运行程序。

将指令“02 31 31 30 46 36 30 32 46 34 30 31 03 34 45”复制到字符串输入控件中，文本框中输入的指令将自动变成界面所示格式。单击滑动开关，三菱 PLC 模拟量输出模块 1 通道输出 2.5V 电压。

程序运行界面如图 13-38 所示。

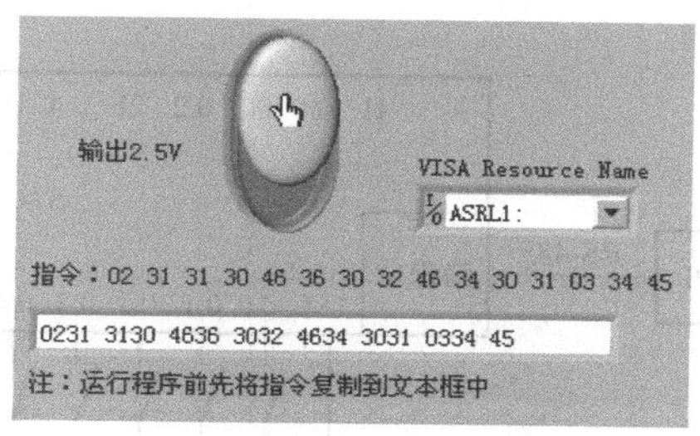

图 13-38　程序运行界面

第 14 章　西门子 PLC 串口通信与测控

本章通过实例，详细介绍采用 LabVIEW 实现西门子 PLC 开关量输入、开关量输出、温度测控及电压输出的程序设计方法。

实例 74　西门子 PLC 开关量输入

一、线路连接

将 PC 与西门子 S7-200 PLC 通过 PC/PPI 编程电缆连接起来，构成一套开关量输入系统，如图 14-1 所示。采用按钮、行程开关、继电器开关等改变 PLC 某个输入端口的状态（打开/关闭）。

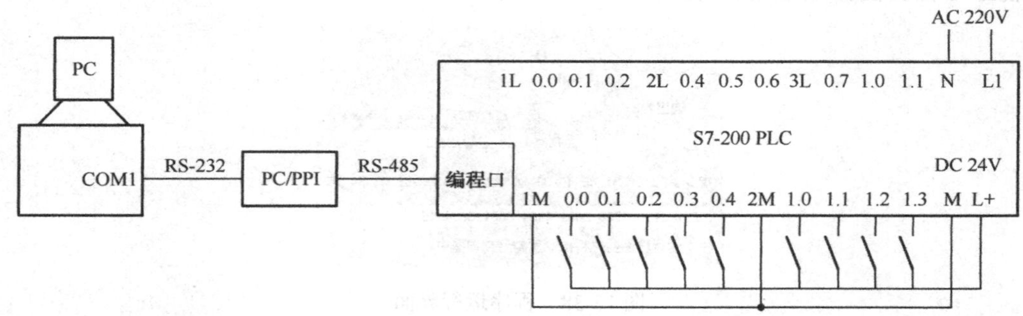

图 14-1　PC 与西门子 S7-200 PLC 组成的开关量输入系统

图 14-1 中，通过 PC/PPI 编程电缆将 PC 的串口 COM1 与西门子 S7-200 PLC 的编程口连接起来。用导线将 M、1M 和 2M 端点短接，按钮、行程开关等的常开触点接 PLC 开关量输入端点（实际测试中，可用导线将输入端点 0.0、0.1、0.2…与 L+端点之间短接或断开，从而产生开关量输入信号）。

二、设计任务

采用 LabVIEW 语言编写程序，实现 PC 与西门子 S7-200PLC 数据通信，要求 PC 接收 PLC 发送的开关量输入信号状态值，并在程序界面中显示。

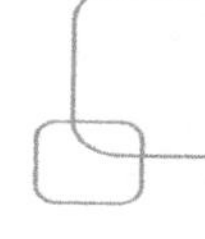

三、任务实现

（一）PC 与西门子 S7-200 PLC 串口通信调试

PC 与西门子 S7-200 PLC 串口通信采用 PPI 通信协议。

打开“串口调试助手”程序，首先设置串口号为 COM1、波特率为 9600、校验位为 EVEN（偶校验）、数据位为 8、停止位为 1 等参数（注意：设置的参数必须与 PLC 一致），选择“十六进制显示”和“十六进制发送”，打开串口。

例如，向 S7-200PLC 发送读指令，取寄存器 I0 的值，发指令“68 1B 1B 68 02 00 6C 32 01 00 00 00 00 00 0E 00 00 04 01 12 0A 10 02 00 01 00 00 81 00 00 00 64 16”，单击“手动发送”按钮，如果 PC 与 PLC 串口通信正常，接收区显示返回的数据串“E5”，如图 14-2 所示。

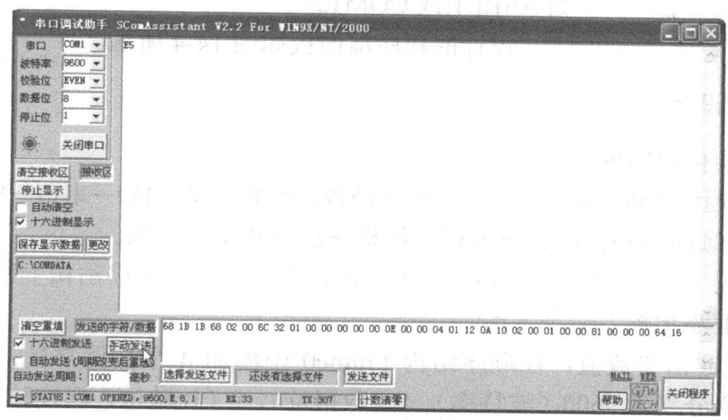

图 14-2　西门子 PLC 数字量输入串口调试 1

再发确认指令“10 02 00 5C 5E 16”，西门子 PLC 返回数据“E5 68 16 16 68 00 02 08 32 03 00 00 00 00 00 02 00 05 00 00 04 01 FF 04 00 08 84 DA 16”，如图 14-3 所示，第 27 字节“84”表示 PLC 数字量输入端口 I0.0-I0.7 的状态，将“84”转成二进制“10000100”，表示 7 号、2 号端子是高电平。

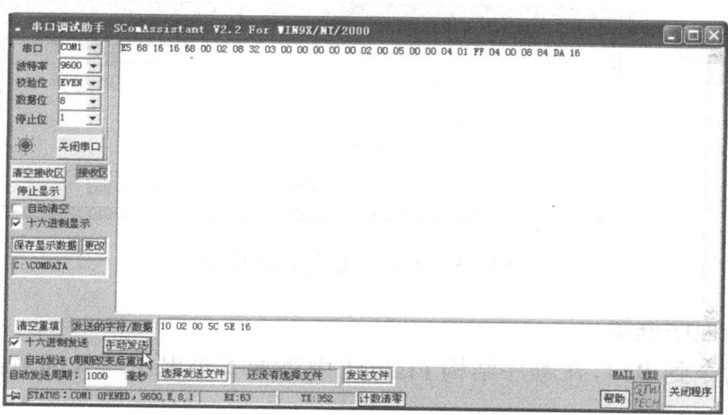

图 14-3　西门子 PLC 数字量输入串口调试 2

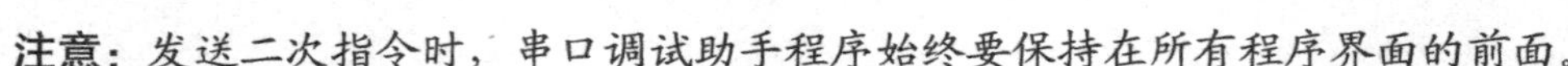

注意： 发送二次指令时，串口调试助手程序始终要保持在所有程序界面的前面。

（二）PC 端 LabVIEW 程序

1．程序前面板设计

1）为了显示开关信号输入状态，添加 1 个数值显示控件：控件→新式→数值→数值显示控件，将标签改为“状态信息：”。

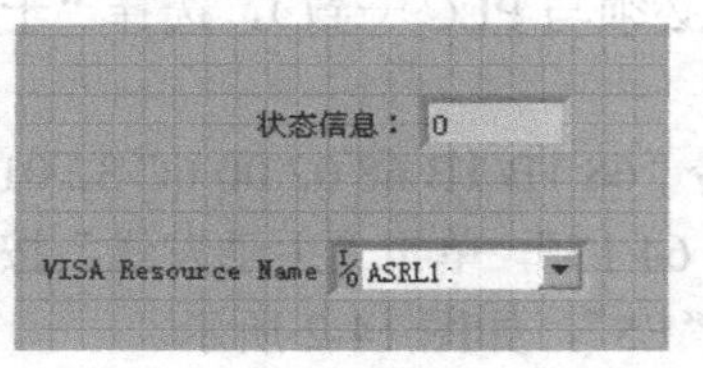

图 14-4　程序前面板

右击该控件，选择“格式与精度”选项，在出现的数值属性对话框中进入“数据范围”选项，表示法选择“无符号单字节”，然后进入“格式与精度”选项，选择“二进制”。

2）为了获得串行端口号，添加 1 个串口资源检测控件：控件→新式→I/O→VISA 资源名称；单击控件箭头，选择串口号，如 ASRL1:或 COM1。

设计的程序前面板如图 14-4 所示。

2．程序框图设计

（1）串口初始化程序框图。

1）为了设置通信参数，添加 1 个串口配置函数：函数→仪器 I/O→串口→VISA 配置串口。

2）添加 1 个顺序结构：函数→编程→结构→层叠式顺序结构。

将其帧设置为 6 个（序号 0～5）。设置方法：选中层叠式顺序结构上边框，单击鼠标右键，执行“在后面添加帧”命令 5 次。

3）为了设置通信参数值，在顺序结构 Frame0 中添加 4 个数值常量：函数→编程→数值→数值常量，值分别为 9600（波特率）、8（数据位）、2（校验位，偶校验）、10（停止位 1，注意这里的设定值为 10）。

4）将 VISA 资源名称函数的输出端口与串口配置函数的输入端口 VISA 资源名称相连。

5）将数值常量 9600、8、2、10 分别与 VISA 配置串口函数的输入端口波特率、数据比特、奇偶、停止位相连。

连接好的程序框图如图 14-5 所示。

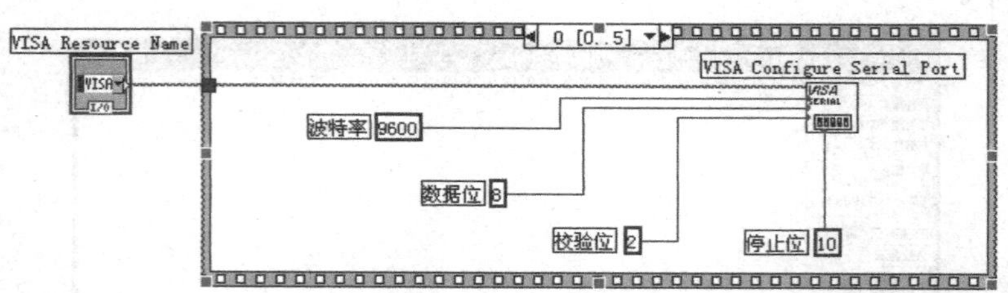

图 14-5　串口初始化程序框图

（2）发送指令程序框图。

1）为了发送指令到串口，在顺序结构 Frame1 中添加 1 个串口写入函数：函数→仪器 I/O→串口→VISA 写入。

2）在顺序结构 Frame1 中添加数组常量：函数→编程→数组→数组常量，标签为“读指令”。

再往数组常量中添加数值常量，设置为 33 个，将其数据格式设置为十六进制，方法为：选中数组常量（函数中的数值常量，右击，执行“格式与精度”命令，在出现的对话框中，从格式与精度选项中选择十六进制，单击“OK”按钮确定。

将 33 个数值常量的值分别改为 68、1B、1B、68、02、00、6C、32、01、00、00、00、00、00、0E、00、00、04、01、12、0A、10、02、00、01、00、00、81、00、00、00 64、16（取寄存器 I0 的值，反映 I0.0～I0.7 的状态信息）。

3）在顺序结构 Frame1 中添加字节数组转字符串函数：函数→编程→字符串→字符串/数组/路径转换→字节数组至字符串转换。

4）将 VISA 资源名称函数的输出端口与 VISA 写入函数的输入端口 VISA 资源名称相连。

5）将数组常量（标签为“读指令”）的输出端口与字节数组至字符串转换函数的输入端口无符号字节数组相连。

6）将字节数组至字符串转换函数的输出端口字符串与 VISA 写入函数的输入端口写入缓冲区相连。

连接好的程序框图如图 14-6 所示。

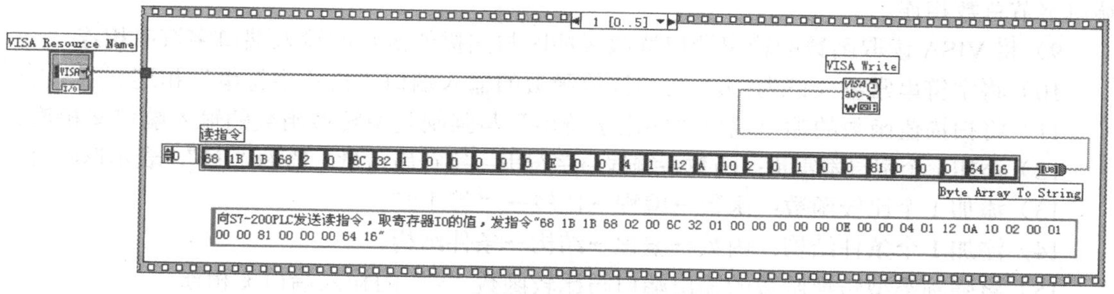

图 14-6　发送指令程序框图

（3）延时程序框图。

1）为了以一定的周期读取 PLC 的返回数据，在顺序结构 Frame2 中添加 1 个时钟函数：函数→编程→定时→等待下一个整数倍毫秒。

2）在顺序结构 Frame2 中添加 1 个数值常量：函数→编程→数值→数值常量，将值改为 500（时钟频率值）。

3）将数值常量（值为 500）与等待下一个整数倍毫秒函数的输入端口毫秒倍数相连。

连接好的延时程序框图如图 14-7 所示。

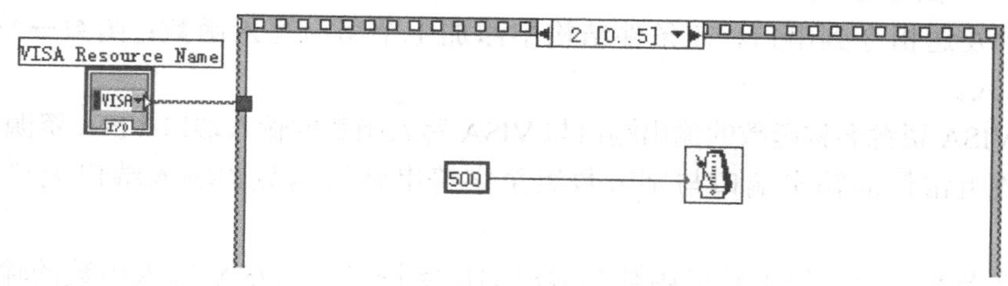

图 14-7　延时程序框图

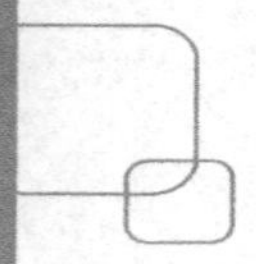

（4）发送确认指令程序框图。

1）为了获得串口缓冲区数据个数，在顺序结构 Frame3 中添加 1 个串口字节数函数：函数→仪器 I/O→串口→VISA 串口字节数，标签为“Property Node”。

2）为了从串口缓冲区获取返回数据，在顺序结构 Frame3 中添加 1 个串口读取函数：函数→仪器 I/O→串口→VISA 读取。

3）在顺序结构 Frame3 中添加 1 个扫描值函数：函数→编程→字符串→字符串/数值转换→扫描值。

4）在顺序结构 Frame3 中添加 1 个字符串常量：函数→编程→字符串→字符串常量，值为“%b”，表示输入的是二进制数据。

5）在顺序结构 Frame3 中添加 1 个数值常量：函数→编程→数值→数值常量，值为 0。

6）在顺序结构 Frame3 中添加 1 个强制类型转换函数：函数→编程→数值→数据操作→强制类型转换。

7）将 VISA 资源名称函数的输出端口分别与串口字节数函数的输入端口引用、VISA 读取函数的输入端口 VISA 资源名称相连。

8）将串口字节数函数的输出端口 Number of bytes at Serial port 与 VISA 读取函数的输入端口字节总数相连。

9）将 VISA 读取函数的输出端口读取缓冲区与扫描值函数的输入端口字符串相连。

10）将字符串常量（值为%b）与扫描值函数的输入端口“格式字符串”相连。

11）将扫描值函数的输出端口“输出字符串”与强制类型转换函数的输入端口 x 相连。

12）添加 1 个字符串常量：函数→编程→字符串→字符串常量，值为“E5”，表示返回值。

13）添加 1 个比较函数：函数→编程→比较→“等于?”。

14）添加 1 个条件结构：函数→编程→结构→条件结构。

15）将强制类型转换函数的输出端口与比较函数“=”的输入端口 x 相连。

16）将字符串常量“E5”与比较函数“=”的输入端口 y 相连。

17）将比较函数“=”的输出端口“x=y?”与条件结构的选择端口?相连。

18）在条件结构中添加数组常量：函数→编程→数组→数组常量。

再往数组常量中添加数值常量，设置为 6 个，将其数据格式设置为十六进制，方法为：选中数组常量中的数值常量，右击，执行“格式与精度”命令，在出现的对话框中，从格式与精度选项中选择十六进制，单击“OK”按钮确定。将 6 个数值常量的值分别改为 10、02、00、5C、5E、16。

19）在条件结构中添加 1 字节数组转字符串函数：函数→编程→字符串→字符串/数组/路径转换→字节数组至字符串转换。

20）为了发送指令到串口，在条件结构中添加 1 个串口写入函数：函数→仪器 I/O→串口→VISA 写入。

21）将 VISA 资源名称函数的输出端口与 VISA 写入函数的输入端口 VISA 资源名称相连。

22）将数组常量的输出端口与字节数组至字符串转换函数的输入端口无符号字节数组相连。

23）将字节数组至字符串转换函数的输出端口字符串与 VISA 写入函数的输入端口写入缓冲区相连。

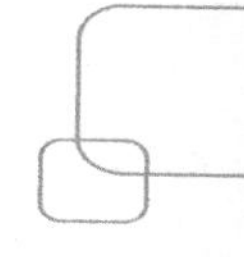

连接好的程序框图如图 14-8 所示。

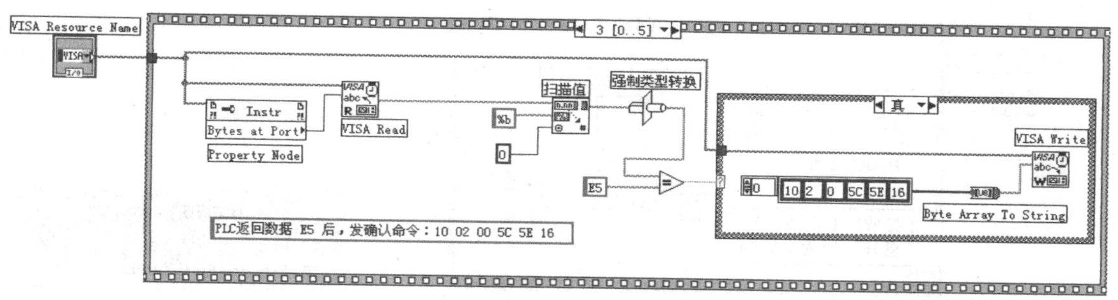

图 14-8　发送确认指令程序框图

（5）延时程序框图。

在顺序结构 Frame4 中添加 1 个时钟函数和 1 个数值常量（值为 500），并将两者连接起来。

（6）接收数据程序框图。

1）为了获得串口缓冲区数据个数，在顺序结构 Frame5 中添加 1 个串口字节数函数：函数→仪器 I/O→串口→VISA 串口字节数，标签为“Property Node”。

2）为了从串口缓冲区获取返回数据，在顺序结构 Frame5 中添加 1 个串口读取函数：函数→仪器 I/O→串口→VISA 读取。

3）在顺序结构 Frame5 中添加字符串转字节数组函数：函数→编程→字符串→字符串/数组/路径转换→字符串至字节数组转换。

4）在顺序结构 Frame5 中添加 1 个索引数组函数：函数→编程→数组→索引数组。

5）添加 1 个数值常量：函数→编程→数值→数值常量，值为 25。

6）将 VISA 资源名称函数的输出端口分别与串口字节数函数的输入端口引用、VISA 读取函数的输入端口 VISA 资源名称相连。

7）将串口字节数函数的输出端口 Number of bytes at Serial port 与 VISA 读取函数的输入端口字节总数相连。

8）将 VISA 读取函数的输出端口读取缓冲区与字符串至字节数组转换函数的输入端口字符串相连。

9）将字符串至字节数组转换函数的输出端口无符号字节数组分别与 2 个索引数组函数的输入端口数组相连。

10）将数值常量（值为 25）与索引数组函数的输入端口索引相连。

11）将状态信息显示控件图标移到顺序结构 Frame5 中，将索引数组函数的输出端口元素与状态信息显示控件的输入端口相连。

连接好的程序框图如图 14-9 所示。

3．运行程序

程序设计、调试完毕，单击快捷工具栏“连续运行”按钮，运行程序。

首先设置端口号。PC 读取并显示西门子 PLC 开关量输入信号值，如“10000000”，表示端口 I0.7 闭合，其他端口断开（因为检测速度，有时需要等待几秒才会有数据显示）。

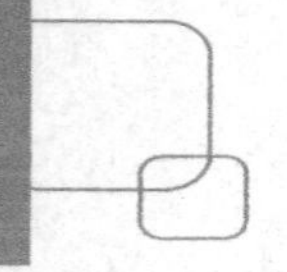

程序运行界面如图 14-10 所示。

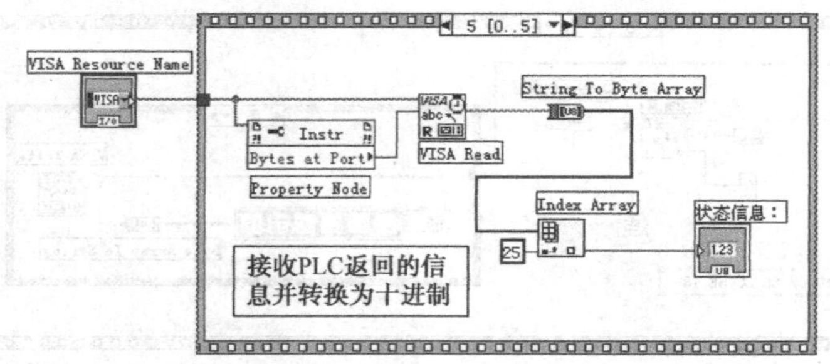

图 14-9 接收数据程序框图

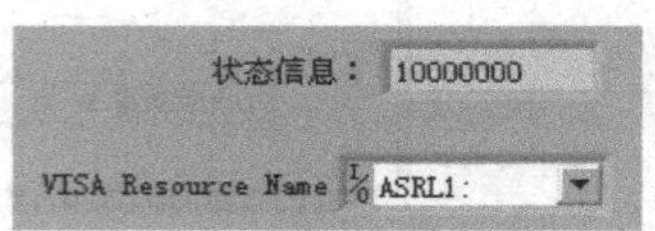

图 14-10 程序运行界面

实例 75 西门子 PLC 开关量输出

一、线路连接

将 PC 与西门子 S7-200 PLC 通过 PC/PPI 编程电缆连接起来，构成一套开关量输出系统，如图 14-11 所示。

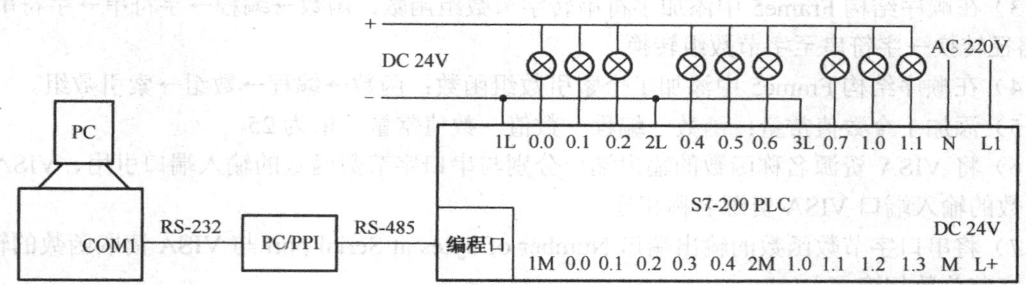

图 14-11 PC 与西门子 S7-200 PLC 组成的开关量输出系统

图 14-11 中，通过 PC/PPI 编程电缆将 PC 的串口 COM1 与西门子 S7-200 PLC 的编程口连接起来。可外接指示灯或继电器等装置来显示 PLC 开关输出状态。

实际测试中，不需要外接指示装置，直接使用 PLC 提供的输出信号指示灯。

二、设计任务

采用 LabVIEW 语言编写程序，实现 PC 与西门子 S7-200 PLC 数据通信，任务要求如下：在 PC 程序界面中指定元件地址，单击置位/复位（或打开/关闭）命令按钮，置指定地址的元件端口（继电器）状态为 ON 或 OFF，使线路中 PLC 指示灯亮/灭。

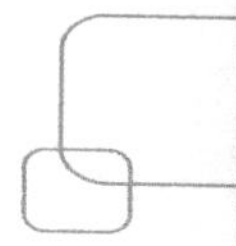

三、任务实现

（一）PC 与西门子 S7-200 PLC 串口通信调试

PC 与西门子 PLC 串口通信采用 PPI 通信协议。

打开“串口调试助手”程序，首先设置串口号为 COM1、波特率为 9600、校验位为 EVEN（偶校验）、数据位为 8、停止位为 1 等参数（注意：设置的参数必须与 PLC 一致），选择“十六进制显示”和“十六进制发送”，打开串口。

向 S7-200 PLC 发写指令，将 Q0.0～Q0.7 端口置 1，发“FF”，即“11111111”，向 PLC 发指令“68 20 20 68 02 00 7C 32 01 00 00 00 00 00 0E 00 05 05 01 12 0A 10 02 00 01 00 00 82 00 00 00 00 04 00 08 FF 86 16”。PLC 返回数据“E5”后，再发送确认指令“10 02 00 5C 5E 16”，PLC 再返回数据“E5”后，写入成功，西门子 PLC 数字量输出串口调试如图 14-12 所示。

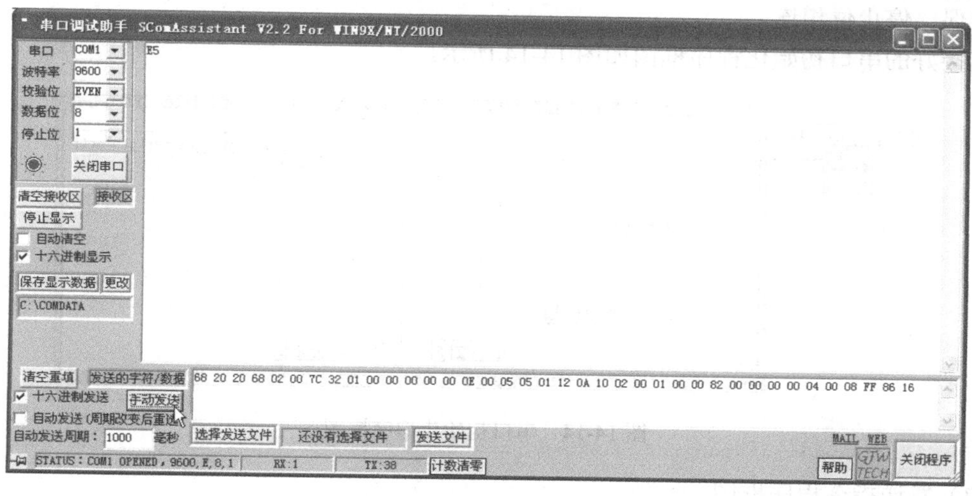

图 14-12　西门子 PLC 数字量输出串口调试

向 S7-200 PLC 发写指令，将 Q0.0～Q0.7 端口置 0，发送“00”，即“00000000”，向 PLC 发送指令“68 20 20 68 02 00 7C 32 01 00 00 00 00 00 0E 00 05 05 01 12 0A 10 02 00 01 00 00 82 00 00 00 00 04 00 08 00 87 16”，PLC 返回数据“E5”后，再发送确认指令“10 02 00 5C 5E 16”，PLC 再返回数据“E5”后，写入成功。

注意：发送二次指令时，串口调试助手程序始终要保持在所有程序界面的前面。

（二）PC 端 LabVIEW 程序

1．程序前面板设计

1）为了输出开关信号，添加 1 个开关控件：控件→新式→布尔→垂直滑动杆开关控件。

2）为了获得串行端口号，添加 1 个串口资源检测控件：控件→新式→I/O→VISA 资源名称；单击控件箭头，选择串口号，如 ASRL1:或 COM1。

设计的程序前面板如图 14-13 所示。

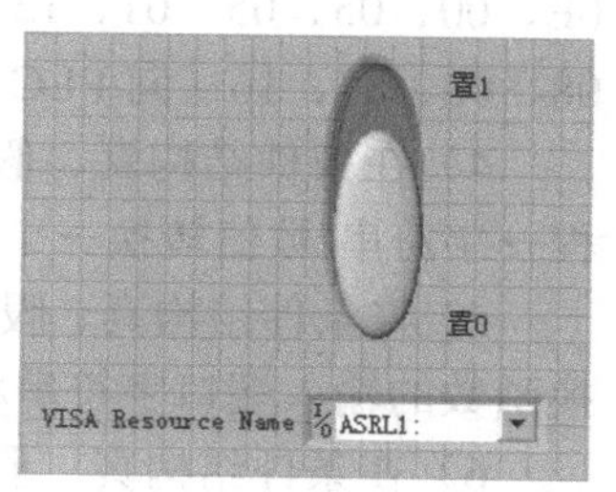

图 14-13　程序前面板

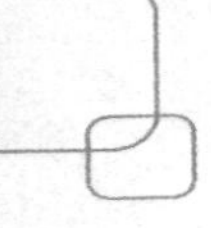

2. 程序框图设计

（1）串口初始化程序框图。

1）为了设置通信参数，添加 1 个串口配置函数：函数→仪器 I/O→串口→VISA 配置串口。

2）添加 1 个顺序结构：函数→编程→结构→层叠式顺序结构。

将其帧设置为 4 个（序号 0～3）。设置方法：选中层叠式顺序结构上边框，单击鼠标右键，执行“在后面添加帧”命令 3 次。

3）为了设置通信参数值，在顺序结构 Frame0 中添加 4 个数值常量：函数→编程→数值→数值常量，值分别为 9600（波特率）、8（数据位）、2（校验位，偶校验）、10（停止位 1，注意这里的设定值为 10）。

4）将 VISA 资源名称函数的输出端口与串口配置函数的输入端口 VISA 资源名称相连。

5）将数值常量 9600、8、2、10 分别与 VISA 配置串口函数的输入端口波特率、数据比特、奇偶、停止位相连。

连接好的串口初始化程序框图如图 14-14 所示。

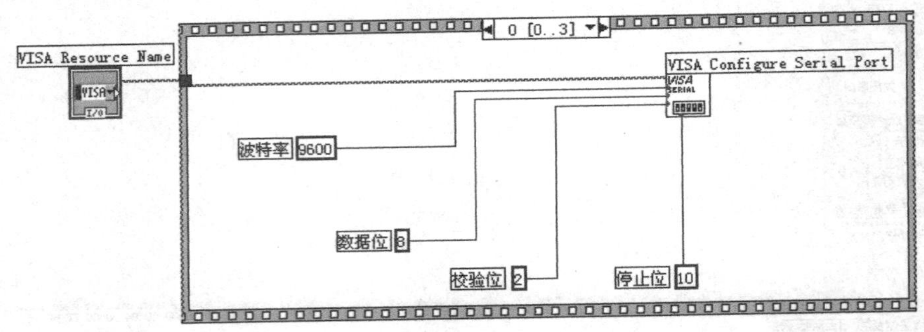

图 14-14　串口初始化程序框图

（2）发送指令程序框图。

1）在顺序结构 Frame1 中添加 1 个条件结构：函数→编程→结构→条件结构。

2）在条件结构真选项中添加 38 个字符串常量：函数→编程→字符串→字符串常量。将 38 个字符串常量的值分别改为 68、20、20、68、02、00、7C、32、01、00、00、00、00、00、0E、00、05、05、01、12、0A、10、02、00、01、00、00、82、00、00、00、00、04、00、08、FF、86、16（向 PLC 发送指令，将 Q0.0～Q0.7 端口置 1）。

3）在条件结构假选项中添加 38 个字符串常量：函数→编程→字符串→字符串常量。将 38 个字符串常量的值分别改为 68、20、20、68、02、00、7C、32、01、00、00、00、00、00、0E、00、05、05、01、12、0A、10、02、00、01、00、00、82、00、00、00、00、04、00、08、00、87、16（向 PLC 发送指令，将 Q0.0～Q0.7 端口置 0）。

4）在条件结构真、假选项中各添加 38 个十六进制数字符串至数值转换函数：函数→编程→字符串/数值转换→十六进制数字符串至数值转换。

5）将条件结构真、假选项中的 38 个字符串常量分别与 38 个十六进制数字符串至数值转换函数的输入端口字符串相连。

6）在条件结构真、假选项中各添加 1 个创建数组函数：函数→编程→数组→创建数组。并设置为 38 个元素。

7）将条件结构真、假选项中 38 个十六进制数字符串至数值转换函数的输出端口分别与创建数组函数的对应输入端口元素相连。

8）在条件结构真、假选项中添加字节数组转字符串函数：函数→编程→字符串→字符串/数组/路径转换→字节数组至字符串转换。

9）在条件结构真、假选项中将创建数组函数的输出端口添加的数组与字节数组至字符串转换函数的输入端口无符号字节数组相连。

10）为了发送指令到串口，在条件结构真、假选项中各添加 1 个串口写入函数：函数→仪器 I/O→串口→VISA 写入。

11）在条件结构真、假选项中将字节数组至字符串转换函数的输出端口字符串与 VISA 写入函数的输入端口写入缓冲区相连。

12）将 VISA 资源名称函数的输出端口与条件结构真、假选项中 VISA 写入函数的输入端口 VISA 资源名称相连。

13）将垂直滑动杆开关控件图标移到顺序结构 Frame1 中；并将其输出端口与条件结构的选择端口?相连。

连接好的发送指令程序框图如图 14-15 所示。

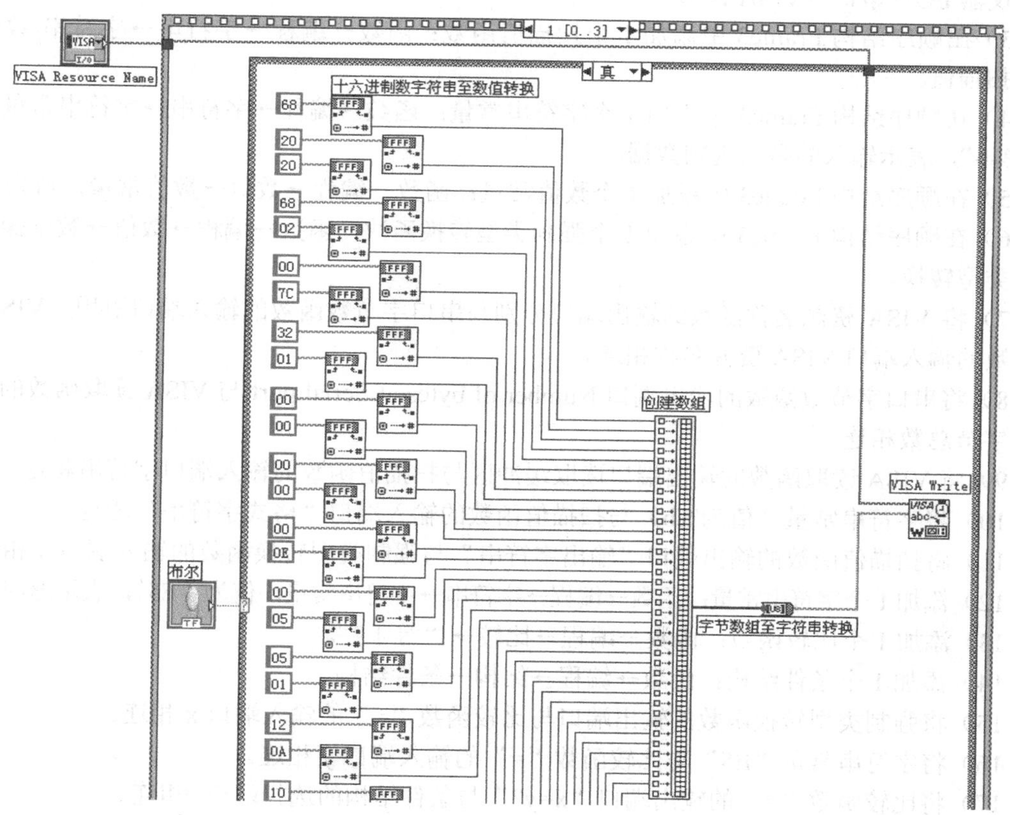

图 14-15　发送指令程序框图

（3）延时程序框图。

1）在顺序结构 Frame2 中添加 1 个时钟函数：函数→编程→定时→等待下一个整数倍毫秒。

2）在顺序结构 Frame2 中添加 1 个数值常量：函数→编程→数值→数值常量，将值改为 500（时钟频率值）。

3）将数值常量（值为 500）与等待下一个整数倍毫秒函数的输入端口毫秒倍数相连。

连接好的延时程序框图如图 14-16 所示。

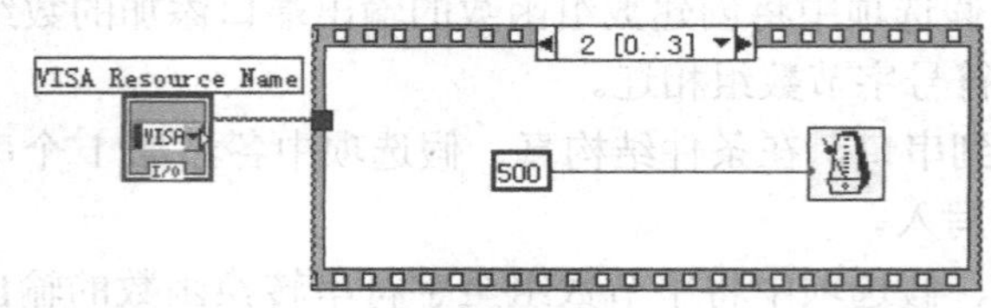

图 14-16　延时程序框图

（4）发送确认指令程序框图。

1）为了获得串口缓冲区数据个数，在顺序结构 Frame3 中添加 1 个串口字节数函数：函数→仪器 I/O→串口→VISA 串口字节数，标签为“Property Node”。

2）为了从串口缓冲区获取返回数据，在顺序结构 Frame3 中添加 1 个串口读取函数：函数→仪器 I/O→串口→VISA 读取。

3）在顺序结构 Frame3 中添加 1 个扫描值函数：函数→编程→字符串→字符串/数值转换→扫描值。

4）在顺序结构 Frame3 中添加 1 个字符串常量：函数→编程→字符串→字符串常量，值为“%b”，表示输入的是二进制数据。

5）在顺序结构 Frame3 中添加 1 个数值常量：函数→编程→数值→数值常量，值为 0。

6）在顺序结构 Frame3 中添加 1 个强制类型转换函数：函数→编程→数值→数据操作→强制类型转换。

7）将 VISA 资源名称函数的输出端口分别与串口字节数函数的输入端口引用、VISA 读取函数的输入端口 VISA 资源名称相连。

8）将串口字节数函数的输出端口 Number of bytes at Serial port 与 VISA 读取函数的输入端口字节总数相连。

9）将 VISA 读取函数的输出端口读取缓冲区与扫描值函数的输入端口字符串相连。

10）将字符串常量（值为%b）与扫描值函数的输入端口“格式字符串”相连。

11）将扫描值函数的输出端口“输出字符串”与强制类型转换函数的输入端口 x 相连。

12）添加 1 个字符串常量：函数→编程→字符串→字符串常量，值为“E5”，表示返回值。

13）添加 1 个比较函数：函数→编程→比较→“等于?”。

14）添加 1 个条件结构：函数→编程→结构→条件结构。

15）将强制类型转换函数的输出端口与比较函数“=”的输入端口 x 相连。

16）将字符串常量“E5”与比较函数“=”的输入端口 y 相连。

17）将比较函数“=”的输出端口“x=y?”与条件结构的选择端口?相连。

18）在条件结构中添加数组常量：函数→编程→数组→数组常量。

再往数组常量中添加数值常量，设置为 6 个，将其数据格式设置为十六进制，方法为：选中数组常量中的数值常量，右击，执行“格式与精度”命令，在出现的对话框中，从格式

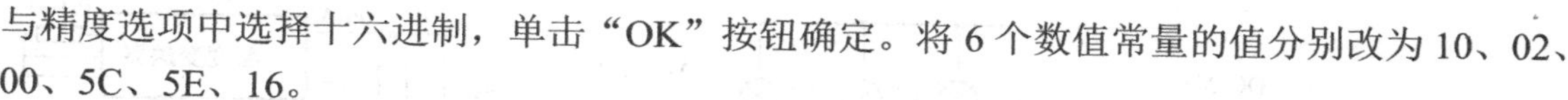

与精度选项中选择十六进制，单击“OK”按钮确定。将 6 个数值常量的值分别改为 10、02、00、5C、5E、16。

19）在条件结构中添加 1 个字节数组转字符串函数：函数→编程→字符串→字符串/数组/路径转换→字节数组至字符串转换。

20）为了发送指令到串口，在条件结构中添加 1 个串口写入函数：函数→仪器 I/O→串口→VISA 写入。

21）将 VISA 资源名称函数的输出端口与 VISA 写入函数的输入端口 VISA 资源名称相连。

22）将数组常量的输出端口与字节数组至字符串转换函数的输入端口无符号字节数组相连。

23）将字节数组至字符串转换函数的输出端口字符串与 VISA 写入函数的输入端口写入缓冲区相连。

连接好的程序框图如图 14-17 所示。

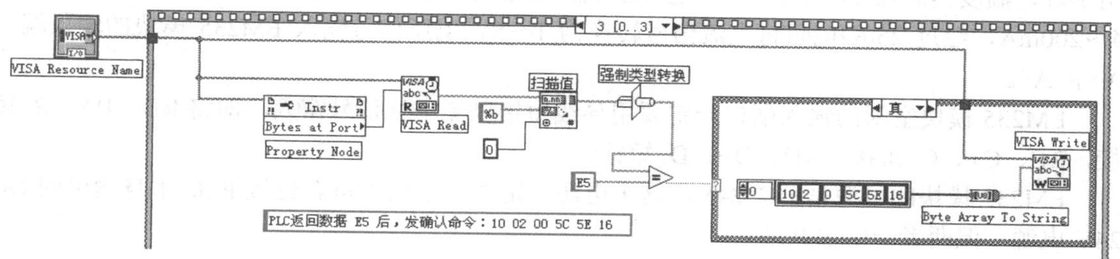

图 14-17　发送确认指令程序框图

3. 运行程序

程序设计、调试完毕，单击快捷工具栏“连续运行”按钮，运行程序。

设置串行端口，单击滑动开关，将 Q0.0～Q0.7 端口置 1 或置 0，相应指示灯亮或灭。

程序运行界面如图 14-18 所示。

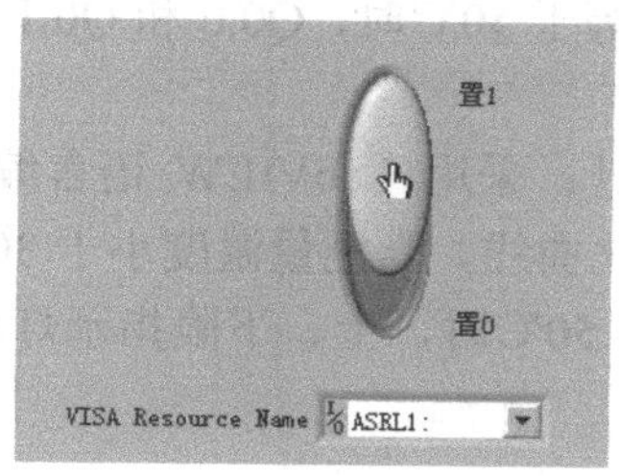

图 14-18　程序运行界面

实例 76　西门子 PLC 温度测控

一、线路连接

PC、S7-200 PLC 及 EM235 模块构成的温度测控线路如图 14-19 所示。

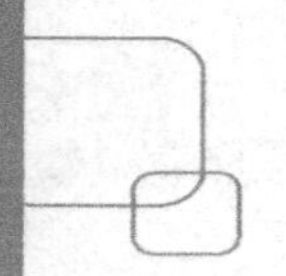

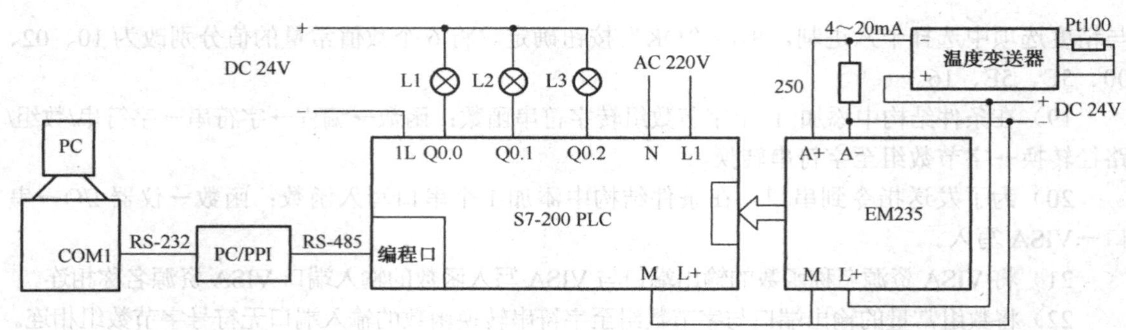

图 14-19　PC、S7-200 PLC 及 EM235 模块构成的温度测控线路

图 14-19 中，将 PC 与 PLC 通过 PC/PPI 电缆连接起来，输出端口 Q0.0、Q0.1、Q0.2 接指示灯，温度传感器 Pt100 接到温度变送器输入端，温度变送器输入范围是 0～200℃，输出 4～200mA，经过 250Ω电阻将电流信号转换为 1～5V 电压信号输入 EM235 模块的输入端口 A+和 A−。

EM235 模块空闲的输入端口一定要用导线短接以免干扰信号窜入，即将 RB、B+、B−短接，RC、C+、C−短接，RD、D+、D−短接。

EM235 模块的电源是 DC 24V，这个电源一定要外接而不可就近接 PLC 本身输出的 DC 24V 电源，但两者一定要共地。

二、设计任务

PLC 与 PC 通信，在程序设计上涉及两部分的内容：一是 PLC 端数据采集、控制和通信程序；二是 PC 端通信和功能程序。

1）PLC 端（下位机）程序设计：检测温度值。当测量温度小于 30℃时，Q0.0 端口置位，当测量温度大于等于 30℃且小于等于 50℃时，Q0.0 和 Q0.1 端口复位，当测量温度大于 50℃时，Q0.1 端口置位。

2）PC 端（上位机）程序设计：采用 LabVIEW 语言编写应用程序，读取并显示西门子 PLC 检测的温度值，绘制温度变化曲线。当测量温度小于 30℃时，下限指示灯为红色，当测量温度大于等于 30℃且小于等于 50℃时，上、下限指示灯均为绿色，当测量温度大于 50℃时，上限指示灯为红色。

三、任务实现

（一）西门子 PLC 端温度测控程序

1. PLC 梯形图

为了保证 S7-200 PLC 能够正常与 PC 进行模拟量输入通信，需要在 PLC 中运行一段程序。可采用以下三种设计思路：

思路 1：将采集到的电压数字量值（在寄存器 AIW0 中）发送到寄存器 VW100。当 VW100

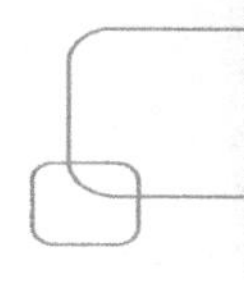

中的值小于 10240（代表 30℃）时，Q0.0 端口置位；当 VW100 中的值大于等于 10240（代表 30℃）且小于等于 12800（代表 50℃）时，Q0.0 和 Q0.1 端口复位；当 VW100 中的值大于 12800（代表 50℃）时，Q0.1 端口置位。

上位机程序读取寄存器 VW100 的数字量值，然后根据温度与数字量值的对应关系计算出温度测量值。

温度与数字量值的换算关系：0～200℃对应电压值 1～5V，0～5V 对应数字量值 0～32000，那么 1～5V 对应数字量值 6400～32000，因此 0～200℃对应数字量值 6400～32000。

采用该思路设计的 PLC 温度测控程序（一）如图 14-20 所示。

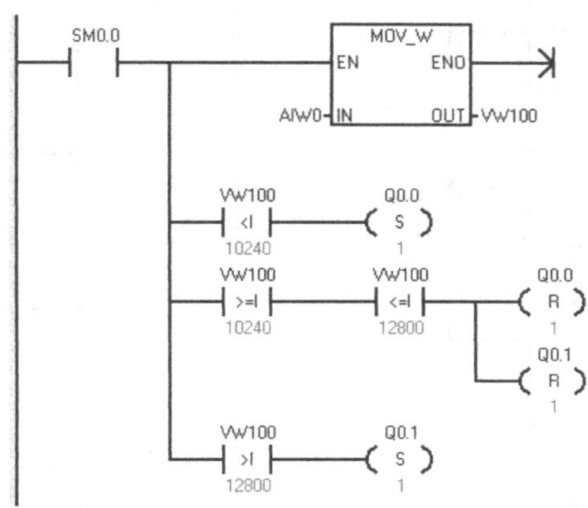

图 14-20　PLC 温度测控程序（一）

思路 2：将采集到的电压数字量值（在寄存器 AIW0 中）发送到寄存器 VD0，该数字量值除以 6400 就是采集的电压值（0～5V 对应 0～32000），再发送到寄存器 VD100。

当 VD100 中的值小于 1.6（1.6V 代表 30℃）时，Q0.0 端口置位；当 VD100 中的值大于等于 1.6（代表 30℃）且小于等于 2（2.0V 代表 50℃）时，Q0.0 和 Q0.1 端口复位；当 VD100 中的值大于 2（代表 50℃）时，Q0.1 端口置位。

采用该思路设计的 PLC 温度测控程序（二）如图 14-21 所示。

上位机程序读取寄存器 VD100 的值，然后根据温度与电压值的对应关系计算出温度测量值（0～200℃对应电压值 1～5V）。

思路 3：将采集到的电压数字量值（在寄存器 AIW0 中）发送到寄存器 VD0，该数字量值除以 6400 就是采集的电压值（0～5V 对应 0～32000），发送到寄存器 VD4。该电压值减 1 乘 50 就是采集的温度值（0～200℃对应电压值 1～5V），发送到寄存器 VD100。

当 VD100 中的值小于 30（代表 30℃）时，Q0.0 端口置位；当 VD100 中的值大于等于 30（代表 30℃）且小于等于 50（代表 50℃）时，Q0.0 和 Q0.1 端口复位；当 VD100 中的值大于 50（代表 50℃）时，Q0.1 端口置位。

采用该思路设计的 PLC 温度测控程序（三）如图 14-22 所示。

上位机程序读取的寄存器 VW100 的值，就是温度测量值。

本章采用思路 1，也就是由上位机程序将反映温度的数字量值转换为温度实际值。

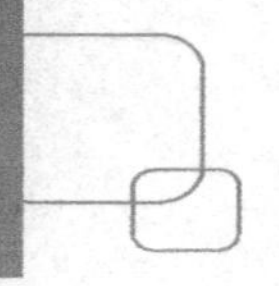

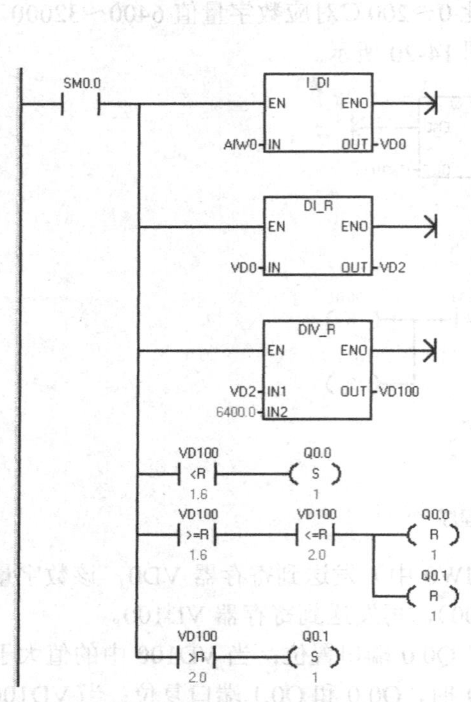

图 14-21　PLC 温度测控程序（二）

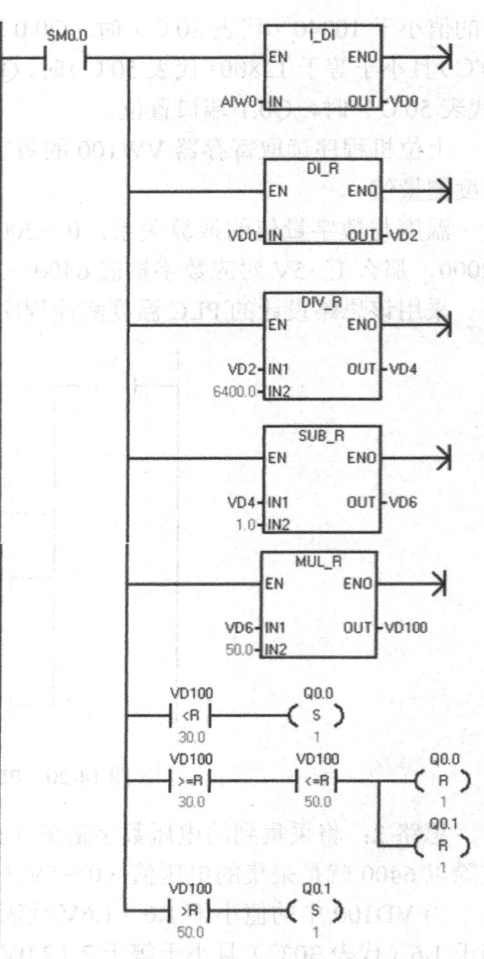

图 14-22　PLC 温度测控程序（三）

2．程序的下载

PLC 端程序编写完成后需将其下载到 PLC 才能正常运行。步骤如下：

1）接通 PLC 主机电源，将 RUN/STOP 转换开关置于 STOP 位置。

2）运行 STEP 9-Micro/WIN 编程软件，打开温度测控程序。

3）执行菜单命令“File”→“Download...”，打开“Download”对话框，单击“Download”按钮，即开始下载程序，如图 14-23 所示。

4）程序下载完毕后将 RUN/STOP 转换开关置于 RUN 位置，即可进行温度的采集。

3．PLC 程序的监控

PLC 端程序写入后，可以进行实时监控。步骤如下：

1）接通 PLC 主机电源，将 RUN/STOP 转换开关置于 RUN 位置。

2）运行 STEP 9-Micro/WIN 编程软件，打开温度测控程序并下载。

3）执行菜单命令“Debug”→“Start Program Status”，即可开始监控程序的运行，如图 14-24 所示。

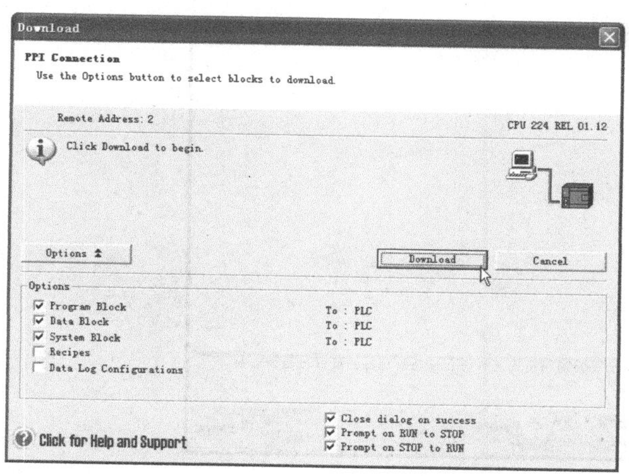

图 14-23　程序下载对话框

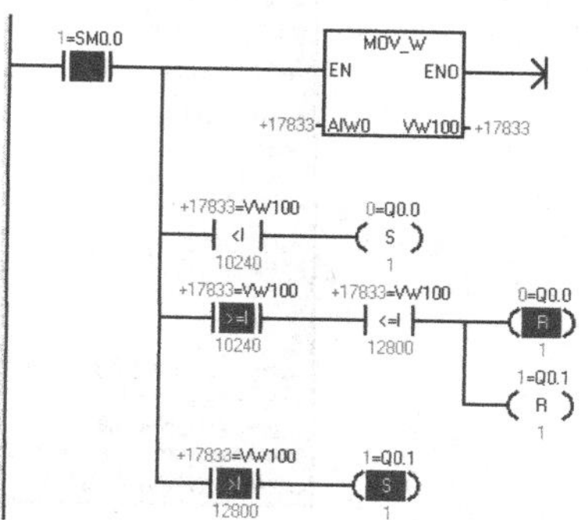

图 14-24　PLC 程序监控

寄存器 VW100 右边的数值（如 17833）就是模拟量输入 1 通道的电压实时采集值（根据 0～5V 对应 0～32000，换算后的电压实际值为 2.786V，与万用表测量值相同），再根据 0～200℃对应电压值 1～5V，换算后的温度测量值为 89.32℃，改变测量温度，该数值随着改变。

当 VW100 中的值小于 10240（代表 30℃）时，Q0.0 端口置位；当 VW100 中的值大于等于 10240（代表 30℃）且小于等于 12800（代表 50℃）时，Q0.0 和 Q0.1 端口复位；当 VW100 中的值大于 12800（代表 50℃）时，Q0.1 端口置位。

4）监控完毕，执行菜单命令“Debug”→“Stop Program Status”，即可停止监控程序的运行。

注意：必须停止监控，否则影响上位机程序的运行。

4. PC 与 PLC 串口通信调试

PC 与西门子 PLC 串口通信采用 PPI 通信协议。

打开“串口调试助手”程序，首先设置串口号为 COM1、波特率为 9600、校验位为 EVEN（偶校验）、数据位为 8、停止位为 1 等参数（注意：设置的参数必须与 PLC 一致），选择“十六进制显示”和“十六进制发送”，打开串口。

例如，向 S7-200 PLC 发送指令“68 1B 1B 68 02 00 6C 32 01 00 00 00 00 00 0E 00 00 04 01 12 0A 10 04 00 01 00 01 84 00 03 20 8D 16”，单击“手动发送”按钮，读取寄存器 VW100 中的数据。如果 PC 与 PLC 串口通信正常，接收区显示返回的数据串“E5”，如图 14-25 所示。

再发确认指令“10 02 00 5C 5E 16”，PLC 返回数据如“68 17 17 68 00 02 08 32 03 00 00 00 00 02 00 06 00 00 04 01 FF 04 00 10 45 A1 45 16”，如图 14-26 所示，其中第 25 字节“45”和第 26 字节“A1”就反映输入电压值。将“45 A1”转换为十进制 17825（与 STEP 9-Micro/WIN 编程软件寄存器 VW100 中的监控值相同），该值除以 6400 就是采集的电压值 2.785V（与万用表测量值相同）；再根据 0～200℃对应电压值 1～5V，换算后的温度测量值为 89.26℃。

注意：发送二次指令时，串口调试助手程序始终要保持在所有程序界面的前面。

十六进制计算、十六进制、十进制、二进制的相互转换可以使用 Windows 操作系统提供的“计算器”程序（使用“科学型”），如图 14-27 所示。

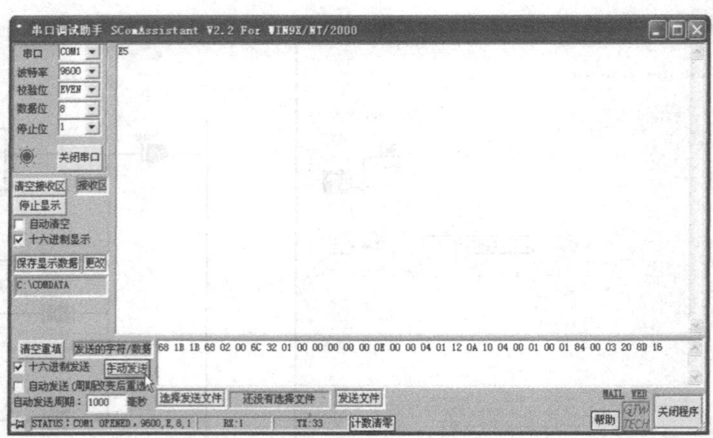

图 14-25 西门子 PLC 模拟输入串口调试 1

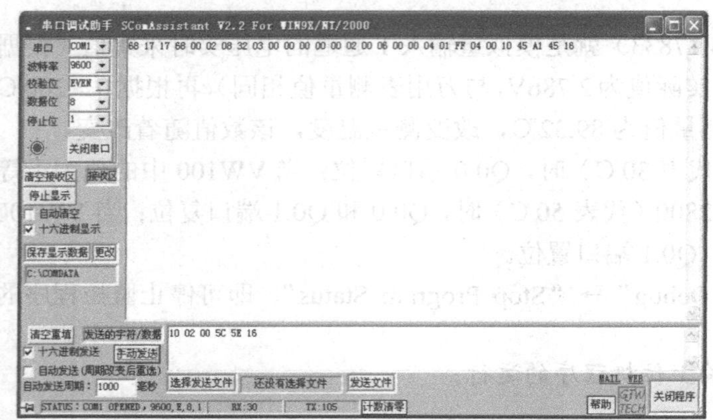

图 14-26 西门子 PLC 模拟输入串口调试 2

图 14-27 “计算器”程序

（二）PC 端 LabVIEW 程序

1. 程序前面板设计

1）为了以数值形式显示测量温度值，添加 1 个数值显示控件：控件→新式→数值→数值显示控件，将标签改为“温度值:”。

2）为了显示测量温度实时变化曲线，添加 1 个实时图形显示控件：控件→新式→图形→波形图，将标签改为“实时曲线”，将 Y 轴标尺范围改为 0～100。

3）为了显示温度超限状态，添加 2 个指示灯控件：控件→新式→布尔→圆形指示灯，将标签分别改为“上限指示灯”“下限指示灯”。

4）为了获得串行端口号，添加 1 个串口资源检测控件：控件→新式→I/O→VISA 资源名称；单击控件箭头，选择串口号，如 COM1 或 ASRL1:。

5）为了执行关闭程序命令，添加 1 个停止按钮控件：控件→新式→布尔→停止按钮，标签为“停止”。

设计的程序前面板如图 14-28 所示。

图 14-28 程序前面板

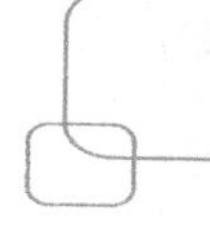

2. 程序框图设计

（1）串口初始化程序框图。

1）添加 1 个 While 循环结构：函数→编程→结构→While 循环。

2）在 While 循环结构中添加 1 个顺序结构：函数→编程→结构→层叠式顺序结构。

将其帧设置为 6 个（序号 0～5）。设置方法：选中层叠式顺序结构上边框，单击鼠标右键，执行“在后面添加帧”命令 5 次。

3）为了设置通信参数，在顺序结构 Frame0 中添加 1 个串口配置函数：函数→仪器 I/O→串口→VISA 配置串口。

4）为了设置通信参数值，在顺序结构 Frame0 中添加 4 个数值常量：函数→编程→数值→数值常量，值分别为 9600（波特率）、8（数据位）、2（校验位，偶校验）、10（停止位 1，注意这里的设定值为 10）。

5）将 VISA 资源名称函数的输出端口与串口配置函数的输入端口 VISA 资源名称相连。

6）将数值常量 9600、8、2、10 分别与 VISA 配置串口函数的输入端口波特率、数据比特、奇偶、停止位相连。

连接好的串口初始化程序框图如图 14-29 所示。

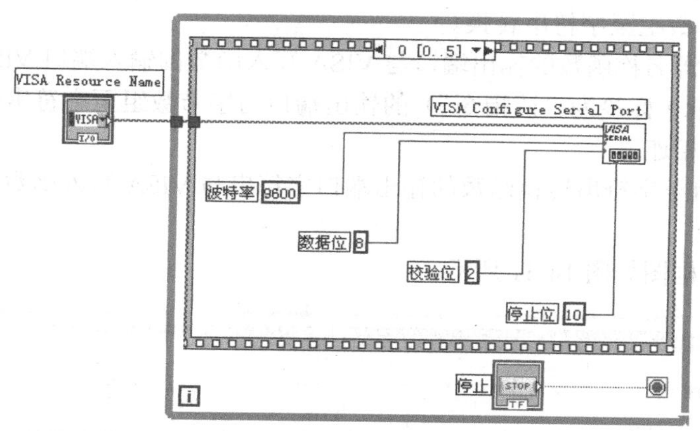

图 14-29　串口初始化程序框图

（2）延时程序框图。

1）为了以一定的周期读取 PLC 的温度测量数据，在顺序结构 Frame1 中添加 1 个时钟函数：函数→编程→定时→等待下一个整数倍毫秒。

2）在顺序结构 Frame1 中添加 1 个数值常量：函数→编程→数值→数值常量，将值改为 1000（时钟频率值）。

3）将数值常量（值为 1000）与等待下一个整数倍毫秒函数的输入端口毫秒倍数相连。

连接好的延时程序框图如图 14-30 所示。

（3）发送读指令程序框图。

1）为了发送指令到串口，在顺序结构 Frame2 中添加 1 个串口写入函数：函数→仪器 I/O→串口→VISA 写入。

2）在顺序结构 Frame2 中添加数组常量：函数→编程→数组→数组常量，标签为“读指令”。

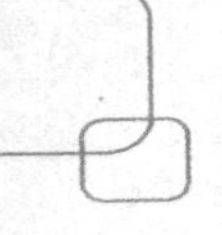

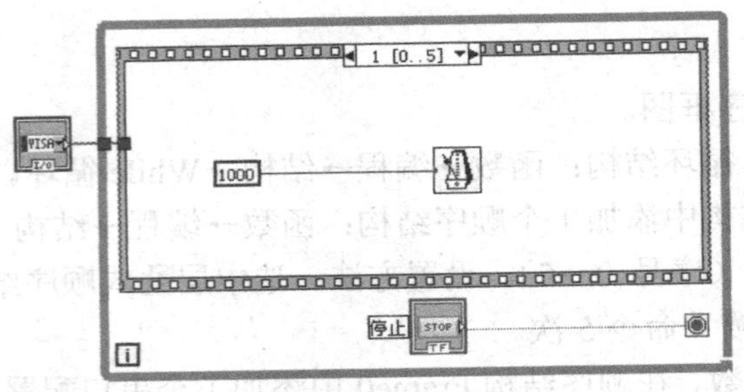

图 14-30　延时程序框图

再往数组常量中添加数值常量，设置为 33 个，将其数据格式设置为十六进制，方法为：选中数组常量中的数值常量，右击，执行“格式与精度”命令，在出现的对话框中，从格式与精度选项中选择十六进制，单击“OK”按钮确定。

将 33 个数值常量的值分别改为 68、1B、1B、68、02、00、6C、32、01、00、00、00、00、00、0E、00、00、04、01、12、0A、10、04、00、01、00、01、84、00、03、20、8D、16（读 PLC 寄存器 VW100 中的数据指令）。

3）在顺序结构 Frame2 中添加字节数组转字符串函数：函数→编程→字符串→字符串/数组/路径转换→字节数组至字符串转换。

4）将 VISA 资源名称函数的输出端口与 VISA 写入函数的输入端口 VISA 资源名称相连。

5）将数组常量（标签为“读指令”）的输出端口与字节数组至字符串转换函数的输入端口无符号字节数组相连。

6）将字节数组至字符串转换函数的输出端口字符串与 VISA 写入函数的输入端口写入缓冲区相连。

连接好的程序框图如图 14-31 所示。

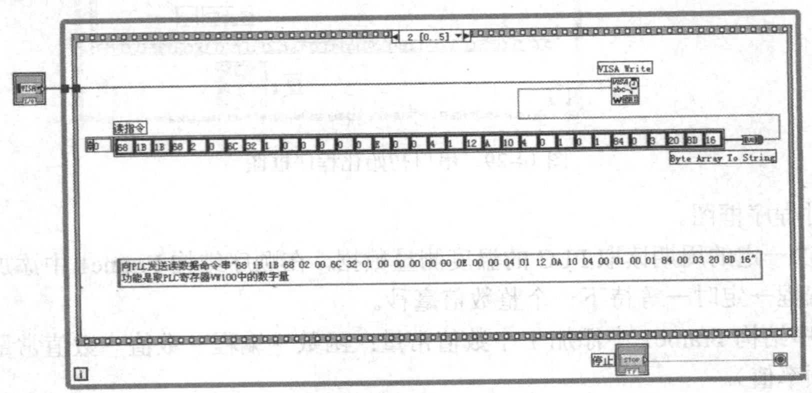

图 14-31　发送读指令程序框图

（4）延时程序框图。

在顺序结构 Frame3 中添加 1 个时钟函数和 1 个数值常量（值为 1000），并将二者连接起来。

（5）发送确认指令程序框图。

1）为了发送指令到串口，在顺序结构 Frame4 中添加 1 个串口写入函数：函数→仪器 I/O→串口→VISA 写入。

2）在顺序结构 Frame4 中添加数组常量：函数→编程→数组→数组常量，标签为“读指令”。

再往数组常量中添加数值常量，设置为 6 个，将其数据格式设置为十六进制，方法为：选中数组常量中的数值常量，右击，执行“格式与精度”命令，在出现的对话框中，从格式与精度选项中选择十六进制，单击“OK”按钮确定。将 6 个数值常量的值分别改为 10、02、00、5C、5E、16。

3）在顺序结构 Frame4 中添加字节数组转字符串函数：函数→编程→字符串→字符串/数组/路径转换→字节数组至字符串转换。

4）将 VISA 资源名称函数的输出端口与 VISA 写入函数的输入端口 VISA 资源名称相连。

5）将数组常量的输出端口与字节数组至字符串转换函数的输入端口无符号字节数组相连。

6）将字节数组至字符串转换函数的输出端口字符串与 VISA 写入函数的输入端口写入缓冲区相连。

连接好的程序框图如图 14-32 所示。

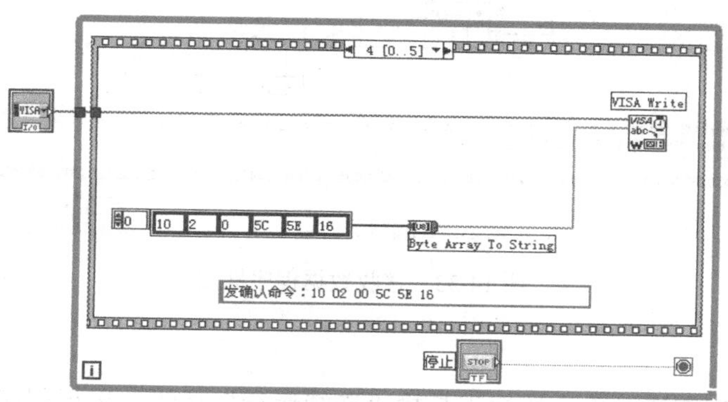

图 14-32　发送确认指令程序框图

（6）接收数据程序框图。

1）为了获得串口缓冲区数据个数，在顺序结构 Frame5 中添加 1 个串口字节数函数：函数→仪器 I/O→串口→VISA 串口字节数，标签为“Property Node”。

2）在顺序结构 Frame5 中添加 1 个串口读取函数：函数→仪器 I/O→串口→VISA 读取。

3）在顺序结构 Frame5 中添加字符串转字节数组函数：函数→编程→字符串→字符串/数组/路径转换→字符串至字节数组转换。

4）在顺序结构 Frame5 中添加 2 个索引数组函数：函数→编程→数组→索引数组。

5）在顺序结构 Frame5 中添加 2 个数值常量：函数→编程→数值→数值常量，值分别为 25 和 26。

6）将 VISA 资源名称函数的输出端口与 VISA 读取函数的输入端口 VISA 资源名称相连；将 VISA 资源名称函数的输出端口与串口字节数函数的输入端口引用相连。

7）将串口字节数函数的输出端口 Number of bytes at Serial port 与 VISA 读取函数的输入端口字节总数相连。

8）将 VISA 读取函数的输出端口读取缓冲区与字符串至字节数组转换函数的输入端口字符串相连。

9）将字符串至字节数组转换函数的输出端口无符号字节数组分别与 2 个索引数组函数的输入端口数组相连。

10）将数值常量（值为 25、26）分别与索引数组函数的输入端口索引相连。

11）添加其他功能函数并连线：将读取的十六进制数据值转换为十进制数（PLC 寄存器中的数字量值），然后除以 6400 就是 1 通道的十进制电压值，然后根据电压 u 与温度 t 的数学关系，$t=(u-1)\times50$，即得到温度值。

连接好的程序框图如图 14-33 所示。

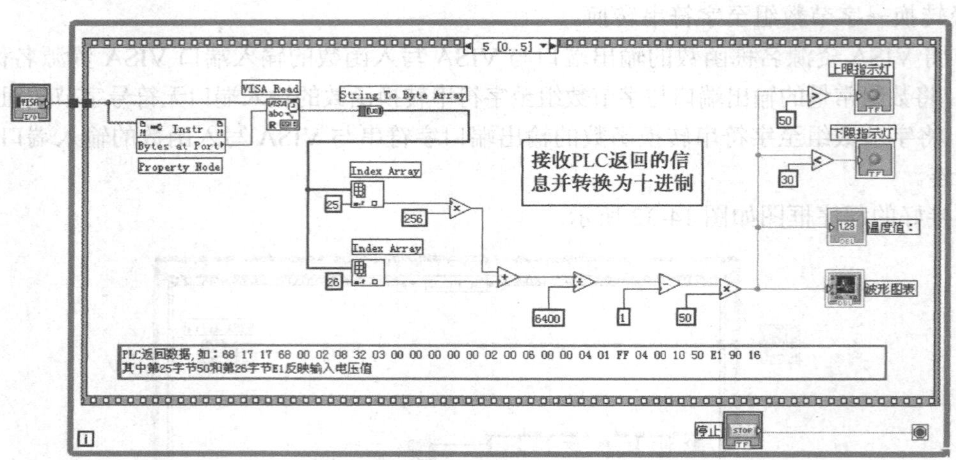

图 14-33　接收数据程序框图

3．运行程序

程序设计、调试完毕，单击快捷工具栏“连续运行”按钮，运行程序。

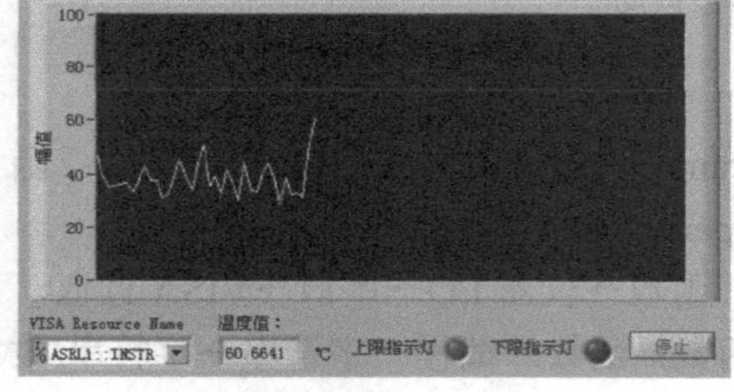

图 14-34　程序运行界面

PC 读取并显示西门子 PLC 检测的温度值，绘制温度变化曲线。当测量温度小于 30℃时，程序画面下限指示灯为红色，PLC 的 Q0.0 端口置位；当测量温度大于 50℃时，程序画面上限指示灯为红色，PLC 的 Q0.1 端口置位。

注意：初始化显示数值时需要一定时间。

程序运行界面如图 14-34 所示。

实例 77　西门子 PLC 电压输出

一、线路连接

将 PC 与西门子 S7-200 PLC 通过 PC/PPI 编程电缆连接起来，将模拟量扩展模块 EM235

与 PLC 连接起来，构成一套模拟电压输出系统，如图 14-35 所示。

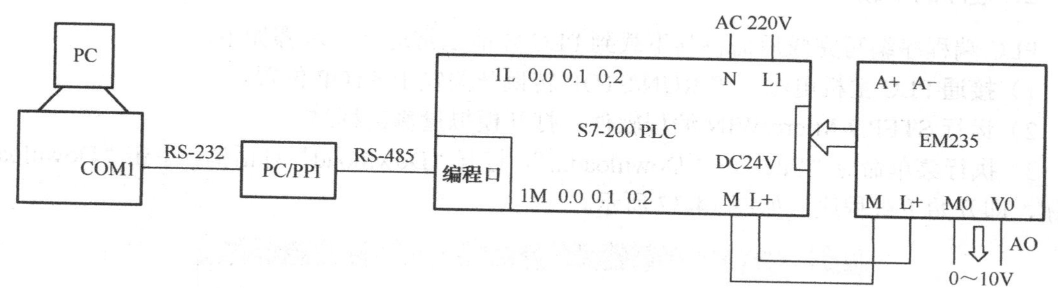

图 14-35　PC 与 S7-200 PLC 组成的模拟电压输出系统

将模拟量扩展模块 EM235 与 PLC 主机相连。模拟电压从 M0（-）和 V0（+）输出（0～10V）。不需要连线，直接用万用表测量输出电压。

二、设计任务

PLC 与 PC 通信，在程序设计上涉及两部分的内容：一是 PLC 端数据采集、控制和通信程序；二是 PC 端通信和功能程序。

1）采用 STEP 9-Micro/WIN 编程软件编写 PLC 程序，将上位 PC 输出的电压值（数字量形式，在寄存器 VW100 中）存入寄存器 AQW0 中，并在 EM235 模拟量输出通道输出同样大小的电压值（0～10V）。

2）采用 LabVIEW 语言编写程序，实现 PC 与西门子 S7-200 PLC 数据通信，要求在 PC 程序界面中输入一个数值（0～10），转换成数字量形式，并发送到 PLC 的寄存器 VW100 中。

三、任务实现

（一）PLC 端电压输出程序

1. PLC 梯形图

为了保证 S7-200 PLC 能够正常与 PC 进行模拟量输出通信，需要在 PLC 中运行一段程序。PLC 电压输出程序如图 14-36 所示。

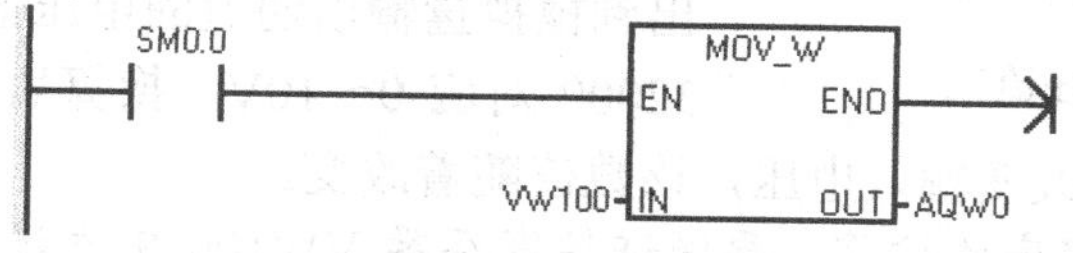

图 14-36　PLC 电压输出程序

在上位机程序中输入数值（0～10）并转换为数字量值（0～32000），发送到 PLC 寄存器 VW100 中。在下位机程序中，将寄存器 VW100 中的数字量值送给输出寄存器 AQW0。PLC 自动将数字量值转换为对应的电压值（0～10V），在模拟量输出通道输出。

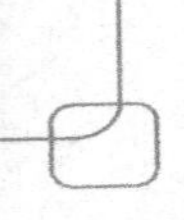

2. 程序的下载

PLC 端程序编写完成后需将其下载到 PLC 才能正常运行。步骤如下：

1）接通 PLC 主机电源，将 RUN/STOP 转换开关置于 STOP 位置。

2）运行 STEP 9-Micro/WIN 编程软件，打开模拟量输出程序。

3）执行菜单命令“File”→“Download...”，打开“Download”对话框，单击“Download”按钮，即开始下载程序，如图 14-37 所示。

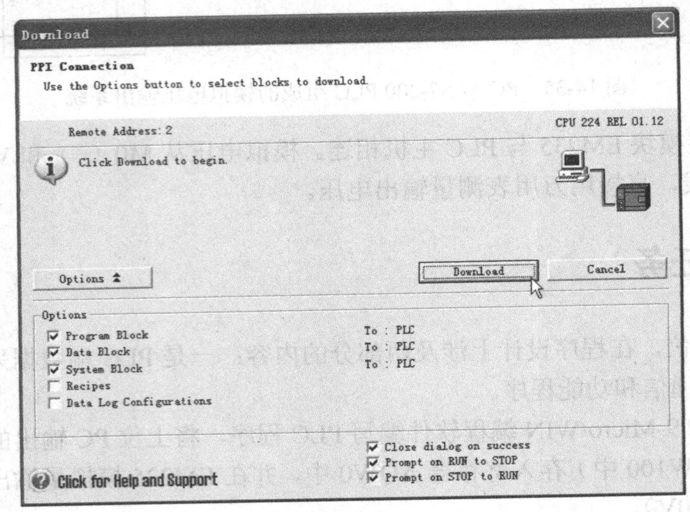

图 14-37　程序下载对话框

4）程序下载完毕后将 RUN/STOP 转换开关置于 RUN 位置，即可进行模拟电压的输出。

3. PLC 程序的监控

PLC 端程序写入后，可以进行实时监控。步骤如下：

1）接通 PLC 主机电源，将 RUN/STOP 转换开关置于 RUN 位置。

2）运行 STEP 9-Micro/WIN 编程软件，打开模拟量输出程序，并下载。

3）执行菜单命令“Debug”→“Start Program Status”，即可开始监控程序的运行，如图 14-38 所示。

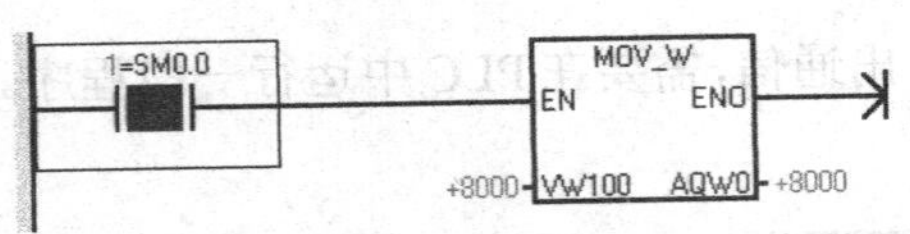

图 14-38　PLC 程序监控

寄存器 AQW0 右边的数字（如 8000）就是要输出到模拟量输出通道的电压值(数字量形式，根据 0～32000 对应 0～10V，换算后的电压实际值为 2.5V，与万用表测量值相同)，改变输入电压，该数值随着改变。

注意：模拟量输出程序监控前，要保证往寄存器 VW100 中发送数字量 8000。实际测试时先运行上位机程序，输入数值 2.5（反映电压大小），转换成数字量 8000 再发送给 PLC。

4）监控完毕后，执行菜单命令“Debug”→“Stop Program Status”，即可停止监控程序的运行。

注意：必须停止监控，否则影响上位机程序的运行。

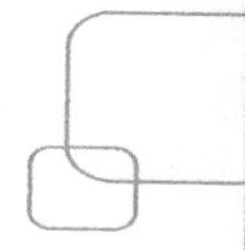

4．PC 与 PLC 串口通信调试

PC 与西门子 PLC 串口通信采用 PPI 通信协议。

打开“串口调试助手”程序，首先设置串口号为 COM1、波特率为 9600、校验位为 EVEN（偶校验）、数据位为 8、停止位为 1 等参数（注意：设置的参数必须与 PLC 一致），选择“十六进制显示”和“十六进制发送”，打开串口。

例如，向 S7-200PLC 寄存器 VW100（00 03 20）写入 3E 80（数字量值 16000 的十六进制），即输出 5V，向 PLC 发指令“68 21 21 68 02 00 7C 32 01 00 00 00 00 00 0E 00 06 05 01 12 0A 10 04 00 01 00 01 84 00 03 20 00 04 00 10 3E 80 76 16”，如图 14-39 所示。

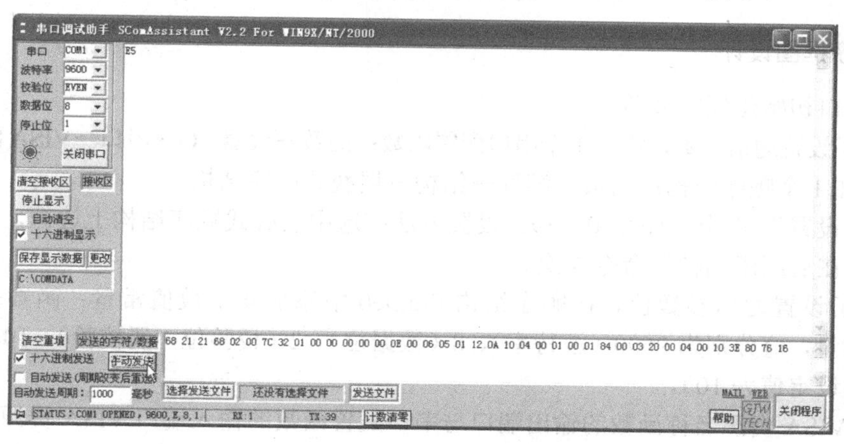

图 14-39　西门子 PLC 模拟输出串口调试

PLC 返回数据“E5”后，再发确认指令“10 02 00 5C 5E 16”，PLC 再返回数据“E5”后，写入成功。用万用表测试 EM235 模块输出端口电压应该是 5V。

同样可知向 S7-200PLC 寄存器 VW100（00 03 20）写入 1F 40（数字量值 8000 的十六进制），即输出 2.5V，向 PLC 发指令“68 21 21 68 02 00 7C 32 01 00 00 00 00 00 0E 00 06 05 01 12 0A 10 04 00 01 00 01 84 00 03 20 00 04 00 10 1F 40 17 16”。

注意：发送二次指令时，串口调试助手程序始终要保持在所有程序界面的前面。

（二）PC 端 LabVIEW 程序

1．程序前面板设计

1）为了输出电压值，添加 1 个开关控件：控件→新式→布尔→垂直滑动杆开关控件，将标签改为“输出 2.5V”。

2）为了输入指令，添加 1 个字符串输入控件：控件→新式→字符串与路径→字符串输入控件，将标签改为“指令：68 21 21 68 02 00 7C 32 01 00 00 00 00 00 0E 00 06 05 01 12 0A 10 04 00 01 00 01 84 00 03 20 00 04 00 10 1F 40 17 16”。

3）为了获得串行端口号，添加 1 个串口资源检测控件：控件→新式→I/O→VISA 资源名称；单击控件箭头，选择串口号，如 COM1 或“ASRL1:”。

设计的程序前面板如图 14-40 所示。

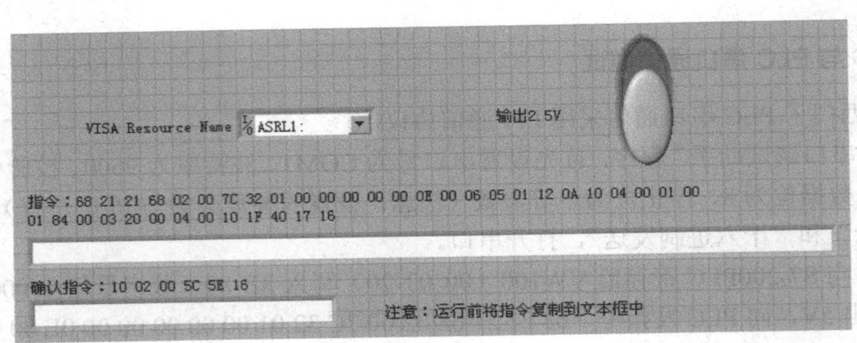

图 14-40 程序前面板

2. 程序框图设计

（1）串口初始化程序框图。

1）为了设置通信参数，添加 1 个串口配置函数：函数→仪器 I/O→串口→VISA 配置串口。

2）添加 1 个顺序结构：函数→编程→结构→层叠式顺序结构。

将其帧设置为 4 个（序号 0～3）。设置方法：选中层叠式顺序结构上边框，单击鼠标右键，执行“在后面添加帧”命令 3 次。

3）为了设置通信参数值，在顺序结构 Frame0 中添加 4 个数值常量：函数→编程→数值→数值常量，值分别为 9600（波特率）、8（数据位）、2（校验位，偶校验）、10（停止位 1，注意这里的设定值为 10）。

4）将 VISA 资源名称函数的输出端口与串口配置函数的输入端口 VISA 资源名称相连。

5）将数值常量 9600、8、2、10 分别与 VISA 配置串口函数的输入端口波特率、数据比特、奇偶、停止位相连。

连接好的程序框图如图 14-41 所示。

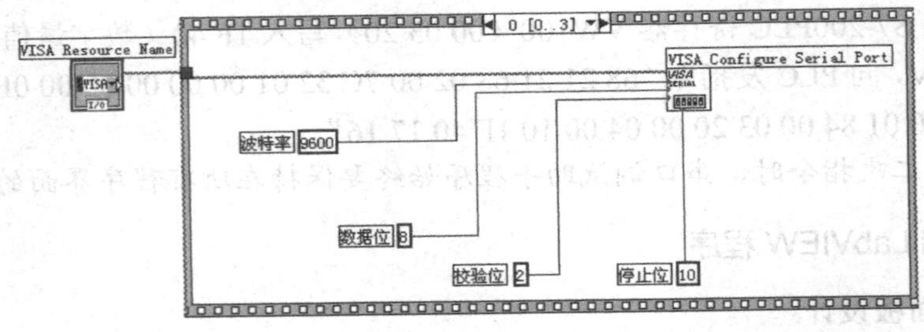

图 14-41 串口初始化程序框图

（2）发送指令程序框图。

1）在顺序结构 Frame1 中添加 1 个条件结构：函数→编程→结构→条件结构。

2）为了发送指令到串口，在条件结构真选项中添加 1 个串口写入函数：函数→仪器 I/O→串口→VISA 写入。

3）将垂直滑动杆开关控件图标移到顺序结构 Frame1 中；将字符串输入控件图标移到条件结构真选项中。

4）将 VISA 资源名称函数的输出端口与 VISA 写入函数的输入端口 VISA 资源名称相连。

5）将垂直滑动杆开关控件的输出端口与条件结构的选择端口?相连。

6）将字符串输入控件的输出端口与 VISA 写入函数的输入端口写入缓冲区相连。

连接好的程序框图如图 14-42 所示。

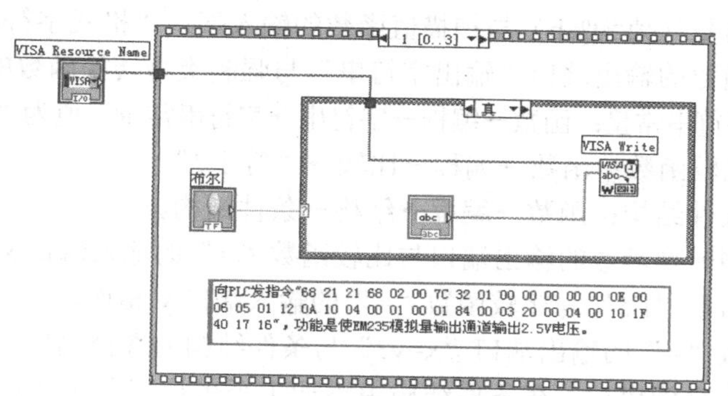

图 14-42　发送指令程序框图

（3）延时程序框图。

1）在顺序结构 Frame2 中添加 1 个时钟函数：函数→编程→定时→等待下一个整数倍毫秒。

2）在顺序结构 Frame2 中添加 1 个数值常量：函数→编程→数值→数值常量，将值改为 500（时钟频率值）。

3）将数值常量（值为 500）与等待下一个整数倍毫秒函数的输入端口毫秒倍数相连。

连接好的延时程序框图如图 14-43 所示。

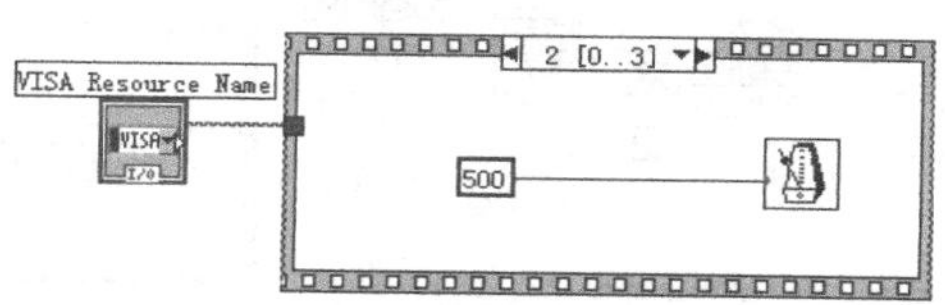

图 14-43　延时程序框图

（4）发送确认指令程序框图。

1）为了获得串口缓冲区数据个数，在顺序结构 Frame3 中添加 1 个串口字节数函数：函数→仪器 I/O→串口→VISA 串口字节数，标签为“Property Node”。

2）为了从串口缓冲区获取返回数据，在顺序结构 Frame3 中添加 1 个串口读取函数：函数→仪器 I/O→串口→VISA 读取。

3）在顺序结构 Frame3 中添加 1 个扫描值函数：函数→编程→字符串→字符串/数值转换→扫描值。

4）在顺序结构 Frame3 中添加 1 个字符串常量：函数→编程→字符串→字符串常量，值为“%b”，表示输入的是二进制数据。

5）在顺序结构 Frame3 中添加 1 个数值常量：函数→编程→数值→数值常量，值为 0。

6）在顺序结构 Frame3 中添加 1 个强制类型转换函数：函数→编程→数值→数据操作→强制类型转换。

7）将 VISA 资源名称函数的输出端口分别与串口字节数函数的输入端口引用、VISA 读取函数的输入端口 VISA 资源名称相连。

8）将串口字节数函数的输出端口 Number of bytes at Serial port 与 VISA 读取函数的输入

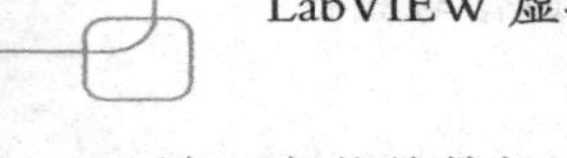

端口字节总数相连。

9）将 VISA 读取函数的输出端口读取缓冲区与扫描值函数的输入端口字符串相连。

10）将字符串常量（值为%b）与扫描值函数的输入端口“格式字符串”相连。

11）将扫描值函数的输出端口“输出字符串”与强制类型转换函数的输入端口 x 相连。

12）添加 1 个字符串常量：函数→编程→字符串→字符串常量，值为“E5”，表示返回值。

13）添加 1 个比较函数：函数→编程→比较→“等于?”。

14）添加 1 个条件结构：函数→编程→结构→条件结构。

15）将强制类型转换函数的输出端口与比较函数“=”的输入端口 x 相连。

16）将字符串常量“E5”与比较函数“=”的输入端口 y 相连。

17）将比较函数“=”的输出端口“x=y?”与条件结构的选择端口?相连。

18）为了发送指令到串口，在条件结构中添加 1 个串口写入函数：函数→仪器 I/O→串口→VISA 写入。

19）将 VISA 资源名称函数的输出端口与 VISA 写入函数的输入端口 VISA 资源名称相连。

20）将确认指令字符串输入控件图标移到条件结构真选项中；将字符串输入控件的输出端口与 VISA 写入函数的输入端口写入缓冲区相连。

连接好的程序框图如图 14-44 所示。

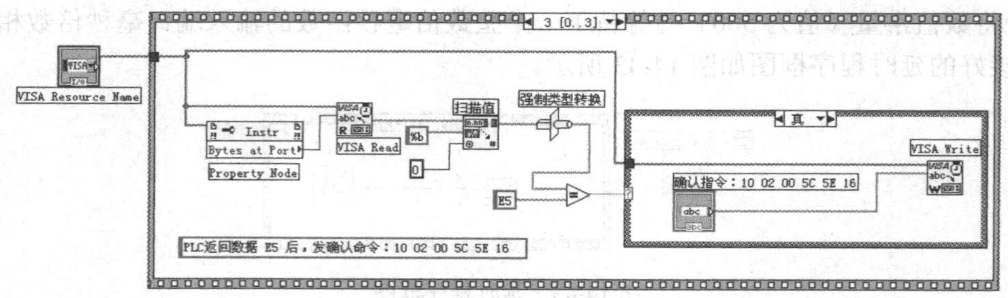

图 14-44　发送确认指令程序框图

3. 运行程序

程序设计、调试完毕，单击快捷工具栏“连续运行”按钮，运行程序。

将指令“68 21 21 68 02 00 7C 32 01 00 00 00 00 00 0E 00 06 05 01 12 0A 10 04 00 01 00 01 84 00 03 20 00 04 00 10 1F 40 17 16”复制到字符串输入控件中；将确认指令“10 02 00 5C 5E 16”复制到字符串输入控件中，单击滑动开关，西门子 PLC 模拟量扩展模块输出 2.5V 电压。

程序运行界面如图 14-45 所示。

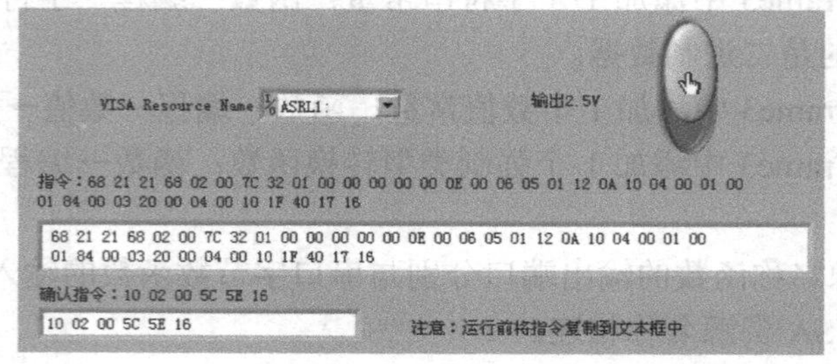

图 14-45　程序运行界面

第 15 章　远程 I/O 模块串口通信与测控

远程 I/O 模块又称为牛顿模块，为近年来比较流行的一种 I/O 方式，它常被安装在工业现场，能够就地完成 A/D、D/A 转换、I/O 操作及脉冲量的计数、累计等操作，是实现计算机远程分布式测控的一种理想方式。

远程 I/O 以通信方式和计算机交换信息，通信接口一般采用 RS-485 总线，通信协议与模块的生产厂家有关，但都是采用面向字符的通信协议。

本章通过实例，详细介绍采用 LabVIEW 实现 PC 与远程 I/O 模块数字量输入、数字量输出、温度测控以及电压输出的程序设计方法。

实例 78　远程 I/O 模块数字量输入

一、设计任务

采用 LabVIEW 语言编写程序实现 PC 与远程 I/O 数字信号输入。任务要求如下：利用开关产生数字（开关）信号并作用在远程 I/O 模块数字量输入通道，使 PC 程序界面中信号指示灯颜色改变。

二、线路连接

1. 线路连接

PC 与 ADAM4050 远程 I/O 模块组成的数字量输入线路如图 15-1 所示。

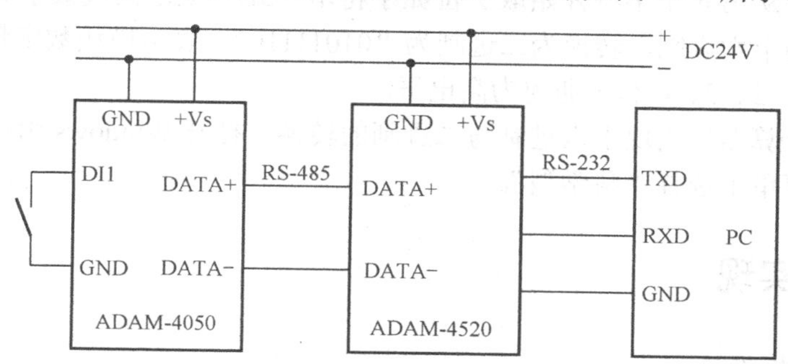

图 15-1　PC 与 ADAM4050 远程 I/O 模块组成的数字量输入线路

如图 15-1 所示，ADAM-4520（RS232 与 RS485 转换模块）与 PC 的串口 COM1 连接，转换为 RS-485 总线；ADAM-4050（数字量输入与输出模块）的信号输入端子 DATA+、DATA−

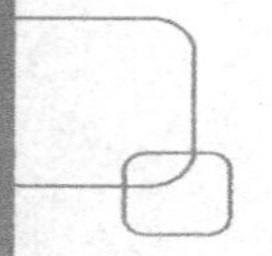

分别与 ADAM-4520 的 DATA+、DATA-连接。模块电源端子+Vs、GND 分别与 DC24V 电源的+、-连接。

数字量输入：可使用按钮、行程开关等的常开触点接数字量输入端口如 DI1。

实际测试中，可用导线将输入端点如 DI1 与数字地（GND）之间短接或断开产生数字量输入信号。

其他数字量输入通道接线方法与 DI1 通道相同。

在进行 LabVIEW 编程之前，必须安装 ADAM4000 系列远程 I/O 模块驱动程序，并将 ADAM-4050 模块的地址设为 02。

2. 串口通信调试

PC 与远程 I/O 模块 ADAM-4050 连接并设置参数后，可进行串口通信调试。

运行“串口调试助手”程序，首先设置串口号 COM1、波特率 9600、校验位 NONE、数据位 8、停止位 1 等参数，打开串口。

在“发送的字符/数据”文本框中输入读指令：“$026+回车键”（输入$026 后按回车建），单击“手动发送”按钮，则 PC 向模块发送一条指令，模块返回一串文本数据，如“!005E00”，该串数据在返回信息框内显示，如图 15-2 所示。

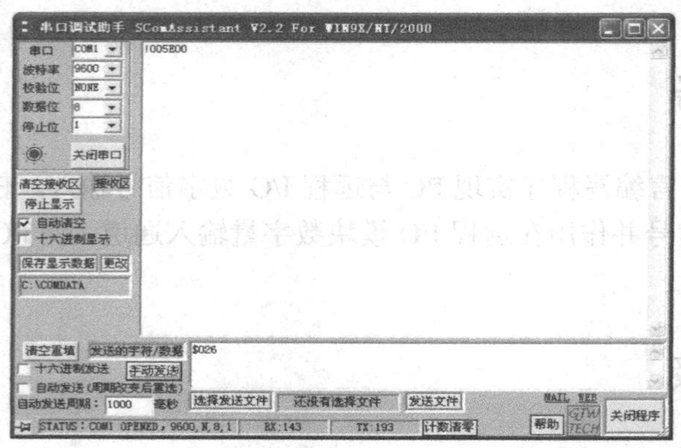

图 15-2 串口通信调试

返回数据中，从第 4 个字符开始取 2 位如字符串“5E”就是模块数字量各输入端口的状态值。该字符串为十六进制，转换为二进制为“01011110”，表示模块数字量输入 0、5 和 7 通道为低电平，1、2、3、4 和 6 通道为高电平。

可以使用“计算器”实现十六进制与二进制的转换。打开 Windows 附件中“计算器”程序，在“查看”菜单下选择“科学型”。

三、任务实现

1. 程序前面板设计

新建 VI。切换到 LabVIEW 的前面板窗口，通过控件选板给程序前面板添加控件。

1）为了显示开关量输入状态，添加 7 个指示灯控件：控件→布尔→圆形指示灯。将标签

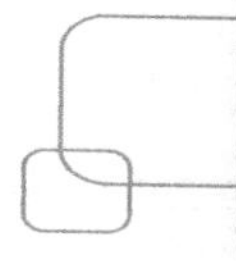

分别改为“DI0”～“DI6”。

2）为了显示返回信息值，添加 1 个字符串显示控件：控件→字符串与路径→ 字符串显示控件。标签改为“返回信息:”。

3）为了获得串行端口号，添加 1 个串口资源检测控件：控件→I/O→VISA 资源名称。

设计的程序前面板如图 15-3 所示。

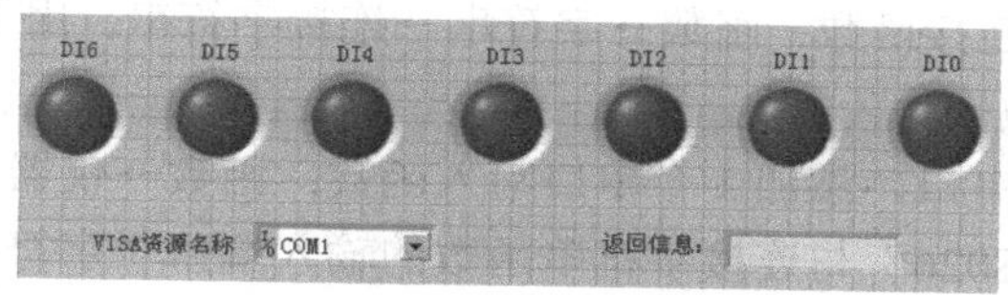

图 15-3　程序前面板

2. 程序框图设计

切换到 LabVIEW 的程序框图窗口，添加节点与连线。

程序设计思路：读各通道数字量输入状态值时，向串口发送指令“$026+回车键”，模块向串口返回状态值（字符串形式）。

主要解决 2 个问题：如何发送读指令？如何读取返回字符串并解析？

（1）串口初始化程序框图。

1）添加 1 个顺序结构：函数→结构→层叠式顺序结构（LabVIEW2015 以后版本结构子选板中没有直接提供层叠式顺序结构，先添加平铺式顺序结构，右击边框，弹出快捷菜单，选择“替换为层叠式顺序”）。

将顺序结构框架设置为 4 个（序号 0～3）。设置方法：右击顺序式结构上边框，弹出快捷菜单，选择“在后面添加帧”，执行 3 次。

以下在顺序结构框架 0 中添加节点并连线。

2）为了设置通信参数，添加 1 个串口配置函数：函数→仪器 I/O→串口→VISA 配置串口。标签为“VISA Configure Serial Port”。

3）为了设置通信参数值，添加 4 个数值常量：函数→数值→数值常量。将值分别设为“9600”（波特率）、“8”（数据位）、“0”（校验位，无）和“1”（停止位，如果不能正常通信，将值设为“10”）。

4）将 VISA 资源名称控件的输出端口与串口配置函数的输入端口“VISA 资源名称”相连。

5）将数值常量“9600”“8”“0”“1”分别与 VISA 配置串口函数的输入端口“波特率”“数据比特”“奇偶”“停止位”相连。

连接好的程序框图如图 15-4 所示。

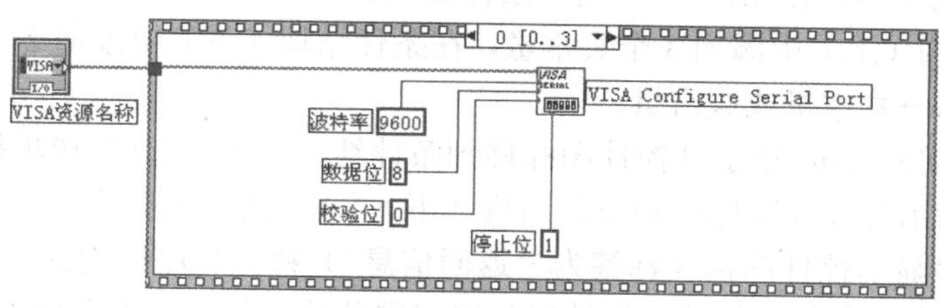

图 15-4　串口初始化程序框图

（2）发送指令程序框图。

以下在顺序结构框架 1 中添加节点并连线。

1）添加 1 个字符串常量：函数→字符串→字符串常量。将值改为“$026”，标签为“读 02 号模块所有数字量输入通道状态值”。

2）添加 1 个回车键常量：函数→字符串→ 回车键常量。

3）添加 1 个字符串连接函数：函数→字符串→连接字符串。用于将读指令和回车键常量连接后送给串口写入函数。

4）为了发送指令到串口，添加 1 个串口写入函数：函数→仪器 I/O→串口→VISA 写入。

5）将字符串常量“$026”与连接字符串函数的输入端口“字符串”相连。

6）将回车键常量与连接字符串函数的第 2 个输入端口“字符串”相连。

7）将连接字符串函数的输出端口“连接的字符串”与 VISA 写入函数的输入端口“写入缓冲区”相连。

8）将 VISA 资源名称控件的输出端口与串口写入函数的输入端口“VISA 资源名称”相连。

连接好的程序框图如图 15-5 所示。

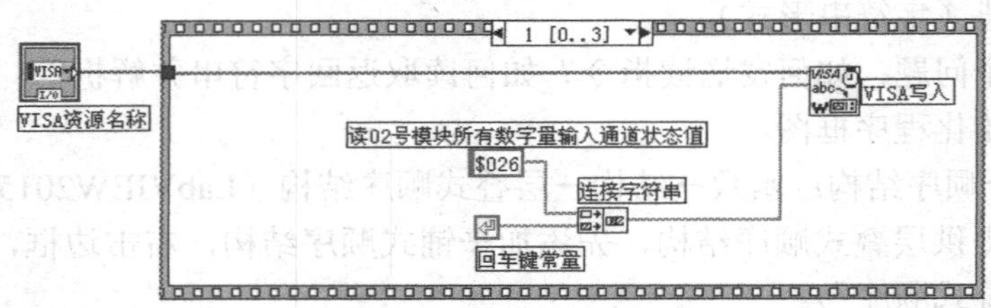

图 15-5 发送写指令程序框图

（3）接收数据程序框图。

以下在顺序结构框架 2 中添加节点并连线。

1）为了设置通信参数，添加 1 个串口字节数函数：函数→仪器 I/O→串口→VISA 串口字节数，标签为“属性节点”。

2）为了从串口缓冲区获取返回数据，添加 1 个串口读取函数：函数→仪器 I/O→串口→VISA 读取。

3）添加 2 个部分字符串函数：函数→字符串→部分字符串（又称“截取字符串”）。

4）添加 4 个数值常量：函数→数值→数值常量，值分别设为“3”、“1”、“4”和“1”。

5）添加 2 个字符串常量：函数→字符串→字符串常量，值分别设为“7”和“C”。

6）添加 2 个比较函数：函数→比较→“等于?”。

7）添加 2 个条件结构：函数→结构→条件结构。

8）在条件结构（上）中添加 3 个真常量，在条件结构（下）中添加 2 个真常量和 2 个假常量：函数→布尔→真常量或假常量。

9）将 DI4、DI5、DI6 指示灯控件图标移到条件结构（上）“真”选项框架中；将 DI0、DI1、DI2、DI3 指示灯控件图标移到条件结构（下）“真”选项框架中。

10）将字符串显示控件图标（标签为“返回信息”）移到顺序结构的框架 2 中。

11）将 VISA 资源名称控件的输出端口与串口字节数函数的输入端口“reference（引用）”

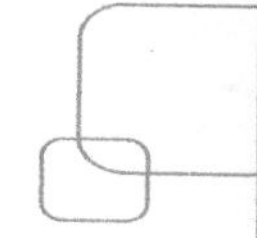

相连，此时“reference”自动变为“VISA 资源名称”。

12）将串口字节数函数的输出端口“VISA 资源名称”（或“引用输出”）与 VISA 读取函数的输入端口“VISA 资源名称”相连。

13）将串口字节数函数的输出端口“Number of bytes at Serial port”与 VISA 读取函数的输入端口“字节总数”相连。

14）将 VISA 读取函数的输出端口“读取缓冲区”与字符串显示控件（标签为“返回信息:”）相连。

15）将 VISA 读取函数的输出端口“读取缓冲区”分别与 2 个部分字符串函数的输入端口“字符串”相连。

16）将数值常量“3”与部分字符串函数（上）的输入端口“偏移量”相连。

17）将数值常量“1”与部分字符串函数（上）的输入端口“长度”相连。

18）将数值常量“4”与部分字符串函数（下）的输入端口“偏移量”相连。

19）将数值常量“1”与部分字符串函数（下）的输入端口“长度”相连。

20）将 2 个部分字符串函数的输出端口“子字符串”分别与 2 个比较函数“=”的输入端口“x”相连。

21）将 2 个字符串常量“7”和“C”分别与 2 个比较函数“=”的输入端口“y”相连。

22）将 2 个比较函数“=”的输出端口“x=y?”分别与 2 个条件结构的选择端口“?”相连。

23）在 2 个条件结构中，将真常量与假常量分别与各个指示灯控件相连。

连接好的程序框图如图 15-6 所示。

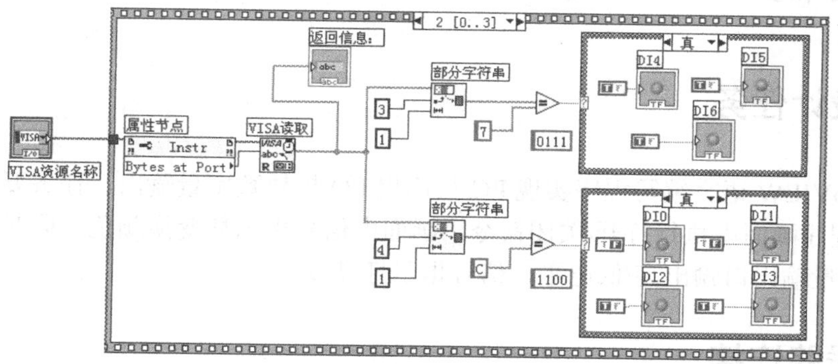

图 15-6　接收返回信息程序框图

（4）延时程序框图。

在顺序结构框架 3 中添加 1 个时间延迟函数：函数→定时→时间延迟，延迟时间采用默认值，如 15-7 所示。

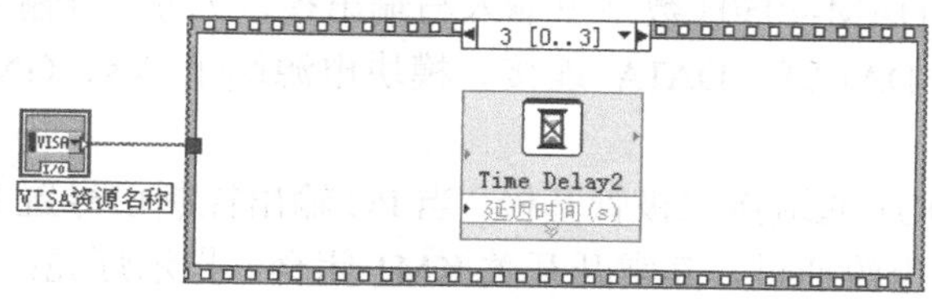

图 15-7　延时程序框图

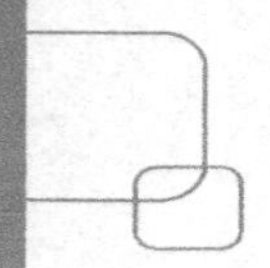

3. 运行程序

切换到前面板窗口，通过 VISA 资源名称控件选择串口号，如 COM1。单击快捷工具栏“连续运行”按钮，运行程序。

将按钮、行程开关等接入数字量输入通道 0 和通道 1（或用导线将远程 I/O 模块数字量输入端口 DI0、DI1 和数字地 GND 短接或断开），使远程 I/O 模块数字量输入通道 DI0 和 DI1 输入数字（开关）信号，程序接收数据“!007C00”，其中 7C 就是各数字量输入通道状态值，提取出来，将 7 转换为二进制: 111，从右到左依次为 4～6 通道的状态，将 C 转换为二进制:1100，从右到左依次为 0～3 通道的状态。0 表示低电平，1 表示高电平（2～6 通道为高电平），使程序画面中相应信号指示灯颜色改变。

程序运行界面如图 15-8 所示。

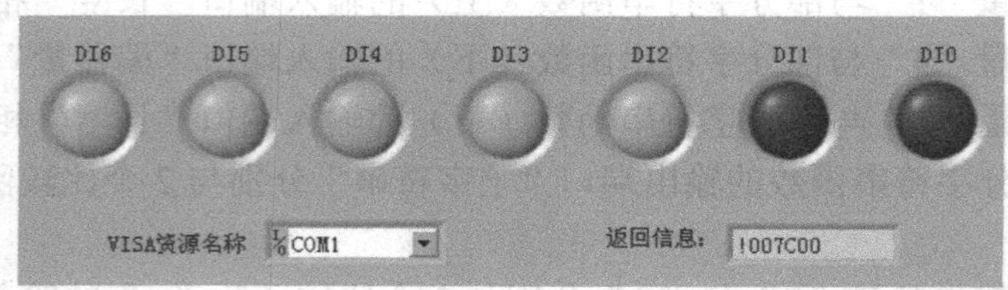

图 15-8　程序运行界面

实例 79　远程 I/O 模块数字量输出

一、设计任务

采用 LabVIEW 语言编写程序实现 PC 与远程 I/O 模块数字量输出。任务要求：

在 PC 程序画面中执行打开/关闭命令，画面中信号指示灯变换颜色，同时，线路中远程 I/O 模块数字量输出口输出高/低电平，信号指示灯亮/灭。

二、线路连接

1. 线路连接

PC 与 ADAM4050 远程 I/O 模块组成的数字量输出线路如图 15-9 所示。

如图 15-9 所示，ADAM-4520（RS232 与 RS485 转换模块）与 PC 的串口 COM1 连接，转换为 RS-485 总线；ADAM-4050（数字量输入与输出模块）的信号输入端子 DATA+、DATA−分别与 ADAM-4520 的 DATA+、DATA−连接。模块电源端子+Vs、GND 分别与 DC24V 电源的+、−连接。

模块数字量输出 DO1 通道接三极管基极，当 PC 输出控制信号置 DO1 为高电平时，三极管导通，继电器线圈有电流通过，其常开开关 KM1 闭合，指示灯亮；当置 DO1 为低电平时，三极管截止，继电器常开开关 KM1 断开，指示灯灭。

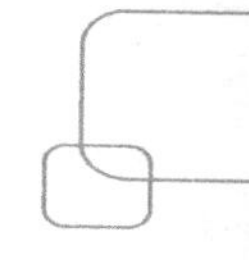

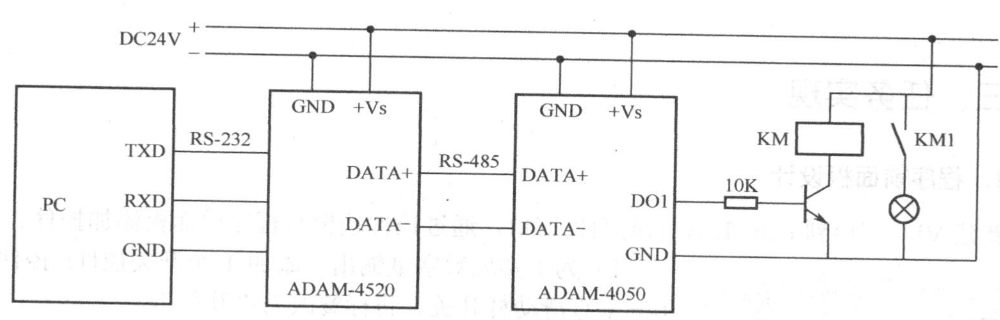

图 15-9　PC 与 ADAM4050 远程 I/O 模块组成的数字量输出线路

也可使用万用表直接测量数字量输出通道 DO1 与数字地 GND 之间的输出电压（高电平或低电平）来判断数字量输出状态。

其他数字量输出通道信号输出的接线方法与 DO1 通道相同。

在进行 LabVIEW 编程之前，必须安装 ADAM4000 系列远程 I/O 模块驱动程序，并将 ADAM-4050 模块的地址设为 02。

2. 串口通信调试

PC 与远程 I/O 模块 ADAM-4050 连接并设置参数后，可进行串口通信调试。

运行“串口调试助手”程序，首先设置串口号 COM1、波特率 9600、校验位 NONE、数据位 8、停止位 1 等参数，打开串口。

在“发送的字符/数据”文本框中输入控制指令，如：“#021101+回车键”（输入#021101 后按回车建），单击“手动发送”按钮，则 PC 向模块发送一条指令，置模块数字量输出 1 通道为高电平，如图 15-10 所示。

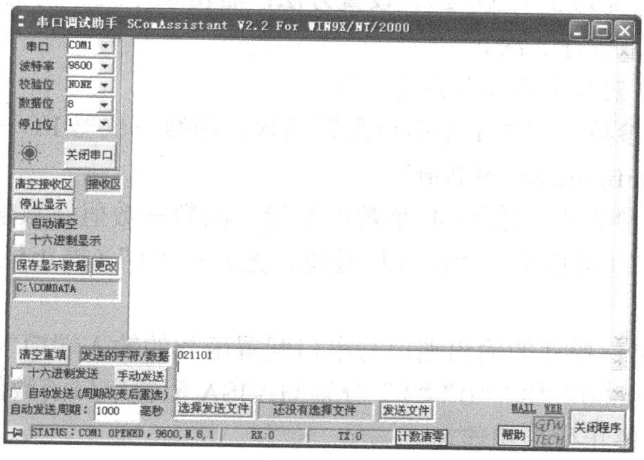

图 15-10　串口通信调试

如果置模块输出 1 通道为低电平，输入控制指令“#021100+回车键”。

控制指令由“#”+“02”+“11”+“01”+“回车键”几部分组成，其中“#”为固定标志字符；“02”为模块地址；“11”表示只置模块数字量输出 1 通道为高电平或低电平（如果只置模块数字量输出 2 通道为高电平或低电平，该字符串应写为“12”）；“01”表示置单个通道（本例为 1 通道）为高电平（如果要置单个通道为低电平，该字符串应写为“00”）。

三、任务实现

1. 程序前面板设计

新建 VI。切换到 LabVIEW 的前面板窗口，通过控件选板给程序前面板添加控件。

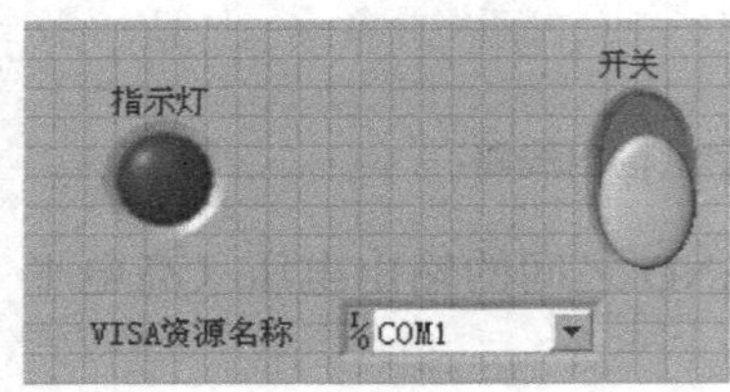

图 15-11 程序前面板

1）为了实现数字量输出，添加 1 个开关控件：控件→布尔→垂直滑动杆开关。将标签改为“开关”。

2）为了显示数字量输出状态，添加 1 个指示灯控件：控件→布尔→圆形指示灯。将标签改为“指示灯”。

3）为了获得串行端口号，添加 1 个串口资源检测控件：控件→I/O→VISA 资源名称。

设计的程序前面板如图 15-11 所示。

2. 程序框图设计

切换到 LabVIEW 的程序框图窗口，添加节点与连线。

主要解决 1 个问题：如何发送带有数字量输出通道地址和状态值的写指令，如“#021101+回车键”？

（1）串口初始化程序框图。

1）添加 1 个顺序结构：函数→结构→层叠式顺序结构（LabVIEW2015 以后版本结构子选板中没有直接提供层叠式顺序结构，先添加平铺式顺序结构，右击边框，弹出快捷菜单，选择“替换为层叠式顺序”）。

将顺序结构框架设置为 3 个（0-2）。设置方法：右击顺序式结构上边框，弹出快捷菜单，选择“在后面添加帧”，执行 2 次。

以下在顺序结构框架 0 中添加节点并连线。

2）为了设置通信参数，添加 1 个串口配置函数：函数→仪器 I/O→串口→ VISA 配置串口，标签为“VISA Configure Serial Port”。

3）为了设置通信参数值，添加 4 个数值常量：函数→数值→数值常量。将值分别设为“9600”（波特率）、“8”（数据位）、“0”（校验位，无）和“1”（停止位，如果不能正常通信，将值设为“10”）。

4）将 VISA 资源名称控件的输出端口与串口配置函数的输入端口“VISA 资源名称相连”。

5）将数值常量“9600”“8”“0”“1”分别与 VISA 配置串口函数的输入端口“波特率”“数据比特”“奇偶”“停止位”相连。

连接好的程序框图如图 15-12 所示。

（2）发送指令程序框图 1。

1）在顺序结构框架 1 中添加 1 个条件结构：函数→结构→条件结构。

2）将开关控件移到顺序结构框架 1 框架中，并与条件结构的条件端口“?”相连。

以下在条件结构的“真”选项中添加节点并连线。

3）添加 1 个字符串常量：函数→字符串→字符串常量。将值设为“#021101”。标签为“置 02 号模块 1 通道高电平”。

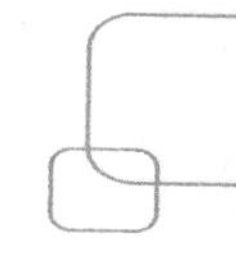

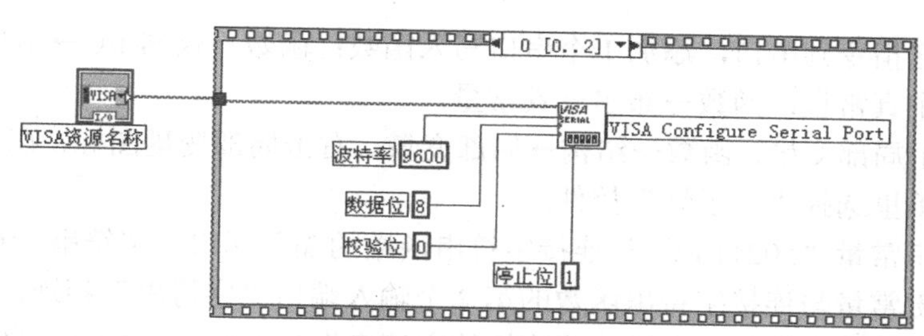

图 15-12　串口初始化程序框图

字符串“#021101”：模块控制指令，表示置 02 号模块 1 通道高电平。

4）添加 1 个回车键常量：函数→字符串→回车键常量。

5）添加 1 个字符串连接函数：函数→字符串→连接字符串。用于将读指令和回车键常量连接后送给串口写入函数。

6）为了发送指令到串口，添加 1 个串口写入函数：函数→仪器 I/O→串口→VISA 写入。

7）添加 1 个假常量：函数→布尔→假常量。

8）将字符串常量“#021101”与连接字符串函数的输入端口“字符串”相连。

9）将回车键常量与连接字符串函数的第 2 个输入端口“字符串”相连。

10）将连接字符串函数的输出端口“连接的字符串”与 VISA 写入函数的输入端口“写入缓冲区”相连。

11）将 VISA 资源名称控件的输出端口与 VISA 写入函数的输入端口“VISA 资源名称”相连。

12）将指示灯控件图标移到条件结构“真”选项框架中，将假常量与指示灯控件相连。

连接好的程序框图如图 15-13 所示。

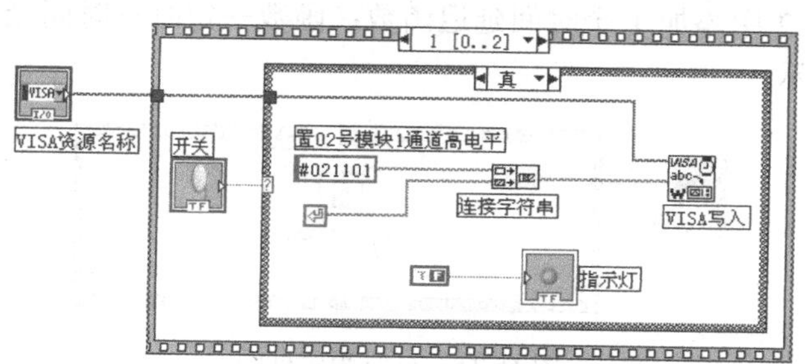

图 15-13　写指令程序框图（一）

（3）发送指令程序框图 2。

以下在条件结构的“假”选项中添加节点并连线。

1）添加 1 个字符串常量：函数→字符串→字符串常量。将值设为“#021100”，标签为“置 02 号模块 1 通道低电平”。

字符串“#021100”：模块控制指令，表示置 02 号模块 1 通道低电平。

2）添加 1 个回车键常量：函数→字符串→回车键常量。

3）添加 1 个字符串连接函数：函数→字符串→连接字符串。用于将读指令和回车键常量连接后送给串口写入函数。

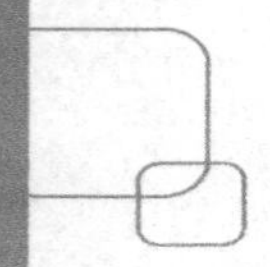

4）为了发送指令到串口，添加 1 个串口写入函数：函数→仪器 I/O→串口→VISA 写入。

5）添加 1 个真常量：函数→布尔→真常量。

6）添加 1 个局部变量：函数→结构→局部变量。右击局部变量图标，在弹出的快捷菜单“选择项”子菜单里选择“指示灯”控件。

7）将字符串常量“#021100”与连接字符串函数的输入端口“字符串”相连。

8）将回车键常量与连接字符串函数的第 2 个输入端口“字符串”相连。

9）将连接字符串函数的输出端口“连接的字符串”与 VISA 写入函数的输入端口“写入缓冲区”相连。

10）将 VISA 资源名称控件的输出端口与 VISA 写入函数的输入端口“VISA 资源名称”相连。

11）将真常量与“指示灯”控件的局部变量相连。

连接好的程序框图如图 15-14 所示。

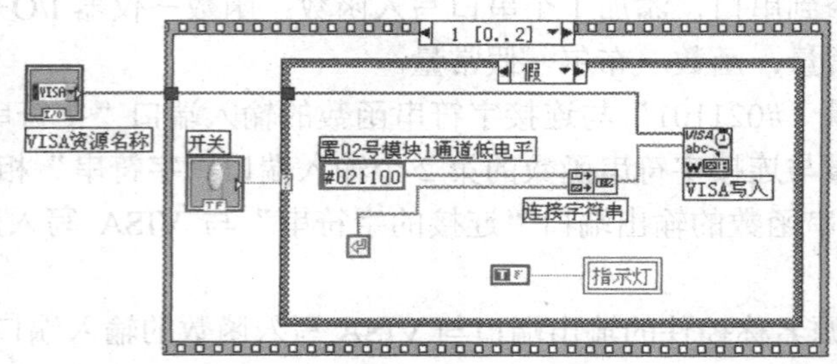

图 15-14　写指令程序框图（二）

（4）延时程序框图。

在顺序结构框架 2 中添加 1 个时间延迟函数：函数→定时→时间延迟，延迟时间采用默认值，如图 15-15 所示。

图 15-15　延时程序框图

3. 运行程序

切换到前面板窗口，通过 VISA 资源名称控件选择串口号，如 COM1。单击快捷工具栏“连续运行”按钮，运行程序。

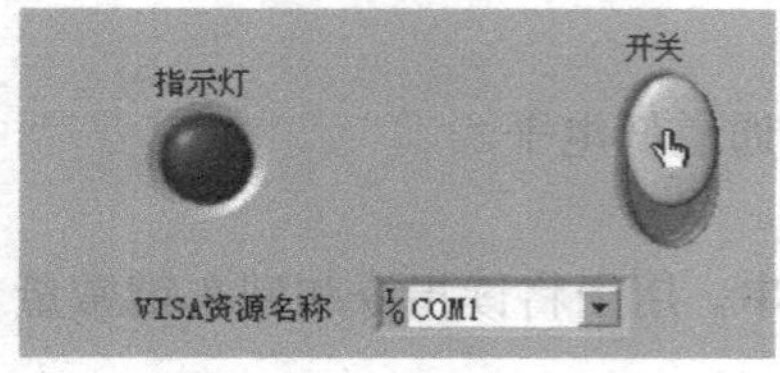

图 15-16　程序运行界面

在程序画面中单击“开关”对象（打开或关闭），画面中指示灯改变颜色，同时，线路中数字量输出端口 DO1 置高/低电平，信号指示灯亮/灭。

可使用万用表直接测量数字量输出通道 1（DO1 和 GND）的输出电压（高电平或低电平）。程序运行界面如图 15-16 所示。

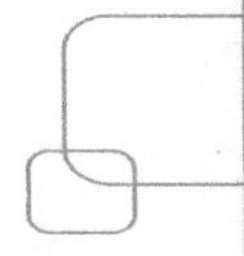

实例 80　远程 I/O 模块温度测控

一、设计任务

采用 LabVIEW 语言编写应用程序实现 PC 与远程 I/O 模块温度测控。

任务要求：自动连续读取并显示检测温度值（十进制）；绘制温度实时变化曲线；当测量温度大于设定值时，线路中指示灯亮。

二、线路连接

1．线路连接

PC 与 ADAM4012、ADAM4050 远程 I/O 模块组成的温度测控线路如图 15-17 所示。

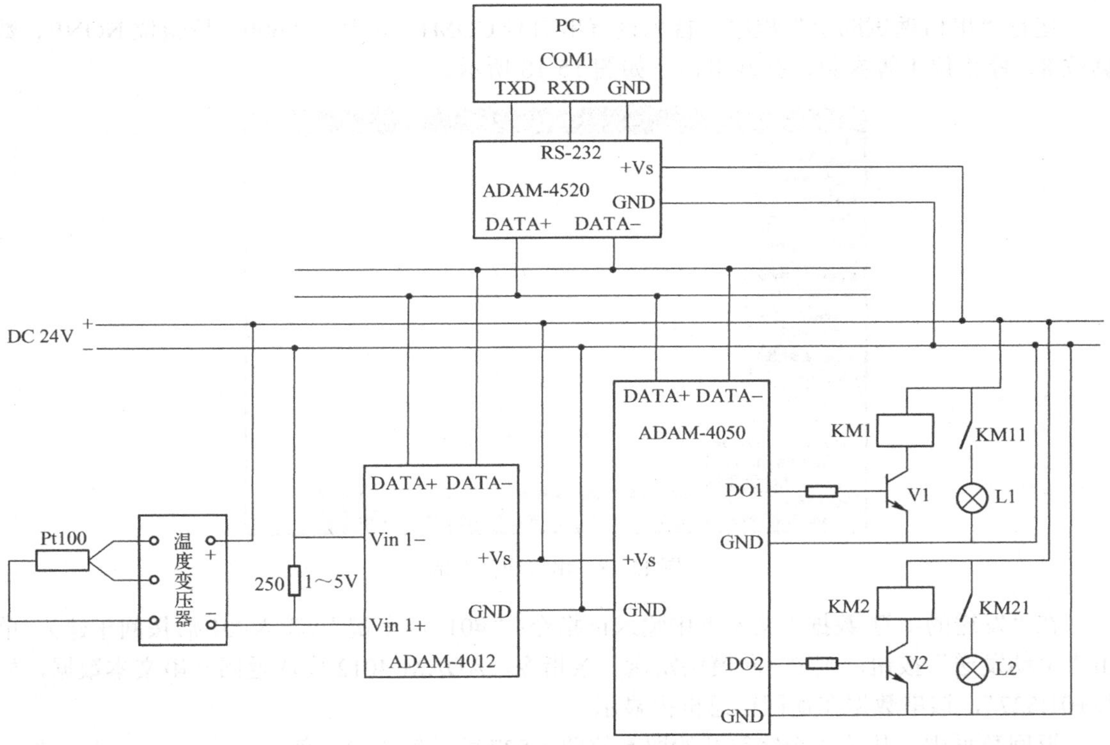

图 15-17　PC 与远程 I/O 模块组成的温度测控线路

图 15-17 中，ADAM-4520 串口与 PC 的串口 COM1 连接，并转换为 RS-485 总线；ADAM-4012 的 DATA+和 DATA−分别与 ADAM-4520 的 DATA+和 DATA−连接；ADAM-4050 的 DATA+和 DATA−分别与 ADAM-4520 的 DATA+和 DATA−连接。模块电源端子+Vs、GND

分别与 DC24V 电源的+、-连接。

温度传感器 Pt100 热电阻检测温度变化，通过温度变送器（测量范围 0~200℃）转换为 4～20mA 电流信号，经过 250 Ω 电阻转换为 1～5V 电压信号送入 ADAM-4012 模块的模拟量输入通道 Vin。温度与电压的数学关系是：温度=（电压-1）×50。

当检测温度大于等于计算机程序设定的上限值，计算机输出控制信号，使 ADAM-4050 模块数字量输出 1 通道 DO1 引脚置高电平，三极管 V1 导通，继电器 KM1 常开开关 KM11 闭合，指示灯 L1 亮。

当检测温度小于等于计算机程序设定的下限值，计算机输出控制信号，使 ADAM-4050 模块数字量输出 2 通道 DO2 引脚置高电平，三极管 V2 导通，继电器 KM2 常开开关 KM21 闭合，指示灯 L2 亮。

在进行 LabVIEW 编程之前，必须安装 ADAM4000 系列远程 I/O 模块驱动程序，并将 ADAM-4012 的地址设为 01，将 ADAM-4050 的地址设为 02。

2．串口通信调试

PC 与远程 I/O 模块 ADAM-4012 和 ADAM-4050 连接并设置参数后，可进行串口通信调试。

运行“串口调试助手”程序，首先设置串口号 COM1、波特率 9600、校验位 NONE、数据位 8、停止位 1 等参数，打开串口，如图 15-18 所示。

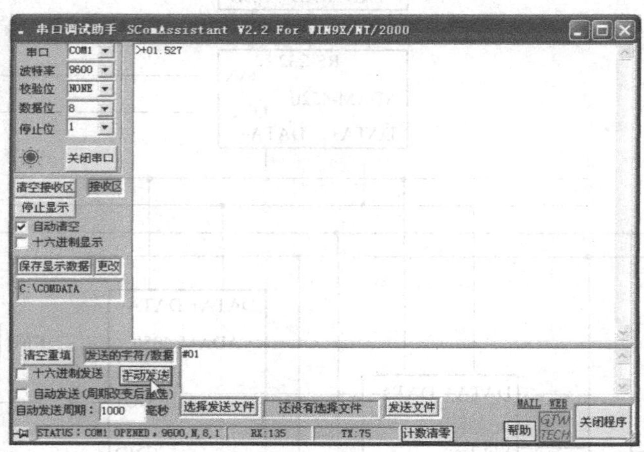

图 15-18　串口通信调试

在“发送的字符/数据”文本框中输入读指令：“#01+回车键”（输入#01 后按回车建），单击“手动发送”按钮，则 PC 向模块发送一条指令，ADAM-4012 模块返回一串文本数据，如“>+01.527”，该串数据在返回信息框内显示。

返回数据中，从第 4 个字符开始取 5 位即 1.527 就是输入电压值。

因为温度变送器的测温范围是 0～200℃，输出 4～20mA 电流信号，经过 250Ω 电阻转换为 1～5V 电压信号，则温度 t 与电压 u 的换算关系为 $t=(u-1)\times 50$，这样串口调试助手得到的电压值 1.527 就表示传感器检测的温度值为 26.35℃。

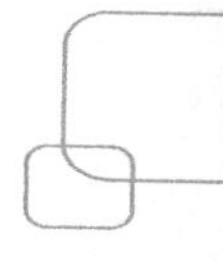

三、任务实现

1. 程序前面板设计

新建 VI。切换到 LabVIEW 的前面板窗口，通过控件选板给程序前面板添加控件。

1）为了以数值形式显示测量温度值，添加 1 个数值显示控件：控件→数值→数值显示控件。将标签改为“温度值”。

2）为了以指针形式显示测量电压值，添加 1 个仪表控件：控件→数值→仪表。将标签改为“温度表”。

3）为了显示测量温度实时变化曲线，添加 1 个波形图表控件：控件→图形→波形图表。将标签改为“温度曲线”。

4）为了显示温度超限状态，添加 1 个指示灯控件：控件→布尔→圆形指示灯。将标签分别改为“指示灯”。

5）为了实现串口通信，添加 1 个串口资源检测控件：控件→I/O→VISA 资源名称。

6）为了执行关闭程序命令，添加 1 个停止按钮控件：控件→布尔→停止按钮。标题为“STOP”。

设计的程序前面板如图 15-19 所示。

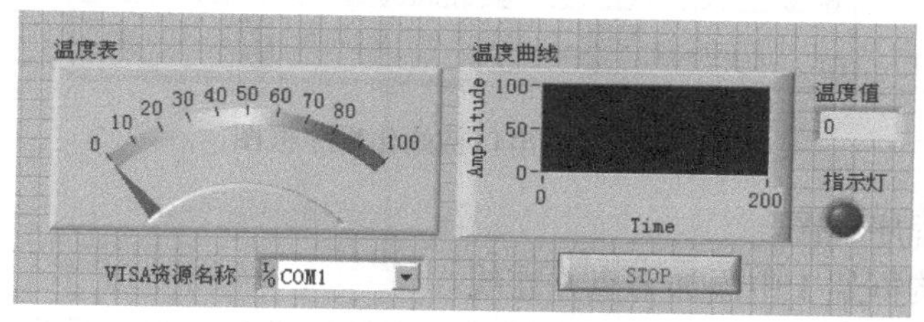

图 15-19　程序前面板

2. 程序框图设计

切换到 LabVIEW 的程序框图窗口，调整控件位置，添加节点与连线。

程序设计思路：读温度值时，向串口发送指令“#01+回车键”，ADAM-4012 模块向串口返回反映温度大小的电压值（字符串形式），然后将电压值转换为温度值；超温时，向串口发送指令“#021101+回车键”，即置 ADAM-4050 模块 1 通道高电平。

要解决 2 个问题：如何发送读指令？如何读取电压值并转换为数值形式？

（1）串口初始化程序框图。

1）添加 1 个 While 循环结构：函数→结构→ While 循环。

2）将 VISA 资源名称控件、停止按钮控件的图标移到 While 循环结构的框架中。

3）将停止按钮图标与循环结构的条件端口◉相连。

4)在 While 循环结构中添加 1 个顺序结构：函数→结构→层叠式顺序结构(LabVIEW2015 以后版本结构子选板中没有直接提供层叠式顺序结构，先添加平铺式顺序结构，右击边框，在弹出的快捷菜单中选择“替换为层叠式顺序”)。

将顺序结构框架设置为 5 个（序号 0～4）。设置方法：右击顺序式结构上边框，弹出快

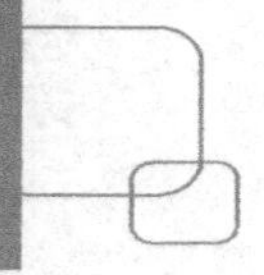

捷菜单，选择“在后面添加帧”，执行 4 次。

以下在顺序结构框架 0 中添加节点并连线。

5）为了设置通信参数，添加 1 个串口配置函数：函数→仪器 I/O→串口→VISA 配置串口，标签为“VISA Configure Serial Port”。

6）为了设置通信参数值，添加 4 个数值常量：函数→数值→数值常量。将值分别设为“9600”（波特率）、“8”（数据位）、“0”（校验位，无）和“1”（停止位，如果不能正常通信，将值设为 10）。

7）将数值常量“9600”“8”“0”“1”分别与 VISA 配置串口函数的输入端口“波特率”“数据比特”“奇偶”“停止位”相连。

8）将 VISA 资源名称控件的输出端口与串口配置函数的输入端口“VISA 资源名称”相连。

连接好的程序框图如图 15-20 所示。

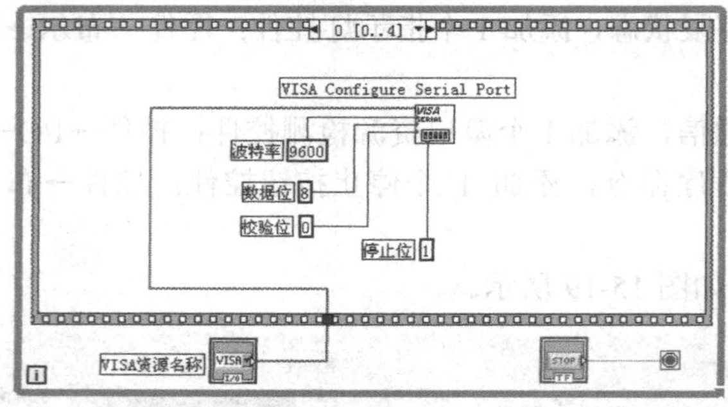

图 15-20　串口初始化程序框图

（2）发送指令程序框图。

以下在顺序结构框架 1 中添加节点并连线。

1）添加 1 个字符串常量：函数→字符串→字符串常量。将值设为“#01”，标签为“读 01 号模块 1 通道电压指令”。

2）添加 1 个回车键常量：函数→字符串→回车键常量。

3）添加 1 个字符串连接函数：函数→字符串→连接字符串。用于将读指令和回车键常量连接后送给串口写入函数。

4）为了发送指令到串口，添加 1 个串口写入函数：函数→仪器 I/O→串口→VISA 写入。

5）将字符串常量“#01”与连接字符串函数的输入端口“字符串”相连。

6）将回车键常量与连接字符串函数的第 2 个输入端口“字符串”相连。

7）将连接字符串函数的输出端口“连接的字符串”与 VISA 写入函数的输入端口“写入缓冲区”相连。

8）将 VISA 资源名称控件的输出端口与 VISA 写入函数的输入端口“VISA 资源名称”相连。

连接好的程序框图如图 15-21 所示。

（3）延时程序框图。

在顺序结构框架 2 中添加 1 个时间延迟函数：函数→定时→时间延迟。延迟时间采用默认值，如图 15-22 所示。

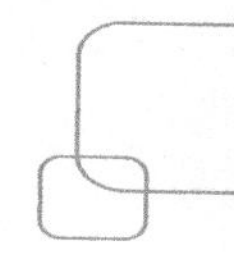

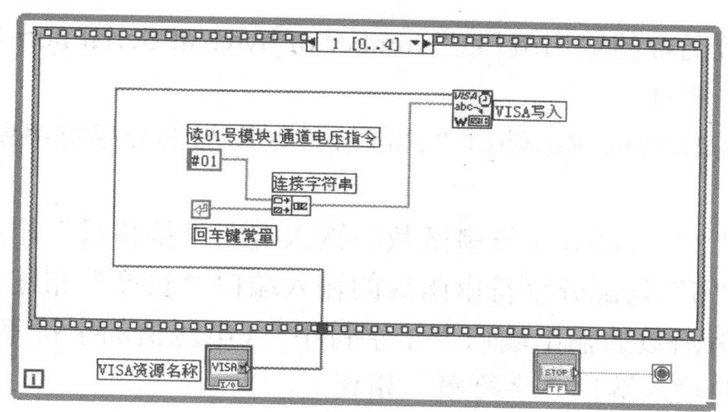

图 15-21　读指令程序框图

图 15-22　延时程序框图

（4）接收数据程序框图。

以下在顺序结构框架 3 中添加节点并连线。

1）添加 1 个串口字节数函数：函数→仪器 I/O→串口→VISA 串口字节数，标签为“属性节点”。

2）为了从串口缓冲区获取返回数据，添加 1 个串口读取函数：函数→仪器 I/O→串口→VISA 读取。

3）添加 1 个部分字符串函数：函数→字符串→部分字符串（又称“截取字符串”）。

4）添加 1 个字符串转换函数：函数→字符串→字符串/数值转换→分数/指数字符串至数值转换。

5）添加 1 个公式节点：函数→结构→公式节点。用鼠标在程序框图中拖动，画出公式节点的图框。

添加公式节点的输入端口：右击公式节点左边框，从弹出菜单中选择“添加输入”，然后在出现的端口图标中输入变量名称，如“x”，就完成了 1 个输入端口的创建。

添加公式节点的输出端口：右击公式节点右边框，从弹出菜单中选择“添加输出”，然后在出现的端口图标中输入变量名称，如“y”，就完成了 1 个输出端口的创建。

按照 C 语言的语法规则在公式节点的框架中输入公式“y=(x−1)×50;”。该公式的作用是将检测的电压值转换为温度值。

6）添加 1 个比较函数（大于等于?）：函数→比较→大于等于?。

7）添加 3 个数值常量：函数→数值→数值常量。将值分别设为“3”、“6”和“30”。

8）将 VISA 资源名称控件的输出端口与串口字节数函数的输入端口“reference（引用）”相连，此时“reference”自动变为“VISA 资源名称”。

9）将串口字节数函数的输出端口“VISA 资源名称”（或“引用输出”）与 VISA 读取函数的输入端口“VISA 资源名称”相连。

10）将串口字节数函数的输出端口“Number of bytes at Serial port”与 VISA 读取函数的输入端口“字节总数”相连。

11）将 VISA 读取函数的输出端口“读取缓冲区”与部分字符串函数的输入端口“字符串”相连。

12）将数值常量“3”与部分字符串函数的输入端口“偏移量”相连。

13）将数值常量“6”与部分字符串函数的输入端口“长度”相连。

14）将部分字符串函数的输出端口“子字符串”（电压值的字符串形式）与分数/指数字符串至数值转换函数的输入端口“字符串”相连。

15）将分数/指数字符串至数值转换函数的输出端口“数字”（电压值的数值形式）与公式节点输入端口“x”相连。通过公式计算将电压值转换为温度值输出。

16）将公式节点的输出端口“y”与比较函数（大于等于?）的输入端口“x”相连。

17）将数值常量“30”（上限温度值）与比较函数（大于等于？）的输入端口“y”相连。

18）分别将数值显示控件图标（标签为“温度值”）、仪表控件图标（标签为“温度表”）、波形图表控件图标（标签为“温度曲线”）移到顺序结构的框架 3 中。

19）将公式节点的输出端口“y”分别与数值显示控件、仪表控件、波形图表控件的输入端口相连。

20）添加 1 个条件结构：函数→结构→条件结构。

21）将比较函数（大于等于?）的输出端口“x>=y?”与条件结构的选择端口“?”相连。

连接好的程序框图如图 15-23 所示。

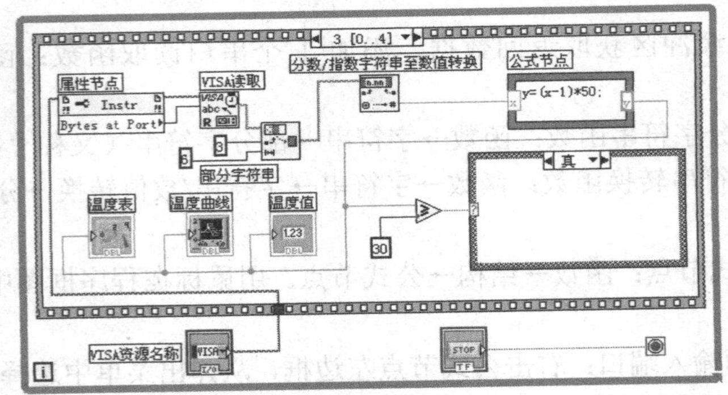

图 15-23　接收数据程序框图

（5）报警控制程序框图 1。

以下节点的添加与连线在条件结构的“真”选项中进行。

1）为了发送指令，添加 1 个串口写入函数：函数→仪器 I/O→串口→VISA 写入。

2）添加 1 个字符串常量：函数→字符串→字符串常量。将值设为“#021101”（将 ADAM-4050 模块的数字量输出 1 通道置为高电平）。

3）添加 1 个回车键常量：函数→字符串→回车键常量。

4）添加 1 个连接字符串函数：函数→字符串→连接字符串。用于将读指令和回车键常量连接后送给写串口函数。

5）添加 1 个真常量：函数→布尔→真常量。

6）将指示灯控件图标移到条件结构的“真”选项框架中。

7）将字符串常量“#021101”与连接字符串函数的输入端口“字符串”相连。

8）将回车键常量与连接字符串函数的第 2 个输入端口“字符串”相连。

9）将连接字符串函数的输出端口“连接的字符串”与 VISA 写入函数的输入端口“写入缓冲区”相连。

10）将真常量与指示灯控件相连。

11）将 VISA 资源名称控件的输出端口与 VISA 写入函数的输入端口“VISA 资源名称”相连。

连接好的程序框图如图 15-24 所示。

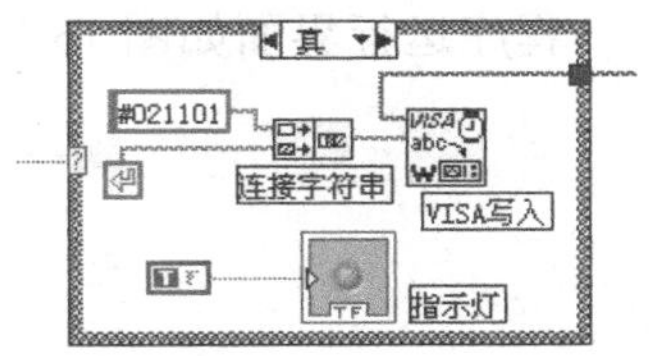

图 15-24　报警控制程序框图（一）

（6）报警控制程序框图 2。

以下节点的添加与连线在条件结构的“假”选项中进行。

1）为了发送指令，添加 1 个串口写入函数：函数→仪器 I/O→串口→VISA 写入。

2）添加 1 个字符串常量：函数→字符串→字符串常量。将值设为“#021100”（将 ADAM-4050 模块的数字量输出 1 通道置为低电平）。

3）添加 1 个回车键常量：函数→字符串→回车键常量。

4）添加 1 个字符串连接函数：函数→字符串→连接字符串。用于将读指令和回车键常量连接后送给写串口函数。

5）添加 1 个假常量：函数→布尔→假常量。

6）添加 1 个局部变量：函数→结构→局部变量。右击局部变量图标，在弹出的快捷菜单“选择项”里，为局部变量选择对象“指示灯”。

7）将字符串常量“#021100”与连接字符串函数的输入端口“字符串”相连。

8）将回车键常量与连接字符串函数的第 2 个输入端口“字符串”相连。

9）将连接字符串函数的输出端口“连接的字符串”与 VISA 写入函数的输入端口“写入缓冲区”相连。

10）将假常量与“指示灯”控件的局部变量相连。

11）将 VISA 资源名称控件的输出端口与 VISA 写入函数的输入端口“VISA 资源名称”相连。

连接好的程序框图如图 15-25 所示。

（7）延时程序框图。

在顺序结构框架 4 中添加 1 个时间延迟函数：函数→定时→时间延迟，延迟时间采用默认值。延时程序框图如图 15-26 所示。

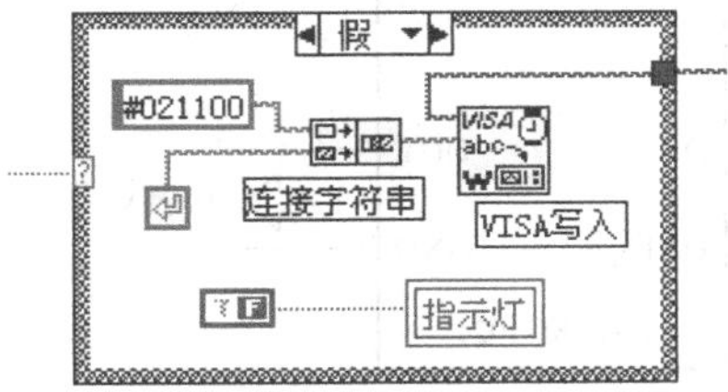

图 15-25　报警控制程序框图（二）

图 15-26　延时程序框图

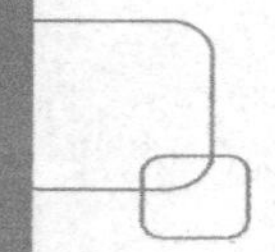

3．运行程序

切换到前面板窗口，通过 VISA 资源名称控件选择串口号，如 COM1。单击快捷工具栏“运行”按钮，运行程序。

给传感器升温或降温，PC 读取并显示 ADAM-4012 模块检测的温度值，绘制温度变化曲线。当测量温度大于等于设定的温度值 30℃时，程序画面指示灯改变颜色，同时线路中 ADAM-4050 模块数字量输出 1 通道置高电平，指示灯 L1 亮。

程序运行界面如图 15-27 所示。

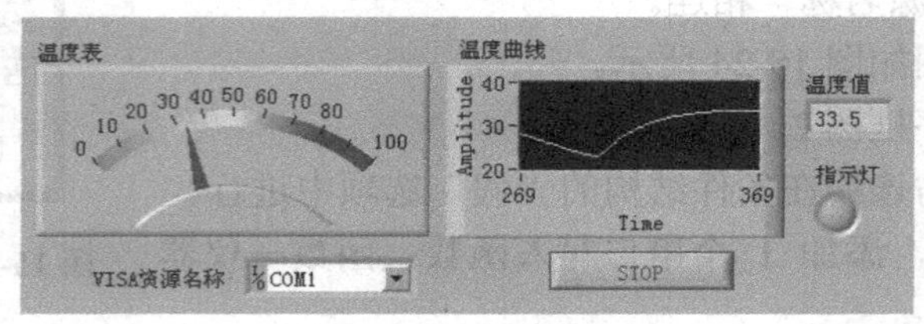

图 15-27 程序运行界面

实例 81 远程 I/O 模块电压输出

一、设计任务

采用 LabVIEW 语言编写程序实现 PC 与远程 I/O 模拟电压输出。任务要求如下：在 PC 程序界面中产生 1 个变化的数值（0～10），线路中远程 I/O 模块模拟量输出口输出同样变化的电压值（0～10V）。

二、线路连接

如图 15-28 所示，ADAM-4520（RS-232 与 RS-485 转换模块）与 PC 的串口 COM1 连接，转换为 RS-485 总线；ADAM-4021（模拟量输出模块）的信号输入端子 DATA+、DATA-分别与 ADAM-4520 的 DATA+、DATA-连接，电源端子+Vs、GND 分别与 DC 24V 电源的+、-连接。

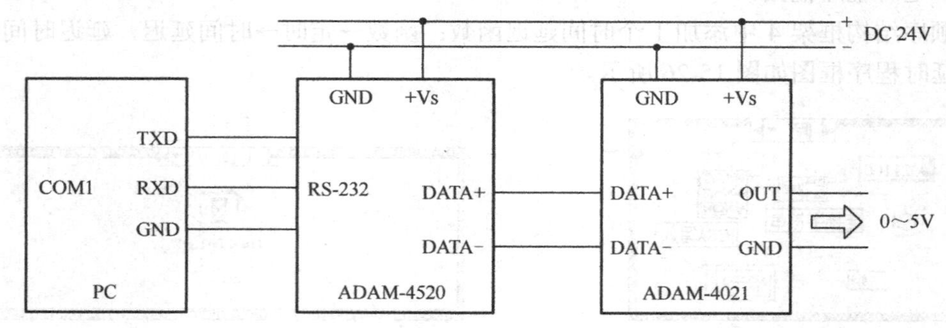

图 15-28 PC 与远程 I/O 模块组成的电压输出系统

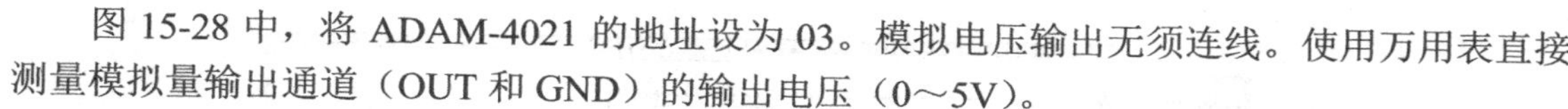

图 15-28 中，将 ADAM-4021 的地址设为 03。模拟电压输出无须连线。使用万用表直接测量模拟量输出通道（OUT 和 GND）的输出电压（0～5V）。

三、任务实现

1．程序前面板设计

（1）为了生成输出电压数值，添加 1 个滑动杆控件：控件→数值→垂直指针滑动杆。

（2）为了以数值形式显示输出电压值，添加 1 个数值显示控件：控件→数值→数值显示控件，将标签改为“输出电压值：”。

（3）为了以指针形式显示输出电压值，添加 1 个仪表显示控件：控件→数值→仪表，将标签改为“电压表”。

（4）为了显示输出电压变化曲线，添加 1 个实时图形显示控件：控件→图形→波形图形，将标签改为“电压曲线”。

（5）为了获得串行端口号，添加 1 个串口资源检测控件：控件→新式→I/O→VISA 资源名称；单击控件箭头，选择串口号，如 ASRL1:或 COM1。

设计的程序前面板如图 15-29 所示。

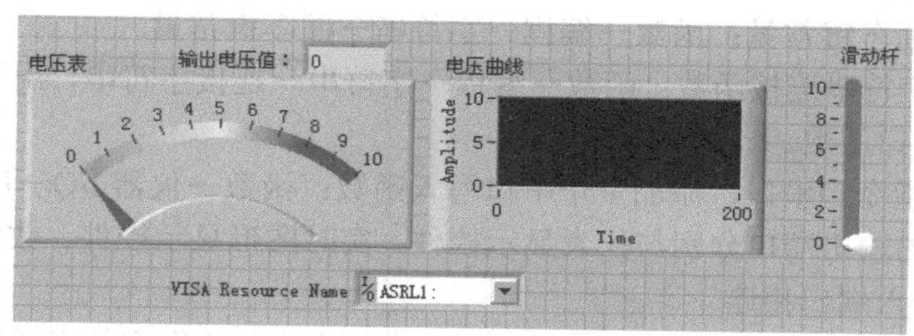

图 15-29　程序前面板

2．程序框图设计

主要解决如何发送带有设定电压的写指令“$037+0+回车键”。

（1）添加 1 个顺序结构：函数→编程→结构→层叠式顺序结构。

将顺序结构的帧设置为 3 个（序号 0～2）。设置方法：选中顺序结构边框，单击鼠标右键，执行“在后面添加帧”命令 2 次。

（2）在顺序结构 Frame0 中添加函数与结构。

1）为了设置通信参数，在顺序结构 Frame0 中添加 1 个串口配置函数：函数→仪器 I/O→串口→VISA 配置串口。

2）为了设置通信参数值，在顺序结构 Frame0 中添加 4 个数值常量：函数→编程→数值→数值常量，值分别为 9600（波特率）、8（数据位）、0（校验位，无）、1（停止位）。

3）将函数 VISA 资源名称的输出端口与串口配置函数的输入端口 VISA 资源名称相连。

4）将数值常量 9600、8、0、1 分别与 VISA 配置串口函数的输入端口波特率、数据比特、奇偶、停止位相连。

连接好的程序框图如图 15-30 所示。

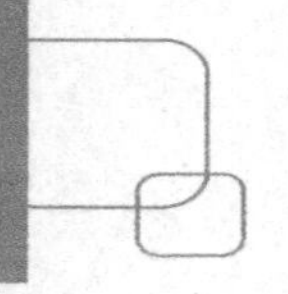

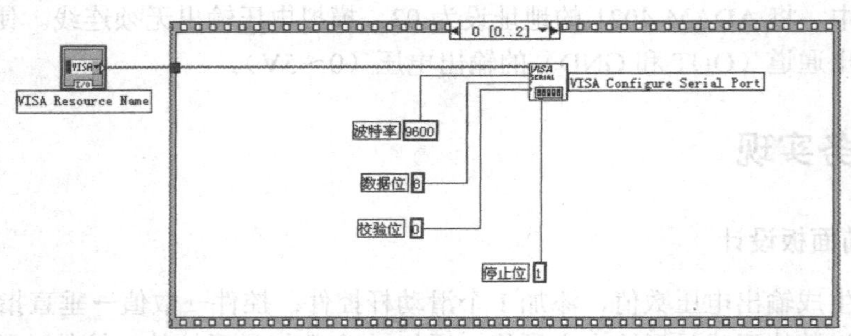

图 15-30　初始化串口程序框图

（3）在顺序结构 Frame1 中添加函数与结构。

1）添加 1 个数值转字符串函数：函数→编程→字符串→字符串/数值转换→数值至小数字符串转换函数，用于将滑动杆产生的数值转成字符串。

2）添加 2 个数值常量：函数→编程→数值→数值常量，值分别为 0 和 5。

3）添加 1 个截取字符串函数：函数→编程→字符串→截取字符串。

4）添加 1 个字符串常量：函数→编程→字符串→字符串常量，值设为“$037+0”，标签为“给 03 号模块输出电压指令”。

5）添加 1 个回车键常量：函数→编程→字符串→回车键常量。

6）添加 1 个字符串连接函数：函数→编程→字符串→连接字符串，用于将读指令和回车符连接后送给写串口函数。

7）为了发送指令到串口，添加 1 个串口写入函数：函数→仪器 I/O→串口→VISA 写入。

8）将滑动杆的输出端口分别与仪表显示控件、实时图形显示控件、数值显示控件、数值转字符串函数的输入端口相连。

9）将数值转字符串函数的输出端口“F-格式字符串”与截取字符串函数的输入端口“字符串”相连。

10）将数值常量（值为 0）与截取字符串函数的输入端口偏移量相连；将数值常量（值为 5）与截取字符串函数的输入端口长度相连。

11）将字符串常量（值为“$037+0”）与连接字符串函数的输入端口字符串相连。

12）将截取字符串函数的输出端口“子字符串”与连接字符串函数的一个输入端口字符串相连。

13）将回车键常量与连接字符串函数的另一个输入端口字符串相连。

14）将连接字符串函数的输出端口连接的字符串与 VISA 写入函数的输入端口写入缓冲区相连。

15）将函数 VISA 资源名称的输出端口与 VISA 写入函数的输入端口 VISA 资源名称相连。

连接好的程序框图如图 15-31 所示。

（4）在顺序结构 Frame2 中添加 1 个时间延迟函数：函数→编程→定时→时间延迟，时间采用默认值，如图 15-32 所示。

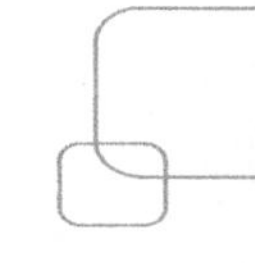

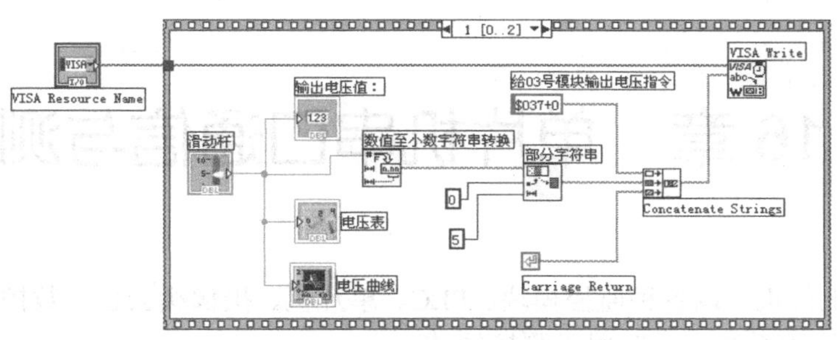

图 15-31　写指令程序框图

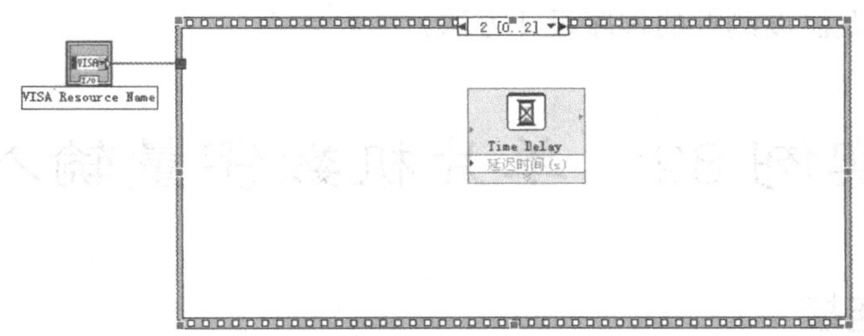

图 15-32　延时程序框图

3．运行程序

单击快捷工具栏“连续运行”按钮，运行程序。

在程序界面中利用滑动杆产生一个变化的数值（0～10），线路中模拟量输出口输出同样大小的电压值（0～10V）。

可使用万用表直接测量模拟量输出通道（Exc+和 Exc−）的电压值。

程序运行界面如图 15-33 所示。

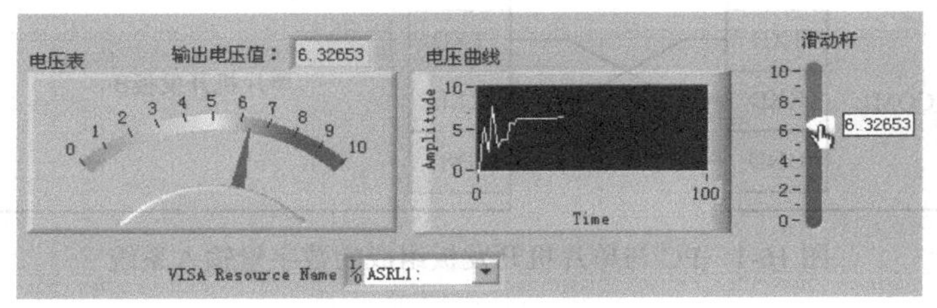

图 15-33　程序运行界面

第 16 章 单片机串口通信与测控

以 PC 作为上位机，以各种监控模块、PLC、单片机、摄像头云台、数控机床及智能设备等作为下位机，这种系统广泛应用于测控领域。

本章举几个典型实例，详细介绍采用 LabVIEW 实现单片机数字量输入、数字量输出、电压采集、电压输出及温度测控的程序设计方法。

实例 82 单片机数字量输入

一、线路连接

PC 与单片机开发板组成的数字量输入系统如图 16-1 所示。单片机开发板与 PC 数据通信采用 3 线制，将单片机开发板的串口与 PC 串口的 3 个引脚（RXD、TXD、GND）分别连在一起，即将 PC 和单片机的发送数据线 TXD 与接收数据线 RXD 交叉连接，两者的地线 GND 直接相连。

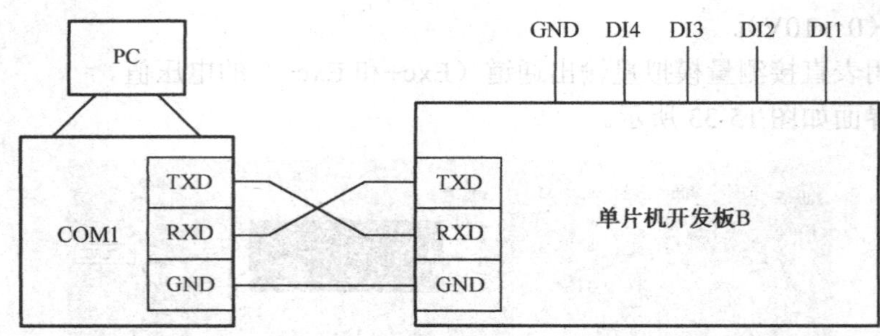

图 16-1 PC 与单片机开发板组成的数字量输入系统

使用杜邦线将单片机开发板的数字量输入端口 DI1、DI2、DI3、DI4 与 DGND 端口连接或断开，产生数字信号 0 或 1。

二、设计任务

单片机与 PC 通信，在程序设计上涉及两部分的内容：一是单片机端数据采集、控制和通信程序（单片机端 C51 程序）；二是 PC 端通信和功能程序（PC 端 LabVIEW 程序）。

1）采用 Keil C51 语言编写程序，实现单片机开发板数字量输入，将数字量输入状态值（0 或 1）在数码管上显示，并将开关信号发送到 PC。

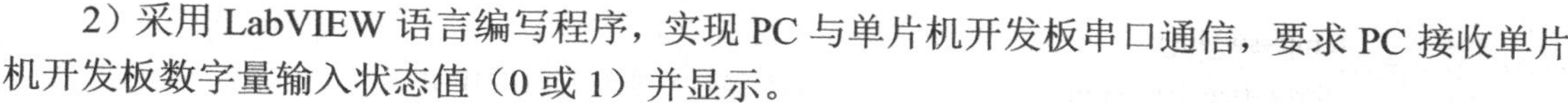

2）采用 LabVIEW 语言编写程序，实现 PC 与单片机开发板串口通信，要求 PC 接收单片机开发板数字量输入状态值（0 或 1）并显示。

三、任务实现

（一）单片机端 C51 程序

以下是完成单片机数字量输入的单片机端 C51 程序：

```
/*****************************************************************
程序功能：检测数字量输入端口状态（1或0，如1111表示4个通道均为高电平，0000表示4个通道均为低电平），在数码管显示，并以二进制形式发送给PC。
*****************************************************************/
#include <REG51.H>
/*****************开关端口定义**************************************/
sbit sw_0=P3^3;
sbit sw_1=P3^4;
sbit sw_2=P3^5;
sbit sw_3=P3^6;
/*********************数码显示 键盘接口定义*****************************/
sbit PS0=P2^4;                          // 数码管个位
sbit PS1=P2^5;                          // 数码管十位
sbit PS2=P2^6;                          // 数码管百位
sbit PS3=P2^7;                          // 数码管千位
sfr  P_data=0x80;                       // P0口为显示数据输出口
sbit P_K_L=P2^2;                        // 键盘列
  ;                                     // 字段转换表
unsigned char tab[]={0xfc,0x60,0xda,0xf2,0x66,0xb6,0xbe,0xe0,0xfe,0xf6,0xee,0x3e,0x9c,0x7a,0x9e,0x8e}
unsigned int sw_in(void);               // 数字量输入采集
void display(unsigned int a);           // 显示函数
void delay(unsigned int);               // 延时函数
void main(void)
{
    unsigned int a,temp;
    TMOD=0x20;                          // 定时器1--方式2
    TL1=0xfd;
    TH1=0xfd;                           // 11.0592MHz晶振，波特率为9600
    SCON=0x50;                          // 方式1
    TR1=1;                              // 启动定时
    while(1)
  {
```

```
        temp=sw_in();
        for(a=0;a<200;a++)                          // 显示，兼有延时的作用
            display(temp);
        SBUF=(unsigned char)(temp>>8);              // 将测量结果发送给PC
          while(TI!=1);
        TI=0;
        SBUF=(unsigned char)temp;
          while(TI!=1);
        TI=0;
  }
}
/**************************数码管显示函数**************************/
/*函数原型:void display(void)
/*函数功能:数码管显示
/*调用模块:delay()
/****************************************************************/
unsigned int sw_in(void)
{
    unsigned int a=0;
  if(sw_0)
      a=a+1;
  if(sw_1)
      a=a+0x10;
  if(sw_2)
      a=a+0x100;
  if(sw_3)
      a=a+0x1000;
    return a;
}
/**************************数码管显示函数**************************/
/*函数原型:void display(void)
/*函数功能:数码管显示
/*调用模块:delay()
/****************************************************************/
void display(unsigned int a)
{
    bit b=P_K_L;
  P_K_L=1;                                          // 防止按键干扰显示
    P_data=tab[a&0x0f];                             // 显示个位
    PS0=0;
  PS1=1;
```

```
    PS2=1;
    PS3=1;
    delay(200);
       P_data=tab[(a>>4)&0x0f];                    // 显示十位
       PS0=1;
    PS1=0;
    delay(200);
       P_data=tab[(a>>8)&0x0f];                    // 显示百位
       PS1=1;
       PS2=0;
    delay(200);
       P_data=tab[(a>>12)&0x0f];                   // 显示千位
       PS2=1;
       PS3=0;
    delay(200);
       PS3=1;
       P_K_L=b;                                    // 恢复按键
        P_data=0xff;                               // 恢复数据口
  }
  /*********************************延时函数***********************************/
  /*函数原型:delay(unsigned int delay_time)
  /*函数功能:延时函数
  /*输入参数:delay_time (输入要延时的时间)
  /***********************************************************************/
  void delay(unsigned int delay_time)              // 延时子程序
  {for(;delay_time>0;delay_time--)
  {}
    }
```

将 C51 程序编译生成 HEX 文件，然后采用 STC-ISP 软件将 HEX 文件下载到单片机中。

打开“串口调试助手”程序（ScomAssistant.exe），首先设置串口号为 COM1、波特率为 9600、校验位为 NONE、数据位为 8、停止位为 1 等参数（注意：设置的参数必须与单片机一致），选择“十六进制显示”和“十六进制发送”，打开串口。

如果 PC 与单片机开发板串口连接正确，则单片机连续向 PC 发送检测的数字量输入值，用 2 字节的十六进制数据表示，如 10 11，该数据串在返回信息框内显示，如图 16-2 所示。10 11 表示数字量输入 1、3 和 4 通道为高电平，2 通道为低电平。

（二）PC 端 LabVIEW 程序

1．程序前面板设计

1）为了显示开关信号输入状态，添加 4 个指示灯控件：控件→新式→布尔→圆形指示灯，将标签分别改为 DI0～DI3。

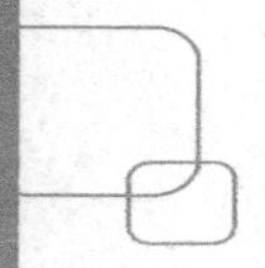

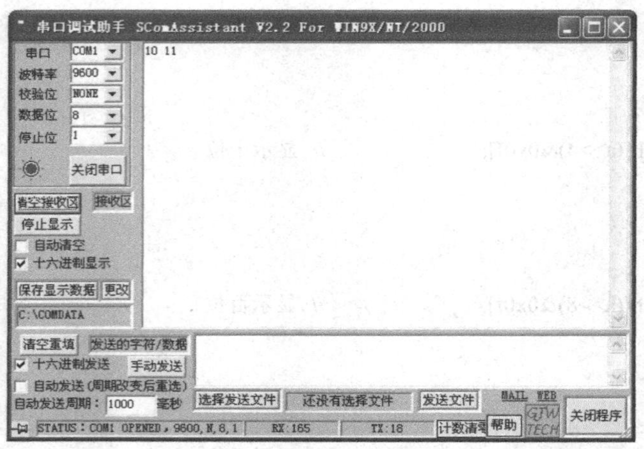

图 16-2　串口调试助手

2）为了显示开关信号输入状态值，添加 1 个字符串显示控件：控件→新式→字符串与路径→字符串显示控件，标签改为“数字量输入状态:”。右击，选择“十六进制显示”选项。

3）为了获得串行端口号，添加 1 个串口资源检测控件：控件→新式→I/O→VISA 资源名称；单击控件箭头，选择串口号，如 ASRL1:或 COM1。

设计的程序前面板如图 16-3 所示。

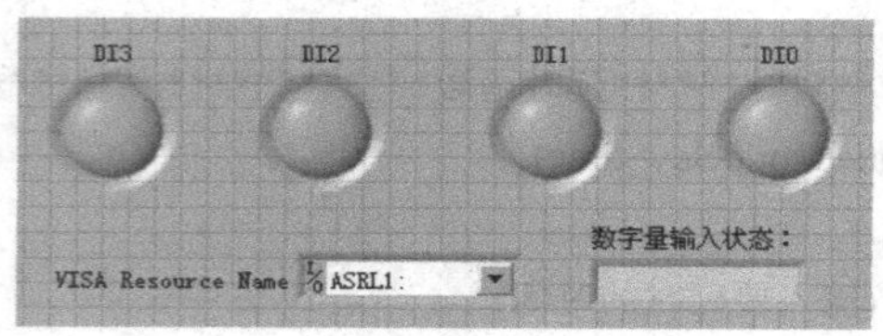

图 16-3　程序前面板

2. 程序框图设计

程序设计思路：单片机向 PC 串口发送数字量输入通道状态值，PC 读取各通道状态值。

（1）添加 1 个顺序结构：函数→编程→结构→层叠式顺序结构。

将顺序结构的帧设置为 3 个（序号 0~2）。设置方法：选中顺序结构边框，单击鼠标右键，执行“在后面添加帧”命令 2 次。

（2）在顺序结构 Frame 0 中添加函数与结构。

1）为了设置通信参数，在顺序结构 Frame 0 中添加 1 个串口配置函数：函数→仪器 I/O→串口→VISA 配置串口。

2）为了设置通信参数值，在顺序结构 Frame 0 中添加 4 个数值常量：函数→编程→数值→数值常量，值分别为 9600（波特率）、8（数据位）、0（校验位，无）、1（停止位）。

3）将函数 VISA 资源名称的输出端口与串口配置函数的输入端口 VISA 资源名称相连。

4）将数值常量 9600、8、0、1 分别与 VISA 配置串口函数的输入端口波特率、数据比特、奇偶、停止位相连。

连接好的程序框图如图 16-4 所示。

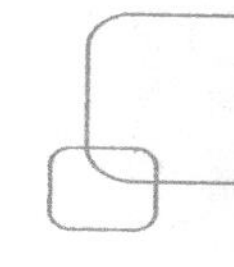

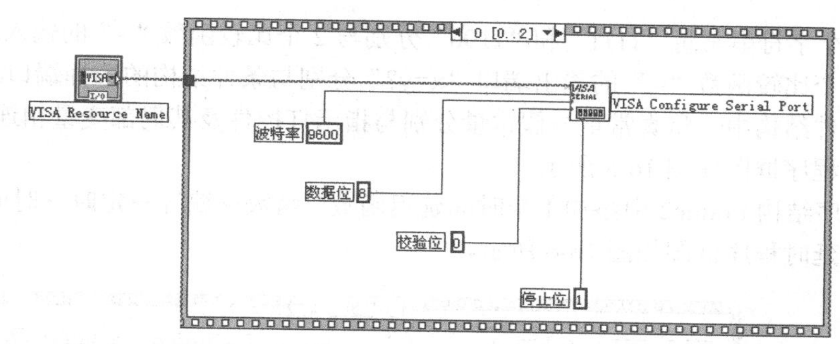

图 16-4　初始化串口程序框图

（3）在顺序结构 Frame 1 中添加函数与结构。

1）为了获得串口缓冲区数据个数，添加 1 个串口字节数函数：函数→仪器 I/O→串口→VISA 串口字节数，标签为“Property Node”。

2）为了从串口缓冲区获取返回数据，添加 1 个串口读取函数：函数→仪器 I/O→串口→VISA 读取。

3）添加 1 个扫描值函数：函数→编程→字符串→字符串/数值转换→扫描值。

4）添加 1 个数值常量：函数→编程→数值→数值常量，值为 0。

5）添加 1 个字符串常量：函数→编程→字符串→字符串常量，值为“%b”，表示输入的是二进制数据。

6）添加 1 个强制类型转换函数：函数→编程→数值→数据操作→强制类型转换。

7）添加 2 个比较函数：函数→编程→比较→等于?。

8）添加 2 个字符串常量：函数→编程→字符串→字符串常量，右击这 2 个字符串常量，选择“十六进制显示”，将值改为“1111”和“1100”。

9）添加 2 个条件结构：函数→编程→结构→条件结构。

10）在左边条件结构真选项中，添加 4 个真常量；在右边条件结构真选项中，添加 2 个真常量和 2 个假常量：函数→编程→布尔→真常量或假常量。

11）将 4 个指示灯控件移入左边的条件结构真选项中，在右边条件结构真选项中，添加 4 个局部变量，右键单击局部变量，“选择项”分别选 DI0、DI1、DI2 和 DI3。

12）将 VISA 资源名称函数的输出端口与串口字节数函数（顺序结构 Frame1 中）的输入端口引用相连。

13）将串口字节数函数的输出端口 VISA 资源名称与 VISA 读取函数的输入端口 VISA 资源名称相连。

14）将串口字节数函数的输出端口 Number of bytes at Serial port 与 VISA 读取函数的输入端口字节总数相连。

15）将 VISA 读取函数的输出端口读取缓冲区与扫描值函数的输入端口字符串相连。

16）将字符串常量（值为%b）与扫描值函数的输入端口“格式字符串”相连。

17）将扫描值函数的输出端口“输出字符串”与强制类型转换函数的输入端口 x 相连。

18）将强制类型转换函数的输出端口分别与 2 个比较函数“=”的输入端口 x 相连；并与“数字量输入状态：”显示控件相连。

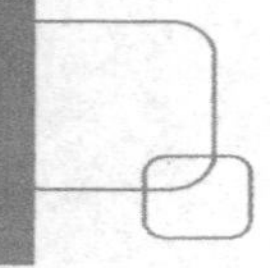

19）将 2 个字符串常量“1111”和“1100”分别与 2 个比较函数“=”的输入端口 y 相连。

20）将 2 个比较函数“=”的输出端口“x=y?”分别与条件结构的选择端口?相连。

21）在条件结构中，将真常量与假常量分别与指示灯控件及其局部变量相连。

连接好的程序框图如图 16-5 所示。

（4）在顺序结构 Frame2 中添加 1 个时间延迟函数：函数→编程→定时→时间延迟，时间采用默认值，延时程序框图如图 16-6 所示。

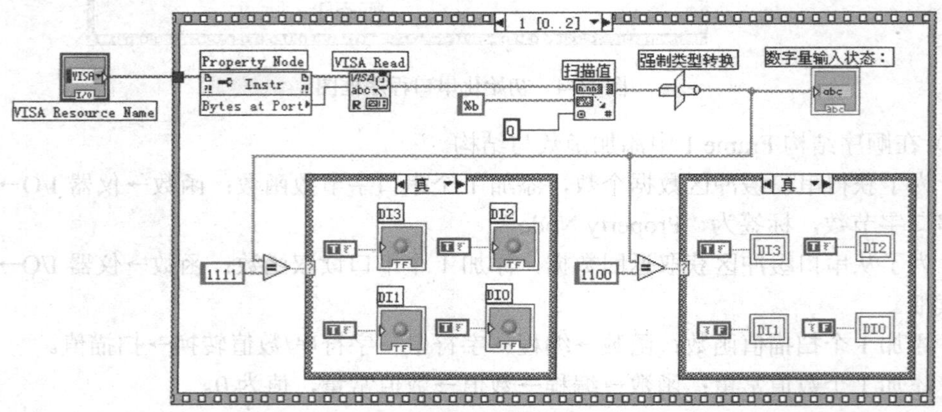

图 16-5　接收返回信息程序框图

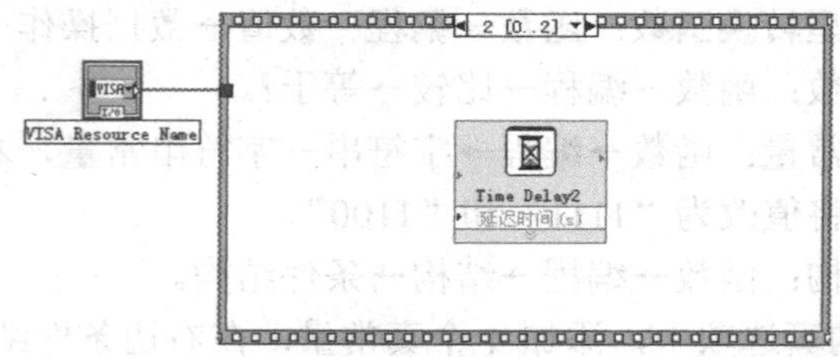

图 16-6　延时程序框图

3．运行程序

单击快捷工具栏“连续运行”按钮，运行程序。

使用杜邦线将单片机开发板 B 的 DI0、DI1、DI2、DI3 端口与 DGND 端口连接或断开产生数字信号 0 或 1，并送到单片机开发板数字量输入端口，在数码管上显示；数字信号同时发送到 PC 程序界面显示。

程序运行界面如图 16-7 所示。

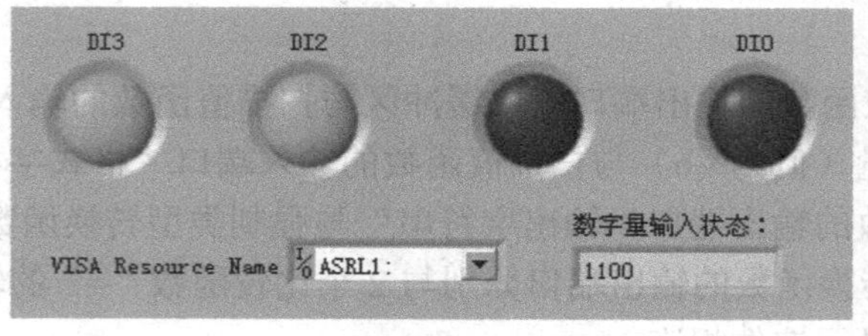

图 16-7　程序运行界面

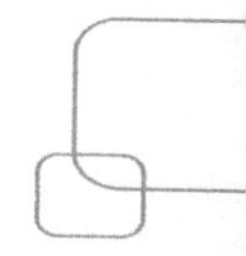

实例 83　单片机数字量输出

一、线路连接

PC 与单片机开发板组成的数字量输出系统如图 16-8 所示。单片机开发板与 PC 的数据通信采用 3 线制，将单片机开发板的串口与 PC 串口的 3 个引脚（RXD、TXD、GND）分别连在一起，即将 PC 和单片机的发送数据线 TXD 与接收数据线 RXD 交叉连接，两者的地线 GND 直接相连。

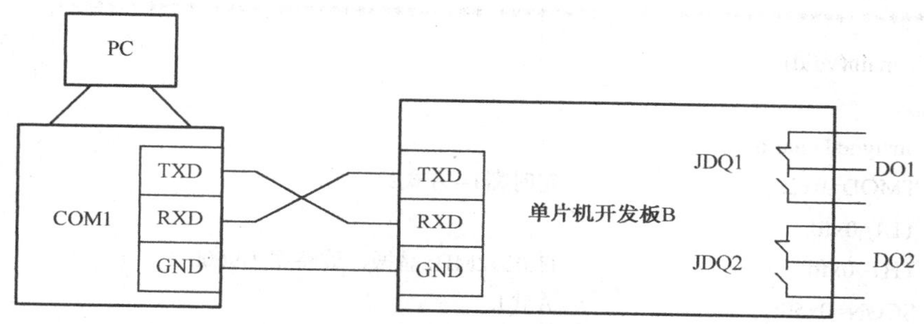

图 16-8　PC 与单片机开发板组成的数字量输出系统

数字量输出不需要连线，直接使用单片机开发板的继电器和指示灯来指示。

二、设计任务

单片机与 PC 通信，在程序设计上涉及两部分的内容：一是单片机端数据采集、控制和通信程序；二是 PC 端通信和功能程序。

1）采用 Keil C51 语言编写程序，实现单片机开发板数字量输出，将数字量输出状态值（0 或 1）在数码管上显示，并驱动相应的继电器动作。

2）采用 LabVIEW 语言编写程序，实现 PC 与单片机开发板串口通信，要求 PC 发出开关指令（0 或 1）传送给单片机开发板。

三、任务实现

（一）单片机端 C51 程序

以下是完成单片机数字量输出的单片机端 C51 程序：

```
/*********************************************************************
** 程序功能：接收PC发送的开关指令，驱动继电器动作。
** 晶振频率：11.0592MHz
```

```
** 线路->单片机开发板B
*****************************************************************************/
#include   <REG51.H>
/************************开关端口定义****************************************/
sbit sw_0=P3^3;
sbit sw_1=P3^4;
sbit sw_2=P3^5;
sbit sw_3=P3^6;
sbit jdq1=P2^0;                     // 继电器1
sbit jdq2=P2^1;                     // 继电器2
void sw_out(unsigned char a);       // 数字量输出
/**********************************************************************/
void   main(void)
{
    unsigned char a=0;
    TMOD=0x20;                      // 定时器1--方式2
    TL1=0xfd;
    TH1=0xfd;                       // 11.0592MHz晶振，波特率为9600
    SCON=0x50;                      // 方式1
    TR1=1;                          // 启动定时
    while(1)
    {
     if(RI)
     {
          a=SBUF;
           RI=0;
     }
      sw_out(a);                    // 输出数字量
    }
}
void sw_out(unsigned char a)
{
    if(a==0x00)
   {
      jdq1=1;                       // 接收到PC发来的数据00，关闭继电器1和2
       jdq2=1;
   }
   else if(a==0x01)
   {
      jdq1=1;                       // 接收到PC发来的数据01，继电器1关闭，继电器2打开
       jdq2=0;
```

```
    }
    else if(a==0x10)
    {
        jdq1=0;                          // 接收到PC发来的数据10，继电器1打开，继电器2关闭
        jdq2=1;
    }
    else if(a==0x11)
    {
        jdq1=0;                          // 接收到PC发来的数据11，打开继电器1和2
        jdq2=0;
    }
}
```

将 C51 程序编译生成 HEX 文件，然后采用 STC-ISP 软件将 HEX 文件下载到单片机中。

打开“串口调试助手”程序（ScomAssistant.exe），首先设置串口号为 COM1、波特率为 9600、校验位为 NONE、数据位为 8、停止位为 1 等参数（注意：设置的参数必须与单片机一致），选择“十六进制显示”和“十六进制发送”，打开串口。

在发送框输入“00”，单击“手动发送”按钮，单片机继电器 1 和 2 关闭；发送“01”，单片机继电器 1 关闭，继电器 2 打开；发送“10”，单片机继电器 1 打开，继电器 2 关闭；发送“11”，单片机继电器 1 和 2 打开，串口调试助手如图 16-9 所示。

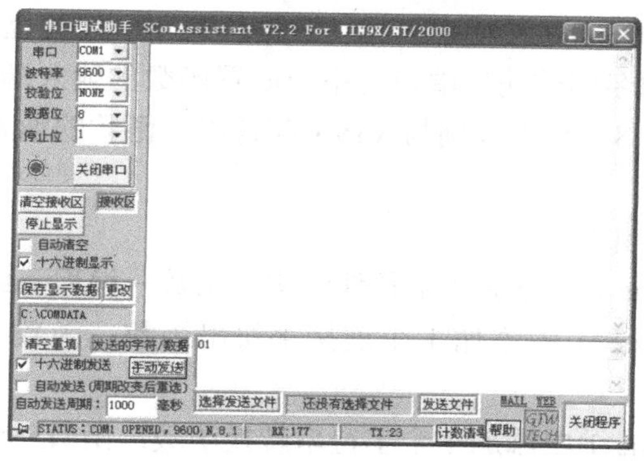

图 16-9　串口调试助手

（二）PC 端 LabVIEW 程序

1．程序前面板设计

1）为了显示开关信号输出状态值，添加 2 个字符串显示控件：控件→新式→字符串→字符串显示控件，将标签改为“开关 1 状态”和“开关 2 状态”。

2）为了生成开关信号，添加 2 个“垂直摇杆开关”控件：控件→新式→布尔→垂直摇杆开关，将标签改为“开关 1”和“开关 2”。

3）为了输出开关信号，添加 1 个“输出”按钮控件：控件→新式→布尔→确定按钮。

4）为了获得串行端口号，添加 1 个串口资源检测控件：控件→新式→I/O→VISA 资源名称；单击控件箭头，选择串口号，如 ASRL1:或 COM1。

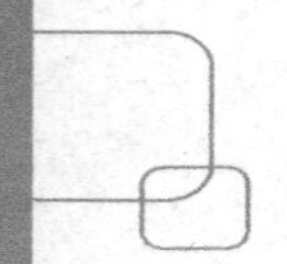

设计的程序前面板如图 16-10 所示。

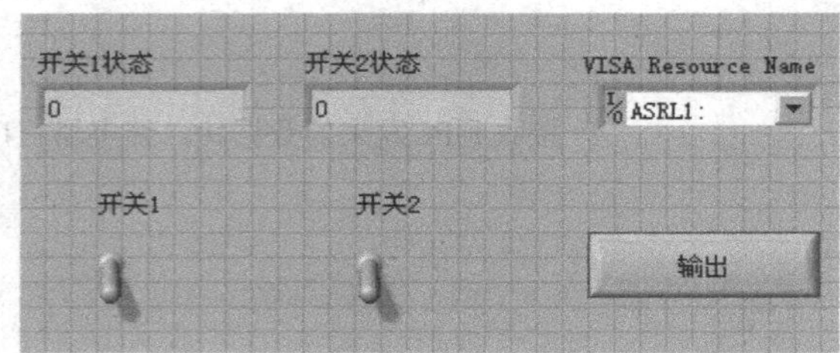

图 16-10　程序前面板

2. 程序框图设计

主要解决如何将设定的数字量状态值（00、01、10、11 四种状态，0 表示关闭，1 表示打开）发送给单片机。

（1）添加 1 个顺序结构：函数→编程→结构→层叠式顺序结构。

将顺序结构的帧设置为 2 个（序号 0～1）。设置方法：选中顺序结构边框，单击鼠标右键，执行“在后面添加帧”选项 1 次。

（2）在顺序结构 Frame 0 中添加函数与结构。

1）为了设置通信参数，在顺序结构 Frame 0 中添加 1 个串口配置函数：函数→仪器 I/O→串口→VISA 配置串口。

2）为了设置通信参数值，在顺序结构 Frame 0 中添加 4 个数值常量：函数→编程→数值→数值常量，值分别为 9600（波特率）、8（数据位）、0（校验位，无）、1（停止位）。

3）将函数 VISA 资源名称的输出端口与串口配置函数的输入端口 VISA 资源名称相连。

4）将数值常量 9600、8、0、1 分别与 VISA 配置串口函数的输入端口波特率、数据比特、奇偶、停止位相连。

连接好的程序框图如图 16-11 所示。

（3）在顺序结构 Frame 1 中添加 3 个条件结构：函数→编程→结构→条件结构。

（4）在顺序结构 Frame 1 中添加 1 个连接字符串函数：函数→编程→字符串→连接字符串。

（5）在顺序结构 Frame 1 中添加 1 个字符串转换函数：函数→编程→字符串/数值转换→十六进制数字符串至数值转换。

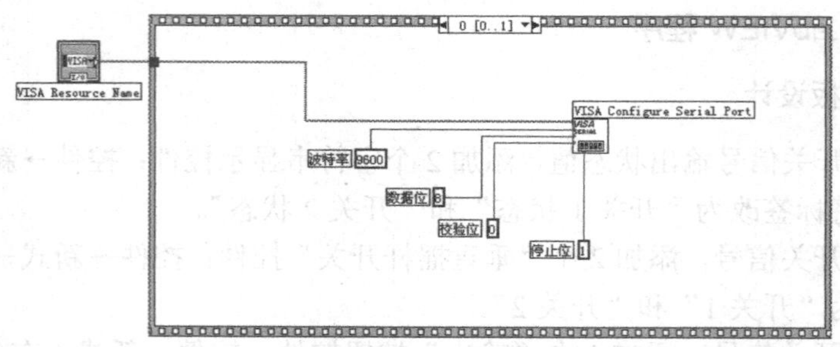

图 16-11　初始化串口程序框图

（6）在顺序结构 Frame 1 中添加 1 个创建数组函数：函数→编程→数组→创建数组。

（7）在顺序结构 Frame 1 中添加字节数组转字符串函数：函数→编程→字符串→字符串/数组/路径转换→字节数组至字符串转换。

（8）为了发送开关信号数据到串口，在右边条件结构的“真”选项中添加 1 个串口写入函数：函数→仪器 I/O→串口→VISA 写入。

（9）在左边 2 个条件结构的“真”选项中各添加 1 个字符串常量：函数→编程→字符串→字符串常量，值分别为 1。

（10）在左边 2 个条件结构的“假”选项中各添加 1 个字符串常量：函数→编程→字符串→字符串常量，值分别为 0。

（11）在左边 2 个条件结构的“假”选项中各添加 1 个局部变量：函数→编程→结构→局部变量。

分别选择局部变量，右击，在弹出的菜单中，为局部变量选择控件：“开关 1 状态”和“开关 2 状态”，设置为“写”属性。

（12）将“开关 1”控件、“开关 2”控件、“确定按钮”控件分别与条件结构的条件端口相连。

（13）在左边 2 个条件结构的“真”选项中，分别将字符串常量“1”和“开关 1 状态”控件、“开关 2 状态”控件相连，再与连接字符串函数的输入端口“字符串”相连。

（14）在左边 2 个条件结构的“假”选项中，分别将字符串常量“0”和“开关 1 状态”局部变量、“开关 2 状态”局部变量相连，再与连接字符串函数的输入端口“字符串”相连。

（15）将连接字符串函数的输出端口“连接的字符串”与十六进制数字符串至数值转换函数的输入端口“字符串”相连。

（16）将十六进制数字符串至数值转换函数的输出端口“数字”与创建数组函数的输入端口“元素”相连。

（17）将创建数组函数的输出端口“添加的数组”与字节数组至字符串转换函数的输入端口“无符号字节数组”相连。

（18）将字节数组至字符串转换函数的输出端口字符串与 VISA 写入函数的输入端口写入缓冲区相连。

（19）将函数 VISA 资源名称的输出端口与 VISA 写入函数的输入端口 VISA 资源名称相连。

连接好的程序框图如图 16-12 和图 16-13 所示。

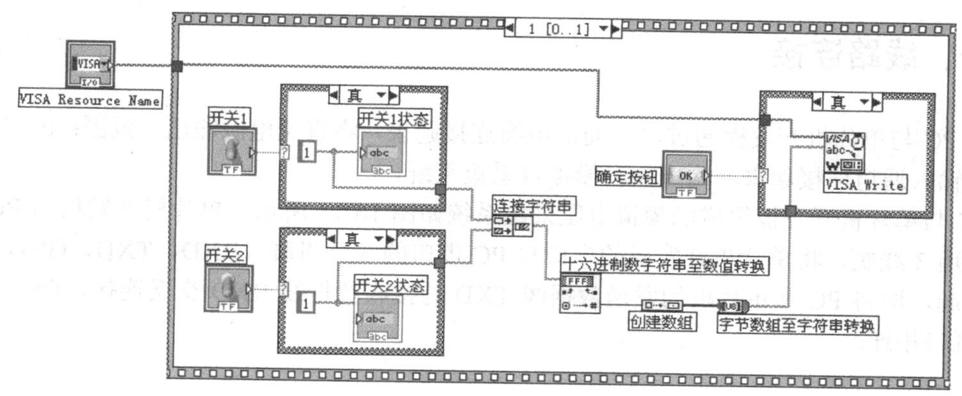

图 16-12 输出开关信号程序框图（一）

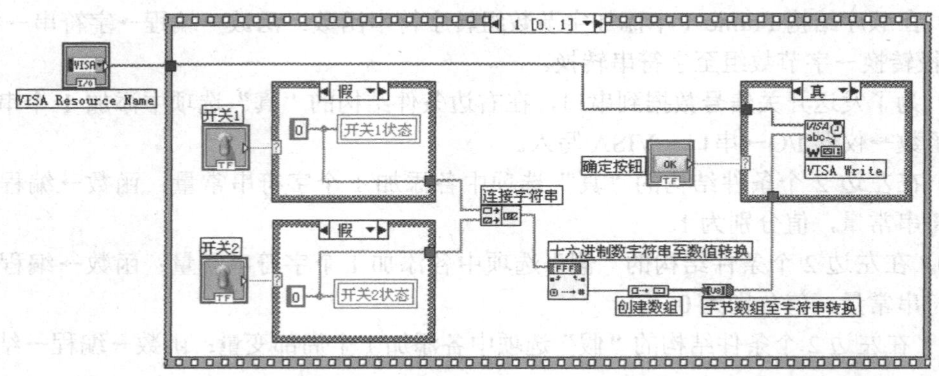

图 16-13　输出开关信号程序框图（二）

3．运行程序

单击快捷工具栏“连续运行”按钮，运行程序。

PC 发出开关指令（00、01、10、11 四种状态，0 表示关闭，1 表示打开）传送给单片机开发板，驱动相应的继电器动作打开或关闭。

程序运行界面如图 16-14 所示。

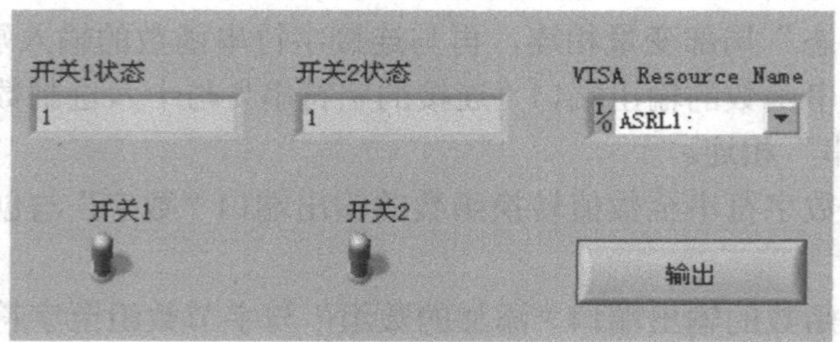

图 16-14　程序运行界面

实例 84　单片机电压采集

一、线路连接

将 PC 与单片机开发板通过串口通信电缆连接起来，将直流电源输出（范围：0～5V）与模拟量输入通道连接起来，构成一套模拟量采集系统。

PC 与单片机开发板组成的模拟电压采集系统如图 16-15 所示。单片机开发板与 PC 数据通信采用 3 线制，将单片机开发板的串口与 PC 串口的 3 个引脚（RXD、TXD、GND）分别连在一起，即将 PC 和单片机的发送数据线 TXD 与接收数据线 RXD 交叉连接，两者的地线 GND 直接相连。

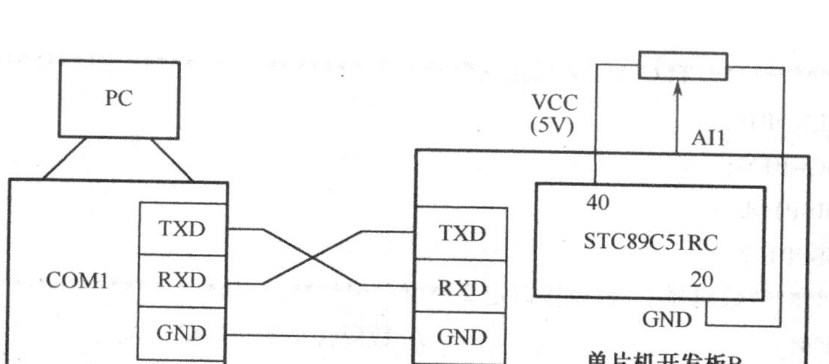

图 16-15　PC 与单片机开发板组成的模拟电压采集系统

可将直流稳压电源输出（范围：0～5V）接模拟量输入 1 通道，构成模拟量采集系统。实际测试中可直接采用单片机的 5V 电压输出（40 和 20 引脚），将电位器两端与 STC89C51RC 单片机的 40 和 20 引脚相连，电位器的中间端点（输出电压 0～5V）与单片机开发板 B 的模拟量输入口 AI1 相连。

提示：工业控制现场的模拟量，如温度、压力、物位、流量等参数可通过相应的变送器转换为 1～5V 的电压信号，因此本章提供的电压采集系统同样可以进行温度、压力、物位、流量等参数的采集，只需在程序设计时进行相应的标度变换。

二、设计任务

单片机与 PC 通信，在程序设计上涉及两部分的内容：一是单片机端数据采集、控制和通信程序；二是 PC 端通信和功能程序。

1）采用 Keil C51 语言编写程序，实现单片机开发板模拟电压采集，并将采集到的电压值在数码管上显示（保留 1 位小数）。

2）采用 LabVIEW 语言编写程序，实现 PC 与单片机开发板串口通信，要求 PC 接收单片机发送的电压值（十六进制形式，1 个字节），转换成十进制形式，以数字、曲线的方式显示输出。

三、任务实现

（一）单片机端 C51 程序

以下是完成单片机模拟电压输入的单片机端 C51 程序：

```
/*****************************************************************************
**程序功能：　模拟电压输入，显示屏显示（保留1位小数），并以十六进制形式发送给PC
** 晶振频率：11.0592MHz
** 线路->单片机开发板B
*****************************************************************************/
#include <REG51.H>
#include <intrins.h>
```

```
/*******************TLC0832端口定义*********************************************/
sbit ADC_CLK=P1^2;
sbit ADC_DO=P1^3;
sbit ADC_DI=P1^4;
sbit ADC_CS=P1^7;
/***************数码显示 键盘接口定义*****************************************/
sbit PS0=P2^4;                          // 数码管小数点后第一位
sbit PS1=P2^5;                          // 数码管个位
sbit PS2=P2^6;                          // 数码管十位
sbit PS3=P2^7;                          // 数码管百位
sfr   P_data=0x80;                      // P0口为显示数据输出口
sbit P_K_L=P2^2;                        // 键盘列
sbit JDQ1=P2^0;                         // 继电器1控制
sbit JDQ2=P2^1;                         // 继电器2控制
                                        // 字段转换表
unsigned char tab[]={0xfc,0x60,0xda,0xf2,0x66,0xb6,0xbe,0xe0,0xfe,0xf6,0xee,0x3e,0x9c,0x7a,0x9e,0x8e};
unsigned char adc_change(unsigned char a);   // 操作TLC0832
unsigned int htd(unsigned int a);       // 进制转换函数
void display(unsigned int a);           // 显示函数
void delay(unsigned int);               // 延时函数
void main(void)
{
    unsigned int a,temp;
    TMOD=0x20;                          // 方式2
    TL1=0xfd;
    TH1=0xfd;                           // 11.0592MHz晶振，波特率为9600
    SCON=0x50;                          // 方式1
    TR1=1;                              // 启动定时
    while(1)
   {
      temp=adc_change('0')*10*5/255;
       for(a=0;a<200;a++)               // 显示，兼有延时的作用
            display(htd(temp));
       //SBUF=(unsigned char)(temp>>8);   // 将测量结果发送给PC
         //while(TI!=1);
       //TI=0;
       SBUF=(unsigned char)temp;
          while(TI!=1);
       TI=0;
       if(temp>45)
            JDQ1=0;                     // 继电器1动作
```

```
        else
            JDQ1=1;                                    // 继电器1复位
        if(temp<5)
            JDQ2=0;                                    // 继电器2动作
        else
            JDQ2=1;                                    // 继电器1复位
    }
}
/**************************数码管显示函数**************************/
/*函数原型:void display(void)
/*函数功能:数码管显示
/*调用模块:delay()
/*****************************************************************/
void display(unsigned int a)
{
      bit b=P_K_L;
   P_K_L=1;                                          // 防止按键干扰显示
      P_data=tab[a&0x0f];                            // 显示小数点后第1位
      PS0=0;
   PS1=1;
   PS2=1;
   PS3=1;
   delay(200);
      P_data=tab[(a>>4)&0x0f]|0x01;                  // 显示个位
      PS0=1;
   PS1=0;
   delay(200);
      //P_data=tab[(a>>8)&0x0f];                         // 显示十位
      PS1=1;
      //PS2=0;
   //delay(200);
      //P_data=tab[(a>>12)&0x0f];                        // 显示百位
      //PS2=1;
      //PS3=0;
   //delay(200);
      //PS3=1;
      P_K_L=b;                                           // 恢复按键
   P_data=0xff;                                          // 恢复数据口
}
/**********************************************************************
;   函数名称:   adc_change
```

```
;   功能描述:   TI公司8位2通adc芯片TLC0832的控制时序
;   形式参数:   config(无符号整型变量)
;   返回参数:   a_data
;   局部变量:   m、n
***************************************************************************/
unsigned char adc_change(unsigned char config)       //  操作TLC0832
{
    unsigned char i,a_data=0;
  ADC_CLK=0;
  _nop_();
  ADC_DI=0;
  _nop_();
  ADC_CS=0;
  _nop_();
  ADC_DI=1;
  _nop_();
  ADC_CLK=1;
  _nop_();
  ADC_CLK=0;
    if(config=='0')
   {
        ADC_DI=1;
        _nop_();
        ADC_CLK=1;
        _nop_();
        ADC_DI=0;
        _nop_();
        ADC_CLK=0;
   }
   else if(config=='1')
   {
        ADC_DI=1;
        _nop_();
        ADC_CLK=1;
        _nop_();
        ADC_DI=1;
        _nop_();
        ADC_CLK=0;
   }
  ADC_CLK=1;
  _nop_();
```

```
    ADC_CLK=0;
    _nop_();
    ADC_CLK=1;
    _nop_();
    ADC_CLK=0;
    for(i=0;i<8;i++)
    {
        a_data<<=1;
        ADC_CLK=0;
        a_data+=(unsigned char)ADC_DO;
        ADC_CLK=1;
    }
    ADC_CS=1;
    ADC_DI=1;
      return a_data;
}
/***************************十六进制转十进制函数***************************/
/*函数原型:uint htd(uint a)
/*函数功能:十六进制转十进制
/*输入参数:要转换的数据
/*输出参数:转换后的数据
/***********************************************************************/
unsigned int htd(unsigned int a)
{
    unsigned int b,c;
 b=a%10;
 c=b;
 a=a/10;
 b=a%10;
 c=c+(b<<4);
 a=a/10;
 b=a%10;
 c=c+(b<<8);
 a=a/10;
 b=a%10;
 c=c+(b<<12);
 return c;
}
/*********************************延时函数*************************************/
/*函数原型:delay(unsigned int delay_time)
/*函数功能:延时函数
```

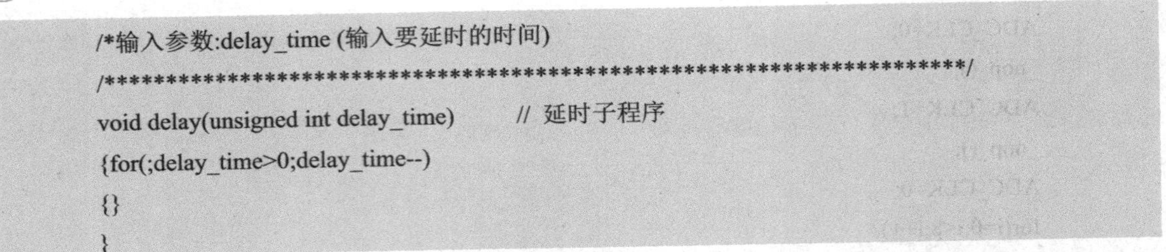

```
/*输入参数:delay_time (输入要延时的时间)
/************************************************************************/
void delay(unsigned int delay_time)          // 延时子程序
{for(;delay_time>0;delay_time--)
{}
}
```

将程序编译生成 HEX 文件，然后采用 STC-ISP 软件将 HEX 文件下载到单片机中。

打开“串口调试助手”程序（ScomAssistant.exe），首先设置串口号为 COM1、波特率为 9600、校验位为 NONE、数据位为 8、停止位为 1 等参数（注意：设置的参数必须与单片机一致），选择“十六进制显示”和“十六进制发送”，打开串口。

如果 PC 与单片机开发板串口连接正确，则单片机连续向 PC 发送检测的电压值，用 1 个字节的十六进制数据表示，如 0F，该数据串在返回信息框内显示，串口调试助手如图 16-16 所示。

将单片机返回数据转换为十进制数据，并除以 10，即可知当前电压测量值为 1.5V。

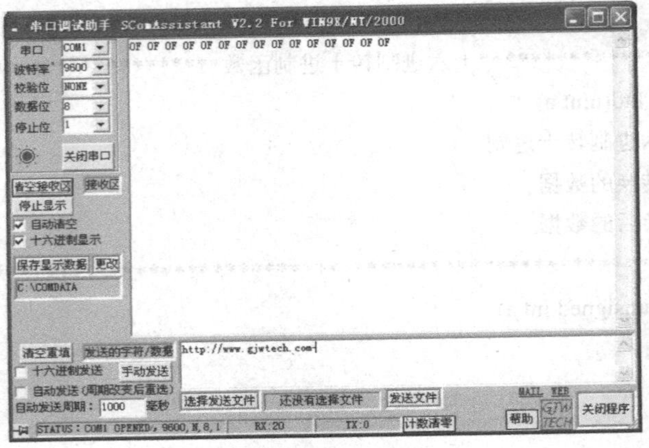

图 16-16　串口调试助手

（二）PC 端 LabVIEW 程序

1．程序前面板设计

1）为了以数值形式显示测量电压值，添加 1 个数值显示控件：控件→新式→数值→数值显示控件，将标签改为“测量值”。

2）为了以指针形式显示测量电压值，添加 1 个仪表显示控件：控件→新式→数值→仪表，将标签改为“仪表”。

3）为了显示测量电压实时变化曲线，添加 1 个实时图形显示控件：控件→新式→图形→波形图，将标签改为“实时曲线”。

4）为了获得串行端口号，添加 1 个串口资源检测控件：控件→新式→I/O→VISA 资源名称；单击控件箭头，选择串口号，如 COM1 或 ASRL1:。

设计的程序前面板如图 16-17 所示。

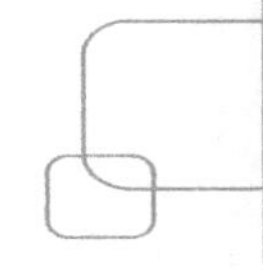

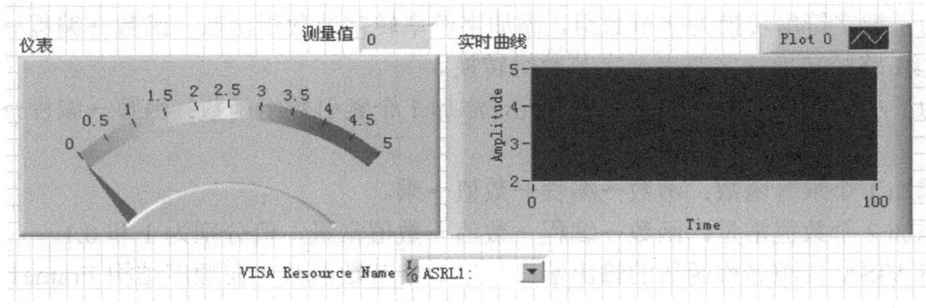

图 16-17　程序前面板

2. 程序框图设计

程序设计思路：读单片机发送给 PC 的十六进制数据，并转换成十进制数据。

（1）添加 1 个顺序结构：函数→编程→结构→层叠式顺序结构。

将顺序结构的帧设置为 3 个（序号 0～2）。设置方法：右键单击顺序结构边框，执行“在后面添加帧”命令 2 次。

（2）在顺序结构 Frame 0 中添加函数与结构。

1)为了设置通信参数值，在顺序结构 Frame 0 中添加 1 个串口配置函数：函数→仪器 I/O→串口→VISA 配置串口。

2）在顺序结构 Frame 0 中添加 4 个数值常量：函数→编程→数值→数值常量，值分别为 9600（波特率）、8（数据位）、0（校验位，无）、1（停止位）。

3)将函数 VISA 资源名称的输出端口与串口配置函数的输入端口 VISA 资源名称(相连)。

4）将数值常量 9600、8、0、1 分别与 VISA 配置串口函数的输入端口波特率、数据比特、奇偶、停止位相连。

连接好的程序框图如图 16-18 所示。

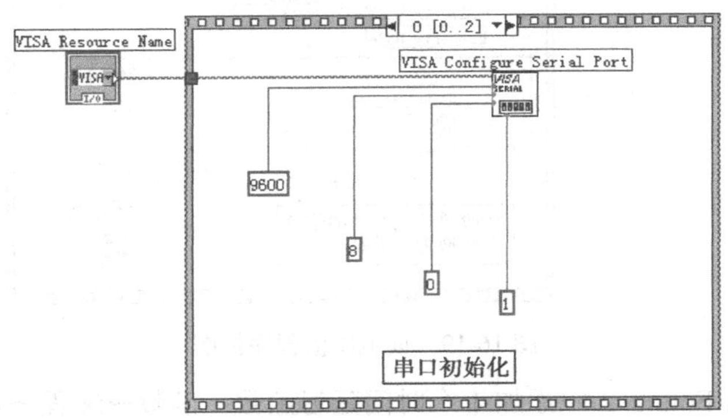

图 16-18　串口初始化程序框图

（3）在顺序结构 Frame 1 中添加 4 个函数。

1）为了获得串口缓冲区数据个数，添加 1 个串口字节数函数：函数→仪器 I/O→串口→VISA 串口字节数，标签为“Property Node”。

2）为了从串口缓冲区获取返回数据，添加 1 个串口读取函数：函数→仪器 I/O→串口→VISA 读取。

3）为了把字符串转换为字节数组，添加字符串转字节数组函数：函数→编程→字符串→字符串/数组/路径转换→字符串至字节数组转换。

4）为了从字节数组中提取需要的单元，添加 1 个索引数组函数：函数→编程→数组→索引数组。

5）添加 1 个乘号函数：函数→编程→数值→乘。

6）添加 2 个数值常量：函数→编程→数值→数值常量，值分别为 1 和 0.1。

7）将 VISA 资源名称函数的输出端口与串口字节数函数（在顺序结构 Frame1 中）的输入端口引用相连。

8）将 VISA 资源名称函数的输出端口与 VISA 读取函数的输入端口 VISA 资源名称相连。

9）将串口字节数函数的输出端口 Number of bytes at Serial port 与 VISA 读取函数的输入端口字节总数相连。

10）将 VISA 读取函数的输出端口读取缓冲区与字符串至字节数组转换函数的输入端口字符串相连。

11）将字符串至字节数组转换函数的输出端口无符号字节数组与索引数组函数的输入端口数组相连。

12）将数值常量（值为 1）与索引数组函数的输入端口索引相连。

13）将索引数组函数的输出端口元素与乘函数的输入端口 x 相连。

14）将数值常量（值为 0.1）与乘函数的输入端口 y 相连。

15）将乘函数的输出端口 x*y 分别与测量数据显示图标（标签为“测量值”）、仪表控件图标（标签为“仪表”）、实时曲线控件图标（标签为“实时曲线”）相连。

连接好的读电压值程序框图如图 16-19 所示。

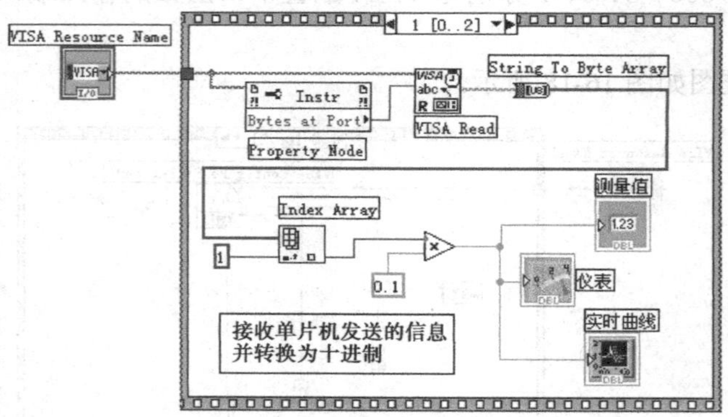

图 16-19　读电压值程序框图

（4）在顺序结构 Frame 2 中添加 1 个时间延迟函数：函数→编程→定时→时间延迟，时间设置为 2 秒，延时程序框图如图 16-20 所示。

3. 运行程序

单击快捷工具栏“连续运行”按钮，运行程序。

单片机开发板接收变化的模拟电压（0～5V）并在数码管上显示（保留 1 位小数）；PC 接收单片机发送的电压值（十六进制形式，1 个字节），并转换成十进制形式，以数字、曲线的方式显示输出。

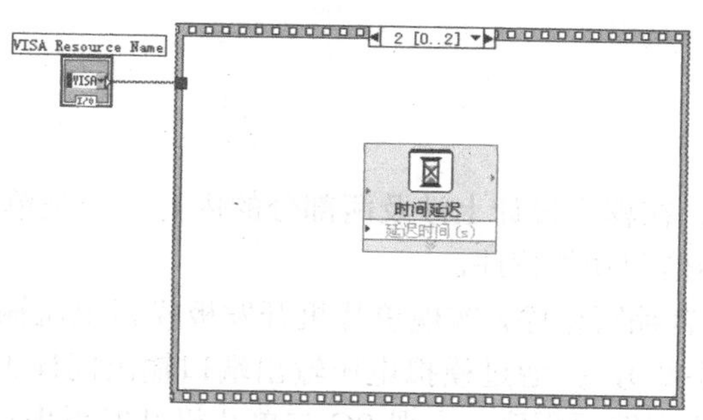

图 16-20　延时程序框图

程序运行界面如图 16-21 所示。

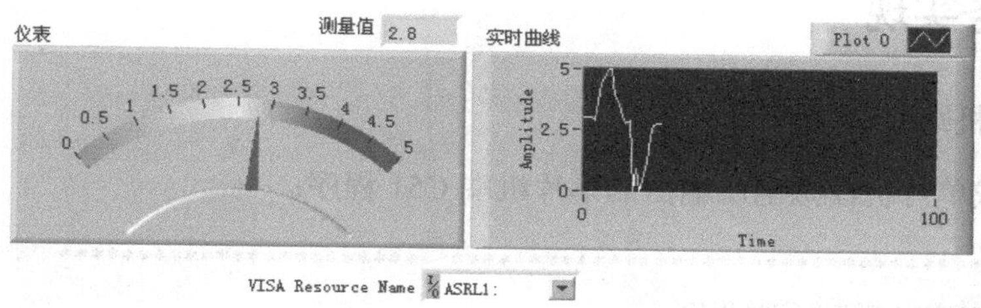

图 16-21　程序运行界面

实例 85　单片机电压输出

一、线路连接

PC 与单片机开发板组成的模拟电压输出系统如图 16-22 所示。单片机开发板与 PC 的数据通信采用 3 线制，将单片机开发板的串口与 PC 串口的 3 个引脚（RXD、TXD、GND）分别连在一起，即将 PC 和单片机的发送数据线 TXD 与接收数据线 RXD 交叉连接，两者的地线 GND 直接相连。

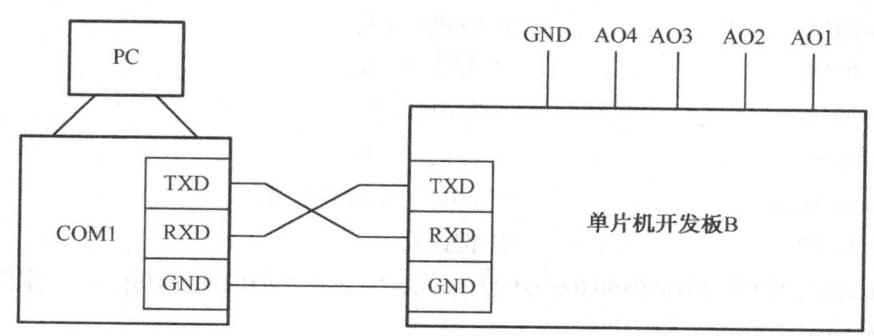

图 16-22　PC 与单片机开发板组成的模拟电压输出系统

模拟电压输出不需连线。使用万用表直接测量单片机开发板的模拟输出端口 AO1 与 GND 端口之间的输出电压。

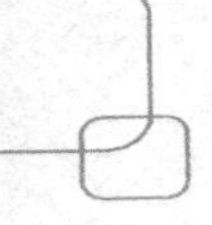

二、设计任务

单片机与 PC 通信，在程序设计上涉及两部分的内容：一是单片机端数据采集、控制和通信程序；二是 PC 端通信和功能程序。

1）采用 Keil C51 语言编写程序，实现单片机开发板模拟电压输出，在数码管上显示要输出的电压值（保留 1 位小数），并通过模拟电压输出端口输出同样大小的电压值。

2）采用 LabVIEW 语言编写程序，实现 PC 与单片机开发板串口通信，要求在 PC 程序界面中输入 1 个数值（0～5），发送到单片机开发板。

三、任务实现

（一）单片机端 C51 程序

以下是完成单片机模拟电压输出的单片机端 C51 程序：

```
/*********************************************************************
** TLC5620 DAC转换实验程序
程序功能：PC向单片机发送数值（0～5），如发送2.5V，则发送25的十六进制值19，单片机接收并显示2.5，并从模拟量输出通道输出。
**  晶振频率：11.0592MHz
**  线路->单片机开发板B
*********************************************************************
;   输出电压计算公式：   VOUT(DACA|B|C|D)=REF*CODE/256*(1+RNG bit value)
**********************************************************************************/
#include   <REG51.H>
sbit   SCLA=P1^2;
sbit   SDAA=P1^4;
sbit   LOAD=P1^6;
sbit   LDAC=P1^5;
sbit PS0=P2^4;                              // 数码管个位
sbit PS1=P2^5;                              // 数码管十位
sbit PS2=P2^6;                              // 数码管百位
sbit PS3=P2^7;                              // 数码管千位
sfr   P_data=0x80;                          // P0口为显示数据输出口
sbit P_K_L=P2^2;                            // 键盘列
unsigned char tab[10]={0xfc,0x60,0xda,0xf2,0x66,0xb6,0xbe,0xe0,0xfe,0xf6};     // 字段转换表
void   ini_cpuio(void);
void   dachang(unsigned char a,b);
void   dac5620(unsigned int config);
/********************************延时函数************************************/
```

```
/*函数原型:delay(unsigned int delay_time)
/*函数功能:延时函数
/*输入参数:delay_time (输入要延时的时间)
/**********************************************************************/
void delay(unsigned int delay_time)          // 延时子程序
{for(;delay_time>0;delay_time--)
{}
  }
/**************************十六进制转十进制函数**************************/
/*函数原型:uchar htd(unsigned int a)
/*函数功能:十六进制转十进制
/*输入参数:要转换的数据
/*输出参数:转换后的数据
/*******************************************************************/
    unsigned int htd(unsigned int a)
    {
     unsigned int b,c;
      b=a%10;
      c=b;
      a=a/10;
      b=a%10;
      c=c+(b<<4);
      a=a/10;
      b=a%10;
      c=c+(b<<8);
      a=a/10;
      b=a%10;
      c=c+(b<<12);
     return c;
    }
/**************************数码管显示函数**************************/
/*函数原型:void display(void)
/*函数功能:数码管显示
/*调用模块:delay()
/*******************************************************************/
    void display(unsigned int a)
    {
     bit b=P_K_L;
      P_K_L=1;                        // 防止按键干扰显示
      a=htd(a);                       // 转换成十进制输出
         P_data=tab[a&0x0f];  // 转换成十进制输出
```

```
        PS0=0;
      PS1=1;
       PS2=1;
       PS3=1;
      delay(200);
        P_data=tab[(a>>4)&0x0f]|0x01;
        PS0=1;
      PS1=0;
      delay(200);
        //P_data=tab[(a>>8)&0x0f];
        PS1=1;
       //PS2=0;
      //delay(200);
        //P_data=tab[(a>>12)&0x0f];
        //PS2=1;
       //PS3=0;
      //delay(200);
       //PS3=1;
       P_K_L=b;                          // 恢复按键
      P_data=0xff;                       // 恢复数据口
    }
/*******************************************************************************/
void    main(void)
{
    unsigned int a;
  float b;
    ini_cpuio();                         // 初始化TLC5620
    TMOD=0x20;                           // 定时器10--方式2
    TL1=0xfd;
    TH1=0xfd;                            // 11.0592MHz晶振，波特率为9600
  SCON=0x50;                             // 方式1
    TR1=1;                               // 启动定时
    while(1)
    {
     if(RI)
     {
          a=SBUF;
           RI=0;
     }
     display(a);
     b=(float)a/10/2*256/2.7; //CODE=VOUT(DACA|B|C|D)/10/(1+RNG bit value)*256/Vref
```

```
            dachang('a',b);                   // 控制A通道输出电压
            dachang('b',b);                   // 控制B通道输出电压
            dachang('c',b);                   // 控制C通道输出电压
            dachang('d',b);                   // 控制D通道输出电压
        }
    }
    /*********************************************************************************/
    void   ini_cpuio(void)                    // CPU的I/O口初始化函数
    {
        SCLA=0;
        SDAA=0;
        LOAD=1;
        LDAC=1;
    }
    void   dachang(unsigned char a,vout)
    {
        unsigned int config=(unsigned int)vout;           // D/A转换器的配置参数
        config<<=5;
        config=config&0x1fff;
      switch (a)
      {
          case 'a':
                config=config|0x2000;
              break;
          case 'b':
                config=config|0x6000;
              break;
          case 'c':
                config=config|0xa000;
              break;
          case 'd':
                config=config|0xe000;
              break;
          default :
              break;
      }
        dac5620(config);
    }
    /*********************************************************************************
    ;   函数名称:  dac5620
    ;   功能描述:  TI公司8位4通DAC芯片TLC5620的控制时序
```

```
;  局部变量:    m、n
;  调用模块:    SENDBYTE
;  备注:        使用11位连续传输控制模式，使用LDAC下降沿锁存数据输入
*****************************************************************************/
void  dac5620(unsigned int config)
{
    unsigned char m=0;
    unsigned int n;
    for(;m<0x0b;m++)
    {
        SCLA=1;
        n=config;
        n=n&0x8000;
        SDAA=(bit)n;
        SCLA=0;
        config<<=1;
    }
    LOAD=0;
    LOAD=1;
    LDAC=0;
    LDAC=1;
}
```

将汇编程序编译生成 HEX 文件，然后采用 STC-ISP 软件将 HEX 文件下载到单片机中。

打开“串口调试助手”程序（ScomAssistant.exe），首先设置串口号为 COM1、波特率为 9600、校验位为 NONE、数据位为 8、停止位为 1 等参数（注意：设置的参数必须与单片机一致），选择“十六进制显示”和“十六进制发送”，打开串口。

如输出 2.1V，先将 2.1*10，等于 21，再转换成十六进制数“15”，在发送框输入数值 15，单击“手动发送”按钮，如图 16-23 所示。

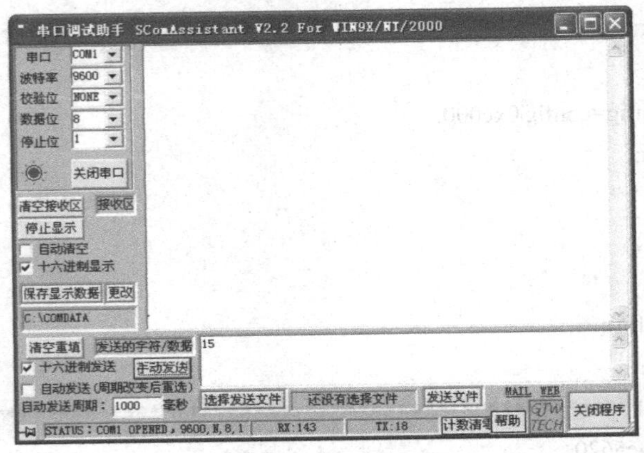

图 16-23　串口调试助手

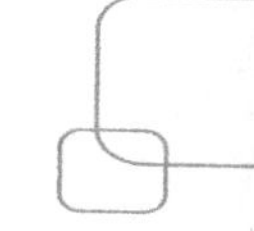

若 PC 与单片机通信正常，单片机开发板数码管显示 2.1。模拟量输出 1 端口输出 2.1V。

（二）PC 端 LabVIEW 程序

1．程序前面板设计

1）为输入需要输出的电压值，添加 1 个数值输入控件：控件→数值→数值输入控件，将标签改为“输出电压值:”。

2）为执行输出电压值命令，添加 1 个“确定”按钮控件：控件→新式→布尔→确定按钮。

3）为获得串行端口号，添加 1 个串口资源检测控件：控件→新式→I/O→VISA 资源名称；单击控件箭头，选择串口号，如 ASRL1:或 COM1。

设计的程序前面板如图 16-24 所示。

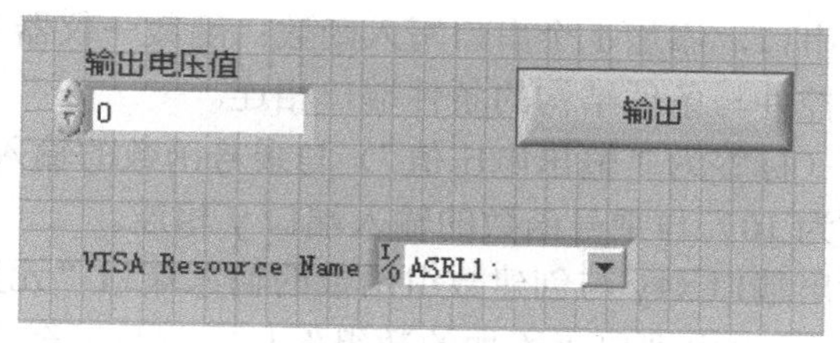

图 16-24　程序前面板

2．程序框图设计

主要解决如何将设定的数值发送给单片机。

（1）添加 1 个顺序结构：函数→编程→结构→层叠式顺序结构。

将顺序结构的帧（Frame）设置为 2 个（序号 0～1）。设置方法：选中顺序结构边框，单击鼠标右键，执行“在后面添加帧”命令 1 次。

（2）在顺序结构 Frame 0 中添加函数与结构。

1）为了设置通信参数，在顺序结构 Frame 0 中添加 1 个串口配置函数：函数→仪器 I/O→串口→VISA 配置串口。

2）为了设置通信参数值，在顺序结构 Frame 0 中添加 4 个数值常量：函数→编程→数值→数值常量，值分别为 9600（波特率）、8（数据位）、0（校验位，无）、1（停止位）。

3）将函数 VISA 资源名称的输出端口与串口配置函数的输入端口 VISA 资源名称相连。

4）将数值常量 9600、8、0、1 分别与 VISA 配置串口函数的输入端口波特率、数据比特、奇偶、停止位相连。

连接好的程序框图如图 16-25 所示。

（3）在顺序结构 Frame 1 中添加 1 个条件结构：函数→编程→结构→条件结构。

（4）在条件结构的“真”选项中添加函数与结构。

1）添加 1 个数值常量：函数→编程→数值→数值常量，值分别为 10。

2）添加 1 个乘号函数：函数→编程→数值→乘。

3）添加 1 个“创建数组”函数：函数→编程→数组→创建数组。

4）添加字节数组转字符串函数：函数→编程→字符串→字符串/数组/路径转换→字节数组至字符串转换。

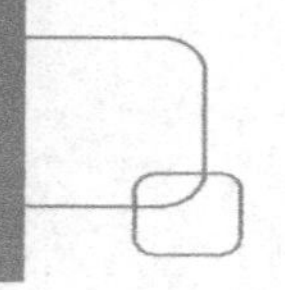

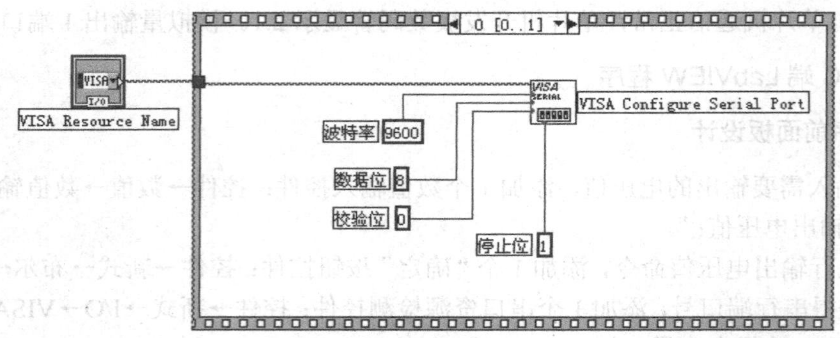

图 16-25　初始化串口程序框图

5）为了发送数据到串口，添加 1 个串口写入函数：函数→仪器 I/O→串口→VISA 写入。

6）将“确定按钮”控件与条件结构的条件端口相连。

7）将数值输入控件（标签为“输出电压值”）与乘号函数的输入端口 x 相连。

8）将数值常量（值为 10）与乘号函数的输入端口 y 相连。

9）将乘号函数的输出端口 x*y 与创建数组函数的输入端口“元素”相连。

10）将创建数组函数的输出端口“添加的数组”与字节数组至字符串转换函数的输入端口“无符号字节数组”相连。

11）将字节数组至字符串转换函数的输出端口字符串与 VISA 写入函数的输入端口写入缓冲区相连。

12）将函数 VISA 资源名称的输出端口与 VISA 写入函数的输入端口 VISA 资源名称相连。

连接好的输出电压程序框图如图 16-26 所示。

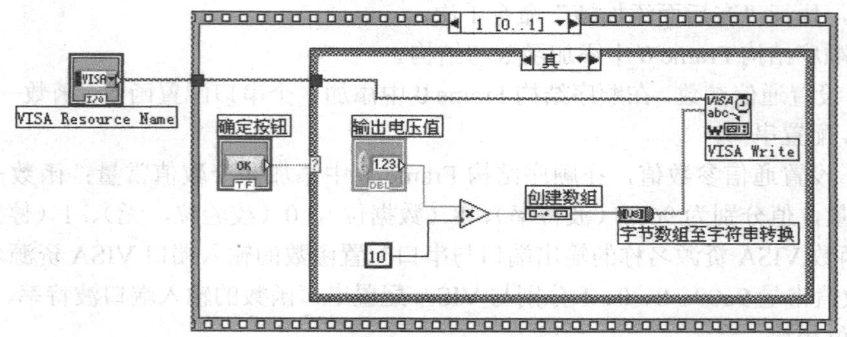

图 16-26　输出电压程序框图

3．运行程序

单击快捷工具栏“连续运行”按钮，运行程序。

在 PC 程序中输入变化的数值（0～5），单击“输出”按钮，发送到单片机开发板，在数码管上显示（保留 1 位小数），并通过模拟电压输出端口输出同样大小的电压值。可使用万用表直接测量单片机开发板 B 的 AO0、AO1、AO2、AO3 端口与 GND 端口之间的输出电压。

程序运行界面如图 16-27 所示。

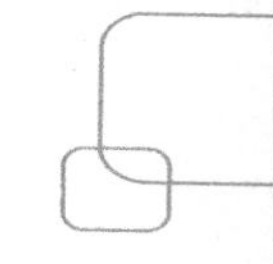

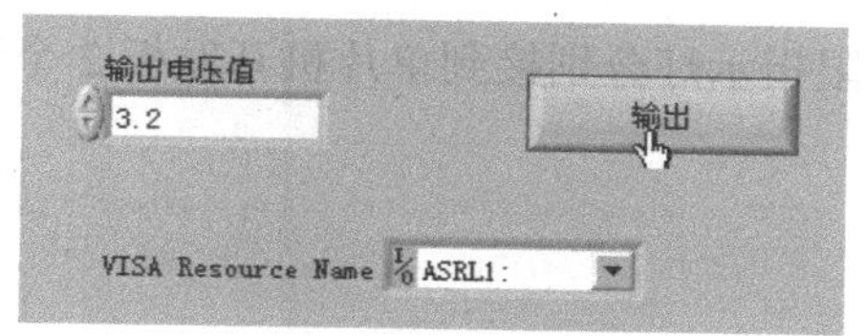

图 16-27　程序运行界面

实例 86　单片机温度测控

一、线路连接

单片机实验开发板与 PC 的数据通信采用 3 线制，将单片机实验开发板 B 的串口与 PC 串口的 3 个引脚（RXD、TXD、GND）分别连在一起，即将 PC 和单片机的发送数据线 TXD 与接收数据线 RXD 交叉连接，两者的地线 GND 直接相连。

如图 16-28 所示，将 DS18B20 温度传感器的 3 个引脚 GND、DQ、VCC 分别与单片机的 3 个引脚 20、16、40 相连。

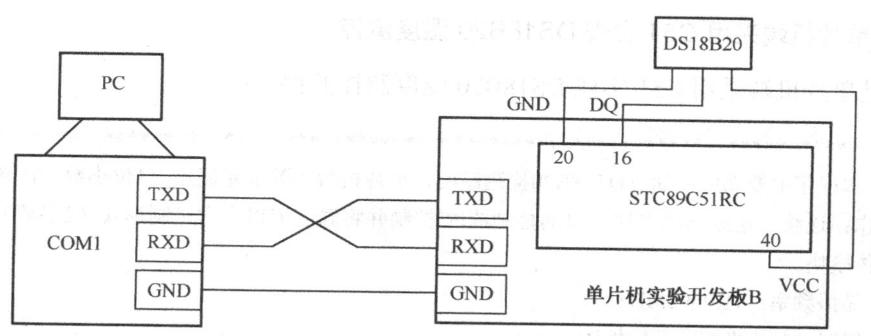

图 16-28　PC 与单片机实验开发板 B 组成测温系统

如图 16-29 所示，将温度传感器 Pt100 接到温度变送器输入端，温度变送器输入为 0～200℃，输出为 4～200mA，经过 250Ω电阻将电流信号转换为 1～5V 电压信号输入到单片机开发板模拟量输入 1 通道。

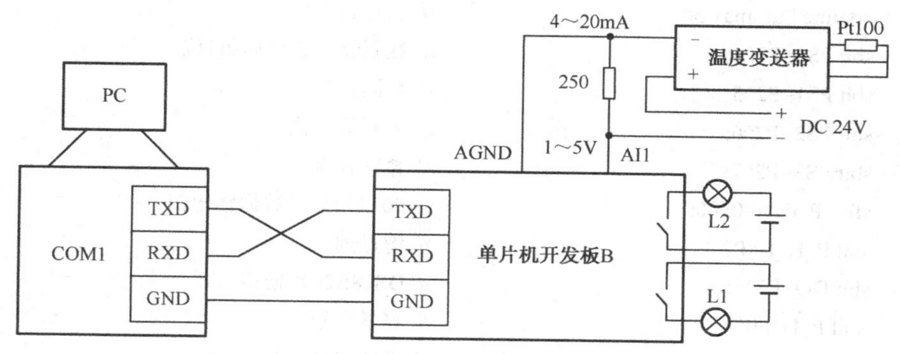

图 16-29　PC 与单片机开发板组成的温度测控线路

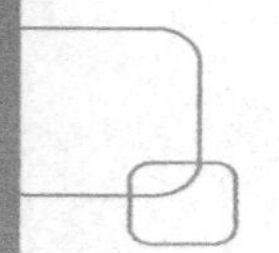

指示灯控制：将上、下限指示灯分别接到单片机开发板 2 个继电器的常开开关上。

二、设计任务

单片机与 PC 通信，在程序设计上涉及两部分的内容：一是单片机端数据采集、控制和通信程序；二是 PC 端通信和功能程序。

（1）采用 C51 语言编写应用程序实现单片机温度测控。

1）在单片机开发板数码管上显示温度传感器检测的温度值（保留 1 位小数）。

2）当温度大于或小于设定值时，继电器动作，指示灯亮或灭。

3）将检测的温度值以十六进制形式发送给 PC。

（2）采用 LabVIEW 语言编写程序，实现 PC 与单片机开发板串口通信，任务要求如下：

1）读取并在程序界面显示单片机开发板检测的温度值。

2）在程序界面绘制温度实时变化曲线。

3）当测量温度大于或小于设定值时，程序界面指示灯改变颜色。

三、任务实现

（一）单片机端采用 C51 实现 DS18B20 温度测控

以下是单片机端采用 C51 实现 DS18B20 温度测控的程序：

```
/*****************************************************************
** 本程序主要功能：通过DS18B20检测温度，单片机数码管显示温度（1位小数），超过上、下限时继电器动作；连续发送或间隔发送；自动控制或PC控制并将温度值以十六进制形式（2字节）通过串口发送给无线数传模块。
** 晶振频率：11.0592MHz
** 线路->单片机实验开发板B
*****************************************************************/
#include<reg51.h>
#include<intrins.h>
#include <string.h>
#define buf_max 50                    // 缓存长度50
sbit PS0=P2^4;                        // 数码管小数点后第1位
sbit PS1=P2^5;                        // 数码管个位
sbit PS2=P2^6;                        // 数码管十位
sbit PS3=P2^7;                        // 数码管百位
sfr  P_data=0x80;                     // P0口为显示数据输出口
sbit P_K_L=P2^2;                      // 键盘列
sbit DQ=P3^6;                         // DS18B20数据接口
 sbit P_L=P0^0;                       // 测量指示
sbit JDQ1=P2^0;                       // 继电器1控制
```

```
    sbit JDQ2=P2^1;                                 // 继电器2控制
    unsigned char i=0;
    unsigned char *send_data;                       // 要发送的数据
    unsigned char rec_buf[buf_max];                 // 接收缓存
    void delay(unsigned int);                       // 延时函数
    void DS18B20_init(void);                        // DS18B20初始化
    unsigned int get_temper(void);                  // 读取温度程序
    void DS18B20_write(unsigned char in_data); // DS18B20写数据函数
    unsigned char DS18B20_read(void);               // 读取数据程序
    unsigned int htd(unsigned int a);               // 进制转换函数
    void display(unsigned int a);                   // 显示函数
    void clr_buf(void);                             // 清除缓存内容
    void   Serial_init(void);                       // 串口中断处理函数
float temp;                                         // 温度寄存器
bit DS18B20;                                        // 18B20存在标志，1---存在，0---不存在
unsigned char tab[10]={0xfc,0x60,0xda,0xf2,0x66,0xb6,0xbe,0xe0,0xfe,0xf6};  // 字段转换表
void main(void)
    {
     unsigned int a,temp;
         unsigned char control=1;                   // 继电器控制标志，默认为1，自动控制
         unsigned char get=1;                       // 数据发送标志，默认为1，连续发送
        TMOD=0x20;                                  // 定时器1--方式2
        //PCON=0x80;                                // 电源控制19200
        TL1=0xfd;
        TH1=0xfd;                                   // 11.0592MHz晶振，波特率为9600
        SCON=0x50;                                  // 方式1
        TR1=1;                                      // 启动定时
    ES=1;
    EA=1;
     temp=get_temper();                             // 这段程序用于避开刚上电时显示85的问题
     for(a=0;a<200;a++)
         delay(500);
     while(1)
     {
         temp=get_temper();                         // 测量温度
         for(a=0;a<100;a++)                         // 显示，兼有延时的作用
           display(htd(temp));
                                                    // 发送数据方式选择
         if(get==1)                                 // 连续发送（单片机周期性地向PC发送检测的
                                                    // 电压值）
      {
```

```
        ES=0;
      SBUF=(unsigned char)(temp>>8);          // 将测量结果发送给PC
              while(TI!=1);
      TI=0;
      SBUF=(unsigned char)temp;
              while(TI!=1);
      TI=0;
      ES=1;
    }
    if(get==2)                                // 间隔发送（PC向单片机发送1次get1
                                              // 单片机向PC发送检测的电压值
    {
        ES=0;
        SBUF=(unsigned char)(temp>>8);        // 将测量结果发送给PC
              while(TI!=1);
          TI=0;
        SBUF=(unsigned char)temp;
              while(TI!=1);
        TI=0;
    ES=1;
              get=3;                          // 终止发送标志
    }
                                              // 控制方式选择
    if(control==1)                            // 自动控制
    {
        if((temp/10)>50)
          JDQ1=0;                             // 继电器1动作
      else
          JDQ1=1;                             // 继电器1复位
      if((temp/10)<30)
          JDQ2=0;                             // 继电器2动作
      else
          JDQ2=1;                             // 继电器1复位
    }
    if(control==2)                            // PC控制
    {
      if(strstr(rec_buf,"open1")!=NULL)
        {
          JDQ1=0;                             // 继电器1打开
          clr_buf();
        }
```

```
                else if(strstr(rec_buf,"open2")!=NULL)
                {
                    JDQ2=0;                     // 继电器2打开
                    clr_buf();
                }
                else if(strstr(rec_buf,"close1")!=NULL)
                {
                    JDQ1=1;                     // 继电器1关闭
                    clr_buf();
                }
                else if(strstr(rec_buf,"close2")!=NULL)
                {
                    JDQ2=1;                     // 继电器2关闭
                    clr_buf();
                }
            }
                                                // 收到PC发来的字符，并判断控制与发送方式
            if(strstr(rec_buf,"contrl1")!=NULL)
            {
                control=1;                      // 自动控制
                clr_buf();
            }
            if(strstr(rec_buf,"contrl2")!=NULL)
            {
                control=2;                      // PC控制
                clr_buf();
            }
            if(strstr(rec_buf,"get1")!=NULL)
            {
                get=1;                          // 连续发送
                clr_buf();
            }
            if(strstr(rec_buf,"get2")!=NULL)
            {
                get=2;                          // 间断发送
                clr_buf();
            }
    }
}

/*****************************DS18B20读取温度函数*****************************/
```

```
/*函数原型:void get_temper(void)
/*函数功能:DS18B20读取温度
/*********************************************************************/
 unsigned int get_temper(void)
 {
      unsigned char k,T_sign,T_L,T_H;
       DS18B20_init();                          // DS18B20初始化
      if(DS18B20)                               // 判断DS1820是否存在?若DS18B20不存在则返回
       {
              DS18B20_write(0xcc);              // 跳过ROM匹配
              DS18B20_write(0x44);              // 发出温度转换命令
          DS18B20_init();                       // DS18B20初始化
          if(DS18B20)                           // 判断DS1820是否存在?若DS18B20不存在则返回
           {
                 DS18B20_write(0xcc);           // 跳过ROM匹配
                 DS18B20_write(0xbe);           // 发出读温度命令
                T_L=DS18B20_read();             // 数据读出
                T_H=DS18B20_read();
                k=T_H&0xf8;
                 if(k==0xf8)
                      T_sign=1;                 // 温度是负数
                 else
                      T_sign=0;                 // 温度是正数
                 T_H=T_H&0x07;
                 temp=(T_H*256+T_L)*10*0.0625;  // 温度转换常数乘以10是因为要保留1位小数
                return (temp);
           }
       }
  }
/*****************************DS18B20写数据函数*****************************/
/*函数原型:void DS18B20_write(uchar in_data)
/*函数功能:DS18B20写数据
/*输入参数:要发送写入的数据
/********************************************************************/
     void DS18B20_write(unsigned char in_data)      // 写DS18B20的子程序(有具体的时序要求)
     {
         unsigned char i,out_data,k;
         out_data=in_data;
         for(i=1;i<9;i++)                           // 串行发送数据
         {
            DQ=0;
```

```
      DQ=1;
      _nop_();
        _nop_();
        k=out_data&0x01;
      if(k==0x01)                                  // 判断数据  写1
      {
          DQ=1;
        }
      else                                         // 写0
        {
          DQ=0;
      }
      delay(4);                                    // 延时62μs
      DQ=1;
        out_data=_cror_(out_data,1);               // 循环左移1位
    }
  }
/**************************DS18B20读函数****************************/
/*函数原型:void DS18B20_read()
/*函数功能:DS18B20读数据
/*输出参数:读到的一字节内容
/*调用模块:delay()
/*****************************************************************/
  unsigned char DS18B20_read()
  {
      unsigned char i,in_data,k;
      in_data=0;
      for(i=1;i<9;i++)                             // 串行发送数据
      {
          DQ=0;
       DQ=1;
       _nop_();
       _nop_();
         k=DQ;                                     // 读DQ端
       if(k==1)                                    // 读到的数据是1
       {
           in_data=in_data|0x01;
       }
      else
       {
           in_data=in_data|0x00;
```

```
            }
            delay(3);                                    // 延时51μs
            DQ=1;
            in_data=_cror_(in_data,1);                   // 循环右移1位
        }
        return(in_data);
    }
/**************************DS18B20初始化函数**************************/
/*函数原型:void DS18B20_init(void)
/*函数功能:DS18B20初始化
/*调用模块:delay()
/*********************************************************************/
    void DS18B20_init(void)
    {
    unsigned char a;
        DQ=1;                                            // 主机发出复位低脉冲
    DQ=0;
    delay(44);                                           // 延时540μs
    DQ=1;
    for(a=0;a<0x36&&DQ==1;a++)
    {
        a++;
        a--;                                             // 等待DS18B20回应
    }
    if(DQ)
        DS18B20=0;                                       // DS18B20不存在
    else
    {
        DS18B20=1;                                       // DS18B20存在
        delay(120);                                      // 复位成功!延时240μs
    }
    }
/**************************数码管显示函数**************************/
/*函数原型:void display(void)
/*函数功能:数码管显示
/*调用模块:delay()
/*********************************************************************/
    void display(unsigned int a)
    {
  bit b=P_K_L;
  P_K_L=1;                                               // 防止按键干扰显示
```

```
        P_data=tab[a&0x0f];                         // 显示小数点后第1位
        PS0=0;
  PS1=1;
  PS2=1;
  PS3=1;
  delay(200);
        P_data=tab[(a>>4)&0x0f]|0x01;               // 显示个位
        PS0=1;
  PS1=0;
  delay(200);
        P_data=tab[(a>>8)&0x0f];                    // 显示十位
        PS1=1;
  PS2=0;
  delay(200);
        P_data=tab[(a>>12)&0x0f];                   // 显示百位
        PS2=1;
  PS3=0;
  delay(200);
  PS3=1;
  P_K_L=b;                                          // 恢复按键
  P_data=0xff;                                      // 恢复数据口
   }
/**************************十六进制转十进制函数**************************/
/*函数原型:uint htd(uint a)
/*函数功能:十六进制转十进制
/*输入参数:要转换的数据
/*输出参数:转换后的数据
/******************************************************************/
 unsigned int htd(unsigned int a)
   {
    unsigned int b,c;
     b=a%10;
     c=b;
     a=a/10;
     b=a%10;
     c=c+(b<<4);
     a=a/10;
     b=a%10;
     c=c+(b<<8);
     a=a/10;
     b=a%10;
```

```
        c=c+(b<<12);
        return c;
    }
/*******************************延时函数*********************************/
/*函数原型:delay(unsigned int delay_time)
/*函数功能:延时函数
/*输入参数:delay_time (输入要延时的时间)
/**********************************************************************/
void delay(unsigned int delay_time)                 // 延时子程序
{
    for(;delay_time>0;delay_time--)
    {
  }
}
/**************************清除缓存数据函数*****************************/
/*函数原型:void clr_buf(void)
/*函数功能:清除缓存数据
/**********************************************************************/
void clr_buf(void)
{
    for(i=0;i<buf_max;i++)
      rec_buf[i]=0;
    i=0;
}
/******************************串口中断处理函数*********************************/
/*函数原型:void Serial(void)
/*函数功能:串口中断处理
/**********************************************************************/
void Serial() interrupt 4                           // 串口中断处理
{
    unsigned char k=0;
  ES=0;                                             // 关中断
  if(TI)                                            // 发送
  {
        TI=0;
  }
  else                                              // 接收，处理
  {
        RI=0;
        rec_buf[i]=SBUF;
        if(i<buf_max)
```

```
            i++;
        else
            i=0;
        RI=0;
        TI=0;
    }
    ES=1;                                    // 开中断
}
```

将 C51 程序编译生成 HEX 文件，然后采用 STC-ISP 软件将 HEX 文件下载到单片机中。

程序下载到单片机之后，就可以给单片机实验板卡通电了，这时数码管上将会显示数字温度传感器 DS18B20 实时测量得到的温度。可以调整数字温度传感器 DS18B20 周围的温度，测试程序能否连续采集温度。

打开“串口调试助手”程序，首先设置串口号为 COM1、波特率为 9600、校验位为 NONE、数据位为 8、停止位为 1 等参数（注意：设置的参数必须与单片机一致），选择“十六进制显示”，打开串口。

如果 PC 与单片机实验开发板串口正确连接，则单片机连续向 PC 发送检测的温度值，用 2 字节的十六进制数据表示，如 01 A0，该数据串在返回信息框内显示，如图 16-30 所示。根据单片机返回数据，可知当前温度测量值为 41.6℃。

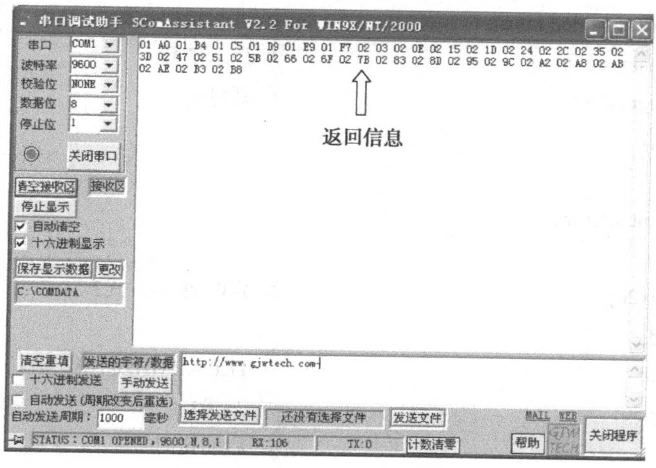

图 16-30 串口调试助手

（二）单片机端采用 C51 实现 Pt100 温度测控

以下是单片机端采用 C51 实现 Pt100 温度测控的程序：

```
/*****************************************************************
** 温度采集，数码管显示（保留1位小数），并发送给PC
** 晶振频率：11.0592MHz
** 线路->单片机实验开发板B
*****************************************************************/
```

```
#include <REG51.H>
#include <intrins.h>
/*****************TLC0832端口定义*********************************/
sbit ADC_CLK=P1^2;
sbit ADC_DO=P1^3;
sbit ADC_DI=P1^4;
sbit ADC_CS=P1^7;
/************************数码显示 键盘接口定义*********************/
sbit PS0=P2^4;                              // 数码管小数点后第一位
sbit PS1=P2^5;                              // 数码管个位
sbit PS2=P2^6;                              // 数码管十位
sbit PS3=P2^7;                              // 数码管百位
sfr   P_data=0x80;                          // P0口为显示数据输出口
sbit P_K_L=P2^2;                            // 键盘列
sbit JDQ1=P2^0;                             // 继电器1控制
sbit JDQ2=P2^1;                             // 继电器2控制
unsigned char tab[]={0xfc,0x60,0xda,0xf2,0x66,0xb6,0xbe,0xe0,0xfe,0xf6,0xee,0x3e,0x9c,0x7a,0x9e,0x8e};
                                            // 字段转换表
unsigned char adc_change(unsigned char a);  // 操作TLC0832
unsigned int htd(unsigned int a);           // 进制转换函数
void display(unsigned int a);               // 显示函数
void delay(unsigned int);                   // 延时函数
void main(void)
{
    unsigned int a,temp;
    float b;
    TMOD=0x20;                              // 定时器1--方式2
    TL1=0xfd;
    TH1=0xfd;                               // 11.0592MHz晶振，波特率为9600
    SCON=0x50;                              // 方式1
    TR1=1;                                  // 启动定时
    while(1)
    {
        temp=adc_change('0');
        b=(float)temp*5/255;                // 测量电压
        if(b<1)
            b=1;
        if(b>5)
            b=5;
        b=(b-1)*50*10;                      // 温度值
        temp=(unsigned int)b;
```

```
        for(a=0;a<200;a++)                          // 显示，兼有延时的作用
            display(htd(temp));
        SBUF=(unsigned char)(temp>>8);              // 将测量结果发送给PC
          while(TI!=1);
        TI=0;
        SBUF=(unsigned char)temp;
          while(TI!=1);
        TI=0;
        if(temp>500)
            JDQ1=0;                                 // 继电器1动作
        else
            JDQ1=1;                                 // 继电器1复位
        if(temp<300)
            JDQ2=0;                                 // 继电器2动作
        else
            JDQ2=1;                                 // 继电器2复位
    }
  }
/****************************数码管显示函数****************************/
/*函数原型:void display(void)
/*函数功能:数码管显示
/*输入参数:无
/*输出参数:无
/*调用模块:delay()
/*********************************************************************/
void display(unsigned int a)
{
    bit b=P_K_L;
  P_K_L=1;                                          // 防止按键干扰显示
    P_data=tab[a&0x0f];                             // 显示小数点后第1位
    PS0=0;
  PS1=1;
  PS2=1;
  PS3=1;
  delay(200);
    P_data=tab[(a>>4)&0x0f]|0x01;                   // 显示个位
    PS0=1;
  PS1=0;
  delay(200);
    P_data=tab[(a>>8)&0x0f];                        // 显示十位
    PS1=1;
```

```
        PS2=0;
    delay(200);
        P_data=tab[(a>>12)&0x0f];                          // 显示百位
        PS2=1;
        PS3=0;
    delay(200);
        PS3=1;
        P_K_L=b;                                           // 恢复按键
    P_data=0xff;                                           // 恢复数据口
}
/**********************************************************************
;  函数名称:  adc_change
;  功能描述:  TI公司8位2通adc芯片TLC0832的控制时序
;  形式参数:  config(无符号整型变量)
;  返回参数:  a_data
;  局部变量:  m、n
;  调用模块:
;  备    注:
***********************************************************************/
unsigned char adc_change(unsigned char config)          // 操作TLC0832
{
      unsigned char i,a_data=0;
   ADC_CLK=0;
   _nop_();
   ADC_DI=0;
   _nop_();
   ADC_CS=0;
   _nop_();
   ADC_DI=1;
   _nop_();
   ADC_CLK=1;
   _nop_();
   ADC_CLK=0;
      if(config=='0')
   {
         ADC_DI=1;
         _nop_();
         ADC_CLK=1;
        _nop_();
        ADC_DI=0;
         _nop_();
         ADC_CLK=0;
```

```
    }
    else if(config=='1')
    {
        ADC_DI=1;
        _nop_();
        ADC_CLK=1;
        _nop_();
        ADC_DI=1;
        _nop_();
        ADC_CLK=0;
    }
    ADC_CLK=1;
    _nop_();
    ADC_CLK=0;
    _nop_();
    ADC_CLK=1;
    _nop_();
    ADC_CLK=0;
    for(i=0;i<8;i++)
    {
        a_data<<=1;
        ADC_CLK=0;
        a_data+=(unsigned char)ADC_DO;
        ADC_CLK=1;
    }
    ADC_CS=1;
    ADC_DI=1;
    return a_data;
}
/****************************十六进制转十进制函数****************************/
/*函数原型:uint htd(uint a)
/*函数功能:十六进制转十进制
/*输入参数:要转换的数据
/*输出参数:转换后的数据
/*调用模块:无
/**********************************************************************/
unsigned int htd(unsigned int a)
{
    unsigned int b,c;
    b=a%10;
    c=b;
    a=a/10;
```

```
  b=a%10;
  c=c+(b<<4);
  a=a/10;
  b=a%10;
  c=c+(b<<8);
  a=a/10;
  b=a%10;
  c=c+(b<<12);
  return c;
}
/*******************************延时函数**********************************/
/*函数原型:delay(unsigned int delay_time)
/*函数功能:延时函数
/*输入参数:delay_time (输入要延时的时间)
/*输出参数:无
/*调用模块:无
/***********************************************************************/
void delay(unsigned int delay_time)                    // 延时子程序
{for(;delay_time>0;delay_time--)
{}
}
```

程序编写调试完成，将程序编译成 HEX 文件并将其烧写进单片机。

程序烧写进单片机之后，就可以给单片机实验板通电了，这时数码管上将会显示实时测量得到的温度值。可以调整 Pt100 温度传感器周围的温度，测试程序能否连续采集温度。

打开“串口调试助手”程序，首先设置串口号为 COM1、波特率为 9600、校验位为 NONE、数据位为 8、停止位为 1 等参数（注意：设置的参数必须与单片机一致），选择“十六进制显示”，打开串口，串口调试助手如图 16-31 所示。

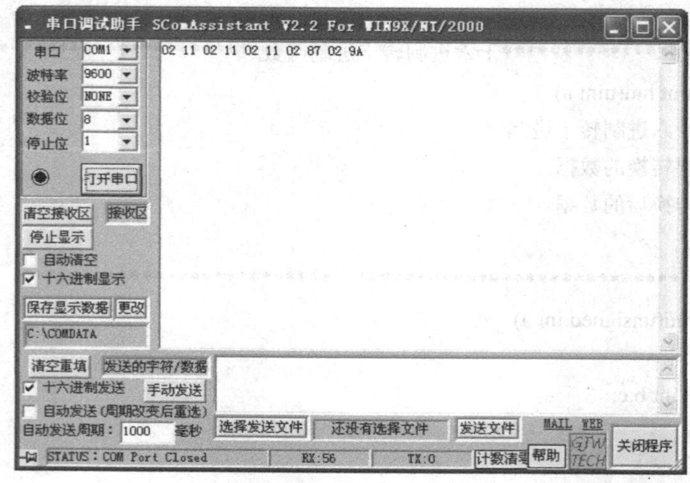

图 16-31　串口调试助手

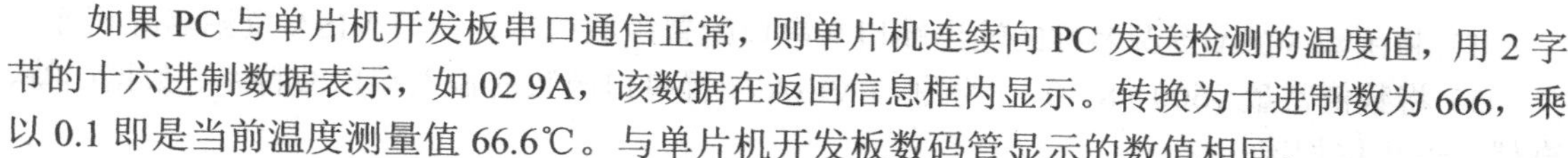

如果 PC 与单片机开发板串口通信正常，则单片机连续向 PC 发送检测的温度值，用 2 字节的十六进制数据表示，如 02 9A，该数据在返回信息框内显示。转换为十进制数为 666，乘以 0.1 即是当前温度测量值 66.6℃。与单片机开发板数码管显示的数值相同。

（三）PC 端 LabVIEW 程序

因为单片机板采用 DS18B20 数字温度传感器，与 Pt100 铂热电阻传感器采集温度传送给 PC 的数据串格式完全一样，因此 PC 端 LabVIEW 程序也完全相同。

1. 程序前面板设计

1）为了以数值形式显示测量温度值，添加 1 个数值显示控件：控件→新式→数值→数值显示控件，将标签改为“温度值”。

2）为了以指针形式显示测量电压值，添加 1 个仪表显示控件：控件→新式→数值→仪表，将标签改为“仪表”。

3）为了显示测量温度实时变化曲线，添加 1 个实时图形显示控件：控件→新式→图形→波形图，将标签改为“实时曲线”。

4）为了显示温度超限状态，添加 2 个指示灯控件：控件→新式→布尔→圆形指示灯，将标签分别改为“上限指示灯”“下限指示灯”。

5）为了获得串行端口号，添加 1 个串口资源检测控件：控件→新式→I/O→VISA 资源名称；单击控件箭头，选择串口号，如 ASRL1:或 COM1。

设计的程序前面板如图 16-32 所示。

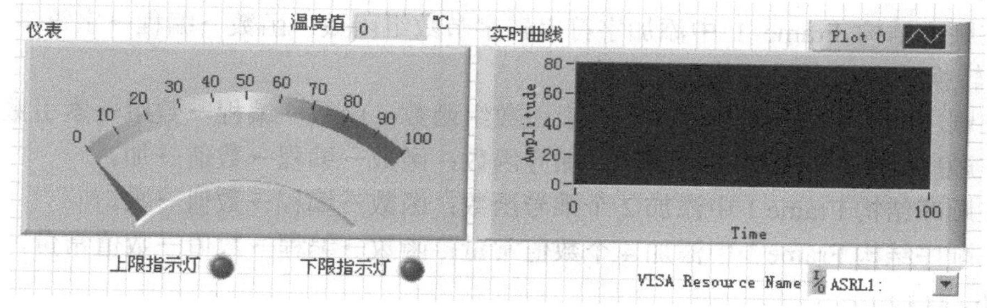

图 16-32 程序前面板

2. 程序框图设计

程序设计思路：读单片机发送给 PC 的十六进制数据，并转换成十进制数据。

（1）串口初始化程序框图。

1）添加 1 个顺序结构：函数→编程→结构→层叠式顺序结构。

将顺序结构的帧设置为 3 个（序号 0～2）。设置方法：选中顺序结构边框，单击鼠标右键，执行“在后面添加帧”命令 2 次。

2）为了设置通信参数，在顺序结构 Frame 0 中添加 1 个串口配置函数：函数→仪器 I/O→串口→VISA 配置串口。

3）为了设置通信参数值，在顺序结构 Frame 0 中添加 4 个数值常量：函数→编程→数值→数值常量，值分别为 9600（波特率）、8（数据位）、0（校验位，无）、1（停止位）。

4）将函数 VISA 资源名称的输出端口与串口配置函数的输入端口 VISA 资源名称相连。

5）将数值常量 9600、8、0、1 分别与 VISA 配置串口函数的输入端口波特率、数据比特、奇偶、停止位相连。

连接好的程序框图如图 16-33 所示。

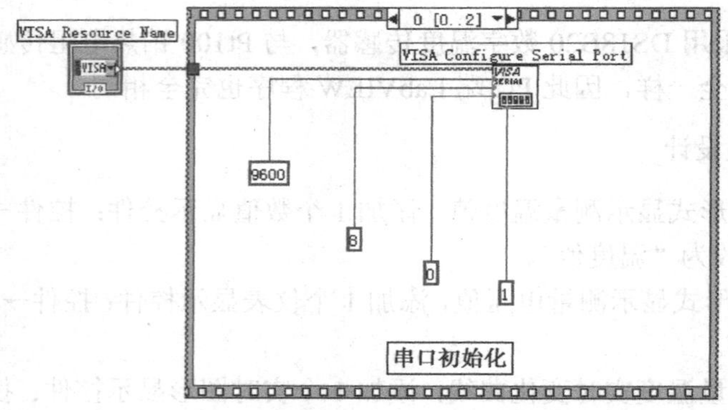

图 16-33　串口初始化程序框图

（2）读取温度值程序框图。

1）为了获得串口缓冲区数据个数，在顺序结构 Frame 1 中添加 1 个串口字节数函数：函数→仪器 I/O→串口→VISA 串口字节数，标签为“Property Node”。

2）为了从串口缓冲区获取返回数据，在顺序结构 Frame 1 中添加 1 个串口读取函数：函数→仪器 I/O→串口→VISA 读取。

3）在顺序结构 Frame 1 中添加字符串转字节数组函数：函数→编程→字符串→字符串/数组/路径转换→字符串至字节数组转换。

4）在顺序结构 Frame 1 中添加 2 个索引数组函数：函数→编程→数组→索引数组。

5）在顺序结构 Frame 1 中添加 1 个加号函数：函数→编程→数值→加。

6）在顺序结构 Frame 1 中添加 2 个乘号函数：函数→编程→数值→乘。

7）在顺序结构 Frame 1 中添加 4 个数值常量：函数→编程→数值→数值常量，值分别为 0、1、256、0.1。

8）分别将数值显示器图标（标签为“测量值”）、仪表控件图标（标签为“仪表”）、实时曲线控件图标（标签为“实时曲线”）拖入顺序结构的 Frame 1 中。

9）将 VISA 资源名称函数的输出端口与串口字节数函数（顺序结构 Frame1 中）的输入端口引用相连。

10)将 VISA 资源名称函数的输出端口与 VISA 读取函数的输入端口 VISA 资源名称相连。

11）将串口字节数函数的输出端口 Number of bytes at Serial port 与 VISA 读取函数的输入端口字节总数相连。

12）将 VISA 读取函数的输出端口读取缓冲区与字符串至字节数组转换函数的输入端口字符串相连。

13）将字符串至字节数组转换函数的输出端口无符号字节数组分别与索引数组函数（上）和索引数组函数（下）的输入端口数组相连。

14）将数值常量（值为 0、1）分别与索引数组函数（上）和索引数组函数（下）的输入

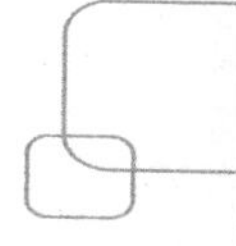

端口索引相连。

15）将索引数组函数（上）的输出端口元素与乘函数（左）的输入端口 x 相连。

16）将数值常量（值为 256）与乘函数（左）的输入端口 y 相连。

17）将乘函数（左）的输出端口 x*y 与加函数的输入端口 x 相连。

18）将索引数组函数（下）的输出端口元素与加函数的输入端口 y 相连。

19）将加函数的输出端口 x+y 与乘函数（右）的输入端口 x 相连。

20）将数值常量（值为 0.1）与乘函数（右）的输入端口 y 相连。

21）将乘函数（右）的输出端口 x*y 分别与测量数据显示图标（标签为“测量值”）、仪表控件图标（标签为“仪表”）、实时曲线控件图标（标签为“实时曲线”）相连。

连接好的程序框图如图 16-34 所示。

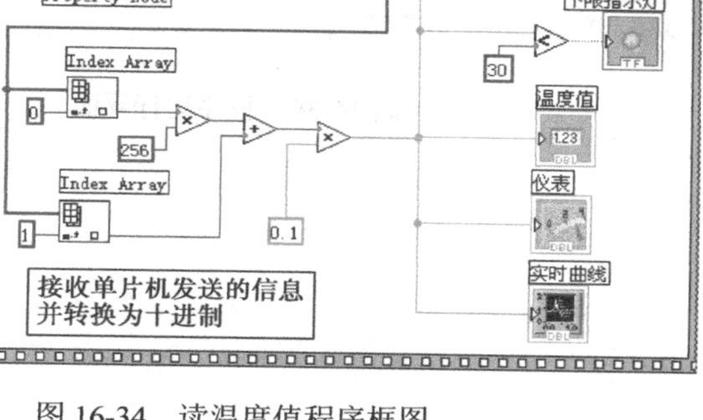

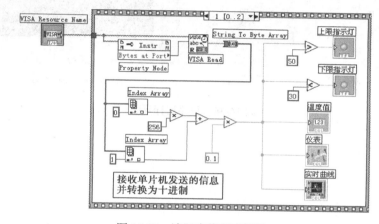

图 16-34　读温度值程序框图

（3）延时程序框图。

1）为了以一定的周期读取 PLC 的温度测量数据，添加 1 个时钟函数：函数→编程→定时→等待下一个整数倍毫秒函数。

2）添加 1 个数值常量：函数→编程→数值→数值常量，将值改为 500（时钟频率值）。

3）将数值常量（值为 500）与等待下一个整数倍毫秒函数的输入端口毫秒倍数相连。

连接好的程序框图如图 16-35 所示。

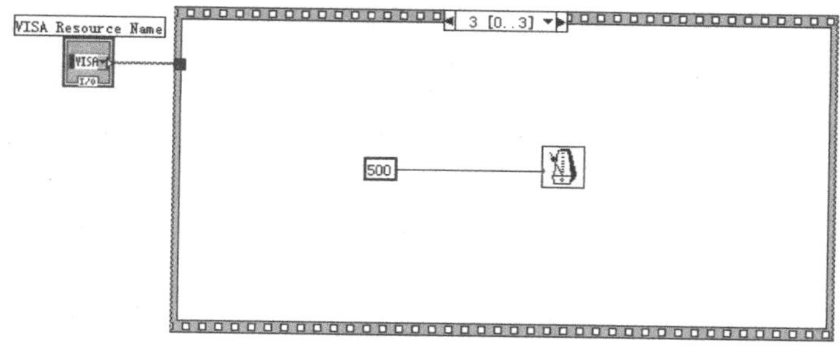

图 16-35　延时程序框图

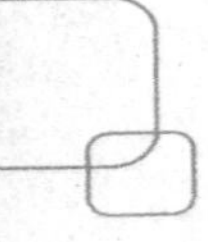

3. 运行程序

程序编写完成后，就可以通过串口把 PC 与单片机实验板连接好，程序调试无误后就可运行程序。

给 Pt100 温度传感器周围升温或者降温，程序界面将显示温度测量值和曲线图。

当测量温度小于 30℃时或测量温度大于 50℃时，程序界面中上下限指示灯颜色发生变化，单片机板相应指示灯亮。

程序运行界面如图 16-36 所示。

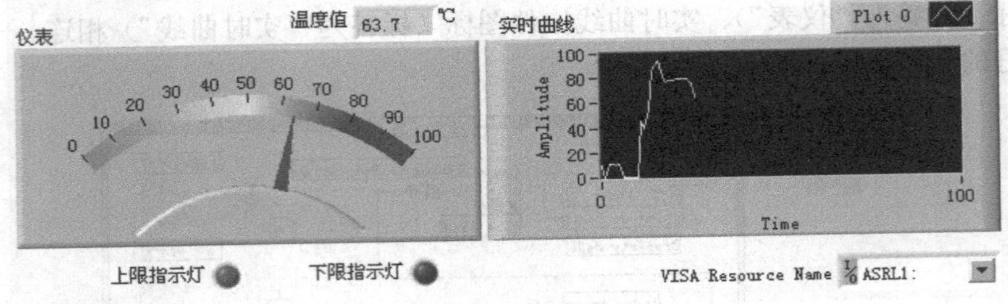

图 16-36　程序运行界面

第 17 章　NI 数据采集卡测控

在虚拟仪器中应用的数据采集卡有两种：NI 公司生产的数据采集卡和非 NI 公司生产的数据采集卡。

本章通过实例，详细介绍采用 LabVIEW 实现 NI 公司 PCI-6023E 数据采集卡电压采集、数字量输入、数字量输出及温度测控的程序设计方法。

实例 87　PCI-6023E 数据采集卡电压采集

一、设计任务

采用 LabVIEW 语言编写程序实现 PC 与 PCI-6023E 数据采集卡模拟量输入。任务要求：以连续方式读取板卡模拟量输入通道输入电压值（0～5V），在 PC 程序画面中以数值或曲线形式显示电压测量变化值。

二、线路连接

PC 与 PCI-6023E 数据采集卡组成的电压采集线路如图 17-1 所示。

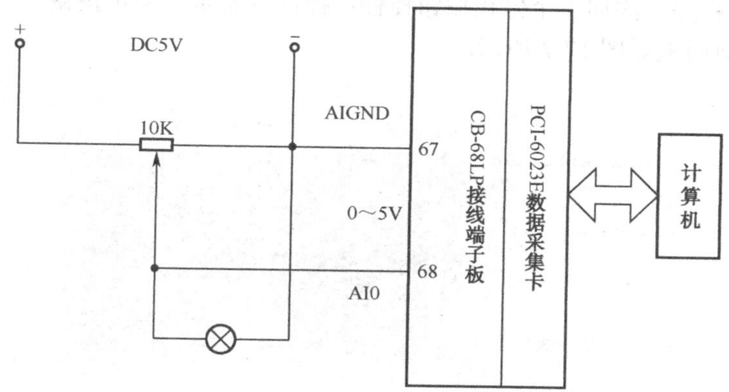

图 17-1　PC 与 PCI-6023E 数据采集卡组成的电压采集线路

首先将 PCI-6023E 数据采集卡通过 R6868 数据电缆与 CB-68LP 接线端子板连接，然后将其他元器件连接到接线端子板上。

图 17-1 中，将直流 5V 电压接到电位器两端，通过电位器产生 1 个模拟变化电压(0～5V)，送入数据采集卡模拟量输入 0 通道（管脚 68，V+，管脚 67，V−），同时在电位器电压输出端

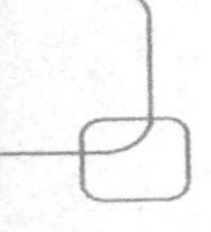

接入信号指示灯，用以显示电压变化情况。

也可在模拟量输入 0 通道接稳压电源提供的 0～5V 变化电压。

其他模拟量输入通道输入电压接线方法与 0 通道相同。

本设计用到的主要硬件为：PCI-6023E 多功能板卡、R6868 数据线缆、CB-68LP 接线端子（使用模拟量输入 AI0 通道）、电位器（10K）、指示灯（DC5V）和直流稳压电源（输出：DC5V）等。

还需进行 AI 参数设置。运行 Measurement & Automation 软件，通过参数设置对话框中的 AI 设置项设置模拟信号输入时的量程为-10.0～+10.0V，输入方式采用 Reference Single Ended（单端有参考地输入）。

在进行 LabVIEW 编程之前，必须安装 NI 数据采集卡驱动程序及传统 DAQ 函数。

三、任务实现

1．设计程序前面板

新建 VI。切换到 LabVIEW 的前面板窗口，通过控件选板给程序前面板添加控件。

1）为了绘制实时电压曲线，添加 1 个波形显示控件：控件→图形→波形图表，标签改为“实时电压曲线”，将 Y 轴标尺范围改为 0～6。

2）为了显示测量电压值，添加 1 个数组控件：控件→数组、矩阵与簇→数组。标签改为“测量电压值:”。往数组框里放置 1 个数值显示控件。

3）为了设置个数和采样频率，添加 2 个数值显示控件：控件→数值→数值显示控件。标签分别为“number of samples”（采样数）和“sample rate”（采样频率），初始值均改为 1000。

4）为了设置板卡通道，添加 1 个通道设置控件：控件→I/O→传统 DAQ 通道。标签改为“Traditinal DAQ Channel”（传统 DAQ 通道）。初始值设为 0。

5）为了关闭程序，添加 1 个停止按钮控件；控件→布尔→停止按钮。

设计的程序前面板如图 17-2 所示。

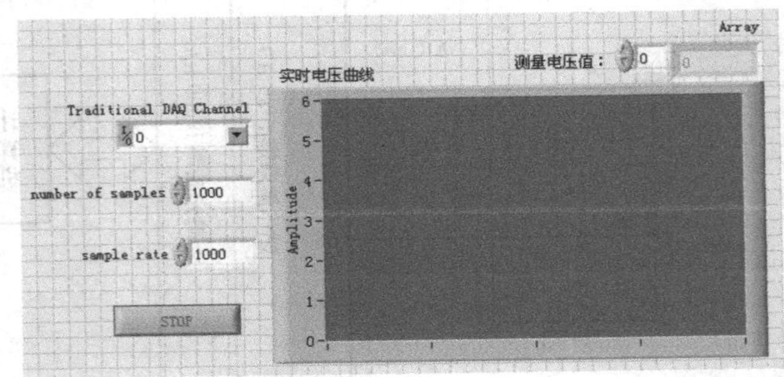

图 17-2　程序前面板

2．程序框图设计

切换到 LabVIEW 的程序框图窗口，添加节点与连线。

1）添加 1 个 While 循环结构：函数→结构→While 循环。

以下为在 While 循环结构框架中添加节点数并连线。

2）添加 1 个模拟电压输入函数：函数→测量 I/O→Data Acquisition→Analog Input→AI Acquire Waveform .vi，如图 17-3 所示。

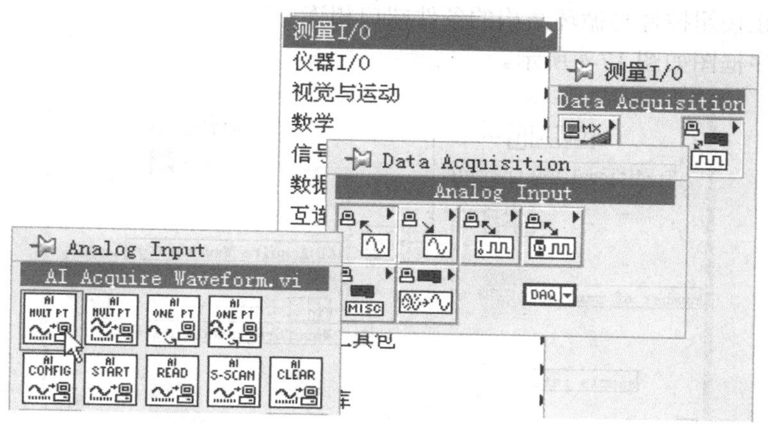

图 17-3　添加“AI Acquire Waveform .vi”函数

AI Acquire Waveform.vi 函数的主要功能是实现单通道数据采集。它有如下几个重要的输入数据端口，分别是 device、channel、number of samples 以及 sample rate。这 4 个输入数据端口分别用于指定数据采集卡的器件编号、通道编号、采样点数量以及采样速率。其中，采样速率不能高于数据采集卡所允许的最高采样速率。AI Acquire Waveform.vi 函数的输出数据端口 Waveform 用于连接 Waveform 数据类型的控件。

3）添加 1 个获取波形数据中的成员函数：函数→波形→模拟波形→获取波形成分。

获取波形数据中的成员函数 Get Waveform Components.vi 可以将波形数据中的波形触发的时刻、波形数据的数据点之间的时间间隔以及波形数据值等信息提取出来，便于后续分析和处理。

4）添加 1 个数值常量：函数→数值→数值常量。将值设为“1”（板卡设备号）。

5）将前面板添加的所有控件对象的图标移到循环结构框架中。

经过上面的简单设置，程序便可以对任意 device number 所对应的数据采集硬件的任意一个通道进行数据采集了，采集速率和采集的数据点的个数分别由 number of samples 和 sample rate 决定。采集后的数据被实时显示在示波器窗口波形图形上面。

6）将数值常量“1”（板卡设备号）与 AI Acquire Waveform .vi 函数的输入端口“Device”相连。

7）将传统 DAQ 通道控件与 AI Acquire Waveform .vi 函数的输入端口“channel”相连。

8）将数值输入控件（标签为“number of samples”）与 AI Acquire Waveform .vi 函数的输入端口“number of samples”相连。

9）将数值输入控件（标签为“sample rate”）与 AI Acquire Waveform .vi 函数的输入端口“sample rate”相连。

10）将 AI Acquire Waveform .vi 函数的输出端口“waveform”与函数实时图形显示控件波形图形（Waveform Chart）输入端口相连。

11）将 AI Acquire Waveform .vi 函数的输出端口“waveform”与获取波形数据中的成员函数 Get Waveform Components.vi 的输入端口“waveform”相连。

12）将获取波形数据中的成员函数 Get Waveform Components.vi 的输出端口“Y”与数组控件的输入端口相连。

13）将停止按钮控件与循环结构的条件端口相连。

设计的程序框图如图 17-4 所示。

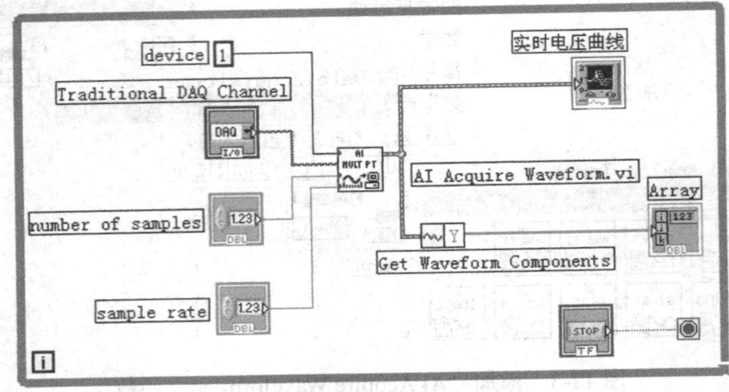

图 17-4　程序框图

3. 运行程序

单击快捷工具栏“运行”按钮，运行程序。

转动电位器旋钮，改变模拟量输入 0 通道输入电压值（0～5V），线路中 AI 指示灯亮度随之变化，同时，程序画面文本对象中的数值、图形控件中的曲线都将随输入电压变化而变化。

程序的运行界面如图 17-5 所示。

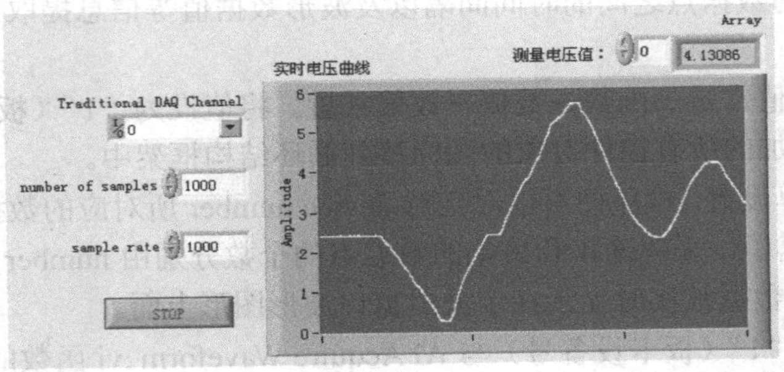

图 17-5　运行界面

实例 88　PCI-6023E 数据采集卡数字量输入

一、设计任务

采用 LabVIEW 语言编写程序实现 PC 与 PCI-6023E 数据采集卡数字信号输入。

任务要求如下：利用开关产生数字（开关）信号（0 或 1），作用于板卡数字量输入通道，

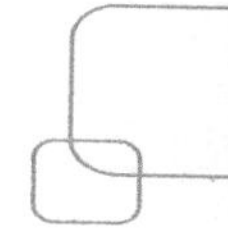

使 PC 程序界面中信号指示灯颜色发生改变。

二、线路连接

PC 与 PCI-6023E 数据采集卡组成的数字量输入线路如图 17-6 所示。

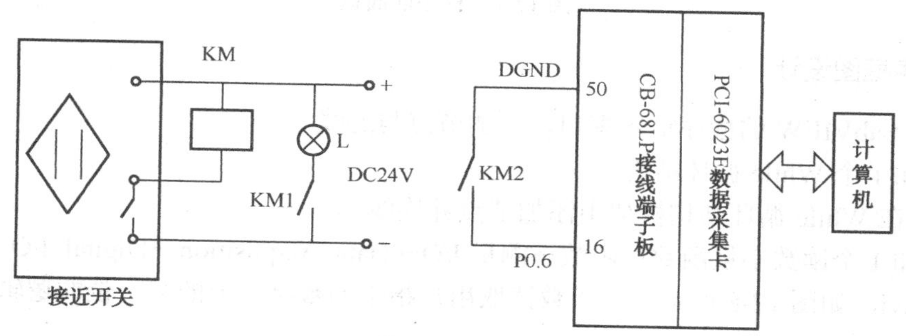

图 17-6　PC 与 PCI-6023E 数据采集卡组成的数字量输入线路

首先将 PCI-6023E 数据采集卡通过 R6868 数据电缆与 CB-68LP 接线端子板连接，然后将其他元器件连接到接线端子板上。

图 17-6 中，由光电接近开关（也可采用电感接近开关）控制 1 个继电器 KM，继电器有 2 路常开开关，其中 1 个常开开关 KM1 接信号指示灯 L，另 1 个常开开关 KM2 接数据采集卡数字量输入 6 通道（管脚 16，50）或其他通道。

也可直接使用按钮、行程开关等的常开触点接数字量输入端点 16 和 50。

其他数字量输入通道信号输入接线方法与通道 6 相同。

实际测试中，可通过用导线将数字量输入端点（如 16）与数字地（50 端点）短接的方式产生数字量输入信号。

在进行 LabVIEW 编程之前，首先必须安装 NI 数据采集卡驱动程序以及传统 DAQ 函数。

三、任务实现

（一）方法 1：采用读写一条数字线的方式实现数字量输入

1. 设计程序前面板

新建 VI。切换到 LabVIEW 的前面板窗口，通过控件选板给程序前面板添加控件。

1）为了显示数字量输入状态，添加 1 个圆形指示灯控件，将标签改为“端口状态”。

2）为了输入数字量输入端口号，添加 1 个数值输入控件，标签为“端口号”，将初始值设为“6”。

3）为了设置板卡通道号，添加 1 个通道设置控件：控件→I/O→传统 DAQ 通道。标签改为“Traditinal DAQ Channel”（传统 DAQ 通道）。初始值设为 0，并设为默认值。

4）为了关闭程序，添加 1 个停止按钮控件。

设计的程序前面板如图 17-7 所示。

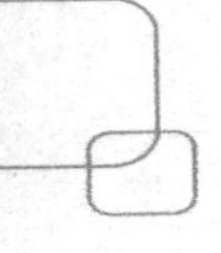

图 17-7　程序前面板

2. 程序框图设计

切换到 LabVIEW 的程序框图窗口，添加节点与连线。

1）添加 1 个 While 循环结构。

以下为在 While 循环结构框架中添加节点并连线。

2）添加 1 个读数字量函数：函数→测量 I/O→Data Acquisition→Digital I/O→Read from Digital Line.vi，如图 17-8 所示。该函数读取用户指定的数字口上的某一位的逻辑状态。

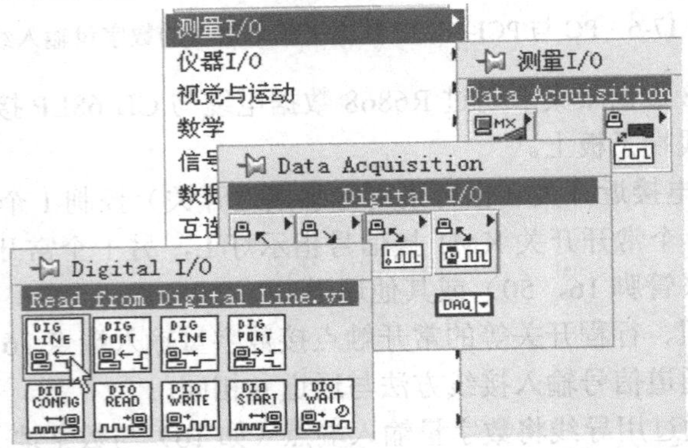

图 17-8　添加“Read from Digital Line.vi”函数

3）添加 1 个数值常量。将值设为“1”（板卡设备号）。

4）将前面板添加的所有控件对象的图标移到 While 循环结构框架中。

5）将数值常量“1”（板卡设备号）与 Read from Digital Line.vi 函数的输入端口“Device”相连。“Device”端口表示数字输入输出应用的设备编号。

6）将传统 DAQ 通道控件与 Read from Digital Line.vi 函数的输入端口“digital channel”相连。“digital channel”端口表示数字端口号或在信道向导中设置的数字信道名。

7）将数值输入控件（标签为“端口号”）与 Read from Digital Line.vi 函数的输入端口“Line”相连。“Line”端口表示数字端口中的数字线号或位。

8）将 Read from Digital Line.vi 函数的输出端口“Line state”与指示灯控件（标签为“端口状态”）相连。“Line state”端口表示数字线或位的状态。这个参数对于 Read from Digital Line.vi 是输出量，若数字线处于关的状态就返回“FALSE”，若数字线处于开的状态就返回“TRUE”。

9）将停止按钮控件与循环结构的条件端口相连。

设计的程序框图如图 17-9 所示。

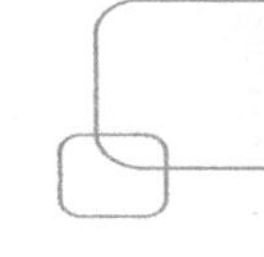

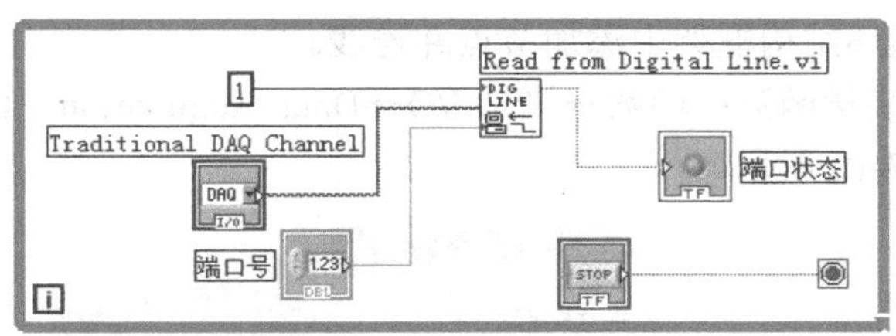

图 17-9　程序框图

3．运行程序

单击快捷工具栏"运行"按钮，运行程序。

通过接近开关打开/关闭数字量输入 6 通道"开关"（或用导线将 16 和 50 端点短接或断开），产生开关（数字）输入信号，程序画面中信号指示灯颜色改变。

程序运行界面如图 17-10 所示。

图 17-10　程序运行界面

（二）方法 2：采用读写一个数字端口的方式实现数字量输入

1．设计程序前面板

新建 VI。切换到 LabVIEW 的前面板窗口，通过控件选板给程序前面板添加控件。

1）为了显示各数字量输入端口状态，添加 1 个数组控件，标签改为"输入端口显示"。往数组框里放置"方形指示灯"控件。将数组中的指示灯个数设置为 8 个。

2）为了设置板卡通道，添加 1 个通道设置控件：控件→I/O→传统 DAQ 通道。标签改为"Traditinal DAQ Channel"（传统 DAQ 通道）。初始值设为 0，并设为默认值。

3）为了关闭程序，添加 1 个停止按钮控件。

设计的程序前面板如图 17-11 所示。

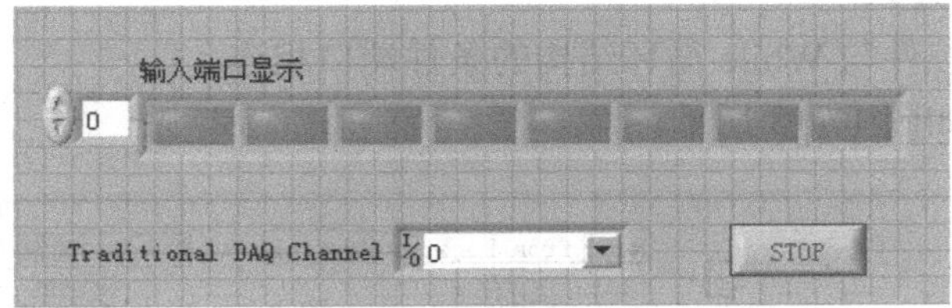

图 17-11　程序前面板

2．程序框图设计

切换到 LabVIEW 的程序框图窗口，添加节点与连线。

1）添加 1 个循环结构。

以下为在 While 循环结构框架中添加节点并连线。

2）添加 1 个读数字量函数：函数→测量 I/O→Data Acquisition→Digital I/O→Read from Digital Port.vi，如图 17-12 所示。

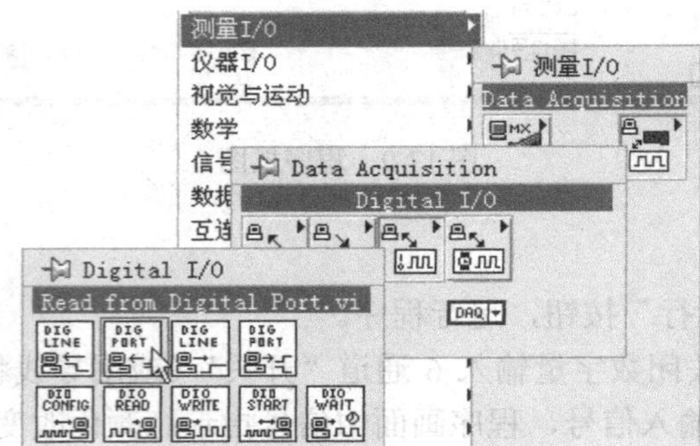

图 17-12 添加“Read from Digital Port.vi”函数

Read from Digital Port.vi 函数用于读用户指定的数字端口。与 Read from Digital Line.vi 在参数上的不同是，由于是对整个端口操作，所以没有 line 和 line state 这 2 个参数，而增加了 1 个波形样式参数 Pattern，它返回该端口所有数字线的状态。其余参数的意义相同。

Pattern 参数是 1 个整型数，它的二进制形式各位上的 0 和 1 对应数字端口 8 个数字线的状态。

3）添加 1 个数值常量。将值设为“1”（板卡设备号）。

4) 添加 1 个数值转布尔数组函数：函数→数值→转换→数值至布尔数组转换。

5）将前面板添加的所有控件对象的图标移到循环结构框架中。

6）将数值常量“1”（板卡设备号）与 Read from Digital Port.vi 函数的输入端口“Device”相连。

7）将传统 DAQ 通道控件与 Read from Digital Port.vi 函数的输入端口“digital channel”相连。

8）将 Read from Digital Port.vi 函数的输出端口“Pattern”与数值至布尔数组转换函数的输入端口“数字”相连。

9）将数值至布尔数组转换函数的输出端口“布尔数组”与数组控件（标签为“输入端口显示”）的输入端口相连。

10）将停止按钮控件与 While 循环结构的条件端口相连。

设计的程序框图如图 17-13 所示。

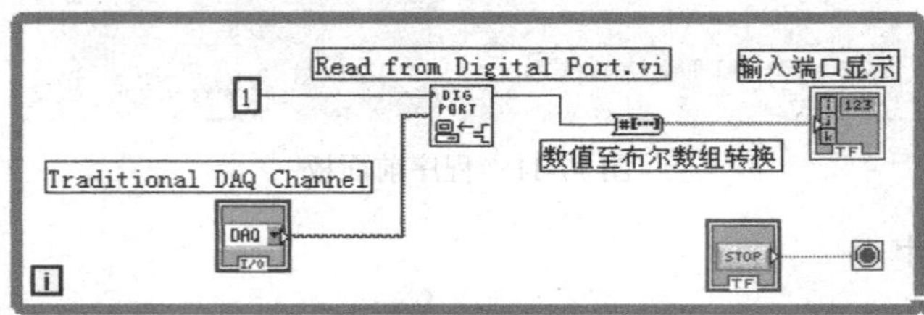

图 17-13 程序框图

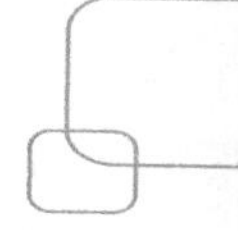

3. 运行程序

单击快捷工具栏“运行”按钮，运行程序。

通过接近开关打开/关闭数字量输入 6 通道“开关”（或用导线将 16 和 50 端点短接或断开），产生开关（数字）输入信号，程序画面中信号指示灯颜色改变。

程序运行界面如图 17-14 所示。

图 17-14　程序运行界面

实例 89　PCI-6023E 数据采集卡数字量输出

一、设计任务

采用 LabVIEW 语言编写程序实现 PC 与 PCI-6023E 数据采集卡数字信号输出。

任务要求：在 PC 程序画面中执行“打开/关闭”命令，画面中信号指示灯变换颜色，同时，线路中数字量输出端口输出高低电平，信号指示灯亮/灭。

二、线路连接

PC 与 PCI-6023E 数据采集卡组成的数字量输出线路如图 17-15 所示。

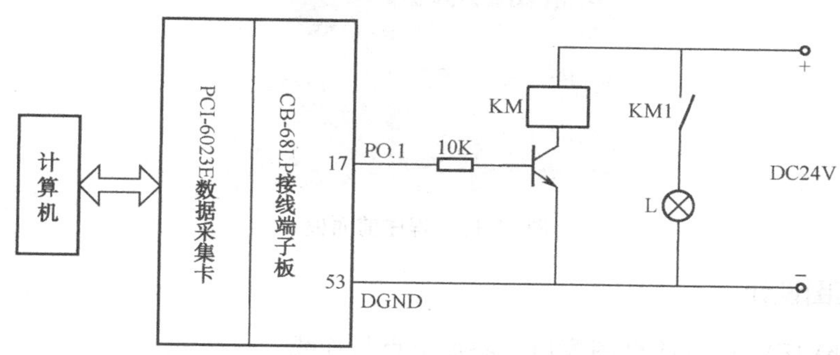

图 17-15　PC 与 PCI-6023E 数据采集卡组成的数字量输出线路

首先将 PCI-6023E 数据采集卡通过 R6868 数据电缆与 CB-68LP 接线端子板连接，然后将其他元器件连接到接线端子板上。

图 17-15 中，数据采集卡数字量输出 1 通道（PO.1，管脚 17）接三极管基极，当计算机输出控制信号置 17 脚为高电平时，三极管导通，继电器 KM 常开开关 KM1 闭合，指示灯 L

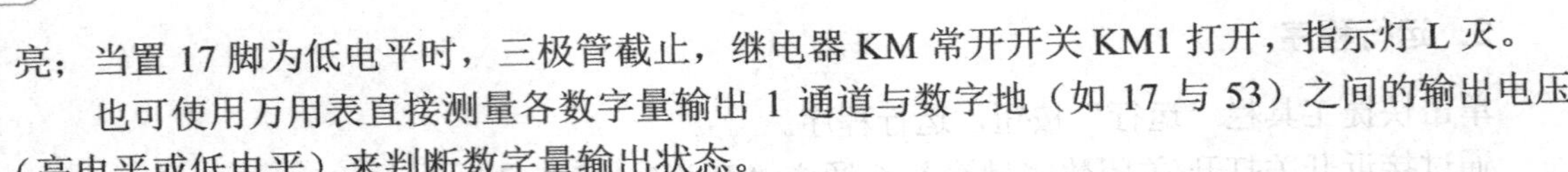

亮；当置 17 脚为低电平时，三极管截止，继电器 KM 常开开关 KM1 打开，指示灯 L 灭。

也可使用万用表直接测量各数字量输出 1 通道与数字地（如 17 与 53）之间的输出电压（高电平或低电平）来判断数字量输出状态。

其他数字量输出通道信号输出接线方法与 1 通道相同。

也可不连线，使用万用表直接测量数字量输出 1 通道（管脚 17 和 53 之间）的输出电压（高电平或低电平）。

在进行 LabVIEW 编程之前，首先必须安装 NI 板卡驱动程序以及传统 DAQ 函数。

三、任务实现

（一）方法 1：采用读写一条数字线的方式实现数字量输出

1. 设计程序前面板

新建 VI。切换到 LabVIEW 的前面板窗口，通过控件选板给程序前面板添加控件。

1）为了显示数字量输出状态，添加 1 个指示灯控件：控件→布尔→圆形指示灯。标签为“指示灯”。

2）为了改变数字量输出状态，添加 1 个滑动开关控件：控件→布尔→垂直滑动杆开关。标签为“置位按钮”。

3）为了设置数字量输出端口号，添加 1 个数值输入控件：控件→数值→数值输入控件。标签为“端口号”。

4）为了设置板卡通道号，添加 1 个通道设置控件：控件→I/O→传统 DAQ 通道。标签改为“Traditinal DAQ Channel”（传统 DAQ 通道）。初始值设为 0，并设为默认值。

5）为了关闭程序，添加 1 个停止按钮控件：控件→布尔→停止按钮。

设计的程序前面板如图 17-16 所示。

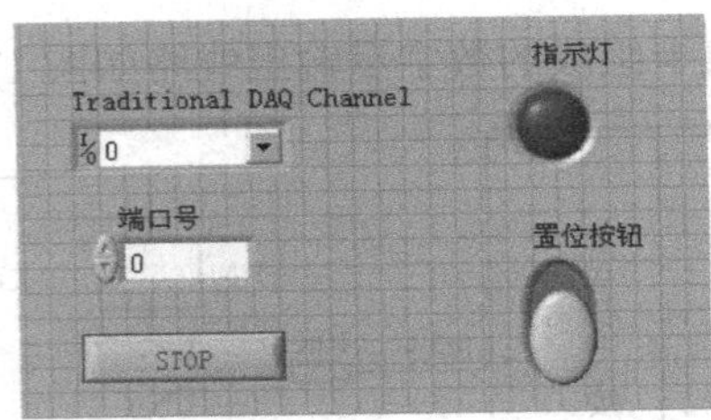

图 17-16　程序前面板

2. 程序框图设计

切换到 LabVIEW 的程序框图窗口，添加节点与连线。

1）添加 1 个循环结构：函数→结构→While 循环。

以下为在 While 循环结构框架中添加函数并连线。

2）添加 1 个写数字量函数：函数→测量 I/O→Data Acquisition→Digital I/O→Write to Digital Line.vi。该函数用于把用户指定的一个数字端口上的某一位设置为逻辑 1 或 0。

3）添加 1 个数值常量：函数→数值→数值常量。将值设为“1”（板卡设备号）。

4）将前面板添加的传统 DAQ 通道控件、数值输入控件（标签为“端口号”）、滑动开关控件（标签为“置位按钮”）、指示灯控件和停止按钮控件的图标移到循环结构框架中。

5）将数值常量“1”（板卡设备号）与 Write to Digital Line.vi 函数的输入端口“Device”相连。“Device”端口表示数字输入/输出应用的设备编号。

6）将传统 DAQ 通道控件与 Write to Digital Line.vi 函数的输入端口“digital channel”相连。“digital channel”端口表示数字端口号或在信道向导中设置的数字信道名。

7）将数值输入控件（标签为“端口号”）与 Write to Digital Line.vi 函数的输入端口“Line”相连。“Line”端口指定了数字端口中要进行操作的数字线或位。

8）将滑动开关控件（标签为“置位按钮”）与 Write to Digital Line.vi 函数的输入端口“Line state“相连。“Line state”端口决定数字线或位的状态，是“True”还是“False”。这个参数对于 Write to Digital Line.vi 是一个输入量，要将数字线置于关的状态就输入 FALSE，要将数字线置于开的状态就输入 TRUE。

9）将滑动开关控件与指示灯控件（标签为“指示灯”）相连。

10）将停止按钮控件与循环结构的条件端口相连。

设计的程序框图如图 17-17 所示。

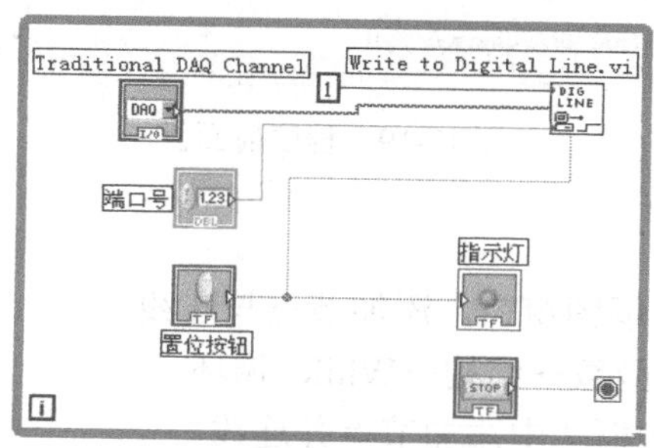

图 17-17　程序框图

3. 运行程序

单击快捷工具栏“运行”按钮，运行程序。

首先选择端口号 1，单击程序画面中开关（打开或关闭），画面中指示灯改变颜色，同时，线路中数据采集卡数字量输出 1 通道置高/低电平，指示灯亮/灭。

可使用万用表直接测量数字量输出 1 通道（17 和 53 之间）的输出电压来判断数字量输出状态。程序运行界面如图 17-18 所示。

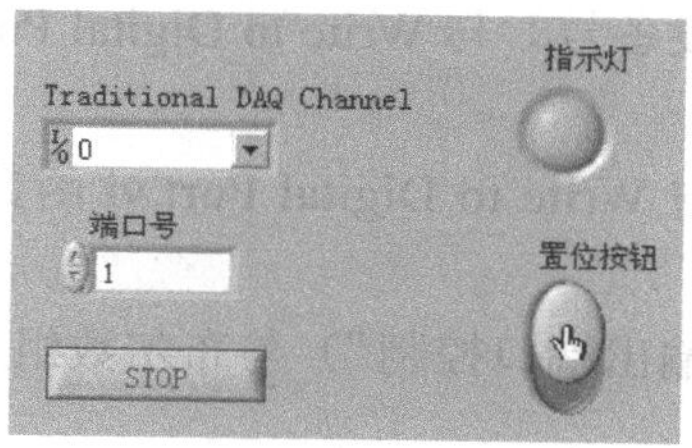

图 17-18　程序运行界面

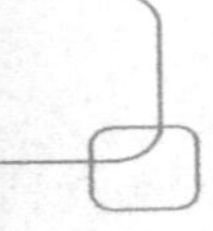

（二）方法 2：采用读写一个数字端口的方式实现数字量输出

1．设计程序前面板

新建 VI。切换到 LabVIEW 的前面板窗口，通过控件选板给程序前面板添加控件。

1）为了生成数字量输出状态值，添加 1 个数组控件：控件→数组、矩阵与簇→数组。标签改为“输出端口控制”。往数组框里放置“方形指示灯”控件，属性设为“输入”。设置方法：右击数组框架中的指示灯对象，从弹出的快捷菜单中选择“转换为输入控件”。将数组中的指示灯个数设置为 8 个。

2）为了设置板卡通道号，添加 1 个通道设置控件：控件→I/O→传统 DAQ 通道。标签改为“Traditinal DAQ Channel”（传统 DAQ 通道）。初始值设为 0，并设为默认值。

3）为了关闭程序，添加 1 个停止按钮控件：控件→布尔→停止按钮。

设计的程序前面板如图 17-19 所示。

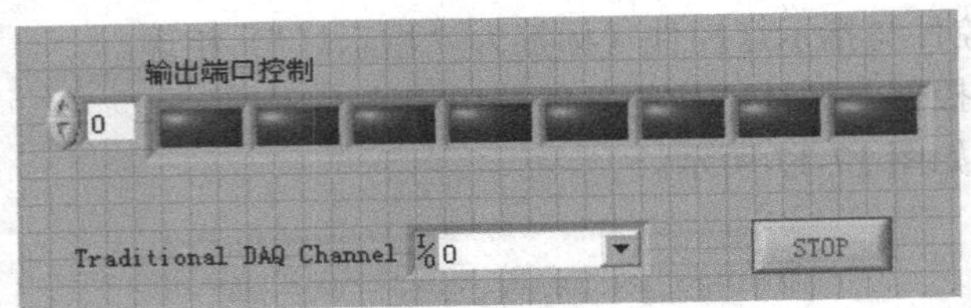

图 17-19　程序前面板

2．程序框图设计

切换到 LabVIEW 的程序框图窗口，添加节点与连线。

1）添加 1 个循环结构：函数→结构→While 循环。

以下为在 While 循环结构框架中添加节点并连线。

2)添加 1 个写数字量函数：函数→测量 I/O→Data Acquisition→Digital I/O→Write to Digital Port.vi。

Write to Digital Port.vi 与 Write to Digital Line.vi 在参数上的不同是，由于是对整个端口操作，所以没有 line 和 line state 这 2 个参数，而增加了 1 个波形样式参数 Pattern，它控制该端口所有数字线的状态。其余参数的意义相同。

3）添加 1 个数值常数：函数→数值→数值常量。将值设为 1（板卡设备号）。

4）添加 1 个布尔型数组转数值函数：函数→数值→转换→布尔数组至数值转换。

5）将前面板添加的所有控件对象的图标移到循环结构框架中。

6）将数值常量“1”（板卡设备号）与 Write to Digital Port.vi 函数的输入端口“Device”相连。

7）将传统 DAQ 通道控件与 Write to Digital Port.vi 函数的输入端口“digital channel”相连。

8）将数组控件（标签为“输出端口控制”）与布尔数组至数值转换函数的输入端口“布尔数组”相连。

9）将布尔数组至数值转换函数的输出端口“数字”与 Write to Digital Port.vi 函数的输入端口“Pattern”相连。

10）将停止按钮控件与循环结构的条件端口相连。

设计的程序框图如图 17-20 所示。

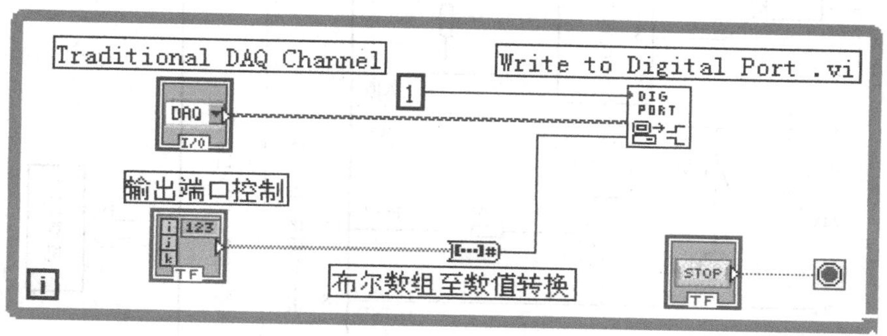

图 17-20　程序框图

3. 运行程序

单击快捷工具栏“运行”按钮，运行程序。

用鼠标单击程序画面数组中各指示灯，相应指示灯亮/灭（颜色改变），同时，线路中相应的数字量输出通道输出高/低电平。

程序运行界面如图 17-21 所示。

图 17-21　程序运行界面

实例 90　PCI-6023E 数据采集卡温度测控

一、设计任务

采用 LabVIEW 语言编写应用程序实现 PC 与 PCI-6023E 数据采集卡温度测控。

任务要求：自动连续读取并显示温度测量值；绘制测量温度实时变化曲线；实现温度上、下限报警指示并能在程序运行中设置报警上、下限值。

二、线路连接

PC 与 PCI-6023E 数据采集卡组成的温度测控线路如图 17-22 所示。

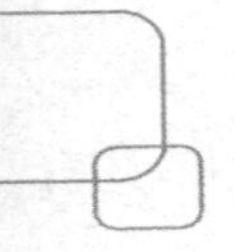

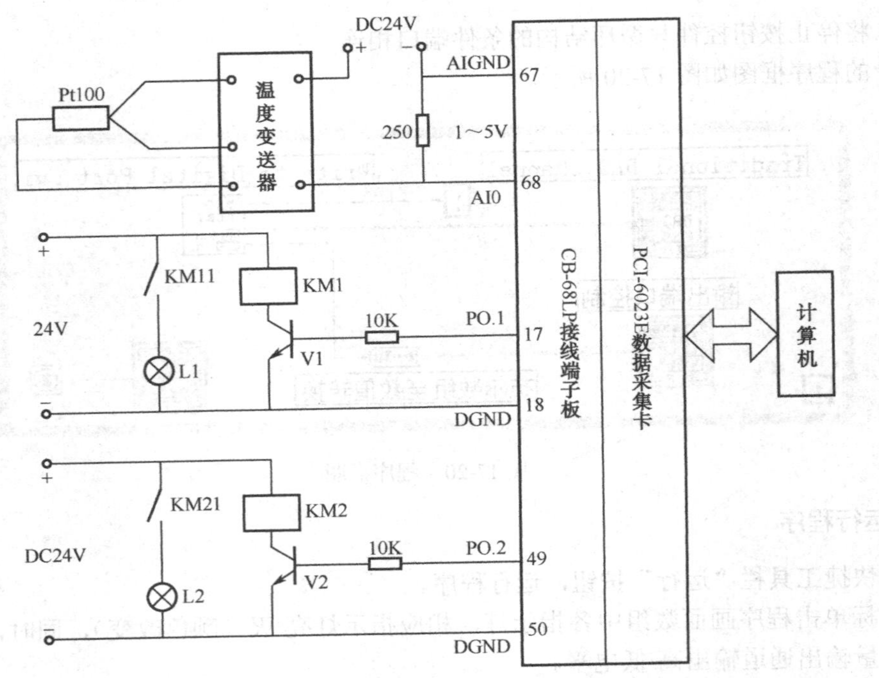

图 17-22 PC 与 PCI-6023E 数据采集卡组成的温度测控线路

首先将 PCI-6023E 数据采集卡通过 R6868 数据电缆与 CB-68LP 接线端子板连接。然后将其他输入、输出元器件连接到接线端子板上。

图 17-22 中，温度传感器 Pt100 热电阻检测温度变化，通过温度变送器（测量范围 0～200℃）转换为 4～20mA 电流信号，经过 250Ω 电阻转换为 1～5V 电压信号送入数据采集卡模拟量输入 0 通道（管脚 68 和 67）。检测到电压值经过换算就可得到温度值。温度与电压的数学关系是：温度=（电压-1）×50。

当检测温度大于等于计算机程序设定的上限值时，计算机输出控制信号，使数据采集卡数字量输出 1 通道 PO.1（17 管脚）置高电平，三极管 V1 导通，继电器 KM1 常开开关 KM11 闭合，指示灯 L1 亮；当检测温度小于等于计算机程序设定的下限值，计算机输出控制信号，使数据采集卡数字量输出 2 通道 PO.2（49 管脚）置高电平，三极管 V2 导通，继电器 KM2 常开开关 KM21 闭合，指示灯 L2 亮。

还需进行 AI 参数设置。运行 Measurement & Automation 软件，在参数设置对话框中的 AI 设置项，设置模拟信号输入时的量程为-10.0～+10.0V，输入方式采用 Reference Single Ended（单端有参考地输入）。

在进行 LabVIEW 编程之前，必须安装 NI 数据采集卡驱动程序以及 DAQ 函数。

三、任务实现

1．设计程序前面板

新建 VI。切换到 LabVIEW 的前面板窗口，通过控件选板给程序前面板添加控件。

1）为了实时显示测量温度实时变化曲线，添加 1 个波形图表控件。标签改为“温度变化

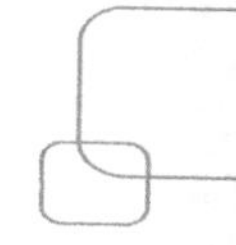

曲线”，将 Y 轴标尺范围改为 0～100。

2）为了显示板卡采集值，添加 1 个数值显示控件，标签为“温度值”。

3）为了设置温度上下限值，添加 2 个数值输入控件。标签分别改为“上限值”“下限值”，将其初始值分别设为“50”和“20”。

4）为了显示测量温度超限状态，添加 2 个圆形指示灯控件。将标签分别改为“上限灯”“下限灯”。

5）为了关闭程序，添加 1 个停止按钮控件。

设计的程序前面板如图 17-23 所示。

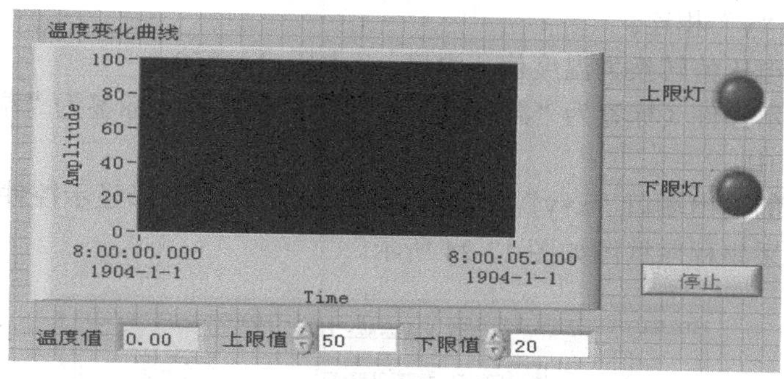

图 17-23　程序前面板

2. 程序框图设计

切换到 LabVIEW 的程序框图窗口，添加节点与连线。

（1）温度采集程序设计。

1）添加 1 个 While 循环结构。

以下为在 While 循环结构框架中添加节点并连线。

2）添加 1 个“等待下一个整数倍毫秒”定时函数。

3）添加 1 个数值常量，值设为“500”。

4）将数值常量“500”与时钟函数的输入端口相连。

5）将停止按钮图标移到 While 循环结构框架中。将停止按钮与循环结构的条件端口◉相连。

6）添加 1 个平铺式顺序结构，右击边框，弹出快捷菜单，选择“替换为层叠式顺序”。将其帧设置为 2 个（序号 0～1）。设置方法：右击顺序式结构上边框，在弹出的快捷菜单中执行“在后面添加帧”选项 1 次。

以下为在顺序结构框架 0 中添加函数并连线。

7）添加 1 个模拟电压输入函数：函数→测量 I/O→Data Acquisition→Analog Input→AI Acquire Waveforms .vi。

8）添加 6 个数值常量，将值分别设为“1”“1000”“1000”“0”“1”“50”。

9）添加 1 个字符串常量，将值改为“0,1,2,3”。

10）将数值常量“1”“1000”“1000”分别与 AI Acquire Waveforms .vi 函数的输入端口“device”“number of samples/ch”“scan rate”相连。

11）将字符串“0,1,2,3”与 AI Acquire Waveforms .vi 函数的输入端口“channel（string）”相连。

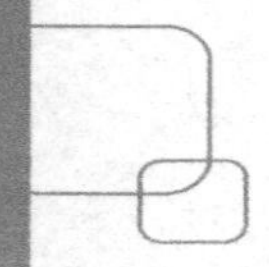

12）添加 1 个索引数组函数。

13）将 AI Acquire Waveforms .vi 函数的输出端口“waveforms”与索引数组函数的输入端口“数组”相连。

14）将数值常量“0”与索引数组函数的输入端口“索引”相连。

15）添加 1 个减函数；添加 1 个乘函数。

16）将索引数组函数的输出端口“元素”与减函数的输入端口“x”相连；将数值常量“1”与减函数的输入端口“y”相连。

17）将减函数的输出端口“x-y”与乘函数的输入端口“x”相连；将数值常量“50”与乘函数的输入端口“y”相连。

18）将检测的电压值转换为温度值［温度=（电压-1）*50］。

19）将数值显示控件（标签为“温度值”）、波形显示控件（标签为“温度变化曲线”）移到顺序结构框架 0 中。

20）将乘函数的输出端口“x*y”分别与数值显示控件、波形显示控件相连。

连接好的温度采集程序框图如图 17-24 所示。

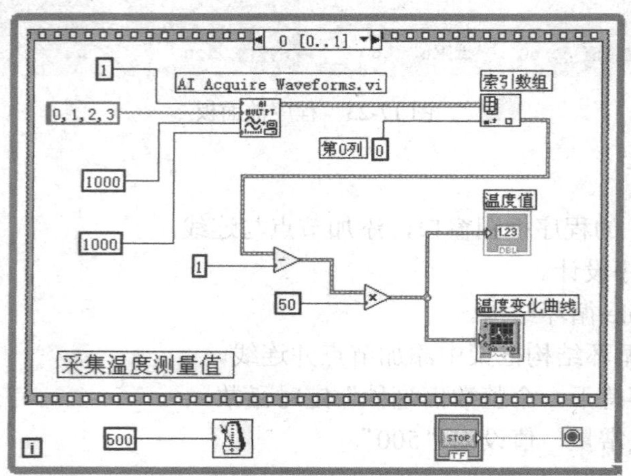

图 17-24　温度采集程序框图

（2）超温控制程序设计。

以下为在顺序结构框架 1 中添加节点并连线。

1)添加 2 个写数字量函数：函数→测量 I/O→Data Acquisition→Digital I/O→Write to Digital Line.vi。

2）添加 4 个数值常量，将值分别设为“1”“1”“1”“2”。

3）添加 2 个字符串常量，将值均设为“0”。

4）添加 1 个局部变量。右击局部变量图标，在弹出的快捷菜单中，从“选择项”子菜单为局部变量选择对象“温度值”。单击该局部变量，在弹出菜单中选择“转换为读取”。

5）添加 1 个“大于等于?”比较函数；添加 1 个“小于等于?”。

6）将数值输入控件“上限值”“下限值”以及“上限灯”控件和“下限灯”控件移到顺序结构框架 1 中。

7）将 2 个数值常量“1”（板卡设备号）分别与 2 个 Write to Digital Line.vi 函数的输入端口“Device”相连。

8）将 2 个字符串常量“0”（通道号）分别与 2 个 Write to Digital Line.vi 函数的输入端口“digital channel”相连。

9）将数值常量“1”和“2”（端口号）分别与 2 个 Write to Digital Line.vi 函数的输入端口“Line”相连。

10）将“温度值”局部变量与“大于等于?”比较函数的输入端口“x”相连；将“温度值”局部变量与“小于等于?”比较函数的输入端口“x”相连。

11）将数值输入控件“上限值”与“大于等于?”比较函数的输入端口“y”相连；将数值输入控件“下限值”与“小于等于?”比较函数的输入端口“y”相连。

12）将“大于等于?”比较函数的输出端口“x>=y?”与 Write to Digital Line.vi 函数（上）的输入端口“Line state”相连；将“小于等于?”比较函数的输出端口“x<=y?”与 Write to Digital Line.vi 函数（下）的输入端口“Line state”相连。

13）将“大于等于?”比较函数的输出端口“x>=y?”与“上限灯”控件相连；将“小于等于?”比较函数的输出端口“x<=y?”与“下限灯”控件相连。

连接好的超温控制程序框图如图 17-25 所示。

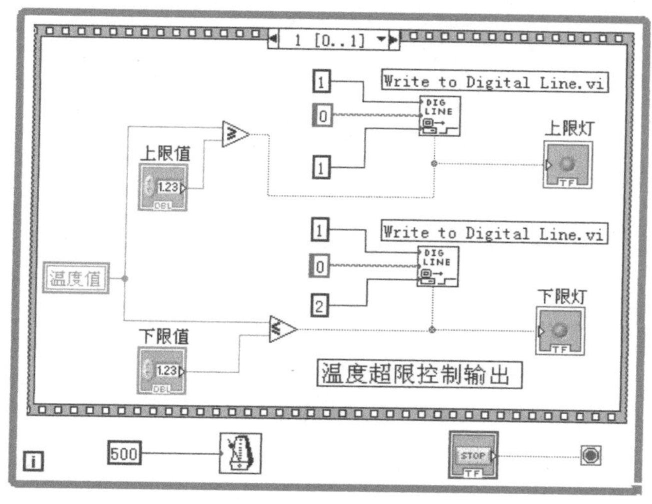

图 17-25　超温控制程序框图

3. 运行程序

单击快捷工具栏“运行”按钮，运行程序。

给 Pt100 热电阻传感器升温或降温，程序画面显示温度测量值及实时变化曲线。

当测量温度大于等于设定的上限温度值时，数据采集卡数字量输出 1 通道 PO.1（17 管脚）置高电平，线路中指示灯 L1 亮，程序画面中上限指示灯改变颜色。

当测量温度小于等于设定的下限温度值时，数据采集卡数字量输出 2 通道 PO.2（49 管脚）置高电平，线路中指示灯 L2 亮，程序画面中下限指示灯改变颜色。

可以改变温度报警上限值和下限值：在“上限值”数值输入控件中输入上限报警值；在

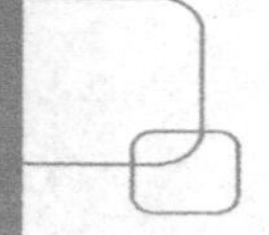

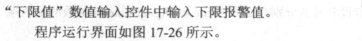

“下限值”数值输入控件中输入下限报警值。

程序运行界面如图 17-26 所示。

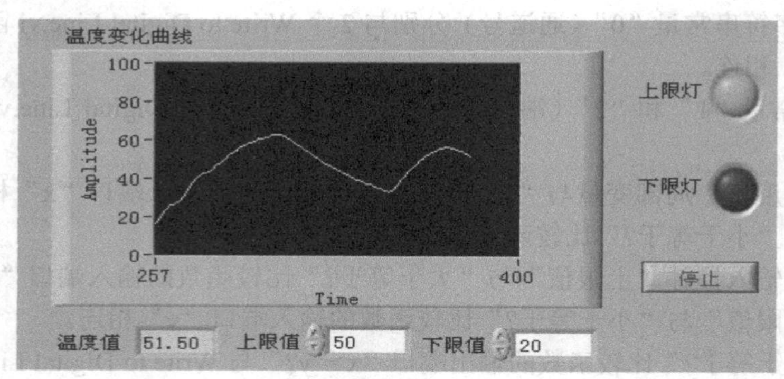

图 17-26 程序运行界面

第 18 章　研华数据采集卡测控

本章通过实例，详细介绍采用 LabVIEW 实现研华公司 PCI-1710HG 数据采集卡数字量输入、数字量输出、温度测控以及电压输出的程序设计方法。

实例 91　PCI-1710HG 数据采集卡数字量输入

一、设计任务

采用 LabVIEW 语言编写程序实现 PC 与 PCI-1710HG 数据采集卡数字信号输入。

任务要求如下：利用开关产生数字（开关）信号（0 或 1），使程序界面中信号指示灯颜色改变；利用开关产生数字（开关）信号，使程序界面中计数器文本中的数字从 1 开始累加。

二、线路连接

PC 与 PCI1710HG 数据采集卡组成的开关量输入系统如图 18-1 所示。

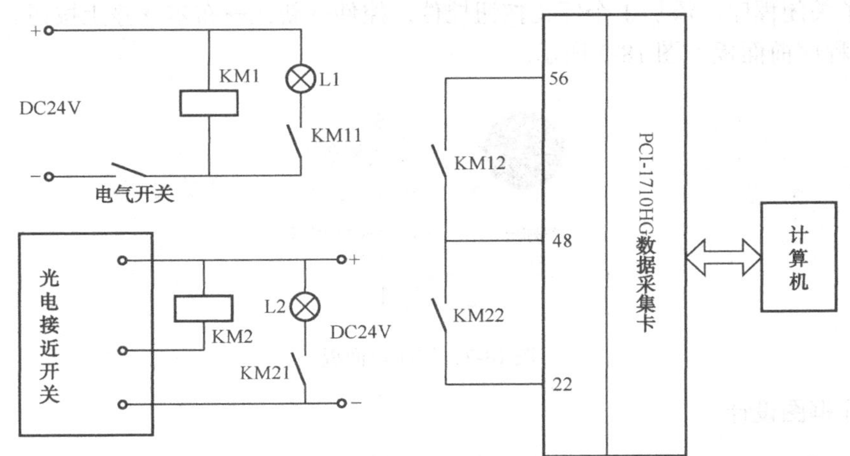

图 18-1　PC 与数据采集卡组成的开关量输入线路

图 18-1 中，由电气开关和光电接近开关（也可采用电感接近开关）分别控制 2 个电磁继电器，每个继电器都有 2 路常开和常闭开关，其中，2 个继电器的 1 个常开开关 KM11 和 KM21 接指示灯，由电气开关控制的继电器的另一常开开关 KM12 接 PCI-1710HG 数据采集卡数字量输入 0 通道（56 端点和 48 端点），由光电接近开关控制的继电器的另一常开开关 KM22 接

数据采集卡数字量输入 1 通道（22 端点和 48 端点）。

也可直接使用按钮、行程开关等的常开触点接数字量输入端口（56 端点是 DI0，22 端点是 DI1，48 端点是 DGND）。其他数字量输入通道信号输入接线方法与通道 1 相同。

实际测试中，可用导线将数字量输入端点（如 56）与数字地（48 端点）之间短接或断开产生开关量输入信号。

本设计用到的硬件包括 PCI-1710HG 数据采集卡、PCL-10168 数据线缆、ADAM-3968 接线端子（使用数字量输入 DI 通道）、电气开关、光电接近开关（DC 24V）、继电器（DC 24V）、指示灯（DC 24V）、直流电源（输出 DC 24V）等。

在进行 LabVIEW 编程之前，首先须安装研华板卡 LabVIEW 驱动程序，安装研华公司的 LabVIEW 函数库。

三、任务实现

1. 设计程序前面板

1）为了显示数字量输入状态，添加 1 个指示灯控件：控件→新式→布尔→圆形指示灯，将标签改为“信号指示灯”。

2）为了显示数字量输入次数，添加 1 个数值显示控件：控件→新式→数值→数值显示控件，将标签改为“开关计数器”。

3）添加 1 个数值显示控件：控件→新式→数值→数值显示控件，将标签改为“中间变量”。

为保持界面整齐，将“中间变量”显示器隐藏：右键单击“中间变量”数值显示控件，选择“高级”→“隐藏输入控件”命令。

4）为了关闭程序，添加 1 个停止按钮控件：控件→新式→布尔→停止按钮。

设计的程序前面板如图 18-2 所示。

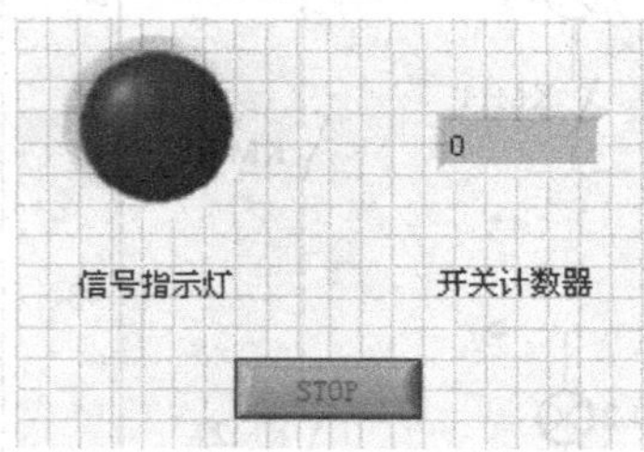

图 18-2　程序前面板

2. 程序框图设计

在进行 LabVIEW 编程之前，必须首先安装研华设备管理程序（Device Manager）、32bit DLL 驱动程序及研华板卡 LabVIEW 驱动程序。

1）添加选择设备函数：函数→用户库→Advantech DA&C（研华公司的 LabVIEW 函数库）→EASYIO→SelectPOP→SelectDevicePop.vi。

2）添加打开设备函数：函数→用户库→Advantech DA&C→ADVANCE→DeviceManager→DeviceOpen.vi。

3）添加关闭设备函数：函数→用户库→Advantech DA&C→ADVANCE→DeviceManager→DeviceClose.vi。

4）添加 1 个 While 循环结构：函数→编程→结构→While 循环。

以下添加的函数或结构放置在 While 循环结构框架中。

5）添加两个读端口位函数：函数→用户库→Advantech DA&C→ADVANCE→SlowDIO→DIOReadBit.vi。

6）添加 6 个数值常量：函数→编程→数值→数值常量，值分别为设备号 0、通道号 0、设备号 0、通道号 1、比较量 1、时钟周期 200。

7）添加 2 个“不等于 0?”函数：函数→编程→比较→“不等于 0?”。

8）添加 2 个等于函数：函数→编程→比较→“等于?”。

9）添加 1 个与函数：函数→编程→布尔→与。

10）添加 1 个假常量：函数→编程→布尔→假常量。

11）添加 1 个时钟函数：函数→编程→定时→等待下一个整数倍毫秒。

12）添加 1 个非函数：函数→编程→布尔→非。

13）添加 2 个条件结构：函数→编程→结构→条件结构。

14）添加 3 个局部变量：函数→编程→结构→局部变量。

选择局部变量，右击，在弹出菜单的选项下，为局部变量选择控件：“中间变量”“中间变量”“开关计数器”，其中一个局部变量“中间变量”放入循环结构中，另一个局部变量“中间变量”放入条件结构 2 的真（True）选项中；局部变量“开关计数器”放入条件结构 2 的真（True）选项中。

15）添加 3 个数值常量：函数→编程→数值→数值常量，值分别为 1、1、2，其中一个常数“1”放入条件结构 1 的假（False）选项中，另一个常数“1”放入条件结构 2 的真（True）选项中，常数“2”放入条件结构 2 的真（True）选项中。

16）添加 1 个加号函数：函数→编程→数值→加，并放入条件结构 2 的真（True）选项中。

17）分别将指示灯控件（标签为“信号指示灯”）、停止按钮控件等从外拖入循环结构框架中；将数值显示控件（标签为“中间变量”）放入条件结构 1 的假（False）选项中；将数值显示控件（标签为“开关计数器”）拖入条件结构 2 的真（True）选项中。

18）将函数 SelectDevicePop.vi 的输出端口 DevNum 与函数 DeviceOpen.vi 的输入端口 DevNum 相连。

19）将函数 DeviceOpen.vi 的输出端口 DevHandle 与 DIOReadBit.vi 函数 1 的输入端口 DevHandle 相连。

将函数 DeviceOpen.vi 的输出端口 DevHandle 与 DIOReadBit.vi 函数 2 的输入端口 DevHandle 相连。

20）将数值常量（值为 0，设备号）与 DIOReadBit.vi 函数 1 的输入端口 Port（设备号）相连。

将数值常量（值为 0，通道号）与 DIOReadBit.vi 函数 1 的输入端口 BitPos（DI 通道号）相连。

21）将数值常量（值为 0，设备号）与 DIOReadBit.vi 函数 2 的输入端口 Port（设备号）相连。

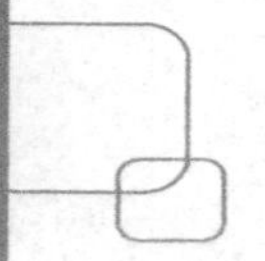

将数值常量（值为 1，通道号）与 DIOReadBit.vi 函数 2 的输入端口 BitPos（DI 通道号）相连。

22）将 DIOReadBit.vi 函数 1 的输出端口 DevHandle 与 DeviceClose.vi 函数 1 的输入端口 DevHandle 相连。

将 DIOReadBit.vi 函数 1 的输出端口 State 与“不等于 0?”函数 1 的输入端口 x 相连。

23）将 DIOReadBit.vi 函数 2 的输出端口 DevHandle 与 DeviceClose.vi 函数 2 的输入端口 DevHandle 相连。

将 DIOReadBit.vi 函数 2 的输出端口 State 与“不等于 0?”函数 2 的输入端口 x 相连。

24）将“不等于 0?”函数 1 的输出端口“x != 0”与指示灯控件（“信号指示灯”）相连。

25）将“不等于 0?”函数 2 的输出端口 x != 0 与“等于?”函数 1 的输入端口 x 相连。

26）将假常量与“等于?”函数 1 的输入端口 y 相连。

27）将“等于?”函数 1 的输出端口“x = y?”与条件结构 1 上的选择端口⍰相连。

将“等于?”函数 1 的输出端口“x = y?”与 And 函数的输入端口 x 相连。

28）在条件结构 1 的假（False）选项中，将数值常量（值为 1）与数值显示控件（标签为“中间变量”）相连。

29）将循环结构中的局部变量“中间变量”（读属性）与“等于?”函数 2 的输入端口 x 相连。

30）将循环结构中的数值常量（值为 1）与“等于?”函数 2 的输入端口 y 相连。

31）将“等于?”函数 2 的输出端口“x = y?”与 And 函数的输入端口 y 相连。

32）将与函数的输出端口“x .and. y?”与条件结构 2 上的选择端口⍰相连。

33）在条件结构 2 的真（True）选项中，将局部变量“开关计数器”与加号函数的输入端口 x 相连。

34）在条件结构 2 的真（True）选项中，将数值常量（值为 1）与加号函数的输入端口 y 相连。

35）在条件结构 2 的真（True）选项中，将加号函数的输出端口 x+y 与数值显示控件（标签为“开关计数器”）相连。

36）在条件结构 2 的真（True）选项中，将数值常量（值为 2）与局部变量“中间变量”（写属性）相连。

37）将数值常量（值为 200，时钟周期）与等待下一个整数倍毫秒函数的输入端口毫秒倍数相连。

38）将停止按钮控件（标签为“Stop”）与非函数的输入端口 x 相连。

39）将非函数的输出端口“非 x ?”与循环结构的条件端子⍰相连。

设计的程序框图如图 18-3 所示。

3．运行程序

单击快捷工具栏“运行”按钮，运行程序。

运行“SelectDevicePop.vi”子程序，选择研华板卡设备 PCI-1710HG。

打开/关闭数字量输入 0 通道“电气开关”，程序界面中信号指示灯亮/灭（颜色改变）。

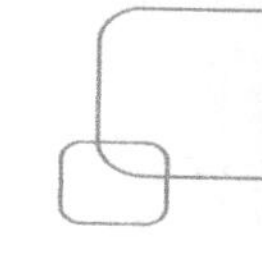

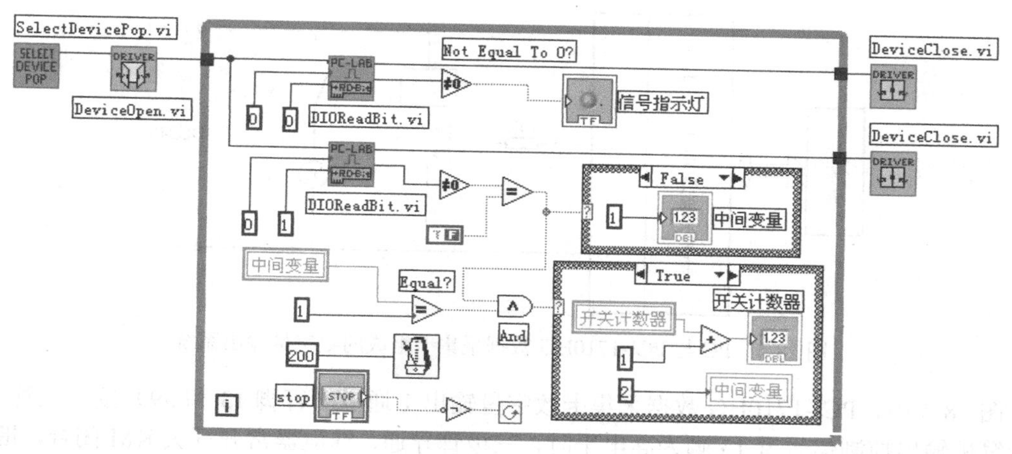

图 18-3　程序框图

打开/关闭数字量输入 1 通道“电气开关”，程序界面中开关计数器文本中的数字从 1 开始累加。

程序运行界面如图 18-4 所示。

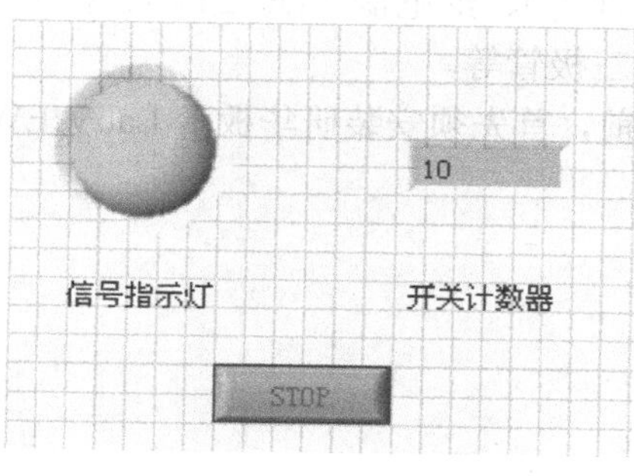

图 18-4　程序运行界面

实例 92　PCI-1710HG 数据采集卡数字量输出

一、设计任务

采用 LabVIEW 语言编写程序实现 PC 与 PCI-1710HG 数据采集卡数字信号输出。

任务要求如下：在程序界面中执行“打开”/“关闭”命令，界面中信号指示灯变换颜色，同时，线路中数字量输出口输出高/低电平。

二、线路连接

PC 与 PCI1710HG 数据采集卡组成的数字量输出系统如图 18-5 所示。

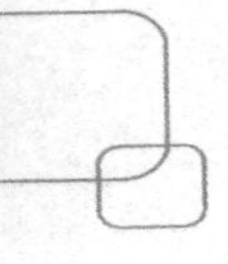

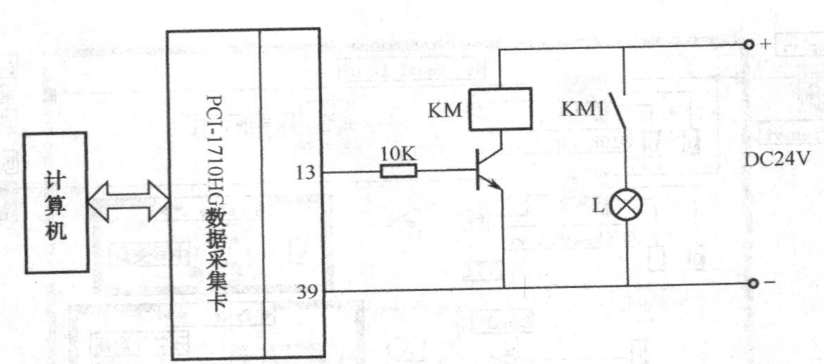

图 18-5　PC 与 PCI-1710HG 数据采集卡组成的数字量输出系统

图 18-5 中，PCI-1710HG 数据采集卡数字量输出 1 通道（管脚 13 和 39）接三极管基极，当计算机输出控制信号置 13 脚为高电平时，三极管导通，继电器常开开关 KM 闭合，指示灯 L 亮；当置 13 脚为低电平时，三极管截止，继电器常开开关 KM 打开，指示灯 L 灭。也可使用万用表直接测量各数字量输出通道与数字地（如 DO1 与 DGND）之间的输出电压（高电平或低电平）来判断数字量输出状态。

本实例用到的硬件包括 PCI-1710HG 数据采集卡、PCL-10168 数据线缆、ADAM-3968 接线端子（使用数字量输出 DO 通道）、继电器（DC 24V）、指示灯（DC 24V）、直流电源（输出 DC 24V）、电阻（10kΩ）、三极管等。

在进行 LabVIEW 编程之前，首先须安装研华板卡 LabVIEW 驱动程序，安装研华公司的 LabVIEW 函数库。

三、任务实现

1．设计程序前面板

1）为了输出数字信号，添加 1 个垂直滑动杆开关控件，将标签改为“开关”。

2）为了显示数字输出信号状态，添加 1 个圆形指示灯控件，标签为“指示灯”。

3）为了关闭程序，添加 1 个停止按钮控件。

用画线工具将指示灯控件、开关控件等连接起来。

设计的程序前面板如图 18-6 所示。

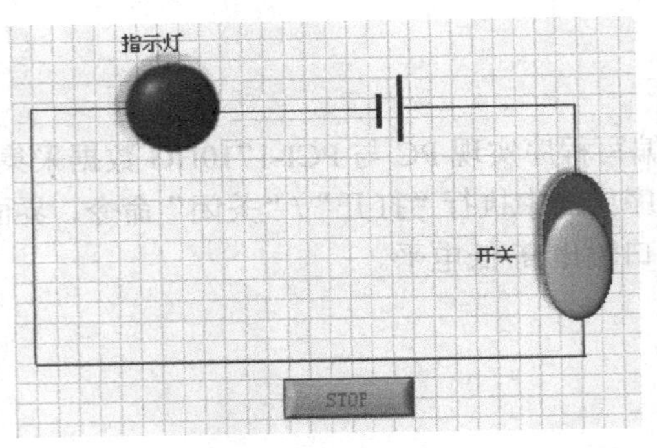

图 18-6　程序前面板

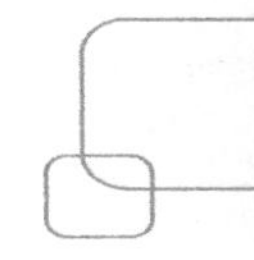

2．程序框图设计

1）添加选择设备函数：函数→用户库→Advantech DA&C→EASYIO→SelectPOP→SelectDevicePop.vi。

2）添加打开设备函数：函数→用户库→Advantech DA&C→ADVANCE→DeviceManager→DeviceOpen.vi。

3）添加关闭设备函数：函数→用户库→ADVANCE→DeviceManager→DeviceClose.vi。

4）添加 1 个 While 循环结构。

以下添加的函数或结构放置在 While 循环结构框架中。

5）添加写端口位函数：函数→用户库→Advantech DA&C→ADVANCE→SlowDIO→DIOWriteBit.vi。

6）添加 4 个数值常量，值分别为设备号“0”、DO 通道号“1”、比较量“0”和时钟周期值“200”。

7）从布尔子选板添加 1 个“布尔值至（0，1）”转换函数。

8）添加 1 个“等于?” 比较函数。

9）添加 1 个“等待下一个整数倍毫秒”定时函数。

10）分别将垂直滑动杆开关控件、指示灯控件、停止按钮控件从外拖入循环结构中。

11）将函数 SelectDevicePop.vi 的输出端口“DevNum”与函数 DeviceOpen.vi 的输入端口“DevNum”相连。

12）将函数 DeviceOpen.vi 的输出端口“DevHandle”与函数 DIOWriteBit.vi 的输入端口“DevHandle”相连。

13）将数值常量（值为 0，设备号）与函数 DIOWriteBit.vi 的输入端口“Port”相连。

14）将数值常量（值为 1，通道号）与函数 DIOWriteBit.vi 的输入端口“BitPos”相连。

15）将函数 DIOWriteBit.vi 的输出端口“DevHandle”与函数 DeviceClose.vi 的输入端口“DevHandle”相连。

16）将开关控件（标签为“开关”）与布尔值至（0，1）转换函数的输入端口“布尔”相连。

17）将布尔值至（0，1）转换函数的输出端口“（0，1）”与函数 DIOWriteBit.vi 的输入端口“State”相连；再与 “等于?” 比较函数的输入端口“x”相连。

18）将数值常量（值为 0）与“等于?” 比较函数的输入端口“y”相连。

19）将 “等于?” 比较函数的输出端口“x = y?”与指示灯控件相连。

20）将数值常量（值为 200，时钟周期）与等待下一个整数倍毫秒函数的输入端口“毫秒倍数”相连。

21）将停止按钮控件与循环结构的条件端子相连。

设计的程序框图如图 18-7 所示。

3．运行程序

单击快捷工具栏“运行”按钮，运行程序。

运行“SelectDevicePop.vi”子程序，选择研华板卡设备 PCI-1710HG。

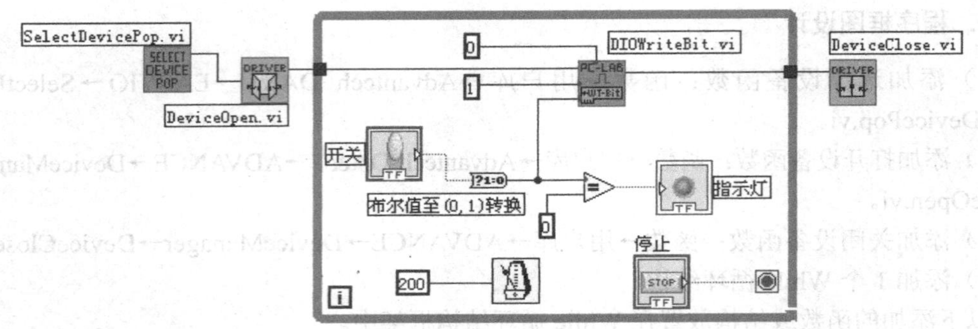

图 18-7　程序框图

用鼠标推动程序界面中开关，界面中指示灯亮/灭（颜色改变），同时，线路中数字量输出通道输出高/低电平。

程序运行界面如图 18-8 所示。

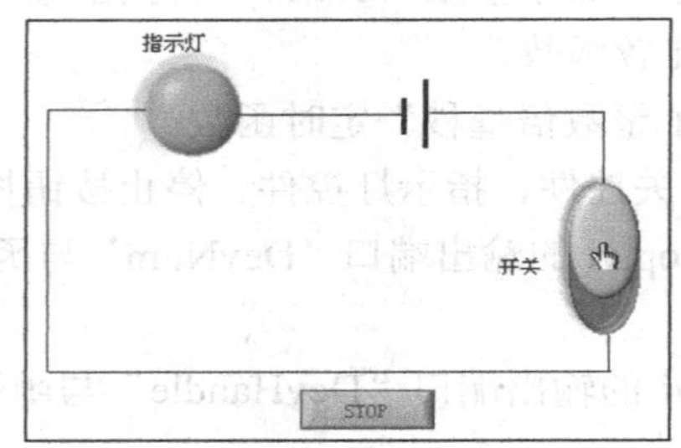

图 18-8　程序运行界面

实例 93　PCI-1710HG 数据采集卡温度测控

一、设计任务

采用 LabVIEW 语言编写应用程序实现 PC 与 PCI-1710HG 数据采集卡温度测控。

任务要求如下：自动连续读取并显示温度测量值（十进制）；显示测量温度实时变化曲线；统计采集的温度平均值、最大值与最小值；实现温度上、下限报警指示和控制，并能在程序运行中设置报警上、下限值。

二、线路连接

PC 与 PCI-1710HG 数据采集卡组成的温度测控系统如图 18-9 所示。

图 18-9 中，温度传感器 Pt100 热电阻检测温度变化，通过温度变送器（测量范围 0～200℃）转换为 4～20mA 电流信号，经过 250Ω 电阻转换为 1～5V 电压信号送入数据采集卡模拟量输入 1 通道（引脚 34 是 AI1，引脚 60 是 AIGND）。

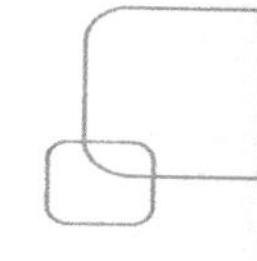

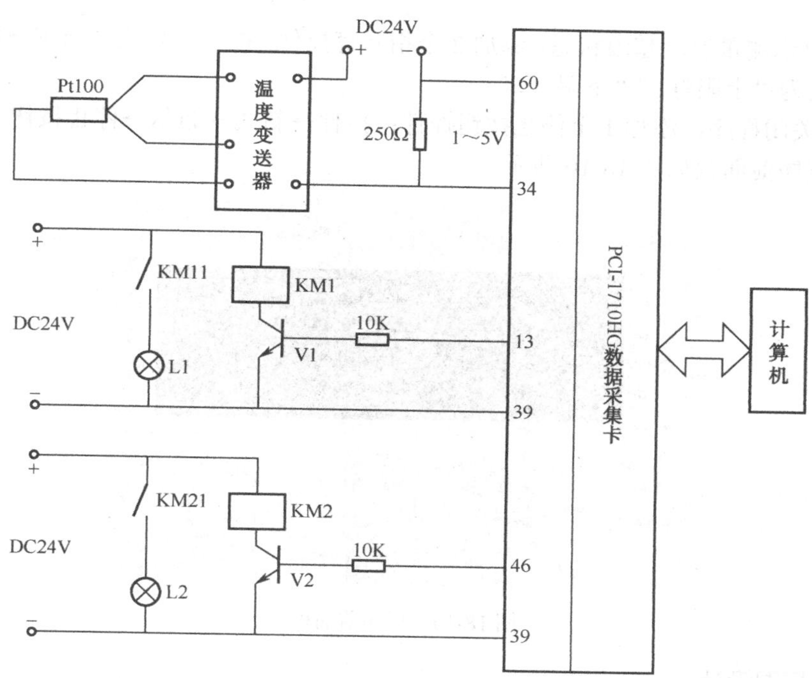

图 18-9　PC 与 PCI-1710HG 数据采集卡组成的温度测控系统

当检测温度大于计算机设定的上限值，计算机输出控制信号，使数据采集卡数字量输出 1 通道 13 引脚置高电平，三极管 V1 导通，继电器 KM1 常开开关 KM11 闭合，指示灯 L1 亮。

当检测温度小于计算机程序设定的下限值，计算机输出控制信号，使数据采集卡数字量输出 2 通道 46 引脚置高电平，三极管 V2 导通，继电器 KM2 常开开关 KM21 闭合，指示灯 L2 亮。

当检测温度大于计算机程序设定的下限值并且小于计算机设定的上限值，计算机输出控制信号，使数据采集卡数字量输出 1 通道 13 引脚置低电平，三极管 V1 截止，继电器 KM1 常开开关 KM11 断开，指示灯 L1 灭，同时使数据采集卡数字量输出 2 通道 46 引脚置低电平，三极管 V2 截止，继电器 KM2 常开开关 KM21 断开，指示灯 L2 灭。

在进行 LabVIEW 编程之前，首先须安装研华板卡 LabVIEW 驱动程序，安装研华公司的 LabVIEW 函数库。

三、任务实现

1. 设计程序前面板

1）为了以数值形式显示测量温度值，添加 6 个数值显示控件：控件→新式→数值→数值显示控件，标签分别为“当前值：”“测量个数：”“累加值：”“平均值：”“最大值：”“最小值：”。

2）为了以指针形式显示测量温度值，添加 1 个实时图形显示控件：控件→新式→图形→波形图形，将 Y 轴标尺范围改为 0.0～50.0。

3）为了设置上下限温度值，添加 2 个数值输入控件：控件→新式→数值→数值输入控件，标签分别为“上限值：”“下限值：”，将其值改为 50、25，并设置为默认值。

4）为了显示测量温度超限状态，添加 2 个指示灯控件：控件→新式→布尔→圆形指示灯，将标签分别改为“上限灯：”“下限灯：”。

5）为了关闭程序，添加 1 个停止按钮控件；控件→新式→布尔→停止按钮。

设计的程序前面板如图 18-10 所示。

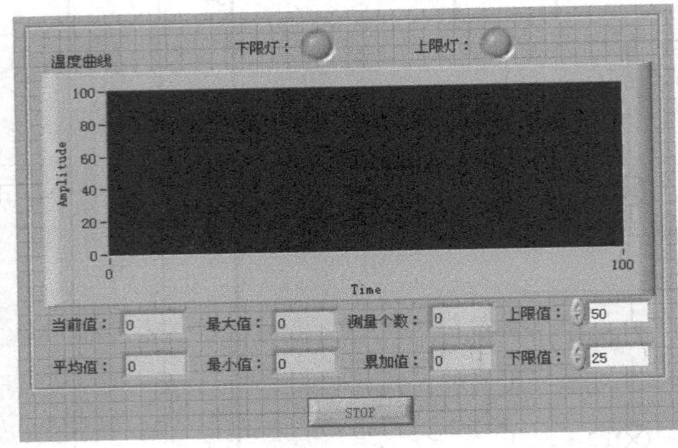

图 18-10　程序前面板

2．程序框图设计

1）添加选择设备函数：函数→用户库→Advantech DA&C（研华公司的 LabVIEW 函数库）→EASYIO→SelectPOP→SelectDevicePop.vi。

2）添加打开设备函数：函数→用户库→Advantech DA&C→ADVANCE→DeviceManager→DeviceOpen.vi。

3）添加选择通道函数：函数→用户库→Advantech DA&C→EASYIO→SelectPOP→SelectChannelPop.vi。

4）添加选择增益函数：函数→用户库→Advantech DA&C→EASYIO→SelectGainPop.vi。

5）添加关闭设备函数：函数→用户库→ADVANCE→DeviceManager→DeviceClose.vi。

6）添加按名称解除捆绑函数：函数→编程→簇→按名称解除捆绑。

7）添加捆绑函数：函数→编程→簇→捆绑。

8）添加模拟量配置函数：函数→用户库→Advantech DA&C→ADVANCE→SlowAI→AIConfig.vi。

9）添加 1 个 While 循环结构：函数→编程→结构→While 循环。

以下添加的函数或结构放置在 While 循环结构框架中。

10）添加 1 个时钟函数：函数→编程→定时→等待下一个整数倍毫秒。

11）添加 1 个数值常量：函数→编程→数值→数值常量，值分别为 500。

12）添加 1 个非函数：函数→编程→布尔→非。

13）添加 1 个顺序结构：函数→编程→结构→层叠式顺序结构。

将其帧（Frame）设置为 2 个（序号 0～1）。设置方法：选中层叠式顺序结构上边框，单击鼠标右键，执行“在后面添加帧”命令 1 次。

14）在顺序结构 Frame0 中，添加模拟量电压输入函数：函数→用户库→Advantech DA&C→ADVANCE→SlowAI→AIVoltageIn.vi，如图 18-27 所示。

15）在顺序结构 Frame0 中，添加 2 个写端口位函数：函数→用户库→Advantech DA&C→ADVANCE→SlowSlowDIO→DIOWriteBit.vi。

16）在顺序结构 Frame0 中，添加 1 个减号函数“-”：函数→编程→数值→减。

17）在顺序结构 Frame0 中，添加 1 个乘号函数：函数→编程→数值→乘。

18）在顺序结构 Frame0 中，添加 1 个比较符号函数“≥”：函数→编程→比较→“大于等于?”。

19）在顺序结构 Frame0 中，添加 1 个比较符号函数“≤”：函数→编程→比较→“小于等于?”。

20）在顺序结构 Frame0 中，添加 6 个数值常量：函数→编程→数值→数值常量，值分别为 1、50、0、1、0、2。

21）在顺序结构 Frame0 中，添加 2 个条件结构：函数→编程→结构→条件结构。

22）添加 4 个“不等于 0?”函数：函数→编程→比较→“不等于 0?”，这 4 个比较函数分别放入 2 个条件结构的真（True）选项和假（False）选项中。

23）在 2 个条件结构的真（True）选项和假（False）选项中添加 8 个数值常量：函数→编程→数值→数值常量，值分别为 0、1。

24）在 2 个条件结构的假（False）选项中添加 2 个局部变量：函数→编程→结构→局部变量。

选择局部变量，右击，在弹出菜单的选项下，为局部变量选择控件“上限灯：”“下限灯：”，将其属性设置为“写”。

25）分别将数值显示控件、波形图形控件、停止按钮控件从外拖入循环结构 While 循环结构中。

26）分别将指示灯控件“上限灯：”“下限灯：”分别拖入 2 个条件结构的真（True）选项中。

27）将函数 SelectDevicePop.vi 的输出端口 DevNum 与函数 DeviceOpen.vi 的输入端口 DevNum 相连。

28）将函数 DeviceOpen.vi 的输出端口 DevHandle 与函数 SelectChannelPop.vi 的输入端口 DevHandle 相连。

29）将函数 SelectChannelPop.vi 的输出端口 DevHandle 与函数 AIConfig.vi 的输入端口 DevHandle 相连。

将函数 SelectChannelPop.vi 的输出端口 Gain List 与函数 SelectGainPop.vi 的输入端口 Gain List 相连。

将函数 SelectChannelPop.vi 的输出端口 ChanInfo 与函数按名称解除捆绑的输入端口输入簇相连。

30）将按名称解除捆绑函数的输出端口通道与捆绑函数的 1 个输入端口簇元素相连。

31）将函数 SelectGainPop.vi 的输出端口 GainCode 与捆绑函数的 1 个输入端口簇元素相连。

32）将捆绑函数的输出端口输出簇与函数 AIConfig.vi 的输入端口 Chan & Gain 相连。

33）将函数 AIConfig.vi 的输出端口 DevHandle 与函数 AIVoltageIn.vi 的输入端口 DevHandle 相连。

34）将函数 AIVoltageIn.vi 的输出端口 DevHandle 与函数 DeviceClose.vi 的输入端口

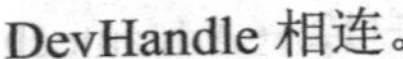

DevHandle 相连。

将函数 AIVoltageIn.vi 的输出端口 Voltage 与减函数的输入端口 x 相连。

35）将数值常量（值为 1）与减函数的输入端口 y 相连。

36）将减函数的输出端口 x-y 与乘函数的输入端口 x 相连。

37）将数值常量（值为 50）与乘函数的输入端口 y 相连。

38）将乘函数的输出端口 x*y 与数值显示控件相连。

将乘函数的输出端口 x*y 与波形显示控件相连。

将乘函数的输出端口 x*y 与“大于等于?”函数的输入端口 x 相连。

将乘函数的输出端口 x*y 与“小于等于?”函数的输入端口 x 相连。

39）将数值常量（值为 50，上限温度值）与“大于等于?”函数的输入端口 y 相连。

40）将数值常量（值为 25，下限温度值）与“小于等于?”函数的输入端口 y 相连。

41）将“大于等于?”函数的输出端口“x >= y?”与条件结构（上）的选择端口?相连。

42）将“小于等于?”函数的输出端口“x <= y?”与条件结构（上）的选择端口?相连。

43）将数值常量（值为 0，设备号）与函数 DIOWriteBit.vi（上）的输入端口 Port 相连。

将数值常量（值为 0，设备号）与函数 DIOWriteBit.vi（下）的输入端口 Port 相连。

44）将数值常量（值为 1，DO 通道号）与函数 DIOWriteBit.vi（上）的输入端口 BitPos 相连。

将数值常量（值为 2，DO 通道号）与函数 DIOWriteBit.vi（下）的输入端口 BitPos 相连。

45）将函数 DeviceOpen.vi 的输出端口 DevHandle 与函数 DIOWriteBit.vi（上）的输入端口 DevHandle 相连。

将函数 DeviceOpen.vi 的输出端口 DevHandle 与函数 DIOWriteBit.vi（下）的输入端口 DevHandle 相连。

46）将条件结构（上）的真（True）选项中的数值常量（值为 1，状态位）与函数 DIOWriteBit.vi（上）的输入端口 State 相连。

将条件结构（上）的假（False）选项中的数值常量（值为 0，状态位）与函数 DIOWriteBit.vi（上）的输入端口 State 相连。

47）将条件结构（下）的真（True）选项中的数值常量（值为 1，状态位）与函数 DIOWriteBit.vi（下）的输入端口 State 相连。

将条件结构（下）的假（False）选项中的数值常量（值为 0，状态位）与函数 DIOWriteBit.vi（下）的输入端口 State 相连。

48）在条件结构（上）的真（True）选项中，将数值常量（值为 0）与“不等于 0?”函数的输入端口 x 相连；将“不等于 0?”函数的输出端口“x != 0?”与指示灯控件“上限灯：”相连。

在条件结构（上）的假（False）选项中，将数值常量（值为 1）与“不等于 0?”函数的输入端口 x 相连；将“不等于 0?”函数的输出端口“x != 0?”与局部变量“上限灯：”相连。

49）在条件结构（下）的真（True）选项中，将数值常量（值为 0）与“不等于 0?”函数的输入端口 x 相连；将“不等于 0?”函数的输出端口“x != 0?”与指示灯控件“下限灯：”相连。

在条件结构（下）的假（False）选项中，将数值常量（值为 1）与“不等于 0?”函数的

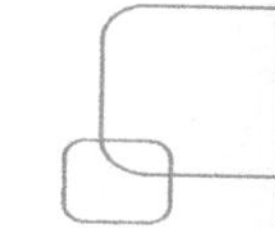

输入端口 x 相连；将“不等于 0?”函数的输出端口“x != 0?”与局部变量“下限灯：”相连。

50）将数值常量（值为 500，采样频率）与等待下一个整数倍毫秒函数的输入端口毫秒倍数相连。

51）将停止按钮控件与非函数的输入端口 x 相连。

52）将非函数的输出端口“非 x ?”与循环结构的条件端子相连。

其他函数的连线在此不做介绍。设计的程序框图如图 18-11 与图 18-12 所示。

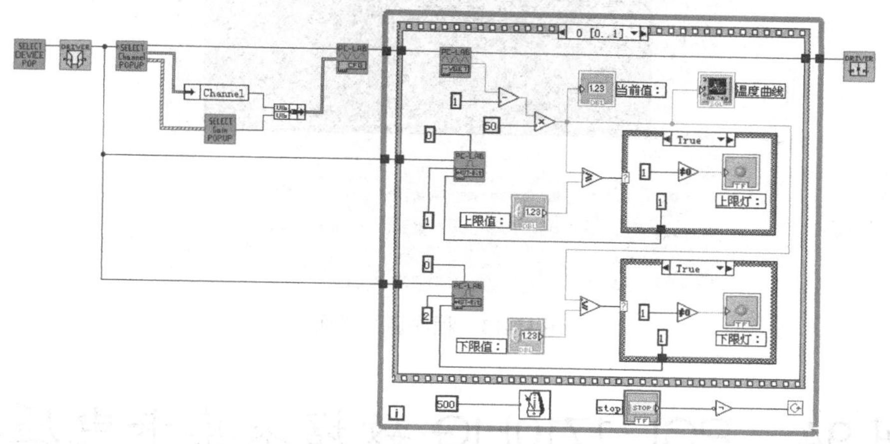

图 18-11 程序框图（一）

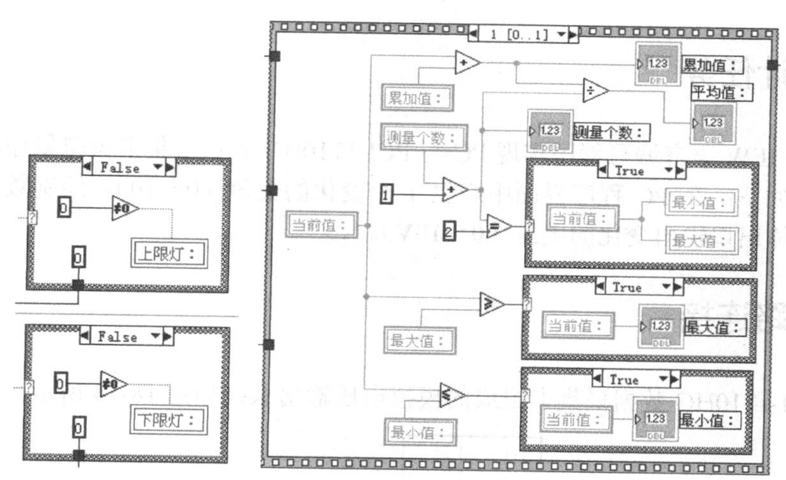

图 18-12 程序框图（二）

3. 运行程序

执行菜单命令“文件”→“保存”，保存设计好的 VI 程序。

单击快捷工具栏“运行”按钮，运行程序。

给 Pt100 热电阻传感器升温或降温，VI 程序前面板显示温度测量值及实时变化曲线；同时显示测量温度的平均值、最大值、最小值等。

可以改变温度报警下限值、上限值：在下限指示文本框中输入下限报警值；在上限指示文本框中输入上限报警值。

当测量温度小于设定的下限温度值时，程序中下限指示灯改变颜色，线路中 DO 指示灯 1 亮；当测量温度值大于设定的上限温度值时，程序中上限指示灯改变颜色，线路中 DO 指示灯 2 亮。

程序运行界面如图 18-13 所示。

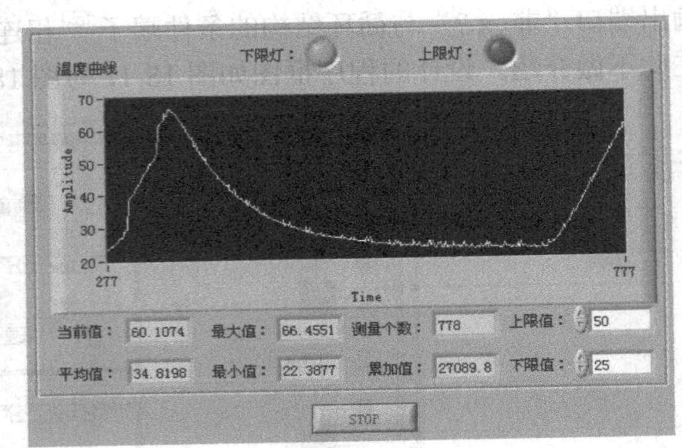

图 18-13　程序运行界面

实例 94　PCI-1710HG 数据采集卡电压输出

一、设计任务

采用 LabVIEW 语言编写程序实现 PC 与 PCI-1710HG 数据采集卡模拟量输出。

任务要求如下：在 PC 程序界面中产生 1 个变化的数值（0～10），绘制数据变化曲线，线路中模拟量输出口输出变化的电压（0～10V）。

二、线路连接

PC 与 PCI-1710HG 数据采集卡组成的模拟电压输出系统如图 18-14 所示。

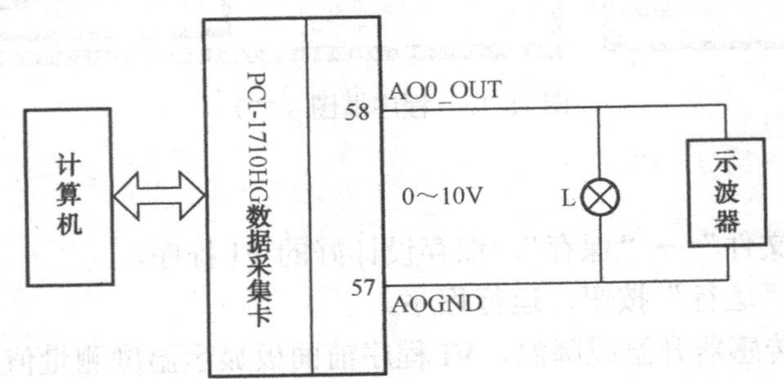

图 18-14　PC 与 PCI-1710HG 数据采集卡组成的模拟电压输出系统

图 18-14 中，将 PCI-1710HG 数据采集卡模拟量输出 0 通道（58 端点和 57 端点）接信号

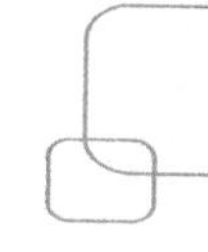

指示灯 L，通过其明暗变化来显示电压大小变化；接电子示波器来显示电压变化波形（0～10V）。

也可使用万用表直接测量 58 端点（AO0_OUT）与 57 端点（AOGND）之间的输出电压（0～10V）。

本实例用到的硬件包括 PCI-1710HG 数据采集卡、PCL-10168 数据线缆、ADAM-3968 接线端子（使用模拟量输出 AO 通道）、指示灯、示波器等。

在进行 LabVIEW 编程之前，首先须安装研华板卡 LabVIEW 驱动程序，安装研华公司的 LabVIEW 函数库。

三、任务实现

1. 设计程序前面板

1）为了产生输出电压值，添加 1 个垂直滑动控件：控件→新式→数值→垂直指针滑动杆，标尺为 0～10。

2）为了显示要输出的电压值，添加 1 个数值显示控件：控件→新式→数值→数值显示控件，标签改为“输出电压值”。

3）为了显示输出电压变化曲线，添加 1 个实时图形显示控件：控件→新式→图形→波形图形，标签改为“电压输出曲线”，将 Y 轴标尺范围改为 0～10。

4）为了关闭程序，添加 1 个停止按钮控件：控件→新式→布尔→停止按钮。

设计的程序前面板如图 18-15 所示。

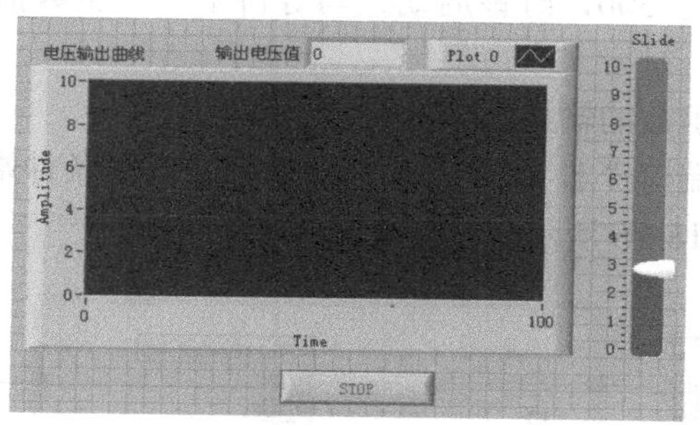

图 18-15　程序前面板

2. 程序框图设计

在进行 LabVIEW 编程之前，必须首先安装研华设备管理程序（Device Manager）、32bit DLL 驱动程序及研华板卡 LabVIEW 驱动程序。

1）添加选择设备函数：函数→用户库→Advantech DA&C（研华公司的 LabVIEW 函数库）→EASYIO→SelectPOP→SelectDevicePop.vi。

2）添加打开设备函数：函数→用户库→Advantech DA&C→ADVANCE→DeviceManager→DeviceOpen.vi。

3）添加关闭设备函数：函数→用户库→ADVANCE→DeviceManager→DeviceClose.vi。

4）添加 While 循环结构：函数→编程→结构→While 循环。

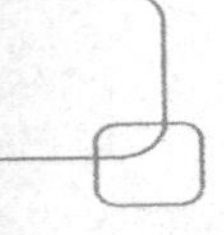

以下添加的函数放置在 While 循环结构框架中。

5）添加模拟量电压输出函数：函数→用户库→Advantech DA&C→ADVANCE→SlowAO→AOVoltageOut.vi。

6）添加数值常量：函数→编程→数值→数值常量，将值改为 0（模拟量输出通道号）。

7）添加数值常量：函数→编程→数值→数值常量，将值改为 500（时钟周期）。

8）添加时钟函数：函数→编程→定时→等待下一个整数倍毫秒。

9）添加非函数：函数→编程→布尔→非。

10）分别将数值显示控件（标签为“Numeric”）、波形显示控件（标签为“Waveform Chart”）、垂直滑动控件（标签为“Slide”），按钮控件（标签为“Stop”）等拖入 While 循环结构中。

11）将函数 SelectDevicePop.vi 的输出端口 DevNum 与函数 DeviceOpen.vi 的输入端口 DevNum 相连。

12）将函数 DeviceOpen.vi 的输出端口 DevHandle 与函数 AOVoltageOut.vi 的输入端口 DevHandle 相连。

13）将函数 AOVoltageOut.vi 的输出端口 DevHandle 与函数 DeviceClose.vi 的输入端口 DevHandle 相连。

14）将数值常量（值为 0，模拟量输出通道号）与函数 AOVoltageOut.vi 的输入端口 Channel 相连。

15）将滑动杆输出端口与函数 AOVoltageOut.vi 的输入端口 Voltage 相连。

将滑动杆的输出端口与数值显示控件（标签为“Numeric”）相连。

将滑动杆的输出端口与波形显示控件（标签为“Waveform Chart”）相连。

16）将数值常量（值为 500，时钟周期）与等待下一个整数倍毫秒函数的输入端口毫秒倍数相连。

17）将按钮控件与非函数的输入端口 x 相连。

18）将非函数的输出端口“非 x？”与 While 循环结构的条件端子 相连。

设计的程序框图如图 18-16 所示。

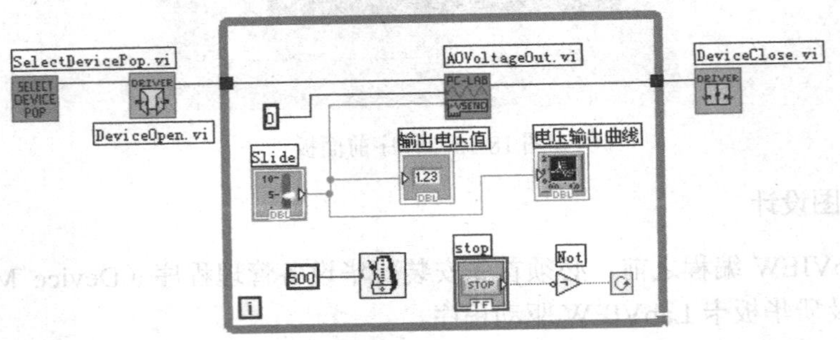

图 18-16 程序框图

3. 运行程序

单击快捷工具栏“运行”按钮，运行程序。

首先运行“SelectDevicePop.vi”子程序，选择研华板卡设备 PCI-1710HG。

硬件设备设置完成，程序开始运行。

用鼠标单击游标上下箭头，生成一间断变化的数值（0～10），在程序界面中产生 1 个随之变化的曲线。同时，线路中模拟电压输出 0，通道电压输出 0～10V。

程序运行界面如图 18-17 所示。

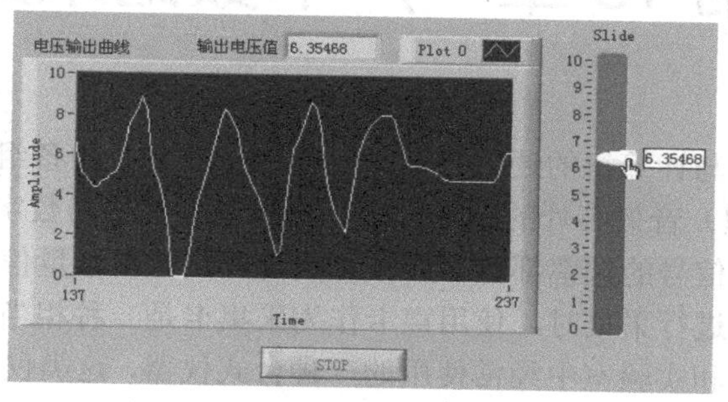

图 18-17　程序运行界面

第 19 章　声卡数据采集

声卡作为语音信号与计算机的通用接口，已成为计算机的必备组件。其主要功能就是经过 DSP（数字信号处理）音效芯片的处理，进行模拟音频信号与数字信号的转换。实际上，除了语音信号外，很多信号的频率都落在音频范围内（比如机械量信号、某些载波信号等），当我们需要对这些信号进行采集时，使用声卡作为采集卡是一种相当令人满意的解决方案。

传统示波器是科研和实验室中经常使用的一种台式仪器，这类仪器结构复杂、价格昂贵。而用虚拟仪器技术只需配置必要的通用数据采集硬件，应用 LabVIEW 的虚拟仪器编程环境，结合计算机的模块化设计方法，可以实现虚拟示波器，并对其功能进行扩展，实现传统台式仪器所没有的频谱分析和功率谱分析。

声卡测量频率范围较窄，不能测直流信号，只能测量音频范围内的信号，而且其增益较大，不能直接测量强度较强的信号，有时需加调理电路，在精确测量时，还需进行信号标定。虽然声卡具有这些缺点，但是其价格低廉，灵活性强，在虚拟仪器环境下操作简便，非常适合应用于高校实验教学中。

本章介绍的虚拟示波器主要由一块声卡、PC 机和相应的软件组成。

实例 95　声卡的双声道模拟输入

一、设计任务

将声卡作为数据采集卡，使用 LabVIEW 作为开发工具，设计一种方便的、灵活性强的虚拟示波器。

二、任务实现

在使用声卡进行数据采集之前，有必要对声卡做一些设置，因为这里需要使用 Line In 接口作为信号引入端口，首先需要确保该接口能正常工作。双击桌面右下角的扬声器图标，在弹出的“音量控制”对话框中，选择“选项”→“属性”选项，弹出“属性”对话框，在“调节音量”区中选择“录音”，然后在下面的列表框中选择“线路音量”选项，如图 19-1 所示，单击“确定”按钮之后将弹出“录音控制”窗口，确保“麦克风音量”被选中，如图 19-2 所示，而且其音量应该设置为较小值，否则由于增益太大会使输入信号的幅值范围被限制得很小。

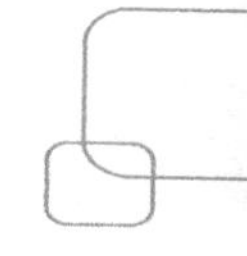

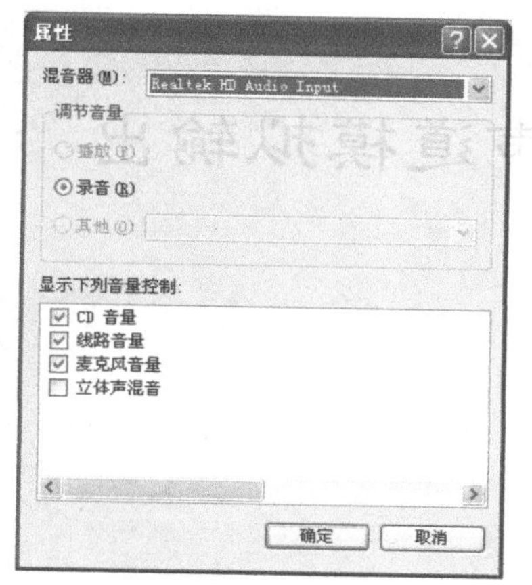

图 19-1　声卡的 Line In 接口设置“属性”对话框

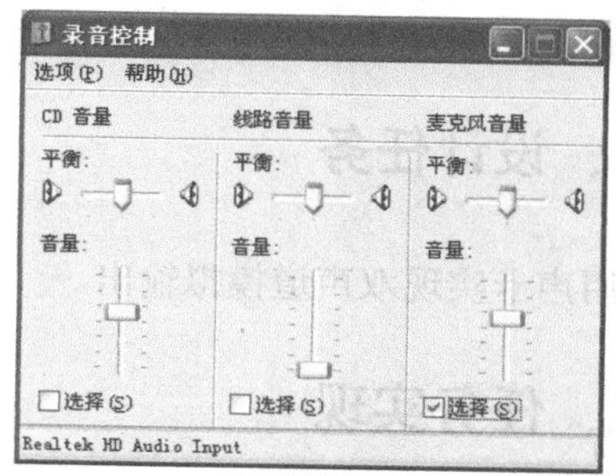

图 19-2　声卡的 Line In 接口设置“录音控制”窗口

如图 19-3 和图 19-4 所示，是一个用声卡实现数据采集的实例。

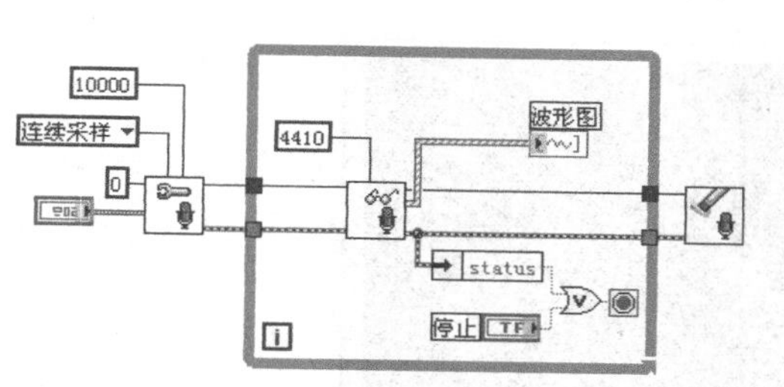

图 19-3　用声卡实现的数据采集前面板

图 19-4　用声卡实现的数据采集程序框图

程序构造过程如下：

（1）调用配置声音输入函数（Sound Input Configure.vi）配置声卡，并开始进行数据采集。采样率设置为 44.1kHz，通道数为 2（立体声双声道输入），每采样比特数（采样位数）设置为 16 位，采样模式为连续采样，缓存大小设为每通道 10000 个样本。

（2）调用读取声音输入函数（Sound Input Read.vi）从缓存中读取数据，并在其外边添加一个 While 循环，用于从缓存中连续读取数据，设置每次从每个通道中读取样本数为 4410，即 0.1s 时长的波形。

（3）循环结束后，调用声音输入清零函数（Sound Input Clear.vi）停止采集，并进行清除缓存和清除占用的内存等操作。

完成上述操作后，即可运行程序进行数据采集。

关于采集通道，应该尽量选择立体声双声道采样，因为当单声道采样时，左、右声道都相同，而且每个声道的幅值只有原信号幅值的 1/2，而用立体声采样时，左、右声道互不干扰，稳定性好，可以采集到两路不同的信号，而且采样信号的幅值与原幅值相同。

另外，需要注意的是，声卡不提供基准电压，不论模数转换还是数模转换，都需要用户对信号进行标定。

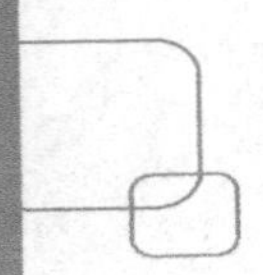

实例 96 声卡的双声道模拟输出

一、设计任务

使用声卡实现双声道模拟输出。

二、任务实现

由于声卡在一般状态下，声音输出功能都是正常的，所以在使用声卡进行模拟输出时，可不必首先进行声卡的设置。

用声卡实现的双声道模拟输出前面板与程序框图分别如图 19-5 和图 19-6 所示。

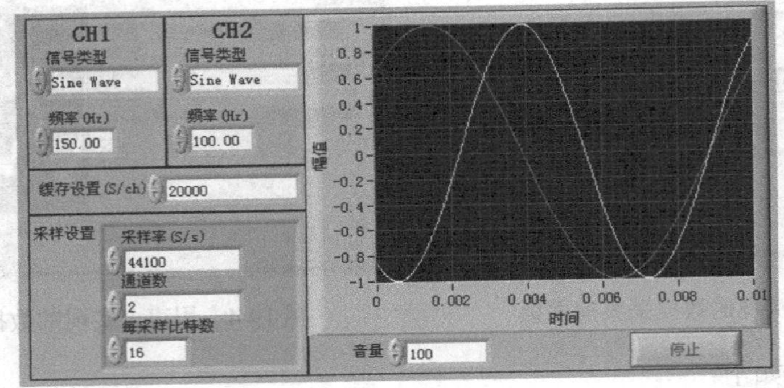

图 19-5 用声卡实现的双声道模拟输出前面板

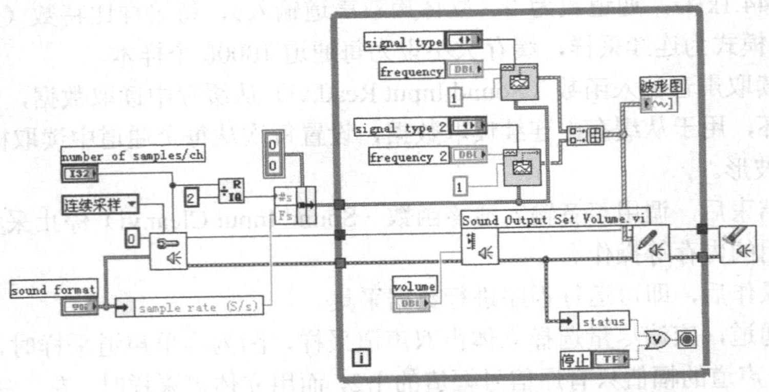

图 19-6 用声卡实现的双声道模拟输出程序框图

程序构造过程如下：

（1）调用配置声音输出函数（Sound Output Configure.vi）配置声卡，并开始声音输出。采样率设置为 44.1kHz，通道数为 2（立体声双声道输出），采样位数设置为 16 位，采样模式为连续采样，缓存大小设为每通道 10000 个样本。

（2）调用写入声音输出函数（Sound Output Write.vi）向缓存中写入由基本函数生成器产生的仿真信号，在其外边添加一个 While 循环，实现连续写入数据，并在循环中串接设置声音输出音量函数（Sound Output Set Volume.vi），用于控制输出音量大小。

（3）循环结束后，调用声音输出清零函数（Sound Output Clear.vi），停止输出并执行相应的清除操作。

完成上述操作后，运行程序即可实现双声道模拟输出。若输出通道设置为单声道，则左、右声道实际输出相同的波形。

实例 97　声音信号的采集与存储

一、设计任务

通过采集由 MIC 输入的声音信号，并保存为声音文件，练习声音的采集和存储。

本例要求 PC 装有独立声卡或具有集成声卡，并且通过“MIC IN”端口将传声器输出信号传送到声卡。

二、任务实现

程序构造过程如下：

（1）启动 LabVIEW 程序。

（2）在启动界面下，执行菜单命令“文件”→“新建 VI”，创建 1 个新的 VI。

（3）切换到前面板框图设计窗口下，在前面板设计区放置 1 个“波形图”控件，并且编辑其标签为“声音信号波形”。

（4）切换到程序框图设计窗口下，在程序框图设计区放置 1 个“打开声音文件”函数节点。

（5）移动光标到放置的“打开声音文件”节点下的下拉按钮上，打开下拉选项，从中选择“写入”。

（6）在程序框图设计区放置 1 个“配置声音输入”节点、1 个“读取声音输入”节点、1 个“写入声音文件”节点、1 个“声音输入清零”节点、1 个“关闭声音文件”节点和 1 个“While 循环”方框图节点，并按照图 19-7 所示，完成程序框图的设计。

（7）切换到前面板设计窗口下，调整各控件的大小和位置，设置“路径”为“D:\sound\test.wav”（注意：需要建立“D:\sound\”文件夹），并对其他输入控件进行设置。

（8）单击工具栏程序“运行”按钮，并对着传声器输入语音或一段音乐，即可将声音数据写入到指定的文件“test.wav”中去。

（9）在波形图控件中可以查看声音信号的波形，其中的 1 个运行界面如图 19-8 所示。

（10）单击“停止”按钮，结束程序测试，打开文件目录“D:\sound”，可以看到 LabVIEW 应用程序创建了 1 个声音文件“test.wav”。

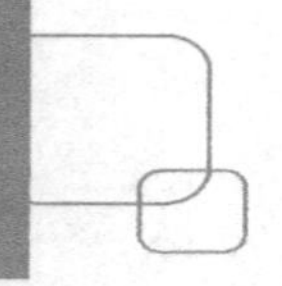

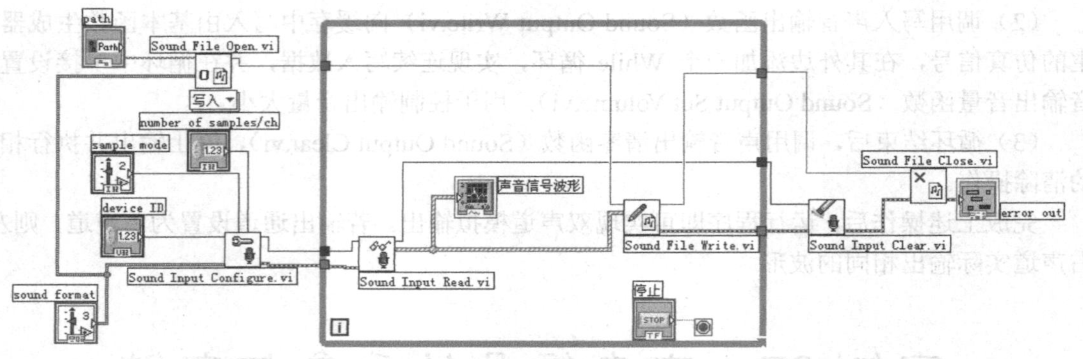

图 19-7　程序框图的设计

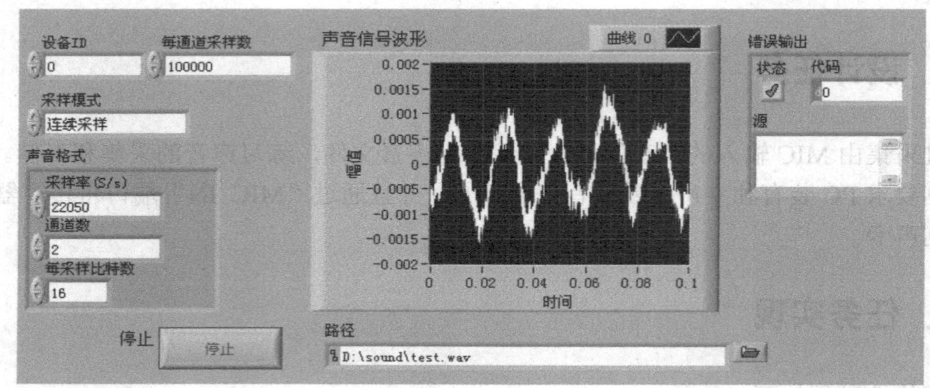

图 19-8　运行界面

（11）该声音文件记录了程序运行时由传声器输入的声音信息，利用 Windows MediaPlayer 软件，可以播放该声音文件。

（12）对设计的 VI 进行保存。

通过该例可以看出，利用 PC 声卡作为 DAQ 卡，采集数据构建一个简单的数据采集系统非常简单快捷。

实例 98　声音信号的功率谱分析

一、设计任务

通过对采集到的声音信号进行功率谱分析，练习声音信号的采集和分析。

二、任务实现

程序构造过程如下：

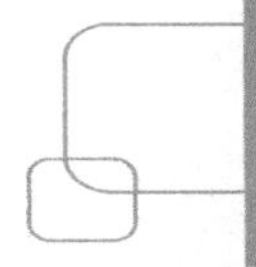

（1）启动 LabVIEW 程序。

（2）在 LabVIEW 的启动界面下，执行菜单命令“文件”→“新建 VI”，创建 1 个新的 VI。

（3）切换到前面板设计窗口下，放置 1 个“波形图”控件，用于显示实时采集到的声音波形，并设置波形图控件的标签为“声音信号波形”。

（4）切换到程序框图设计窗口下，在程序框图设计区可以看到与前面板上波形图控件对应的“波形图”节点对象。

（5）按照图 19-9 所示，进行程序框图的设计。

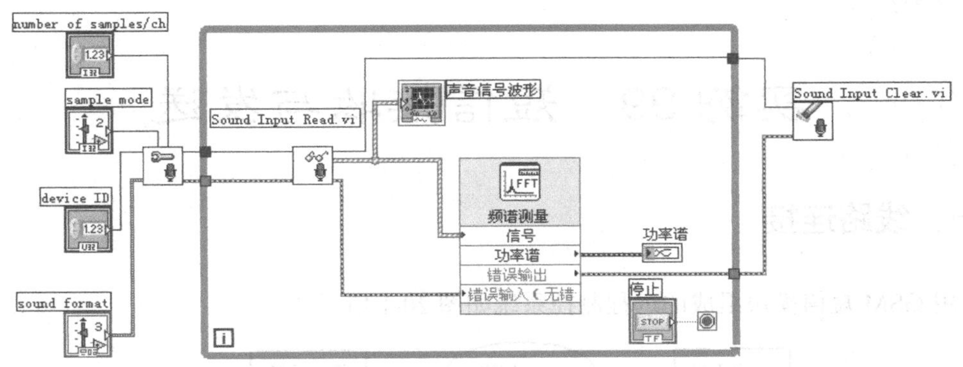

图 19-9　程序框图的设计

（6）切换到前面板设计窗口下，调整各控件的大小和参数，单击前面板工具栏上程序运行按钮，并通过传声器输入一段音乐或语音。对采集的声音信号数据进行实时显示，并进行功率谱分析，运行界面如图 19-10 所示。

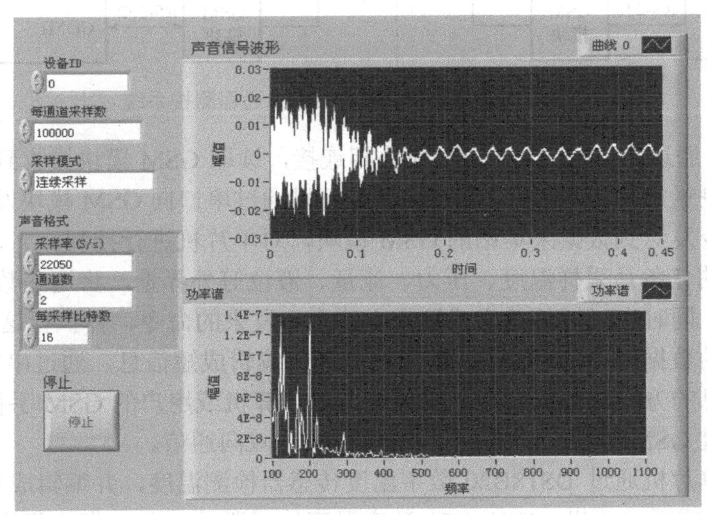

图 19-10　运行界面

（7）结束程序的运行，保存设计的 VI。

本例只是简单介绍了声音信号采集和分析的过程，读者可在此基础上设计出一个功能强大的声音信号分析仪。

第20章 LabVIEW网络测控

本章举2个典型实例，详细介绍采用LabVIEW实现短信接收与发送、网络温度监测的程序设计方法。

实例99 短信接收与发送

一、线路连接

采用GSM短信模块组成的远程测控系统如图20-1所示。

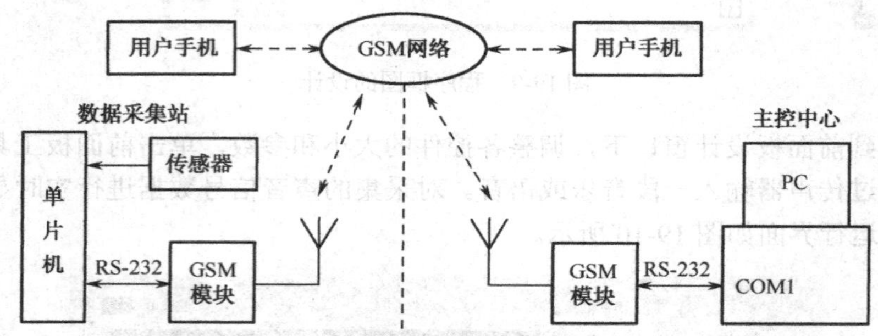

图20-1 采用GSM模块组成的远程测控系统

主控中心PC通过串口与GSM短信模块相连接，读取GSM模块接收到的短消息，从而获得远端传来的测量数据；同时，主控中心PC可以通过串口向GSM模块发送命令，以短消息形式把设置命令发送到数据采集站的GSM模块，对单片机进行控制。

数据采集站的任务是采样温度、压力、流量、液位等外界量，将这些数据以短信的方式发送到主控中心。同时也以短信的方式接收主控中心发来的命令，并执行这些命令。

传感器检测的数据经单片机MCU单元的处理，编辑成短信息，通过串行口传送给GSM模块后，以短消息的方式将数据发送到主控中心的计算机或用户的GSM手机。

用户手机通过GSM模块与PC、单片机可以实现双向通信。

本设计中，单片机通过DS18B20数字温度传感器检测温度，并编辑成短信息通过GSM模块发送到PC机或用户手机。DS18B20数字温度传感器是一个3脚的芯片，其中1脚为接地，2 脚为数据输入输出，3 脚为电源输入。通过一个单线接口发送或接收数据。DS18B20数字温度传感器与STC89C51RC单片机的连接如图20-2所示。

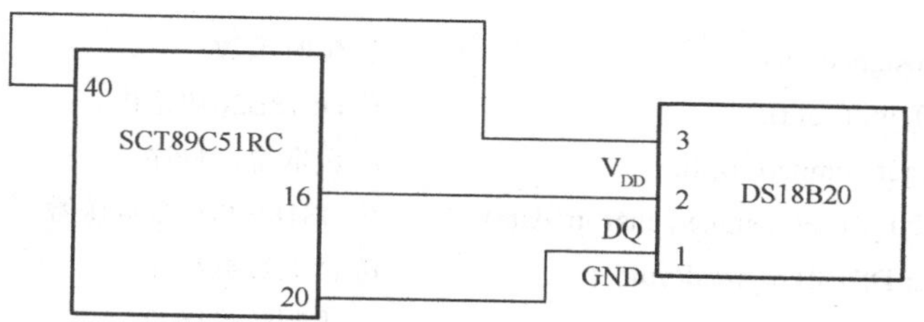

图 20-2　DS18B20 数字温度传感器与 STC89C51RC 单片机的连接

二、设计任务

单片机与 PC 通信，在程序设计上涉及两部分的内容：一是单片机端数据采集、控制和通信程序；二是 PC 端通信和功能程序。

（1）单片机端程序设计：采用 Keil C 语言编写程序，实现 DS18B20 温度检测，并编辑成短信息通过 GSM 模块发送到 PC 或用户手机；单片机通过 GSM 模块接收 PC 或用户手机发送的短信指令。

（2）PC 端程序设计：采用 LabVIEW 语言编写程序，实现 PC 通过 GSM 模块接收短信和发送短信。

三、任务实现

1. 单片机端采用 C51 实现短信发送

以下是采用 C51 语言实现单片机温度检测及短信发送的程序。

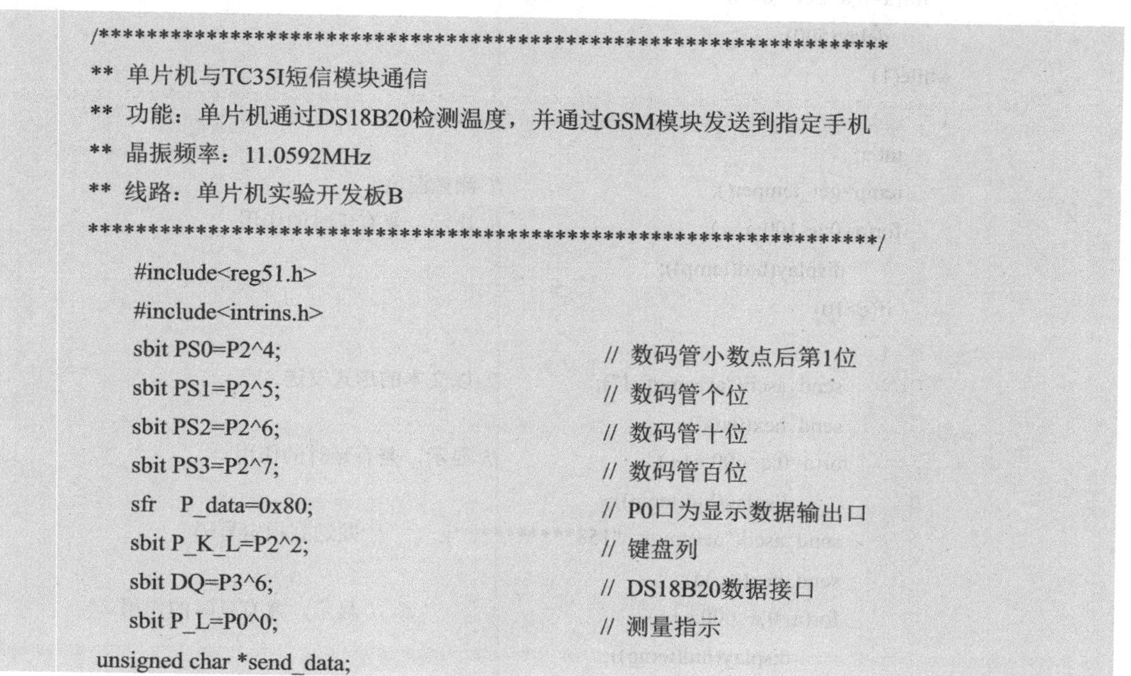

```
/***************************************************************
** 单片机与TC35I短信模块通信
** 功能：单片机通过DS18B20检测温度，并通过GSM模块发送到指定手机
** 晶振频率：11.0592MHz
** 线路：单片机实验开发板B
***************************************************************/
    #include<reg51.h>
    #include<intrins.h>
    sbit PS0=P2^4;                          // 数码管小数点后第1位
    sbit PS1=P2^5;                          // 数码管个位
    sbit PS2=P2^6;                          // 数码管十位
    sbit PS3=P2^7;                          // 数码管百位
    sfr  P_data=0x80;                       // P0口为显示数据输出口
    sbit P_K_L=P2^2;                        // 键盘列
    sbit DQ=P3^6;                           // DS18B20数据接口
    sbit P_L=P0^0;                          // 测量指示
unsigned char *send_data;
```

```
void delay(unsigned int);                                    // 延时函数
void DS18B20_init(void);                                     // DS18B20初始化
unsigned int get_temper(void);                               // 读取温度程序
void DS18B20_write(unsigned char in_data);                   // DS18B20写数据函数
unsigned char DS18B20_read(void);                            // 读取数据程序
unsigned int htd(unsigned int a);                            // 进制转换函数
void display(unsigned int a);                                // 显示函数
void send_ascii(unsigned char *b);                           // 发送ascii数据
void send_hex(unsigned char b);                              // 发送hex数据
float temp;                                                  // 温度寄存器
bit DS18B20;                                                 // DS18B20存在标志，1---存在 0---不存在
unsigned char tab[10]={0xfc,0x60,0xda,0xf2,0x66,0xb6,0xbe,0xe0,0xfe,0xf6}; // 字段转换表
void main(void)
{
    unsigned int a,temp,c=0;
    TMOD=0x20;                                               // 定时器1--方式2
    TL1=0xfd;
    TH1=0xfd;                                                // 11.0592MHz晶振，0xfd对应波特率为9600
                                                             // 0xfa对应波特率为4800

    SCON=0x50;                                               // 方式1
    TR1=1;                                                   // 启动定时
    temp=get_temper();                                       // 这段程序用于避开刚上电时显示85的问题
    for(a=0;a<2000;a++)
        delay(500);
    while(1)
    {
        int a;
        temp=get_temper();                                   // 测量温度
        for(a=0;a<100;a++)                                   // 显示，兼有延时的作用
            display(htd(temp));
        if(c>10)
        {
            send_ascii("at+cmgf=1");                         // 以文本的形式发送
            send_hex(0x0d);
            for(a=0;a<600;a++)                               // 显示，兼有延时的作用
                display(htd(temp));
            send_ascii("at+cmgs=\"158********\"");           // 发送到指定号码
            send_hex(0x0d);  ;
            for(a=0;a<600;a++)                               // 显示，兼有延时的作用
                display(htd(temp));
            send_ascii("The temperture is ");                // 发送短信
```

```
                send_hex(0x30+((htd(temp)>>8)&0x0f));
                send_hex(0x30+((htd(temp)>>4)&0x0f));
                send_ascii(".");
                send_hex(0x30+(htd(temp)&0x0f));
                send_ascii(" degree now.");
                send_hex(0x1a);
                send_hex(0x0d);
                c=0;
            }
             c++;
        }
    }
/****************************DS18B20读取温度函数**************************/
/*函数原型:void get_temper(void)
/*函数功能:DS18B20读取温度
/*******************************************************************/
 unsigned int get_temper(void)
 {
     unsigned char k,T_sign,T_L,T_H;
      DS18B20_init();                          // DS18B20初始化
     if(DS18B20)                               // 判断DS1820是否存在？若DS18B20不存在则返回
      {
          DS18B20_write(0xcc);                 // 跳过ROM匹配
          DS18B20_write(0x44);                 // 发出温度转换命令
        DS18B20_init();                        // DS18B20初始化
        if(DS18B20)                            // 判断DS1820是否存在？若DS18B20不存在则返回
        {
             DS18B20_write(0xcc);              // 跳过ROM匹配
             DS18B20_write(0xbe);              // 发出读温度命令
            T_L=DS18B20_read();                // 数据读出
            T_H=DS18B20_read();
            k=T_H&0xf8;
             if(k==0xf8)
                  T_sign=1;                    // 温度是负数
             else
                  T_sign=0;                    // 温度是正数
             T_H=T_H&0x07;
             temp=(T_H*256+T_L)*10*0.0625;// 温度转换常数，乘以10，是因为要保留1位小数
            return (temp);
        }
    }
```

```
    }
/*****************************DS18B20写数据函数**************************/
/*函数原型:void DS18B20_write(uchar in_data)
/*函数功能:DS18B20写数据
/*输入参数:要发送写入的数据
/*调用模块:_cror_()
/**********************************************************************/
    void DS18B20_write(unsigned char in_data)     // 写DS18B20的子程序(有具体的时序要求)
    {
        unsigned char i,out_data,k;
        out_data=in_data;
        for(i=1;i<9;i++)                          // 串行发送数据
        {
            DQ=0;
         DQ=1;
         _nop_();
            _nop_();
            k=out_data&0x01;
         if(k==0x01)                              // 判断数据，写1
         {
            DQ=1;
            }
         else                                     // 写0
            {
             DQ=0;
         }
         delay(4);                                // 延时62μs
         DQ=1;
            out_data=_cror_(out_data,1);          // 循环左移1位
        }
    }
/*************************DS18B20读函数*************************/
/*函数原型:void DS18B20_read()
/*函数功能:DS18B20读数据
/*输出参数:读到的一字节内容
/*调用模块:delay()
/*****************************************************************/
    unsigned char DS18B20_read()
    {
        unsigned char i,in_data,k;
        in_data=0;
```

```
        for(i=1;i<9;i++)                                  // 串行发送数据
        {
            DQ=0;
          DQ=1;
          _nop_();
          _nop_();
            k=DQ;                                         // 读DQ端
          if(k==1)                                        // 读到的数据是1
          {
              in_data=in_data|0x01;
          }
          else
          {
              in_data=in_data|0x00;
          }
          delay(3);                                       // 延时51μs
          DQ=1;
          in_data=_cror_(in_data,1);                      // 循环右移1位
        }
        return(in_data);
    }
/**************************DS18B20初始化函数**************************/
/*函数原型:void DS18B20_init(void)
/*函数功能:DS18B20初始化
/*调用模块:delay()
/*******************************************************************/
       void DS18B20_init(void)
    {
      unsigned char a;
          DQ=1;                                           // 主机发出复位低脉冲
       DQ=0;
       delay(44);                                         // 延时540μs
       DQ=1;
       for(a=0;a<0x36&&DQ==1;a++)
       {
           a++;
           a--;                                           // 等待DS18B20回应
       }
       if(DQ)
            DS18B20=0;                                    // DS18B20不存在
       else
```

```
        {
            DS18B20=1;                          // DS18B20存在
            delay(120);                         // 复位成功!延时240μs
        }
    }
/****************************数码管显示函数****************************/
/*函数原型:void display(void)
/*函数功能:数码管显示
/*调用模块:delay()
/**********************************************************************/
    void display(unsigned int a)
    {
     bit b=P_K_L;
      P_K_L=1;                                  // 防止按键干扰显示
        P_data=tab[a&0x0f];                     // 显示小数点后第1位
        PS0=0;
     PS1=1;
      PS2=1;
      PS3=1;
     delay(200);
        P_data=tab[(a>>4)&0x0f]|0x01;           // 显示个位
        PS0=1;
     PS1=0;
     delay(200);
        P_data=tab[(a>>8)&0x0f];                // 显示十位
        PS1=1;
      PS2=0;
     delay(200);
      P_data=tab[(a>>12)&0x0f];                 // 显示百位
        PS2=1;
      //PS3=0;
     //delay(200);
      //PS3=1;*/
      P_K_L=b;                                  // 恢复按键
     P_data=0xff;                               // 恢复数据口
    }
/****************************发送字符(ASCII码)函数*********************/
/*函数原型:void send_ascii(unsigned char *b)
/*函数功能:发送字符(ASCII码)
/*输入参数:unsigned char *b
/**********************************************************************/
```

```
void send_ascii(unsigned char *b)
{
    for (b; *b!='\0';b++)
    {
        SBUF=*b;
        while(TI!=1)
            ;
       TI=0;
    }
}
/***************************发送字符(十六进制)函数**********************/
/*函数原型:void send_ascii(unsigned char b)
/*函数功能:发送字符(十六进制)
/*输入参数:unsigned char b
/******************************************************************/
void send_hex(unsigned char b)
{
    SBUF=b;
    while(TI!=1)
        ;
    TI=0;
}
/***************************十六进制转十进制函数*************************/
/*函数原型:uint htd(uint a)
/*函数功能:十六进制转十进制
/*输入参数:要转换的数据
/*输出参数:转换后的数据
/*******************************************************************/
unsigned int htd(unsigned int a)
  {
    unsigned int b,c;
     b=a%10;
     c=b;
     a=a/10;
     b=a%10;
     c=c+(b<<4);
     a=a/10;
     b=a%10;
     c=c+(b<<8);
     a=a/10;
     b=a%10;
```

```
        c=c+(b<<12);
        return c;
    }
/*******************************延时函数***********************************/
/*函数原型:delay(unsigned int delay_time)
/*函数功能:延时函数
/*输入参数:delay_time (输入要延时的时间)
/***********************************************************************/
void delay(unsigned int delay_time)                    // 延时子程序
{
for(;delay_time>0;delay_time--)
{}
 }
```

将 C51 程序编译生成 HEX 文件，然后采用 STC-ISP 软件将 HEX 文件下载到单片机中。

2. 单片机端采用 C51 实现短信接收

以下是采用 C51 语言实现单片机短信接收及继电器控制程序。

```
/*******************************************************************
** 单片机与控制TC35I读短信并控制相应的继电器动作
** 晶振频率：11.0592MHz
** 线路->单片机实验开发板B
** open1---继电器1打开
** open11---继电器2打开
** close1--继电器1关闭
** close11--继电器2关闭
*******************************************************************
基本概念：
MEM1：读取和删除短信所在的内存空间。
MEM2：写入短信和发送短信所在的内存空间。
MEM3：接收到的短信的储存位置。
语句：
AT+CPMS=?
作用：测试命令。用于得到模块所支持的储存位置的列表。
AT+CPMS=?
+CPMS: ("MT","SM","ME"),("MT","SM","ME"),("MT","SM","ME")
表示手机支持MT(模块终端),SM(SIM卡),ME(模块设备)
其他指令请查阅TC35I AT指令集
*/
#include<reg51.h>
#include <string.h>
```

```
#define buf_max 72                                  // 缓存长度72
sbit jdq1=P2^0;                                     // 继电器1
sbit jdq2=P2^1;                                     // 继电器2
unsigned char i=0;
unsigned char *send_data;                           // 要发送的数据
unsigned char rec_buf[buf_max];                     // 接收缓存
void delay(unsigned int delay_time);                // 延时函数
bit hand(unsigned char *a);                         // 判断缓存中是否含有指定的字符串
void clr_buf(void);                                 // 清除缓存内容
void clr_ms(void);                                  // 清除信息
void send_ascii(unsigned char *b);                  // 发送ascii数据
void send_hex(unsigned char b);                     // 发送hex数据
unsigned int htd(unsigned int a);                   // 十六进制转十进制
void   Serial_init(void);                           // 串口中断处理函数
void main(void)
{
    unsigned char k;
    TMOD=0x20;                                      // 定时器1--方式2
    TL1=0xfd;
    TH1=0xfd;                                       // 11.0592MHz晶振，波特率为9600
     SCON=0x50;                                     // 方式1
    TR1=1;                                          // 启动定时
    ES=1;
    EA=1;
  for(k=0;k<20;k++)
      delay(65535);
  while(!hand("OK"))
  {
      jdq1=0;                                       // 用于指示单片机和模块连接
          send_ascii("AT");                         // 发送联机指令
      send_hex(0x0d);
      for(k=0;k<10;k++)
          delay(65535);
  }
  clr_buf();
  send_ascii("AT+CPMS=\"MT\",\"MT\",\"MT\"");     // 所有操作都在MT(模块终端)中进行
  send_hex(0x0d);
  while(!hand("OK"));
  clr_buf();
  send_ascii("AT+CNMI=2,1");                        // 新短信提示
  send_hex(0x0d);
```

```
while(!hand("OK"));
clr_buf();
send_ascii("AT+CMGF=1");                         // 文本方式
send_hex(0x0d);
while(!hand("OK"));
clr_buf();
    clr_ms();                                    // 删除短信
jdq1=1;                                          // 单片机和模块连接成功
while(1)
{
    unsigned char a,b,c,j=0;
    if(strstr(rec_buf,"+CMTI")!=NULL)            // 若字符串中含有"+CMTI"就表示有新的短信
     {
         j++;
         a=*(strstr(rec_buf,"+CMTI")+12);
          b=*(strstr(rec_buf,"+CMTI")+13);
         c=*(strstr(rec_buf,"+CMTI")+14);
          if((b==0x0d)||(c==0x0d))
          {
              clr_buf();
              send_ascii("AT+CMGR=");            // 发送读指令
               send_hex(a);
                if(c==0x0d)
                      send_hex(b);
                send_hex(0x0d);
              while(!hand("OK"));
               if(strstr(rec_buf,"open1")!=NULL)      // 继电器1打开
                   jdq1=0;
              else if(strstr(rec_buf,"close1")!=NULL) // 继电器1关闭
                     jdq1=1;
               else if(strstr(rec_buf,"open2")!=NULL) // 继电器2打开
                     jdq2=0;
               else if(strstr(rec_buf,"close2")!=NULL) // 继电器2关闭
                     jdq2=1;
              clr_buf();
               clr_ms();                         // 删除短信
          }
     }
 }
}
/*************************发送字符(ASCII码)函数*********************/
```

```
/*函数原型:void send_ascii(unsigned char *b)
/*函数功能:发送字符(ASCII码)
/*输入参数:unsigned char *b
/*********************************************************************/
void send_ascii(unsigned char *b)
{
     ES=0;
     for (b; *b!='\0';b++)
     {
          SBUF=*b;
          while(TI!=1)
               ;
        TI=0;
  }         ES=1;
}
/*************************发送字符(十六进制)函数********************/
/*函数原型:void send_ascii(unsigned char b)
/*函数功能:发送字符(十六进制)
/*输入参数:unsigned char b
/*********************************************************************/
void send_hex(unsigned char b)
{
     ES=0;
     SBUF=b;
     while(TI!=1)
          ;
     TI=0; ES=1;
}
/*************************清除缓存数据函数*************************/
/*函数原型:void clr_buf(void)
/*函数功能:清除缓存数据
/*输入参数:无
/*输出参数:无
/*调用模块:无
/*********************************************************************/
void clr_buf(void)
{
     for(i=0;i<buf_max;i++)
       rec_buf[i]=0;
     i=0;
}
```

```
/****************************清除短信函数********************************/
/*函数原型:void clr_ms(void)
/*函数功能:清除短信
/*********************************************************************/
void clr_ms(void)
{
     unsigned char a,b,c,j;
  send_ascii("AT+CPMS?");                                    // 删除短信
  send_hex(0x0d);
  while(!hand("OK"));
     a=*(strstr(rec_buf,"+CPMS")+12);
     b=*(strstr(rec_buf,"+CPMS")+13);
  c=*(strstr(rec_buf,"+CPMS")+14);
  clr_buf();
  if(b==',')
  {
       for(j=0x31;j<(a+1);j++)
       {
            send_ascii("AT+CMGD=");
             send_hex(j);
            send_hex(0x0d);
            while(!hand("OK"));
             clr_buf();
       }
  }
  else if(c==',')
  {
       for(j=1;j<((a-0x30)*10+(b-0x30)+1);j++)
       {
            send_ascii("AT+CMGD=");
             if(j<10)
                 send_hex(j+0x30);
             else
             {
                 send_hex((htd(j)>>4)+0x30);
                  send_hex((htd(j)&0x0f)+0x30);
             }
            send_hex(0x0d);
            while(!hand("OK"));
             clr_buf();
       }
```

```
  }
}
 /*******************判断缓存中是否含有指定的字符串函数*******************/
/*函数原型:bit hand(unsigned char *a)
/*函数功能:判断缓存中是否含有指定的字符串
/*输入参数:unsigned char *a  指定的字符串
/*输出参数:bit 1---含有      0---不含有
/*********************************************************************/
bit hand(unsigned char *a)
{
      if(strstr(rec_buf,a)!=NULL)
        return 1;
  else
        return 0;
}
/**************************十六进制转十进制函数**************************/
/*函数原型:uint htd(uint a)
/*函数功能:十六进制转十进制
/*输入参数:要转换的数据
/*输出参数:转换后的数据
/*******************************************************************/
unsigned int htd(unsigned int a)
{
        unsigned int b,c;
         b=a%10;
         c=b;
         a=a/10;
         b=a%10;
         c=c+(b<<4);
         a=a/10;
         b=a%10;
         c=c+(b<<8);
         a=a/10;
         b=a%10;
         c=c+(b<<12);
        return c;
}
/**********************************延时函数**********************************/
/*函数原型:delay(unsigned int delay_time)
/*函数功能:延时函数
/*输入参数:delay_time (输入要延时的时间)
```

```
/*********************************************************************/
void delay(unsigned int delay_time)                    // 延时子程序
{
for(;delay_time>0;delay_time--)
{}
  }
/********************************串口中断处理函数********************************/
/*函数原型:void Serial(void)
/*函数功能:串口中断处理
/*********************************************************************/
void Serial() interrupt 4                              // 串口中断处理
{
    unsigned char k=0;
    ES=0;                                              // 关中断
if(TI)                                                 // 发送
      {
      TI=0;
      }
 else                                                  // 接收，处理
 {
      RI=0;
      rec_buf[i]=SBUF;
      if(i<buf_max)
          i++;
      else
          i=0;
      RI=0;
      TI=0;
      }
      ES=1;                                            // 开中断
}
```

将 C51 程序编译生成 HEX 文件，然后采用 STC-ISP 软件将 HEX 文件下载到单片机中。

程序下载到单片机之后，就可以给单片机试验板卡通电了，这时数码管上将会显示数字温度传感器 DS18B20 实时测量得到的温度。可以调整数字温度传感器 DS18B20 周围的温度，测试程序能否连续采集温度。

打开“串口调试助手”程序，首先设置串口号为 COM1、波特率为 9600、校验位为 NONE、数据位为 8、停止位为 1 等参数（注意：设置的参数必须与单片机一致），选择“十六进制显示”，打开串口。

如果 PC 与单片机实验开发板串口连接正确，则单片机连续向 PC 发送检测的温度值，用 2 字节的十六进制数据表示，如 01 A0，该数据串在返回信息框内显示，串口调试助手如图 20-3

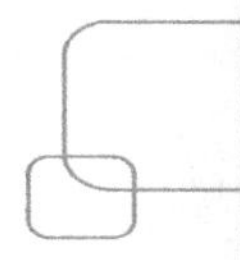

所示。根据单片机返回数据，可知当前温度测量值为 41.6℃。

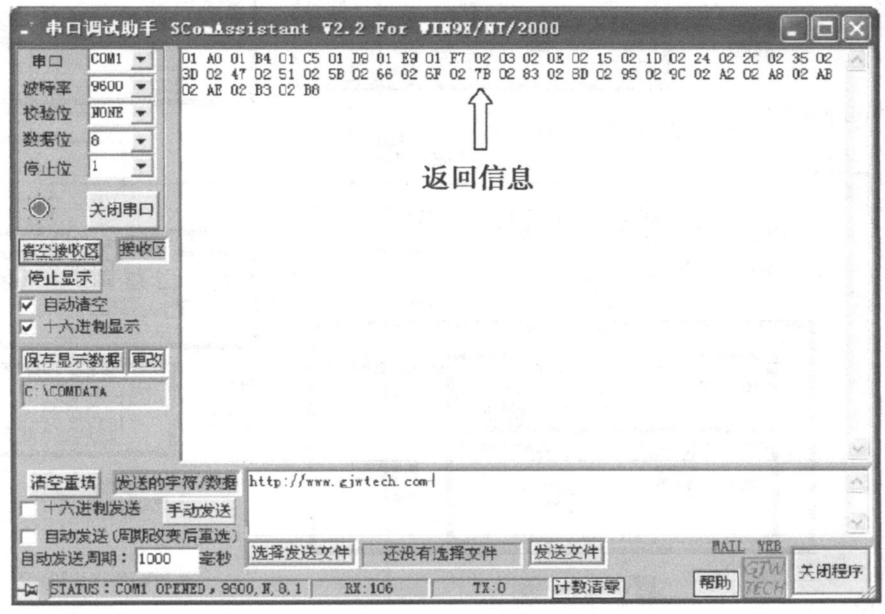

图 20-3　串口调试助手

3．PC 端采用 LabVIEW 实现短信收发

（1）程序前面板设计。

1）添加 2 个字符输入控件，将标签分别改为“发送区短信内容”和“发送电话:”。

2）添加 1 个字符显示控件，将标签分别改为“收到的短信内容”和“来电显示:”。

3）添加 1 个串口资源检测控件，单击控件箭头，选择串口号，如 COM1 或“ASRL1:”。

4）添加 2 个确定按钮控件，将标题分别改为“发送”和“清空”。

5）添加 1 个停止按钮控件，将标题改为“停止”。

设计的程序前面板如图 20-4 所示。

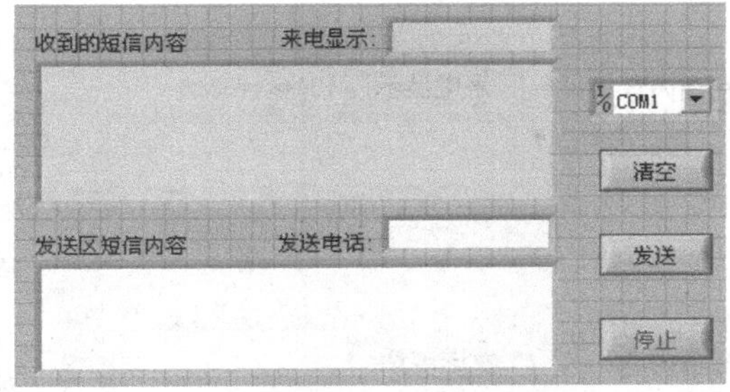

图 20-4　程序前面板

2）程序框图设计。

设计好的程序框图如图 20-5 所示。

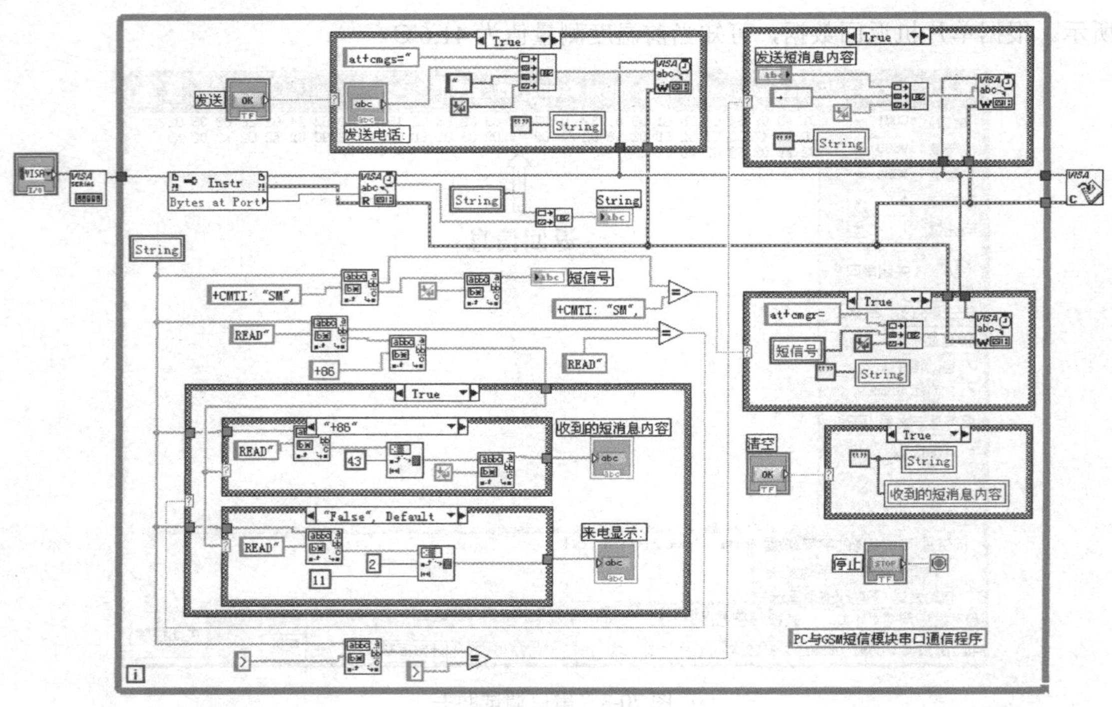

图 20-5　程序框图

（3）运行程序。

进入程序前面板，执行菜单命令“文件”→“保存”，保存设计好的 VI 程序。

单击快捷工具栏“运行”按钮，运行程序。

在程序界面发送短信区输入短信内容，指定接收方手机号码，单击“发送”按钮，将编辑的短信发送到指定手机。

用户手机向监控中心的 GSM 模块发送短信，程序界面自动显示短信内容及来电号码。

注意：本程序接收和发送的短信只能由数字或英文字符组成。

程序运行界面如图 20-6 所示。

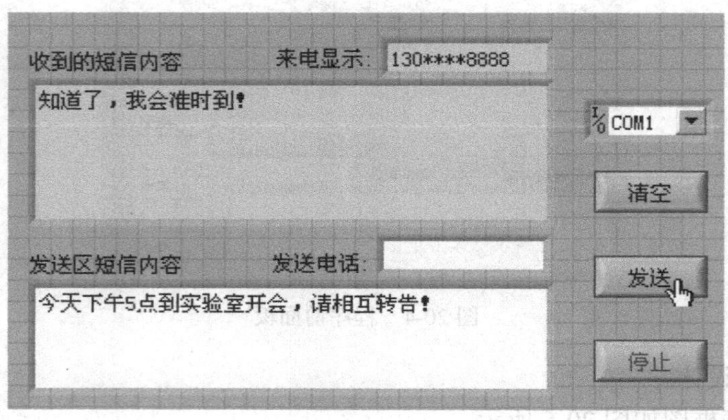

图 20-6　程序运行界面

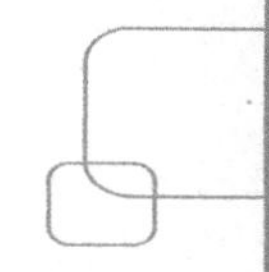

实例 100　网络温度监测

一、系统框图

如图 20-7 所示为网络监测系统组成框图。

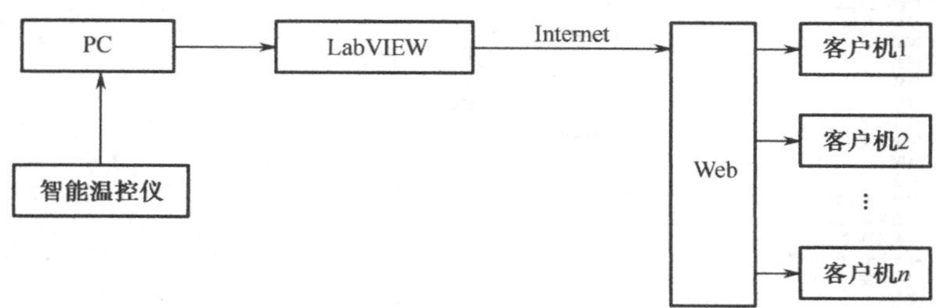

图 20-7　网络监测系统组成框图

要求：要有两台或两台以上的连接 Internet 的计算机。

二、设计任务

通过连接 Internet 的计算机观察远端智能仪表检测的温度值。

三、任务实现

1. 配置服务器

配置服务器包括 3 个部分：服务器目录与日志配置、客户端可见 VI 配置和客户端访问权限配置。在 LabVIEW 程序框图或前面板窗口中选择菜单命令“工具”→“选项”，打开“选项”对话框，左侧区域下方的“Web 服务器：配置”“Web 服务器：可见 VI”和“Web 服务器：浏览器访问”分别对应服务器 3 个部分的配置内容。

1）“Web 服务器：配置”面板。

“Web 服务器：配置”面板用来配置服务器目录和日志属性，如图 20-8 所示。

选中“启用 Web 服务器”复选框，表示启动服务器以后，可以对其他栏目进行设置。“根目录”用来设置服务器根目录，默认为“LabVIEW 8.2\www”；“HTTP 端口”为计算机访问端口，默认设置为 80。如果 80 端口已经被使用，则可以设置其他端口，本程序用的是 85 端口；“超时(秒)”为访问超时前等待时间，默认设置为 60；选中“使用记录文件”复选框，表示启用记录文件，默认路径为“LabVIEW 8.2\www.log”。

2）“Web 服务器：可见 VI”面板。

“Web 服务器：可见 VI”面板用来配置服务器根目录下可见的 VI 程序，即对客户端开放的 VI 程序。“Web 服务器：可见 VI”面板如图 20-9 所示，窗口中间“可见 VI”栏显示列出

VI，“*”表示所有的 VI；“√”表示 VI 可见；“×”表示 VI 不可见。单击下方的“添加”按钮可添加新的 VI；单击“删除”按钮可删除选中的 VI。选中的 VI 出现在右侧“可见 VI”框中，选中“允许访问”单选按钮将选中的 VI 设置为可见；选中“拒绝访问”单选按钮将选中的 VI 置为不可见。

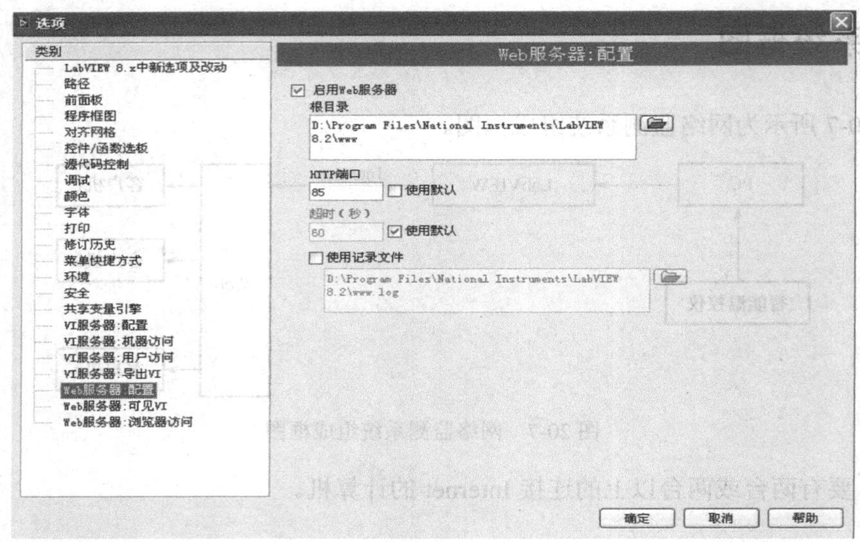

图 20-8 “Web 服务器：配置”面板

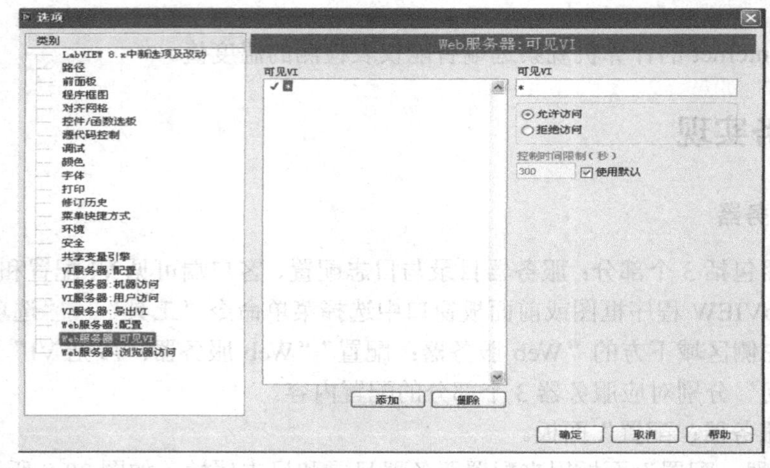

图 20-9 “Web 服务器：可见 VI”面板

3）“Web 服务器：浏览器访问”面板。

“Web 服务器：浏览器访问”面板用来设置客户端的访问权限。访问权限设置窗口与可见 VI 设置窗口类似，如图 20-10 所示。“浏览器访问列表”栏显示列出 VI，“*”表示所有的 VI；“√√”表示可以查看和控制；“√”表示可以查看；“×”表示不能访问。“添加”按钮用来添加新的 VI，“删除”按钮用来删除选中的 VI。选中的 VI 出现在右侧“浏览器地址”框中，选中“允许查看和控制”单选按钮即设置为可以查看和控制；选中“允许查看”单选按钮即设置为可以查看；选中“拒绝访问”单选按钮即设置为不能访问。

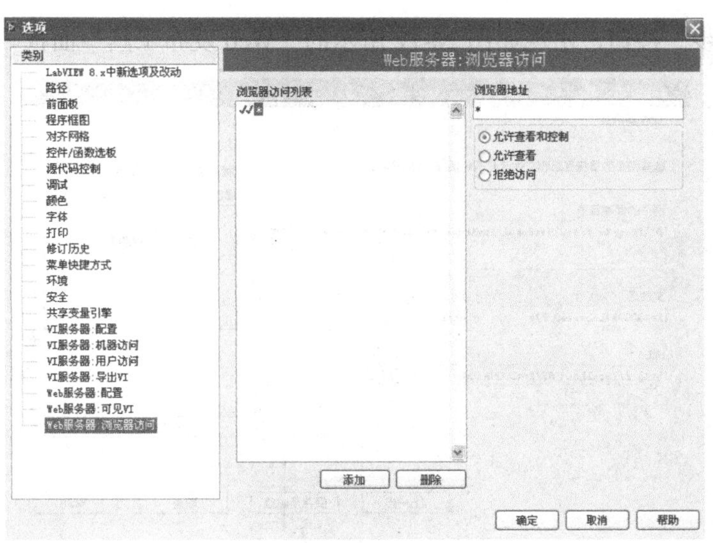

图 20-10 “Web 服务器：浏览器访问”面板

完成服务器配置以后，便可以选择远程面板或浏览器方式访问服务器、对服务器进行远程操作了。

2. 浏览器访问

通过客户端浏览器访问时，首先需要在服务器端发布网页，然后才能从客户端访问。如果客户端没有安装 LabVIEW，则需要安装插件“LabVIEW 运行-Time Engine”或“LabVIEW press”。服务器端和客户端需要进行以下操作。

第 1 步：在服务器端发布网页。在 LabVIEW 程序框图或前面板窗口中，选择“工具”→“Web 发布工具…”命令，打开“Web 发布工具”面板，如图 20-11 所示。“VI 名”项中选择待添加的 VI 程序；“查看模式”项设置浏览方式，选中“嵌入”单选按钮将 VI 前面板嵌入到客户端网页中，客户端可以观察和控制VI前面板；选中“快照”单选按钮在客户端网页中显示静态的前面板快照；选中“监视器”单选按钮在客户端网页中显示定时更新的前面板快照，“两次更新的间隔时间”项设置更新时间。

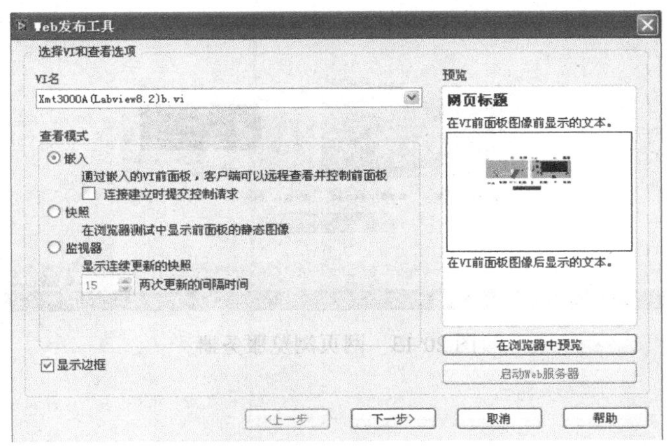

图 20-11 “Web 发布工具”面板

单击“下一步”按钮，出现如图 20-12 所示的“Web 发布工具”面板。

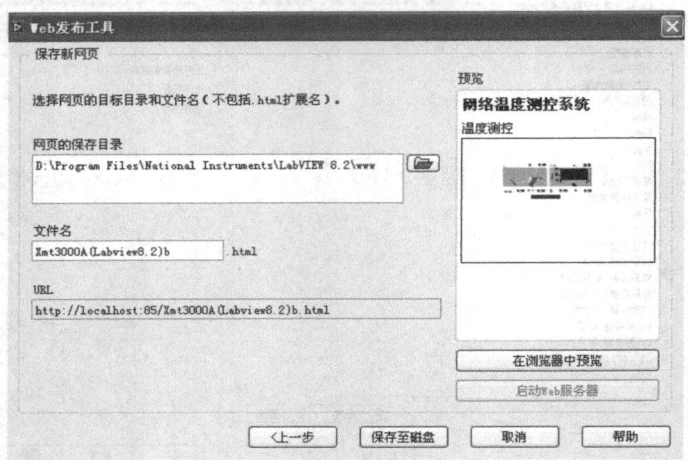

图 20-12　“Web 发布工具”面板

图 20-12 中的“http://localhost:85/Xmt3000A(Labview8.2)b.html”是所选用的 URL，这个是自动默认的，其中的 localhost 是指本机。

第 2 步：在客户端通过网页浏览器访问服务器发布的页面。在网页浏览器地址栏输入服务器页面地址并连接，如“http://222.221.177.65:85/Xmt3000A(Labview8.2)b.vi”，弹出“Xmt3000A(Labview8.2)b.vi”打开和保存对话框，其中“222.221.177.65”为隐去的服务器端 IP 地址。

运行程序，从网络端可看到服务器运行情况，网页浏览服务器如图 20-13 所示。

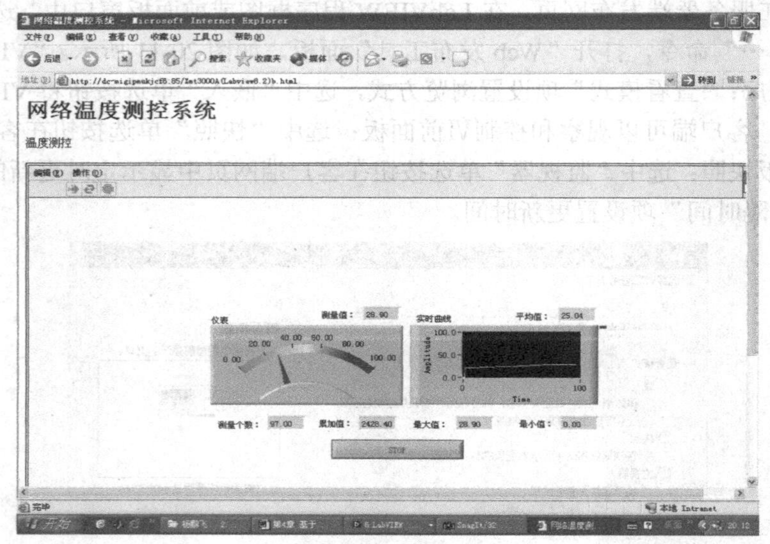

图 20-13　网页浏览服务器

参 考 文 献

[1] 李江全. LabVIEW 虚拟仪器从入门到测控应用 130 例[M]. 北京：电子工业出版社，2013.

[2] 周晓东，胡仁喜. LabVIEW2015 中文版虚拟仪器从入门到精通[M]. 北京：机械工业出版社，2016.

[3] 王超，王敏. LabVIEW2015 虚拟仪器程序设计[M]. 北京：机械工业出版社，2016.

[4] 郑对元. 精通 LabVIEW 虚拟仪器程序设计[M]. 北京：清华大学版社，2012.

[5] 李江全. LabVIEW 数据采集与串口通信测控应用实战[M]. 北京：人民邮电出版社，2010.

[6] 刘刚，王立香，张连俊. LabVIEW8.20 中文版编程及应用[M]. 北京：电子工业出版社，2008.

[7] 胡仁喜，王恒海，齐东明. LabVIEW8.2.1 虚拟仪器实例指导教程[M]. 北京：机械工业出版社，2008.

[8] 王磊，陶梅. 精通 LabVIEW 8.0[M]. 北京：电子工业出版社，2007.

[9] 龙华伟，顾永刚. LabVIEW8.2.1 与 DAQ 数据采集[M]. 北京：清华大学出版社，2008.

[10] 李江全. 计算机测控系统设计与编程实现[M]. 北京：电子工业出版社，2008.